科学出版社"十四五"普通高等教育本科规划教材

导航系统精度测试评估

卞鸿巍 李 安 胡耀金 许 微 编著

科学出版社

北京

内 容 简 介

本书是在海军重点教材《导航系统误差测试及应用》的基础上，为更加突出专业需求，进一步整合梳理误差理论与导航系统精度测试的内在理论技术脉络，优化编著而成。本书主要介绍导航系统精度测试评估的基本概念、基本理论、主要问题与实用方法等。全书共十章，分别介绍导航系统精度测试概述、导航系统精度指标、导航系统误差特性分析、直接测量误差处理、导航测量基准设计、试验测试方案设计、试验筹备与实施、常用导航数据处理方法、动态测试误差数据处理；以及导航系统性能测试与评估等内容。

本书内容深入浅出、专业特色鲜明、理论体系清晰，可作为导航专业本科生和研究生教材，也可作为航海、武器、军事装备等相关专业学生以及从事导航装备设计、研制、试验、使用的相关技术人员参考资料。

图书在版编目(CIP)数据

导航系统精度测试评估 / 卞鸿巍等编著. —北京：科学出版社，2023.4
科学出版社"十四五"普通高等教育本科规划教材
ISBN 978-7-03-075437-0

Ⅰ.①导… Ⅱ.①卞… Ⅲ.①导航误差－测试－高等学校－教材 Ⅳ.①TN96

中国国家版本 CIP 数据核字（2023）第 069855 号

责任编辑：吉正霞　曾莉 / 责任校对：高　嵘
责任印制：吴兆东 / 封面设计：无极书装

科学出版社 出版
北京东黄城根北街 16 号
邮政编码：100717
http://www.sciencep.com

北京富资园科技发展有限公司印刷
科学出版社发行　各地新华书店经销

*

2023 年 4 月第　一　版　　开本：787×1092　1/16
2025 年 3 月第二次印刷　　印张：17 3/4
字数：453 000

定价：75.00 元
（如有印装质量问题，我社负责调换）

前言

《导航系统精度测试评估》是海军导航工程专业的主干教材。相关课程最初于 20 世纪 80 年代应导航人才培养的岗位实际需求而设立，至今已有 30 多年的历史。先后经历了汪人定、李安、许江宁等多位教授的教学施训和课程建设，主要介绍与导航系统相关的误差理论的基本概念、基本理论、基本方法，以及在导航中应用的相关知识。精度是导航系统的核心，导航系统精度测试工作贯穿于航海导航设备的设计、监造、试验、使用、维修、保障等多个阶段。随着装备技术的发展和对导航精度测试认识的加深，教材对导航专业人才培养的重要性日益凸显。

本教材与《误差理论与数据处理》（费业泰，2010）存在密切联系。《误差理论与数据处理》具有成熟的理论体系，涉及误差特性、随机分布、最小二乘、回归分析、随机过程等多个方面及大量数学知识，是普通高等教育仪器类测控专业的核心课程，在仪器类测控专业的教学中均需要投入足够学时进行系统学习。从一定意义上讲，导航专业是典型的仪器类应用专业，在专业的多个技术环节和具体工作中需要大量应用误差知识。因此，导航专业学生需要系统掌握如误差基本特性、误差合成、最小二乘法等必要的误差基础理论，同时还需要掌握更多的能结合实际专业应用需求的专业误差测试方法和知识。而这些知识，因为未得到系统梳理，往往根据不同的工作要求，呈现为零散的知识点，并不系统。这就制约了学生对导航精度测试工作的系统理解。尽管我们曾进行过以误差理论体系讲授为主线、以导航专业应用实例讲授为拓展的教学尝试，但仍无法满足更高质量的专业教学需求。

在最新的军事高等教育改革中，希望能够探索实现本科学历教育与任职教育的融合式培养，这种培养模式的一个重要特点就是将具体的专业应用需求与系统的理论知识学习紧密地结合起来，提高课程内容的教学效率和专业知识的信息密度，在不增加课程学时的基础上，完成相关知识的传授与专业能力的培养。因此，随着对专业课程教学实效和质量要求的不断明晰，建设能够系统介绍导航系统精度测试、体现导航专业应用特色的高质量教材更加必要和紧迫，本教材也因此于 2017 年被列为海军重点建设教材。

导航系统精度测试是误差理论普遍应用的一种具体表现，误差理论和数据处理是导航系统测试工作的基础。但导航精度测试有其自身专业的特殊性，需要把握评判指标、测量基准、测试设备、试验方法、数据分析、误差修正、性能评估等诸多要点。不同的导航系统其精度测试方法也不同，所要求的专业背景理论和知识很复杂。在一些特殊的导航系统测试领域，国内现有的精度测试和分析评估方法并不完善，仍处于不断研究与发展的过程中。另外，还需要指出的是，导航系统测试评估工作本身就是一个内容丰富、过程复杂的系统工程，既包括诸如环境适应性等装备通用测试问题，也包括导航系统安装、标定、试验等专业性很强的具体实际问题。所以，本教材编写的主要挑战在于，如何将误差理论的普遍性与导航系统精度测试的特殊性二者兼顾。既能深入把握导航系统精度测试的共性特点，讲清重要概念，从精度指标、误差分析、测试方案、测量设备、试验实施、数据处理导航系统测试的六个环节进行系统阐述；还能在此基础上，总结梳理当前主要导航系统测试方法和要点，恰当地介绍实际测试中的一般工程性问题。

针对这一需求，结合多年的科研和教学，我们从导航精度测试的需求入手，系统地研究了导航系统精度测试常见问题背后误差理论的具体运用；按照误差理论的理论脉络，由易到难，将误差理论知识与导航系统精度测试环节结合起来；大量删减关联度不大的误差理论内容，系统充实导航系统测试的专业内容，努力建设出一部导航专业特色鲜明、理论体系清晰的专业教材。

本教材在内容组织上也特别考虑到专业教材对学生通识素养的培养，在从误差角度对导航系统误差进行分析总结的同时，积极引导读者从误差存在的普遍性和精度测试的严谨性的角度，加深对深层次的哲学内涵和科学精神的思考与理解，帮助改进日常工作和学习的方法、观念和认识，提升通识素养。

本教材既可以作为导航精度测试的专业书籍，也可以作为误差理论与数据处理在导航中的应用拓展。教材编写过程中得到了海军工程大学许江宁、边少锋、陈永冰、胡柏青、傅军、覃方君、马恒、王荣颖、陈浩、曹可劲、李豹、吴苗、何泓洋等多位教员的帮助。近十年来，多位已经毕业的研究生范崧伟、刘文超、温朝江、戴海发、信冠杰、聂浩翔、张宇欣、任建铭、陈雷、林秀秀、张甲甲和在校研究生唐君、文者、祝中磊、丁贤、昌思思等先后为本书做了大量资料收集与整理工作。本教材也参考借鉴了近年来国内外本领域的优秀教材和专著，得到了张嵘教授、杨功流教授、杜红松高工、彭建飞高工、魏学通高工、钟多就主任、周红进教授、郭正东教授等多位航海导航领域专家的指导。在此特别对原中国人民解放军海军装备部张和杰高工、原中国人民解放军海军研究院袁书明高工以及所有提供过帮助的同志表示真诚的感谢。

导航系统测试是航海导航装备领域的关键问题，在实际中面临诸多复杂问题。本教材只是为适应新时期专业人才培养和装备技术发展在教材建设上的探索与尝试。由于作者水平所限，书中必然存在偏颇和不足，恳请广大同行和读者提出宝贵意见，以便我们能不断修订完善与提高，不胜感激。

编 者

2022 年 2 月于海军工程大学

目　　录

第一章　绪论 ……………………………………………………………………… 1
第一节　引言 ……………………………………………………………………… 2
一、误差的普遍性与必然性 …………………………………………………… 2
二、导航系统精度测试的意义 ………………………………………………… 3
第二节　误差的基本概念 ………………………………………………………… 4
一、误差来源 …………………………………………………………………… 5
二、误差的概念 ………………………………………………………………… 5
三、精度 ………………………………………………………………………… 11
四、不确定度 …………………………………………………………………… 12
第三节　导航系统精度测试概述 ………………………………………………… 13
一、导航系统精度测试与误差理论 …………………………………………… 13
二、导航系统精度测试与装备性能测试 ……………………………………… 15
三、导航系统精度测试与系统工程 …………………………………………… 16
思考题 ……………………………………………………………………………… 17

第二章　导航系统精度指标 ……………………………………………………… 19
第一节　传感器类导航装备常用指标 …………………………………………… 20
一、导航系统性能指标的意义 ………………………………………………… 20
二、传感器类导航装备的性能特性 …………………………………………… 20
第二节　惯性导航系统指标体系 ………………………………………………… 26
一、战技指标论证 ……………………………………………………………… 26
二、舰艇惯性导航系统能力分析 ……………………………………………… 28
三、主要战技指标 ……………………………………………………………… 29
第三节　精度指标的数学基础 …………………………………………………… 36
一、正态分布 …………………………………………………………………… 36
二、算术平均值 ………………………………………………………………… 38
三、标准差 ……………………………………………………………………… 39
四、标准不确定度的评定 ……………………………………………………… 42
第四节　导航系统常用精度指标 ………………………………………………… 43
一、极限误差指标 ……………………………………………………………… 43
二、均方根误差指标 …………………………………………………………… 45
三、圆概率误差指标 …………………………………………………………… 46
思考题 ……………………………………………………………………………… 47

第三章　导航系统误差特性分析 …… 48
第一节　导航系统的误差特性 …… 48
　　一、导航系统误差分析方法 …… 49
　　二、惯性导航主要误差 …… 50
　　三、卫星导航主要误差 …… 51
　　四、计程仪主要误差 …… 52
　　五、罗兰C主要误差 …… 54
　　六、磁罗经主要误差 …… 55
　　七、天文导航主要误差 …… 56
第二节　系统误差的特征及发现方法 …… 57
　　一、系统误差的特征 …… 57
　　二、系统误差的发现方法 …… 58
第三节　导航系统误差抑制 …… 63
　　一、消除系统误差的两类基本方法 …… 63
　　二、主要系统误差消除方法 …… 65
思考题 …… 68

第四章　直接测量误差处理 …… 69
第一节　有效数字与数据运算 …… 69
　　一、有效数字 …… 70
　　二、数字舍入规则 …… 70
　　三、数据运算规则 …… 71
第二节　粗大误差判别准则 …… 72
　　一、莱以特准则 …… 72
　　二、罗曼诺夫斯基准则 …… 72
　　三、格拉布斯准则 …… 73
　　四、狄克松准则 …… 74
　　五、汤姆孙准则 …… 76
　　六、粗大误差判别准则比较 …… 76
第三节　标准差计算 …… 77
　　一、别捷尔斯法 …… 77
　　二、极差法 …… 77
　　三、最大误差法 …… 78
　　四、标准差计算方法比较 …… 79
第四节　导航系统常用数据处理方法 …… 79
　　一、导航数据精度评定方法 …… 79
　　二、导航数据预处理 …… 82
　　三、导航系统误差数据处理实例 …… 85
思考题 …… 89

第五章 导航测量基准设计 90

第一节 误差合成基本理论 90
- 一、测量函数误差 91
- 二、误差合成 96
- 三、测量不确定度的合成 101

第二节 导航测量基准选取 104
- 一、微小误差取舍准则 104
- 二、常用导航测量基准 105

第三节 光学动态航向基准设计 110
- 一、系统指标及组成 111
- 二、系统工作原理 113
- 三、系统误差分析 113

思考题 116

第六章 试验测试方案设计 118

第一节 试验测试方案设计要点 118
- 一、系统分析基本要素 118
- 二、最佳测量方案确定及误差分配 119
- 三、设备测试试验大纲编制 121

第二节 航次选择及精度指标区间估计 126
- 一、抽样分布 127
- 二、置信区间估计 131
- 三、航行试验样本数确定 133
- 四、RMS 指标的置信区间估计 134
- 五、光学罗经实测数据分析 136

第三节 多普勒计程仪速度测试 137
- 一、DGPS 高精度速度测试系统 138
- 二、计程仪测速校差方法 139
- 三、速度数据准实时处理方法 141
- 四、速度测试参考系统及其应用 143

思考题 144

第七章 试验筹备与实施 146

第一节 惯性导航系统测试安装 146
- 一、系统装船技术要求 146
- 二、标校种类及精度 148
- 三、标校技术方法 149
- 四、安装标校技术问题及其处理 154
- 五、基座变形测量 156

第二节 舰船光学方位标校 158

一、舰船系泊光学方位测量原理 ………………………………………………… 158
　　二、光学方位测量误差分析 …………………………………………………… 159
　第三节　导航系统海上试验组织 ………………………………………………… 160
　　一、试验系统构建 …………………………………………………………… 160
　　二、试验技术设计 …………………………………………………………… 163
　　三、被试系统安装调试与交验 ………………………………………………… 164
　思考题 ……………………………………………………………………………… 164

第八章　常用导航数据处理方法 …………………………………………………… 166
　第一节　最小二乘数据处理方法 ………………………………………………… 166
　　一、最小二乘原理 …………………………………………………………… 167
　　二、线性最小二乘法测量方程 ………………………………………………… 169
　　三、正规方程 ………………………………………………………………… 171
　　四、精度估计 ………………………………………………………………… 175
　第二节　一元线性回归 …………………………………………………………… 181
　　一、回归分析基本概念 ………………………………………………………… 181
　　二、一元线性回归方程 ………………………………………………………… 182
　　三、回归方程的方差分析与显著性检验 ……………………………………… 187
　　四、重复试验情况 …………………………………………………………… 190
　　五、回归直线的简便求法 ……………………………………………………… 191
　第三节　多点定位误差最小二乘法分析 ………………………………………… 192
　　一、二维导航解算分析实例 …………………………………………………… 193
　　二、卫星选择及精度因子 ……………………………………………………… 194
　　三、最小二乘法在导航系统中的应用举例 …………………………………… 197
　思考题 ……………………………………………………………………………… 198

第九章　动态测试误差数据处理 …………………………………………………… 200
　第一节　动态测试基本概念 ……………………………………………………… 200
　　一、导航系统动态测试的意义 ………………………………………………… 200
　　二、动态测试数据分类 ………………………………………………………… 201
　　三、随机过程特征量 ………………………………………………………… 202
　第二节　随机过程特征量实际估计 ……………………………………………… 208
　　一、平稳随机过程及其特征量 ………………………………………………… 208
　　二、各态遍历随机过程及其特征量 …………………………………………… 212
　　三、非平稳过程的随机函数 …………………………………………………… 214
　第三节　动态测量误差及其评定 ………………………………………………… 215
　　一、动态测量误差基本概念 …………………………………………………… 215
　　二、动态测量数据预处理 ……………………………………………………… 218
　　三、动态测量误差分离 ………………………………………………………… 220
　　四、动态测量误差评定参数 …………………………………………………… 222

目 录

第四节　惯性器件与系统动态性能评定 ···················223
　　一、陀螺仪性能参数 ···································224
　　二、陀螺仪动态性能参数测试评定 ···················226
　　三、长航时惯性导航定位双精度指标分析 ···········231
　思考题 ···237

第十章　导航系统性能测试与评估 ·······················238
第一节　装备性能测试概述 ·····························238
　　一、装备全周期性能测试 ·······························238
　　二、六性试验 ··240
　　三、电磁兼容性试验 ······································243
第二节　系统工程基础知识 ·····························244
　　一、WSR 系统方法论 ······································245
　　二、系统管理的网络技术 ·······························246
　　三、专家性能评估方法 ···································251
第三节　导航系统性能综合评定 ························254
　　一、基于不确定度的性能试验分析评估报告 ·········254
　　二、光学罗经性能综合评定 ····························255
　思考题 ···262

参考文献 ···263
附录 ···265
　附表 1　正态分布积分表 ·······························265
　附表 2　t 分布表 ···265
　附表 3　χ^2 分布表 ···································266
　附表 4　F 分布表 ···267

第一章 绪 论

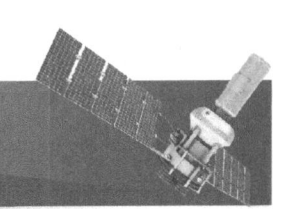

《易》曰：君子慎始，差若毫厘，谬以千里。

——《礼记·经解》

导航技术决定着人类精确运动感知、路径决策，以及控制自身和载体运动的能力。从人们身边近年大量出现的移动终端定位服务到国家重大工程北斗卫星导航系统（BeiDou navigation satellite system，BDS）的建设，从民用无人装置的智能驾驶到太空宇宙飞船和深海水下潜器在复杂环境下的高精度定位，导航技术的丰富多样、迅猛发展和巨大影响已无处不见。在军事领域，精确制导和导航定位技术对现代战争的影响早已从战术层面上升至影响战争形态的全局。精确的定位导航授时（position, navigation and timing，PNT）能力已经成为现代战争最重要的基础技术保障之一。而基于位置服务（location-based service，LBS）已成为当今民用领域活跃的各种室内户外物联网新产业的核心基础之一。导航能力已经成为国家实力的综合体现，在多个方面深刻地影响着社会生活和军事变革。在当今军事领域，导航技术已经成为军事指挥、控制、通信、计算、杀伤、情报、监视和侦察等系统重要的组成部分。对于海军各型舰艇，精确的导航技术不仅可以增强舰艇的航行机动能力，保障舰艇航行安全，同时还直接影响武器的投放命中精度，成为作战系统重要的组成部分。

从导航的基本功能来看，为了实现引导载体到达指定时空目标的目的，导航需要解决三个不同层面的问题：第一，确定载体或人自身的运动参数；第二，确定载体或人所处的环境信息；第三，进行航路决策并引导控制到达时空目标。在上述功能中，确定载体运动参数是导航的核心问题，即确定运动载体的时空基准。而作为运动载体的时空基准，其精度高低是决定导航系统和设备最核心的要素。

当人们评价一个导航系统的性能时，首要关注的就是其精度性能。举例来说，当谈及全球定位系统（global positioning system，GPS）、BDS 等的定位精度究竟如何时，人们会关注其具体精度究竟是 1 m、10 m、20 m，还是 100 m。当关注惯性导航系统的定位精度时，人们会关注是 12 h 系统提供 1 n mile 的定位精度，还是 24 h 甚至于更长时间来提供相同的定位精度。

而当谈及航海罗经时，人们会关注其指向精度究竟如何，能否在载体剧烈摇摆、大机动、高纬度等各种复杂工况和地理环境下都保持如 0.5° 的测向精度。同样地，作为测速的核心装备计程仪，反映其核心性能的是其测速性能指标，人们会关注在何种工况条件下能确保如 0.15 kn 的测量精度。

本章首先从导航系统的系统属性特点来分析精度和误差研究对导航的重要性，然后介绍导航系统精度测试所基于的误差理论的基本概念，最后简要介绍导航系统精度测试的基本特点。

第一节 引 言

人类为了生存发展，需要准确地认识外部世界。在正确认识世界的基础上，人们需要建立正确的观念，进而作出正确的判断和决策，引导采取正确的行为，从而达到探索世界、改造世界、创造良好生存环境的目的。所有这一切的前提均来自人们对客观世界的准确观察。这是人类以求存为基础引发至以求真为目的的认知和行为的基本情况。

一、误差的普遍性与必然性

误差的普遍性和必然性存在于所有人类认识客观世界的过程当中。哲学上看，作为认识主体的人对于客观外部世界的认识是基于各类观察，而观察必然包含误差。人类的视觉、听觉、味觉、嗅觉、触觉和主观意识，都有明显的局限性。为了突破感官限制，提高观察能力，人们不断地设计出各种测量工具，如可以观测更宽频谱的电磁波、光波或声波的测量仪器，感受更细微运动变化的陀螺仪和加速度计等。这些测量工具极大地拓展了人们的观察能力。各种不同观察本质上是一种广义的测量行为；或者说，测量是一种人类观察认知行为的特殊形式。测量是主体与客体之间不断发生互动的一种行为和过程。在这一过程中，由于测试仪器不精确、试验方法不完善、周围环境影响干扰，以及人们认识能力有限等，所测得的数据与被测量的真实值之间，不可避免地存在着差异，在数值上即表现为误差。目前人们已经认识到，误差存在也是必然的。

除测量本身的局限性和片面性外，误差存在的普遍性还有一个更深刻的原因，即任何物质、能量的变化是永恒的。所谓静止，也只是性质相对的稳定，而绝非一成不变，仅仅在于这些变化的大小能否被察觉或暂时被忽略。在观察和测量完成的瞬间，被观测的客体对象会不断发生新的变化。随着科学技术的发展和人们认识水平的不断提高，测量时间可以确定得越来越精准，测量误差可以控制得越来越小，但终究无法完全消除误差。

随着量子物理学的发展，人们对于世界的认识进入更加微观的量子层次。海森伯（Heisenberg）提出的不确定性原理揭示了这样的事实，即微观客体的任何一对互为共轭的物理量，如坐标和动量，都不可能同时具有确定值，即不可能对它们的测量结果同时作出准确预测。这一理论从更深的层面指出，当存在观测意识时，客观物质世界与观测主体之间的界限将被打破，观测行为本身将会影响与改变被观测物质的运动状态。这表明，在观测的作用下，甚至真实值本身就不存在，观测误差必然存在。所以，也有学者认为，这体现了人类认识和测量能力的边界。

尽管误差存在具有必然性和普遍性，并已经被大量实践所证明，但是人们仍在不懈努力，希望能从这些观察与测量所得到的误差中，通过分析与研究来认识真实的世界。所以，无论在误差领域，还是认识论领域，研究认识与纠正测量上或认识上的各种偏差的误差测量都有着久远的历史和持久的需求。

二、导航系统精度测试的意义

（一）从作战性能角度认识精度测试的重要性

精确制导和导航定位技术是现代战争新军事理论在战争应用中得以实现的最重要技术基础之一。现代战争特别强调精确打击，精确打击的核心是提高导弹、鱼雷、炮弹等武器对目标的毁伤能力。为了解命中精度对制导武器毁伤能力的影响，以导弹为例进行说明。对于点目标而言，一般导弹毁伤概率 K 与命中精度圆概率误差（circular error probability，CEP）、弹头当量 Y 及发射导弹发数 n 之间的关系为[1]

$$K \propto \frac{nY^{2/3}}{(\text{CEP})^2} \tag{1-1}$$

显然，若精度不变，发射同样发数的导弹，弹头当量增大到原来的 10 倍，则导弹毁伤概率可以增大到原来的 4.64 倍；若弹头当量不变，发射同样发数的导弹，精度提高到原来的 10 倍，则导弹毁伤概率提高到原来的 100 倍。所以，对于同一目标，相同导弹威力情况下，提高导弹命中精度可以大幅度减少为摧毁目标所需发射导弹的发数。以此可以认识到导航系统精度对于作战和精确打击的重要性。

在各种武器平台中，武器的制导精度十分依赖于发射前武器平台导航系统所能提供的初始装订信息和对准信息的精度。例如，舰艇导航系统的精度就直接影响各类武器和舰上其他武器平台的作战性能。除此之外，导航系统和导航仪表也是影响船舶、飞机、火箭等载体正常运动控制的关键。以舰船导航为例，舰船导航系统的首要任务是保障舰船海上航行的安全，导航仪表的精度及工作的可靠性直接关系到舰船的安危。因此，通过充分测试确保导航系统精度满足设计要求十分重要。

（二）从装备全寿命角度认识精度测试的重要性

精度表征着导航系统的核心性能。其影响贯穿着导航系统设计、制造、测试、使用、维修、保障的各个环节。在设计过程中，精度指标是系统设计的重要依据，是设计工作的重要牵引，设计人员需要在方案设计和技术设计等各阶段充分研究装备的关键技术和误差控制问题，以确保精度性能的达成。在制造阶段，需要采取严格的加工、装配、调试等工艺，对制造的各个环节误差有效控制，监造管理人员需要了解与把握生产过程中关键的误差环节并加以监督。在测试阶段，试验人员需要采取有效的精度测试方法和测试仪器，在实验室和室外开展各种静态和动态的性能测试，以准确评估系统精度性能。在使用阶段，使用人员需要全面了解导航仪器的工作特点及误差特性，在不同的工作条件下能够正确地使用设备，使设备工作在精度最佳的工作状态。在维修阶段，维修人员需要准确分析设备误差现象及故障原因，并通过有效的测试方法检验故障是否得到修复，系统的精度是否得到有效恢复。所以，精度是导航专业最关注的问题，也是导航系统的核心问题。

（三）从测控技术角度认识精度测试的重要性

测控技术与仪器是研究信息的获取与处理，以及对相关要素进行控制的理论和技术，是电子、光学、精密机械、计算机、信息与控制技术多学科相互渗透而形成的一门高新技术密集型综合学科。导航与测控之间关系密切。获取载体运动信息和环境信息的导航系统中采用了大量的传感器技术和测量控制技术。大多数导航设备，如计程仪、测深仪、风速仪等，其本身都是典型的测控系统，在系统的技术形态上遵循着测控设备的设计结构。不仅导航系统内的各设备使用了大量的传感器技术，导航系统作为一个整体也可以被上级系统视为一个传感器系统，感知导航运动参数及各类环境信息。与此同时，在载体的航行控制和惯性稳定平台控制等方面，也涉及大量的控制技术。国内外许多大学和研究机构的测控技术专业、精密仪器专业和自动化专业等毕业的学生都是从事导航技术研究的主要力量[2]。

所以，从本质上看，提供载体时空基准的导航系统是一种典型的测控系统。对于测控系统和精密仪器系统而言，精度测试与分析处理始终是系统的关键问题。导航系统种类多样，如惯性导航、卫星导航、天文导航等，精度和误差是这些导航系统最终表现出的信息能力结果，涉及大量导航系统内在的原理机制，反映系统的内在特性。所以，误差分析也是各种导航装备与系统研究的重要内容。

（四）研究导航系统误差的意义

误差与精度指标关系密切，与设计方法及制造工艺关系密切。概括地说，对于导航系统而言，研究误差和精度有以下三个方面的意义：

（1）有助于分析导航系统误差形成原因，进行相应的理论研究，并改进算法，找到抑制或消除误差的方法；

（2）通过数据处理计算导航系统参数，实现真值计算估计，提高导航系统精度；

（3）制定正确的试验方法，指导性能测试试验的实施。

简言之，研究误差理论在导航系统中的应用，可以揭示导航系统误差的形成原因，分析导航系统误差规律、精度测试试验方法、试验数据的事后处理等，例如，如何对惯性导航系统、计程仪、电罗经、磁罗经、全球导航卫星系统（global navigation satellite system，GNSS）、陀螺仪、加速度计等不同系统或关键核心器件精度进行测试的具体试验方法和注意事项，以及这些具体方法背后的有关导航系统的原理知识等。误差研究对于导航系统十分重要，广泛应用于系统的设计、研制、生产、调试、验收、维护、使用等多个关键环节。

第二节　误差的基本概念

测量过程中误差产生的主要原因究竟有哪些呢？

一、误差来源

经过对误差理论的研究,人们将误差来源主要归纳为以下四个方面[3-4]。

(一)测量装置误差

测量装置误差主要包括标准量具误差、仪器误差和附件误差。

标准量具是指以固定形式复现标准量值的器具(如标准量块、标准电阻、标准砝码等)。尽管标准量具体现测量基准,但仍不可避免地含有误差。仪器或仪表是用来直接或间接完成测量的器具设备(如天平等比较仪器,压力表、温度计等指示仪表),其本身也具有误差。附件误差则是由仪器的附件或附属工具(如测长仪的标准环规、千分尺的调整量棒等)所引起的测量误差。

(二)环境误差

环境误差是指由于各种环境因素与规定的标准状态不一致而引起的测量装置和被测量本身的变化所造成的误差。分析环境因素造成的仪表误差需要具备丰富的工程经验。通常仪器仪表在规定的正常工作条件下所具有的误差称为基本误差,而超出此条件时所增加的误差称为附加误差。

工作环境如温度、湿度、气压(引起空气各部分的扰动)、振动(外界条件及测量人员引起的振动)、噪声、光线(引起视差)等,环境物理场如重力加速度、电磁场等的变化,载体机动如舰艇大机动、恶劣海况、舰艇武器发射等都会引起误差。所以,在导航系统精度测量时,需指明环境条件及要求。

(三)方法误差

方法误差是指由于测量方法不完善所引起的误差。例如,用钢卷尺测量大轴的圆周长 s,再通过计算求出大轴的直径 $d=s/\pi$,近似数 π 的取值不同,将会引起误差。又如,相对计程仪的工作原理导致其只能测量舰船相对水的速度,而无法测量对地速度。再如,船用磁罗经仪能测量相对磁北的航向偏差,而无法测量真北。

(四)人员误差

人员误差是指由于测量者受其分辨能力的限制、因工作疲劳引起视觉器官生理变化、固有习惯引起的读数误差,精神因素产生的疏忽误差,以及人员培训的水平、装备熟悉程度引起的误差等。

对导航设备进行误差分析时,应对上述四个方面的误差来源进行全面的分析,重点关注对误差影响较大的因素。

二、误差的概念

误差是指被测量的测得值与真值之间的差,可以用下式表示:

$$\text{误差} = \text{测得值} - \text{真值} \tag{1-2}$$

与误差相关的概念术语很多,常见误差概念如下。

（一）绝对误差与相对误差

1. 绝对误差

绝对误差通常简称为误差，绝对误差可以参照式（1-2）表示为

$$\text{绝对误差} = \text{测得值} - \text{真值} \tag{1-3}$$

由式（1-3）可知，绝对误差可能是正值或负值。真值是指观测量本身真实的大小。真值是一个理想的概念，一般未知。但在某些特定情况下，真值可以认为近似可知。在导航等应用领域，与绝对误差相关的误差概念还包括真误差、残差（residual）、离差（dispersion）、新息（innovation）等。

（1）真误差。

设被测量的真值为 L_0，一系列测得值为 l_i，则测量列中的真误差 δ_i 为

$$\delta_i = l_i - L_0 \tag{1-4}$$

式中：$i = 1, 2, \cdots, n$。

在导航系统中，通常将高精度等级的基准系统所测得的量值称为实际值。例如，电控罗经航向测得值为 30.1°，而同船的高精度惯性导航系统测得值为 30.31°。可以将高精度惯性导航系统测得值近似视为实际值，此时电控罗经测量的真误差近似为 –0.21°。

（2）残差。

通常被测量的真值未知，无法按式（1-4）求得真误差，这时可以用算术平均值 $\bar{x}$ 代替被测量的真值估计值 $\hat{x}$ 进行计算，此时的真误差称为残余误差，简称残差，即

$$v_i = l_i - \hat{x} \tag{1-5}$$

式中：v_i 为 l_i 的残差；l_i 为第 i 个测得值，$i = 1, 2, \cdots, n$。$\hat{x}$ 在很多情况下可以近似认为与 $\bar{x}$ 相等：

$$\hat{x} = \bar{x} \tag{1-6}$$

（3）离差。

误差理论中还有一个重要的误差概念是离差，它的定义表达式为

$$v_i = l_i - \bar{x} \tag{1-7}$$

当 $\hat{x}$ 与 $\bar{x}$ 相等时，残差与离差相等；当 $\hat{x}$ 与 $\bar{x}$ 不相等时，残差与离差也不相等。后面的章节中将会介绍二者不等的情况。

2. 相对误差

绝对误差与被测量的真值之比值称为相对误差。当测得值与真值接近时，也可近似用绝对误差与测得值之比值作为相对误差，即

$$\text{相对误差} = \frac{\text{绝对误差}}{\text{真值}} \approx \frac{\text{绝对误差}}{\text{测得值}} \tag{1-8}$$

因为绝对误差可能为正值或负值，所以相对误差也可能为正值或负值。

相对误差是无名数，通常以百分数（%）来表示。例如，用普通表测得的时间间隔为 40 s，该时间间隔用高一等级的秒表测得的时间为 40.40 s，因后者精度高，故可以认为 40.40 s 接近真实时间间隔，而普通表测量的绝对误差为 0.40 s，其相对误差为

$$\frac{0.40}{40.40} \approx \frac{0.40}{40} \approx 1\% \tag{1-9}$$

对于相同的被测量，绝对误差可以评定其测量精度的高低；但对于不同的被测量及不同的物理量，绝对误差就难以评定其测量精度的高低，而采用相对误差来评定较为确切。

例如，计程仪、测深仪、水声定位系统的精度指标使用了相对误差，计程仪的测速精度与载体的实际速度有关，测深仪的测深精度与海底深度有关，水声定位精度与距离有关。

（二）系统误差、随机误差与粗大误差

误差根据其特性，可以分为系统误差、随机误差和粗大误差。

1. 系统误差

（1）系统误差的定义。

系统误差的特征是在同一条件下，当多次测量同一被测量时，绝对值和符号保持不变，或者当条件改变时，按一定规律变化的误差称为系统误差。目前，对于系统误差的研究，虽然已经引起人们的重视，但是由于系统误差的特殊性，在处理方法上与随机误差完全不同，它涉及对测量设备和测量对象的全面分析，并与测量者的经验、水平以及测量技术的发展密切相关。因此，对系统误差的研究较为复杂和困难，研究有效发现、减小或消除系统误差的方法，是误差理论研究的重要课题，实际上也是导航系统关注的重点。

（2）系统误差产生的原因。

系统误差是由固定不变的或按确定规律变化的因素所造成的，这些误差因素往往可以被掌握，主要包括以下几种。

① 测量装置因素：仪器设计原理上的缺点，如杠杆齿轮测微仪直线位移与转角不成比例的误差；仪器零件制造与安装不正确，如标尺的刻度偏差、刻度盘和指针的安装偏心、仪器各导轨的误差、天平的臂长不等；仪器附件制造偏差，如标准环规直径偏差等。

② 环境因素：测量时实际温度对标准温度的偏差，测量过程中温度、湿度等按一定规律变化的误差等。

③ 测量人员因素：由于测量者的个人特点，识读刻度时，习惯偏于某一方向；动态测量时，有固定滞后的倾向差。

④ 测量方法因素：采用近似的测量方法或近似的计算公式等引起的误差。

（3）系统误差的分类。

系统误差可以按下列方法分类。

① 按对误差掌握的程度分类。

已定系统误差是指误差绝对值和符号已经确定的系统误差，如已知的惯性导航陀螺仪零漂和加速度计零偏等。

未定系统误差是指误差绝对值和符号未能确定的系统误差，但通常可以估计出误差范围。例如，在测控系统中使用温度传感器测沸腾的水时，所得的温度在 100 ℃上下、0.1 ℃范围以内波动，此时误差绝对值和符号不能准确确定，但通常可以估计出误差范围。

② 按误差出现规律分类。

不变系统误差是指误差绝对值和符号固定的系统误差。例如，用一把磨损的尺子测木棒，用所测得的长度与实际长度作差，其误差总是不变，此时误差绝对值和符号固定，即为不变系统误差。

变化系统误差是指误差绝对值和符号变化的系统误差。变化系统误差按其变化规律又可分为线性系统误差、周期性系统误差和复杂规律系统误差等。例如，在惯性导航系统中，经过计算得到的数据与实际数据的差随着时间的推移而增大，而且符号也不定，此时误差绝对值和符号均发生变化。

2. 随机误差

（1）随机误差的定义。

在同一测量条件下，当多次测量同一被测量时，绝对值和符号以不可预计的方式变化的误差称为随机误差。导航中许多测量过程都存在这样的随机误差，如利用光学方位仪测量叠标和目标、利用六分仪测量地标的水平角或太阳高度角、利用计程仪测量航程、利用卫星导航接收机测量位置等。

（2）随机误差产生的原因。

随机误差是由很多暂时未能掌握或不便掌握的微小因素所构成的，主要有以下几方面。

① 测量装置因素。

测量装置因素包括零部件配合的不稳定性、零部件的变形、零部件表面油膜不均匀、零部件之间的摩擦、信号处理电路的随机噪声等。对于不同的导航系统，如计程仪的测速误差，惯性导航系统的定位误差、GNSS 的定位误差等，有不同的规律。例如，航向和方位类系统的测量注重光学测量和精度比对方法，速度类测量注重载体运动控制和同步精度比对，位置测量包括静态和动态、短时和长时测量等多种不同状况。

② 环境因素。

环境因素包括温度的微小波动、湿度和气压的微量变化、光照强度变化、灰尘和电磁场变化等，如温度对惯性导航设备的误差影响、海流对计程仪的影响、电离层昼夜变化对罗兰 C 等无线电导航设备的影响、电磁场变化对各类卫星导航接收机设备的影响等。

③ 人员因素。

人员因素包括瞄准、读数的不稳定，人为操作不当等，如方位仪读数误差、六分仪瞄准误差、测量方法或操作错误带来的人为误差等。

3. 粗大误差

（1）粗大误差的定义。

超出在规定条件下预期的误差称为粗大误差，简称粗差。此误差值较大，明显歪曲测量结果，如测量时对错标志、读错或记错数、使用有缺陷的仪器，以及在测量时因操作不细心而引起的过失性误差等。

（2）粗大误差产生的原因。

产生粗大误差的原因是多方面的，大致可以归纳如下。

① 测量人员的主观原因。

由于测量者工作责任感不强、过于疲劳、缺乏经验操作不当，或在测量时不小心、不耐心、不仔细等，造成错误地读数或记录，这是产生粗大误差的主要原因。

② 外界条件的客观原因。

由于测量条件意外地改变（如机械冲击、外界振动、电磁干扰等），引起仪器示值或被测对象位置的改变而产生粗大误差，这是客观原因。

4. 各类误差的相互转化

必须注意，各类误差之间在一定条件下可以相互转化。对某项具体误差，在此条件下为系统误差，而在另一条件下为随机误差；反之亦然。例如，按一定精度要求制造的陀螺仪等传感器存在着制造误差。对某一个陀螺仪而言，其制造误差是确定数值，可以认为是系统误差；但对一批陀螺仪而言，制造误差是变化的，又成为随机误差。在使用某一陀螺仪时，若没有测量出该陀螺仪的常值漂移，而按这一批次的基本漂移使用，则制造误差属于随机误差；若测定出该陀螺仪的常值漂移，按实际漂移使用，则制造误差属于系统误差。掌握误差转化的特点，可以将系统误差转化为随机误差，用数据统计处理方法减小误差的影响；或者将随机误差转化为系统误差，用修正方法减小误差的影响。

总之，系统误差与随机误差之间并不存在绝对的界限。随着对误差性质认识的深化和测试技术的发展，有可能将过去作为随机误差的某些误差分离出来作为系统误差处理，或者将某些系统误差作为随机误差来处理。

（三）静态误差与动态误差

误差按照是否随时间而变化，也可以分为静态误差和动态误差。静态误差和动态误差对应了被测试的物理量是否随时间而变化。相应地，测试方法可以分为静态测试和动态测试。静态测试的被测量是静止不变的，动态测试的被测量是随时间或空间而变化的。目前，动态测试数据处理在误差理论中占据越来越重要的地位。

1. 静态误差

静态误差是指传感器在其全量程内任一点的输出值与其理论值的偏离程度。

根据贝塞尔（Bessel）公式（见第二章），静态误差的求取方法如下：将全部输出数据与拟合直线上对应值的残差视为随机分布，求出其标准偏差 σ，即

$$\sigma = \sqrt{\frac{1}{n-1}\sum_{i=1}^{n}(\Delta y_i)^2} \tag{1-10}$$

式中：n 为测试点数；Δy_i 为各测试点的残差。

取 2σ 或 3σ 值为传感器的静态误差。静态误差也可以用相对误差来表示，即

$$\gamma = \pm \frac{3\sigma}{y_{FS}} \times 100\% \tag{1-11}$$

式中：y_{FS} 为传感器量程。因此，有时将静态误差称为满量程误差。

静态误差是一项综合性指标，一般包括非线性误差、迟滞误差、重复性误差、灵敏度

（sensitivity）误差等（见第二章），若这几项误差是随机的、独立的、正态分布的，也可以将这几个单项误差综合而得（见第五章），即

$$\gamma = \pm\sqrt{\gamma_H^2 + \gamma_L^2 + \gamma_R^2 + \gamma_S^2} \tag{1-12}$$

2. 动态误差

（1）随机函数。

在动态测量中，对某一个不断变化的量进行测量（图 1-1），每一个测量结果是一个确定的随时间或空间变化的函数（如一条记录曲线），对于测量时间间隔内的每一瞬时，该函数都有一个确定的数值。但随机误差的存在，使得重复多次测量会得到不完全相同的函数结果（如一组记录曲线）。这种函数，对于自变量（时间或空间）的每一个给定值，它是一个随机变量，称这种函数为随机函数。

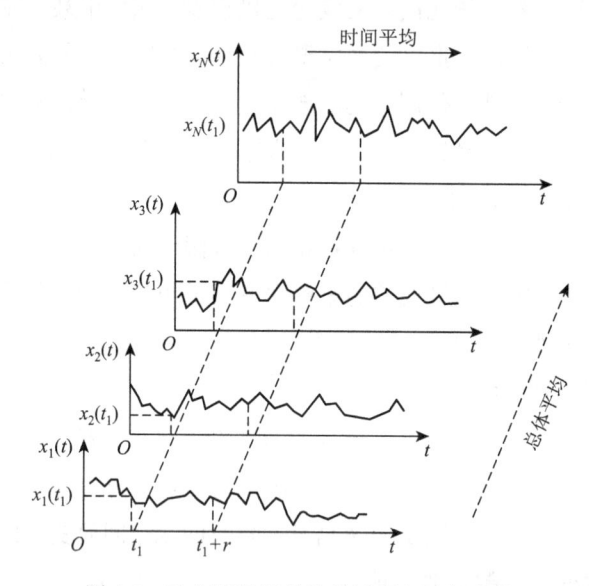

图 1-1 动态测量误差随机过程与随机函数

（2）随机过程。

自变量为时间 t 的随机函数，通常称为随机过程（如磨加工尺寸是磨削时间的随机函数）。自变量为空间坐标 l 的随机函数，通常称为随机场（如丝杆螺旋线误差是丝杆长度的随机函数）。随机场与随机过程的研究方法是一样的，因此统称为随机过程或随机函数。所有适用于自变量为时间 t 的随机函数的计算公式，同样适用于自变量为空间坐标 l 或其他参数的随机函数。

随机函数用 $x(t)$ 表示。图 1-1 中每个测量结果 $x_i(t)$ 称为随机函数的一个现实或一个样本，如 $x_1(t), x_2(t), \cdots, x_N(t)$。而 $x(t)$ 表示这些随机函数样本的集合（总体）：

$$x(t) = \{x_1(t), x_2(t), \cdots, x_N(t)\} \tag{1-13}$$

因此，随机过程或随机函数 $x(t)$ 包含如下内容：

① 当将 $x(t)$ 视为样本集合时，$x(t)$ 意味着一组时间函数 $x_1(t), x_2(t), \cdots, x_N(t)$ 的集合；

② 当将 $x(t)$ 视为一个样本（或一个现实）时，$x(t)$ 意味着一个具体的时间函数，如 $x(t) = x_3(t)$；

③ 若 $t = t_1$，则 $x(t)$ 意味着一组随机变量 $x_1(t_1), x_2(t_1), \cdots x_N(t_1)$ 的集合。

这就是随机函数或随机过程 $x(t)$ 的全部含义。

实际上，含义①、②、③的本质是一样的，只是对随机过程的描述方式不同。含义①是从总体集合意义上讲的。含义②是从一个时间历程（一个现实）上描述。一个现实表示一次试验给定的结果，这时，随机函数表现为一个非随机的确定性函数。例如，地震波测量是一个随机过程，这是从总体上说的，但对某一次地震的水平加速度记录，不论其波形、频率成分、持续时间等如何复杂，因为它是时间 t 的确定函数，且由这次记录所给定，所以这次记录是非随机性的。含义③则是从一个固定的 t_1 值上描述，由图 1-1 截取各个现实，得一组 $x_1(t_1), x_2(t_1), \cdots, x_N(t_1)$ 值，这是一组随机变量，同样反映随机过程 $x(t)$ 的特征。

由此可见，随机函数兼有随机变量与函数的特点。在一般实际测量中，多采用含义②描述随机过程；而在理论分析中，多采用含义③进行研究。

显然，用静态测量精度评定方法不能正确评定动态测量结果，而且不能进一步分析动态测量中的特殊现象（如测量速度、频率响应等）。因此，需要采取动态测量及误差计算的理论基础——随机过程理论。

与静态测量误差相似，动态测量误差中可能既包含系统误差，也包含随机误差，但这些误差一般是时间的函数。只有对这些误差逐个认真分析研究，采取适当的处理措施，才能正确地评定动态测量误差。这将在第九章中介绍。

三、精度

反映测量结果与真值接近程度的量称为精度。它与误差的大小相对应，因此可以用误差大小来表示精度的高低，误差小则精度高，误差大则精度低。

精度可以分为以下几种。

（1）准确度：反映测量结果中系统误差的影响程度。

（2）精密度：反映测量结果中随机误差的影响程度。

（3）精确度：反映测量结果中系统误差和随机误差的综合影响程度，其定量特征可以用测量的不确定度（或极限误差）来表示。

对于具体的测量，精密度高的准确度不一定高，准确度高的精密度也不一定高，但精确度高则精密度和准确度都高。

如图 1-2 所示打靶结果，子弹落在靶心周围有三种情况。图 1-2（a）的系统误差小但随机误差大，即准确度高但精密度低；图 1-2（b）的系统误差大但随机误差小，即准确度低但精密度高；图 1-2（c）的系统误差和随机误差都小，即精确度高，一般希望得到精确度高的结果。

以导航系统为例：在惯性导航系统中，如果只考虑惯性导航本身随时间推移产生的误差，那么这种类型的误差会影响准确度；GNSS 由于环境原因（如电磁、震动）产生的随机误差会影响精密度；实际惯性导航系统测量时会受系统自身的系统误差和外界干扰产生的随机误差的影响，即影响精确度。

(a) 准确度　　　　　　(b) 精密度　　　　　　(c) 精确度

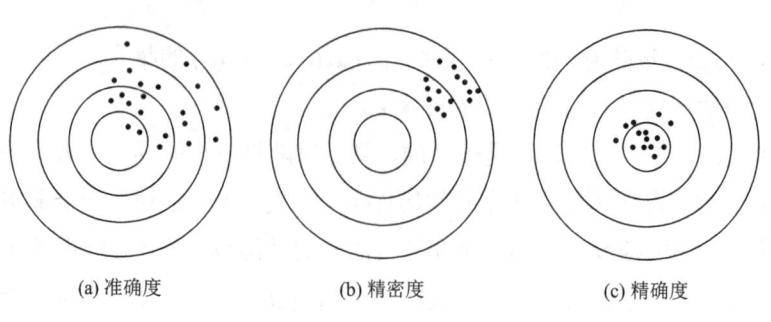

图 1-2　不同精度概念示意图

四、不确定度

1927 年德国物理学家海森伯在量子力学中提出"不确定度"之后，不确定度逐渐被误差研究所采用。相对于传统误差概念，采取不确定度的概念来描述误差，更具有普适性和合理性。1970 年前后，一些学者逐渐使用不确定度一词，一些国家计量部门也开始相继使用不确定度；1986 年，国际标准化组织（International Organization for Standardization，ISO）等七个国际组织共同组成了不确定度工作组，制定了《测量不确定度表示指南》（简称《指南》）；1993 年，《指南》由国际标准化组织颁布实施，在世界各国得到广泛应用。

随着生产的发展和科学技术的进步，测量不确定度在我国日益受到重视。美国、俄罗斯等国海军导航系统的定位性能基本都采用了不确定度的概念。广大科技人员，尤其是从事测量的专业技术人员都应正确理解测量不确定度的概念，正确掌握测量不确定度的表示与评定方法，以适应现代测量技术发展的需要。

（一）测量不确定度的定义

测量不确定度是表征被测量的真值在某个量值范围的一个估计，是测量结果含有的一个参数，用以表示被测量值的分散性。这种测量不确定度的定义表明，一个完整的测量结果应包含被测量值的估计和分散性参数两部分。例如，被测量 Y 的测量结果为 $y\pm U$，其中 y 为被测量值的估计，它具有的测量不确定度为 U。显然，在测量不确定度的定义下，被测量的测量结果所表示的并非为一个确定的值，而是分散的无限个可能值所处的一个区间。

（二）测量不确定度与误差

测量不确定度和误差是误差理论中两个不同的重要概念。它们具有相同点，都是评价测量结果质量高低的重要指标，都可以作为测量结果的精度评定参数；但它们又有明显的区别，必须正确认识与区分，以防混淆或误用。

从定义上讲，按照误差的定义式（1-1），误差是测量结果与真值之差，它以真值或约定真值为中心；而测量不确定度是以被测量的估计值为中心。因此，误差是一个理想的概念，一般不能准确知道，难以定量；而测量不确定度是反映人们对测量认识不足的程度，是可以定量评定的。

在分类上，误差按自身特征和性质分为系统误差、随机误差和粗大误差，并可以采取不同的措施来减小或消除各类误差对测量的影响。但由于各类误差之间并不存在绝对界限，在分类

判别与误差计算时不易准确掌握；测量不确定度不是按性质分类，而是按评定方法分为 A 类评定和 B 类评定，两类评定方法不分优劣，按实际情况的可能性加以选用。不确定度的评定不讨论影响不确定度因素的来源和性质，只考虑其影响结果的评定方法，从而简化了分类，便于评定与计算。

不确定度与误差有区别，也有联系。误差是不确定度的基础，研究不确定度首先需要研究误差，只有对误差的性质、分布规律、相互联系，以及测量结果的误差传递关系等有了充分的认识和了解，才能更好地估计各不确定度分量，得到测量结果正确的不确定度。用测量不确定度代替误差表示测量结果，易于理解，便于评定，具有合理性和实用性。但测量不确定度的内容不能包罗更不能取代误差理论的所有内容，如传统的误差分析与数据处理等均不能被取代。客观地说，不确定度是对经典误差理论的一个补充，是现代误差理论的内容之一，它还有待于进一步研究、完善与发展。

第三节　导航系统精度测试概述

导航系统作为一种特殊的测量系统，在其设计、制造、测试、使用等各个环节都会涉及大量的精度测试工作。这些精度测试问题包括导航设备层面的精度测试和导航设备内部关键部件或环节的精度测试问题。围绕解决各种实际问题，导航系统已经建立了多种成熟的测试方法和标准，同时根据导航系统技术发展，针对更高精度的测量需求，不断研究与改进测量仪器和精度评估方法。这些方法的主要理论基础就是误差理论与数据处理。导航系统测试涉及系统指标体系、试验方法、试验组织和试验数据处理等多个方面，其间大量运用误差理论的相关知识，是误差理论在导航系统测试中应用的集中体现。

一、导航系统精度测试与误差理论

（一）误差理论基本内容

为了充分认识进而减小或消除误差，必须对测量过程和科学试验中的误差进行研究。基于此，人们建立并不断发展相应的误差理论体系。其涉及的主要数学基础包括概率论、数理统计、随机过程、最优估计等。误差测量涉及测量仪表和测试装置，是测控、测绘、精密仪器等专业知识。经典误差理论可以初步划分为误差基本特性、误差合成理论、最小二乘原理和动态测试理论四类。

1. 误差基本特性

误差基本特性主要是指误差的基本知识和概念，是整个误差理论和数据处理的基础，其思想贯穿后续其他各个误差理论。在概念和方法的介绍上主要针对与时间无关或可以忽略时间因素的单一物理量的误差测量问题，即被测物理量的误差特性不随时间改变或可以忽略时间因素，测量的方法是通过重复测量来进行估计获得。现代误差理论更多使用不确定度来表述测量的精度性能。对于随机误差，其关注的重点是各种误差的随机分布特性，正态分布是其基础和核心；对于系统误差，其关注的重点是如何从试验数据中采取有效方法发现系统误差，并对其进行抑制。在进行数据处理时，还要掌握必要的粗大误差处理方法，主要理论基础为概率论相关数学知识。

2. 误差合成理论

误差合成理论是研究在多种因素共同作用下最终误差影响效果的经典误差理论分析方法。它包括误差合成和不确定度合成两种主要形式，适用于测量结果精度评估、测量仪器精度分析、测量方法设计、误差分配等实际问题，常常针对无法通过直接测量、与时间无关的单一物理量的误差间接测量问题。误差合成理论的核心是误差函数，它可以在已知必要的各环节误差特性的基础上，计算出最终系统误差、随机误差，以及合误差输出结果。其误差最小准则和误差测量的最优方案分析必须掌握具体方案方法的要点知识，主要使用概率论和高等数学等相关数学知识。

3. 最小二乘原理

最小二乘原理是一种在多学科领域中获得广泛应用的数据处理方法。人们采用这一方法可以妥善解决参数的最可信赖值估计、组合测量的数据处理、用试验方法来拟定经验公式、回归分析（regression analysis）等一系列数据处理问题。通常解决多参数估计的冗余测量问题，即通过冗余的测量物理量数据去间接计算，可以得到引起这一测量结果的其他物理量或相关的函数关系。实际应用中，可以将线性最小二乘形式近似视为线性误差合成的逆问题，且多不考虑时间因素，还可以针对非线性和参数时变问题进行相应的改进。这一理论的应用极为广泛，是现代统计学的数学基础，也是误差理论的经典理论方法。在误差理论体系中，最小二乘原理还是经典误差理论向动态误差理论发展的关键支点，在整个误差估计理论中扮演着重要的桥梁作用。

4. 动态测试理论

动态测试是指被测量的误差随时间或空间而变化，并不仅仅是测量过程的输入量随时间而变化。在基本原理上，动态测量误差处理可以视为静态测量的推广，但不能套用静态测量误差处理的方法。动态测试数据处理方法基于随机过程、数字信号处理、最优估计等方法，在误差理论与数据处理这门学科中的地位日益重要。由于该理论难度相对较大，本书主要介绍其概念和基本方法，其主要内容与信号分析和最优估计等有较大重叠，可以通过上述课程进行深入学习。

（二）导航系统精度测试与误差理论的关系

误差理论体系虽然已经很成熟，但还在不断发展。其知识体系涉及误差特性、随机分布、回归分析、最小二乘、随机过程等多个领域及大量数学知识，是测控类专业学习的核心内容，需要投入大量时间系统学习。导航专业是典型的测控应用类专业，在具体工作中大量应用相关误差处理知识。误差理论是导航系统测试工作的基础，导航系统精度测试是误差理论应用普遍性的表现，一般需要系统地掌握误差理论知识，如误差基本特性、误差合成、最小二乘等。但对于导航专业而言，更期望能直接结合未来岗位需求来设计学习内容。

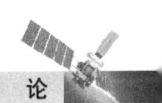

作为具体专业应用，误差理论有很多专业的特殊性，更需要从导航系统精度测试的角度，把握评判指标、测量基准、采集设备、测试方法、数据分析、误差修正等要点。不同导航系统的精度测试方法不同，导航系统实际测试所要求的专业背景理论也十分复杂。一些具体系统，如惯性导航系统的精度指标和测试分析方法现有误差理论也并不完善。需要指出的是，导航系统测试本身是一个具体、完整的工程问题，既包括导航系统环境适应性测试等装备通用测试问题，也包括导航系统具体的安装、标定、试验等专业性很强的实际具体问题。

二、导航系统精度测试与装备性能测试

（一）导航系统装备性能测试六大环节

导航系统装备性能测试是一种特殊的军事装备性能测试，其试验过程包括精度指标分析、测试方案论证、测试系统设计、工程筹备实施、试验组织实施和数据分析评估六大环节。其中精度指标是测试标准，测试方案是测试总纲，测试系统是测试载体，工程筹备是重要环节，试验实施是中心工作，分析评估是最终结果。

1. 精度指标分析

精度指标是测试标准。指标是导航系统装备性能的集中体现（见第二章），不同的试验所关注的被测核心指标也不同。例如，对于电磁兼容，主要测试其专项的电磁兼容性等。总之，性能指标体系是导航系统装备的核心，所有设计工作和测试工作均围绕此展开。

2. 测试方案论证

测试方案是测试总纲。针对被考核的性能指标制定满足要求的测试方案，能够对测试基准和测试方案的误差进行分析，对拟采取的试验方案进行论证，如分析国家军用标准（简称国军标）等相关规定要求、实际设备误差特性、测试环境、直接测量或间接测量方案、各类误差合成分析等。为满足不断产生的新导航装备的需求，试验方法需要更加丰富，更充分考虑环境、人员、使用要求等。测试方案论证的具体步骤为：确定测试基准，作为被测设备的真值参考；确定陪试设备，保证待测设备正常工作；确定模拟运动载体或实际试验船舶，并确定相应机动方案；确定各种复杂环境的模拟，验证不同工况下的系统性能；确定设备采集方案；确定相应的试验数据处理等。

3. 测试系统设计

测试系统是测试载体。测试系统是专门针对试验实施而设计的系统。在很多导航系统精度测试中，为确保试验测试工作的完成，必须搭建相应的测试环境，选配测试设备，选择试验船舶和各类测试实验室，并模拟各种复杂的测试环境，设计相应的同步录取装置。在无法选择基准设备的情况下，还需要自行研制相应的基准系统。

4. 工程筹备实施

工程筹备是重要环节。导航系统精度试验通常是在运动试验平台上进行的，为了确保测试的准确性，需要妥善处理安装、调试、标定等问题。特别是一些海试组织过程要求高，试验开

始之后，一旦出现故障停止，就可能造成难以估量的损失，甚至没有重复测试的机会。所以，工程实施筹备十分重要，它是确保试验能够正常进行的重要保障。

5. 试验组织实施

试验实施是中心工作。试验实施之前，需要制定相应异常预案和处置预案。在整个测试工作中，保障设备正常、数据正确记录是关键。由于实际情况十分复杂，总会出现多种意外，这时需要及时地分析、观察设备的工作状态，对各种现象进行记录，特别是各种异常和重要现象的记录，并在正式试验过程中，及时进行分析，对异常及时进行相应处置，保证试验的正常进行。

6. 数据分析评估

分析评估是最终结果。数据分析评估需要针对不同的指标要求，采用正确的数据处理方法，对试验结果进行处理，尽可能得到全面、准确的分析结果，并对整个试验最终的精度性能进行全面的分析，给出相应的试验测试报告和总结，以及相应的结论。

（二）导航系统精度测试与装备性能测试的关系

系统试验测试实际上是对关键典型的指标进行测试。那么装备系统测试评估中存在的问题有哪些呢？实际上，在不同的装备使用阶段，关注的性能往往是不同的。例如，在科研试验阶段，比较关注实际精度；而在工程阶段，则关注量产化后的精度和综合性能（包括费效比等）；在定型试验中，还会根据不同的性能试验，关注不同的特性，如电磁兼容、环境适应性等。对于用户来说，所有工作都是为了提供满足指标要求的产品装备，各方面是否满足要求是其关注的核心；对于研究单位来说，它们会根据大量实际应用产生的问题分析其内在原因，或者更加全面地考虑实际用户需求及技术发展特点，关注系统在各个层面是否存在改进空间；对于总体设计单位来说，它们会综合各种考虑，特别是军事需求的变化及技术潜力，提出更高更新的相关装备发展需求。

想实现所有状态的测试是不现实的，也是不必要的。如同抽样检验一样，并没有必要检查分析所有的产品。所以，试验需要选取关键指标和关键特征条件，并进行全面科学的分析评估，最终得到试验结论。正是由于测试存在的局限性与设备性能复杂性之间的矛盾，特别是测试条件与实际应用条件多样性之间的矛盾，需要从更加全局的角度来思考与设计装备试验。近年来提出的性能考核、作战性能考核和在役性能考核三个阶段考核，就是沿着这一思路深化的发展。

三、导航系统精度测试与系统工程

（一）系统工程与系统思维

系统工程是以大规模复杂系统为研究对象的一门交叉学科。系统工程思想的精华是系统思维，综合思维和整体思维是系统思维的特殊形式。任何系统都是以多种要素为特定目的而构成的综合体；任何系统的整体研究，都必须对其成分、层次、结构、功能、内外联系方式的立体网络进行全面、综合的考察，才能从多侧面、多因果、多功能上把握系统整体。综合思维是一种实用的整体思维形式，它注重以问题为导向，有多种应用形式。在认识事物方面，综合思维

引导人们先从不同侧面对对象或现象进行认识分析，然后将各个部分、各个属性进行综合，拼接构建成一个整体；按照事物的发展过程或处理流程，将事物分为若干个环节，通过对各个环节的分析与综合，找出其内在的联系脉络，构建出整体过程。

系统工程是从系统的整体出发，按既定的目标合理规划、设计、试验、建造、实施、管理、控制系统，并使其达到最优的一项科学技术。系统工程是组织管理系统的规划、研究、设计、制造、试验、使用的科学方法，从某种意义上来说，系统工程可以视为组织管理的技术，同时也是一种对所有系统都具有普遍意义的科学方法。

（二）导航系统精度测试与系统工程的关系

导航装备性能试验是一项系统工程。每一型实际装备的开发通常由工程发展研究、设计、试制、定型、投产、运用、退役等阶段组成。由于新装备大量使用先进技术，研制过程规模庞大，研制周期长，耗资巨大，为使新研制的武器装备系统达到预期目的，必须采用现代化的科学方法及技术手段，从整体上经济、有效地研究装备的发展、论证、研制、试验、监造、管理、使用方面的复杂系统问题，选择最佳方案，提高装备效能，实现整体最优化。这些都是军事系统工程要解决的问题。而导航装备性能试验与测试问题就是军事系统工程的一个具体应用。

围绕导航装备性能试验测试工作，需要建立以专项管理为核心的组织体系，以总体设计为龙头的技术体系，以及综合统筹的计划体系、人力资源体系和经费保障体系等。其中技术体系要科学制定系统方案，严格控制技术状态，确保系统优化和整体优化。计划体系通过系统筹划与综合平衡，制定各种目标规划和进度计划，并且分解到月、周、日，使试验各系统和环节成为纵横有序、衔接紧密、运筹科学的有机整体。工程计划是指挥调度与组织指导各系统协调发展的重要依据，以工程关键和短线项目为主线，采取合理并行和交叉并行的方法，制定出计划流程和节点计划，形成网络流程图，然后层层分解，落实到各单系统指导单机设备，通过对流程的动态管理，实现既满足技术要求，又合理配置设施、经费、人力资源，降低成本，确保质量的目标。计划体系的核心是综合统筹、配套管理、接口协调、节点控制、瓶颈突破。

思 考 题

1. 简述导航系统相关工作中哪些与误差分析和精度测试有关。总结误差研究在导航专业中的地位和意义。

2. 从导航装备监造的角度，说明精度测试对装备研制生产的重要性。

3. 从导航装备操作使用的角度，说明精度测试对装备正确使用的重要性。

4. 从导航装备保障维修的角度，说明精度测试对装备维护的重要性。

5. 梳理测量误差的定义及分类，注意区分绝对误差、相对误差、残差、离差等误差的概念及其差异。

6. 选取航海导航中的一种导航测量过程，说明天气、风浪、仪器、人员等因素在整个测量过程中对误差的影响。

7. 系统误差、随机误差、粗大误差等不同种类误差的特点是什么？

8. 请指出精度的不同含义，结合导航专业举例说明精密度、准确度和精确度各自的含义。

9. 不确定度与误差的联系和差异是什么？结合导航系统实际，说明两个概念在实际中的应用。

10. 简述测控专业误差理论与数据处理的主要内容脉络。为什么它是测控类专业的核心？

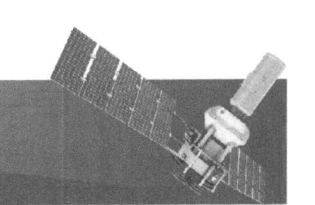

第二章 导航系统精度指标

惟精惟一，允执厥中。

——《尚书·虞书·大禹谟》

导航的精度指标是导航系统的核心性能指标。精度指标是根据设备使用需求和技术能力来确定的。不同的指标种类实际上反映了不同导航系统的误差特点。例如，定位、测向、测速、测姿等导航系统，大都采用正态分布的误差特性假设，基于均值和方差两个统计量，即可以近似得到其误差特性。常用的 1σ、2σ、3σ 和均方根（root mean square，RMS）等指标均基于正态分布，而在误差分析中可以采取正态分布的数学基础是大数定律。掌握导航装备性能，必须准确把握其核心的精度指标。

全面认识导航系统精度指标，还需要明确指定精度指标的条件，不能简单化、片面化地一概而论。有的导航系统精度与环境温度相关，如不同季节的舱外设备、受舱室空调影响的舱内设备、受温度控制系统控制速度和精度影响的设备等，都有可能呈现出不同的精度性能。有的导航系统与运动状态密切相关，受到外界的力作用不同。例如，在大机动、摇摆、振动等不同条件下，系统各部分受到的力的规律不同，系统精度也受到影响。还有的导航系统与时间有关，不同的时间其精度性能也不同。所以，精度指标必须要指明时间、温度、载体运动、地理范围等多种条件，装备设计时必须掌握全面、具体的指标特性。

为了便于读者了解指标体系，考虑到大部分导航系统属于测控仪器类设备的特点，本章首先借鉴并介绍传感器类器件和设备的常见指标知识；然后以惯性导航系统为例，介绍丰富的导航系统指标体系，以及正态分布、均值、方差等精度指标数学基础；最后在此基础上，进一步介绍极限误差、RMS、CEP 等不同种类的精度指标的含义。另外，现在误差理论更注重采取不确定度的方式来表征误差特性。不确定度也已被外军导航系统所采用，例如，美、俄两军在描述导航系统精度时，多次使用定位误差的椭圆不确定度直接对误差的大致范围几何形态进行描述。本章也对不确定度的评定方法作简要介绍。

第一节　传感器类导航装备常用指标

一、导航系统性能指标的意义

（一）性能指标是装备性能的集中表征与体现

一个装备系统的性能往往是动态的、复杂的，在多种不同条件、多元因素综合影响下表现出复杂多样的性能。装备的性能指标体系是全面反映系统性能的设计和测试依据，集中体现在研制技术要求和研制总要求中。描述系统价值的总体称为价值标准目标集。军事装备的主要价值目标因素包括战术技术性能、进度、费用、六性、期望寿命等。应针对不同的系统目标建立不同的评价标准来对系统进行综合评价。了解与掌握必要的装备指标体系知识，可以帮助技术人员了解装备的总体情况。

（二）核心性能指标是装备性能测试的主要依据

理论上对装备性能进行全面的试验测试，需要考虑装备使用过程涉及的各种工作条件，由于受到各种条件的限制以及时间、费效比等多种因素的影响，这在实际中往往难以做到。实际的装备性能考核往往需要对性能指标进行分析和选择，以确定必须检验的性能指标。因此，核心测试指标的确定十分关键，它是性能测试方案制定与实施的依据。

通过应用需求分析和装备关键技术分析等途径，可以完成系统核心性能的指标分析。通过上述分析，能够比较准确地确定系统关键性能，然后对各项指标影响的分析和测试指标的优化等进行综合评估，就可以确定最终的性能试验测试核心性能指标。

（三）准确把握核心精度指标对导航系统测试十分关键

在导航系统性能测试，特别是精度性能测试时，必须准确理解导航系统的核心精度，因此必须理解与掌握多种精度指标种类。这是导航系统精度指标体系的特点，也是导航系统测试工作的基本要求。

二、传感器类导航装备的性能特性

广义导航系统包括传感器类装备和信息决策类装备。传感器类装备主要包括各类测向、测速、定位、测姿等时空基准类导航装备；信息决策类装备主要包括电子海图、航海工作台等信息服务类导航装备。前者多采用实船测试方式，后者多采用模拟测试方式。本节介绍传感器类导航装备指标体系的基本知识。

可以从传感器特性和性能指标角度理解传感器类导航装备的指标体系。传感器特性在测控专业的相关课程中有详细介绍。简单地说，传感器的精度指标可以分为静态特性和动态特性。传感器的特性主要是指输入量 x（被测量）与输出量 y 之间的关系。当输入量为常量或变化极慢（可以忽略时间因素）时，这一关系就称为静态特性；当输入量随时间变化较快时，这一关系就称为动态特性[5-7]。很多传感器在一定条件下可以视为线性系统，其输出与输入关系能够用微分方程来描述。理论上,将微分方程中的一阶及一阶以上的微分项取为零时,即可得到静态特性。因此,传感器的静态特性只是动态特性的一个特例。

(一)静态特性

传感器的静态特性表示被测量 x 不随时间变化,输出量 y 与输入量 x 之间的函数关系通常表示为

$$y = a_0 + a_1 x + a_2 x^2 + a_3 x^3 + \cdots + a_n x^n \tag{2-1}$$

式中：$a_i (i=1, 2, \cdots, n)$ 为传感器的标定系数,反映传感器静态特性曲线的形态。

1. 测量范围与量程

传感器所能测量到的最小被测量(输入量) $x_{\min}$ 与最大被测量(输入量) $x_{\max}$ 之间的范围称为传感器的测量范围,表示为 $(x_{\min}, x_{\max})$。传感器测量范围的上限值与下限值的差 $x_{\max} - x_{\min}$ 称为量程。

2. 静态灵敏度与灵敏度误差

传感器输出变化量 Δy 与引起该变化量的输入变化量 Δx 之比即为静态灵敏度,其表达式为

$$k = \frac{\Delta y}{\Delta x} \tag{2-2}$$

由此可见,传感器静态特性曲线的斜率就是其静态灵敏度,反映传感器输入量(被测量)单位变化引起的输出量变化的大小。对具有线性特性的传感器,其特性曲线的斜率处处相同,静态灵敏度 k 为一常数,与输入量大小无关;而非线性传感器的静态灵敏度为变量。

某些原因,会引起灵敏度变化,产生灵敏度误差。灵敏度误差用相对误差表示,即

$$\gamma_s = \frac{\Delta k}{k} \times 100\% \tag{2-3}$$

3. 分辨力与分辨率

传感器的输入量与输出量之间的关系在整个测量范围内不可能做到处处连续。输入量变化太小时,输出量不会发生变化;只有当输入量变化达到一定程度时,输出量才会发生变化,即呈现"阶梯型"。传感器能检测到的最小输入增量 $\Delta x_{\min}$ 的绝对值称为分辨力(resolution)。分辨力反映传感器检测输入微小变化的能力。影响传感器分辨力的因素很多,如机械运动部件的干摩擦和卡塞、电路中的储能元件、A/D 的位数等。在传感器的测量范围内,因为输入量与输出量之间呈非线性关系,所以输入量不同时分辨力也不同,用 $\max|\Delta x_{i,\min}|$ 表示传感器的分辨力,则分辨率 γ 有[8]

$$\gamma = \frac{\max|\Delta x_{i,\min}|}{x_{\max} - x_{\min}} \times 100\% \tag{2-4}$$

在传感器输入最小测点(或零点)处的分辨力称为阈值(threshold)或死区(dead band)。

4. 线性度

理想的传感器静态特性是一条直线,但实际传感器的输入量与输出量之间的关系或多或

少地存在非线性问题。传感器实际的静态特性校准曲线与某一参考直线不吻合程度的最大值称为线性度（linearity）。在不考虑迟滞（hysteresis）、蠕变、不稳定性等因素的情况下，其静态特性可以用下列多项式代数方程表示：

$$y = a_0 + a_1 x + a_2 x^2 + a_3 x^3 + \cdots + a_n x^n \tag{2-5}$$

式中：a_0 为零点输出；a_1 为理论灵敏度；$a_2, a_3, \cdots, a_n$ 为非线性项系数。各项系数不同，决定了特性曲线的具体形式。

静态特性曲线可以由实际标定测试获得。在采用直线拟合线性化时，输出-输入的校正曲线与其拟合曲线之间的最大偏差，称为非线性误差，通常用相对误差 γ_L 来表示，即

$$\gamma_L = \pm \frac{\Delta L_{max}}{y_{FS}} \times 100\% \tag{2-6}$$

式中：ΔL_{max} 为最大非线性误差；y_{FS} 为全量程输出。

由此可见，非线性偏差的大小是以一定的拟合直线为基准直线而得出来的。拟合直线不同，非线性误差也不同。所以，应选择获得最小非线性误差的拟合直线。

5. 迟滞

传感器测量正（输入量增大）反（输入量减小）行程变化的输入量而形成的输出-输入曲线不重合的现象称为迟滞。迟滞特性如图 2-1 所示。迟滞误差一般以满量程输出的百分数表示，即

$$y_H = \pm \frac{\Delta H_{max}}{2 y_{FS}} \times 100\% \tag{2-7}$$

式中：ΔH_{max} 为正反行程之间输出的最大差值。

迟滞误差也称为回程误差。回程误差常用绝对误差表示。检测回程误差时，可以选择几个测试点。对应于每一输入信号，传感器正行程和反行程中输出信号差值最大者即为回程误差。

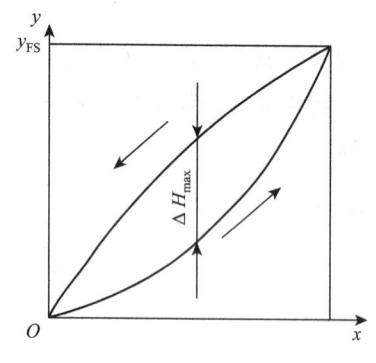

图 2-1 迟滞特性

6. 稳定性

传感器的稳定性有两个指标：一是测量传感器输出值在一段时间中的变化，用稳定度表示；二是传感器外部环境或工作条件变化所引起的输出值不稳定，用影响量表示。稳定度是指在规定时间内，测量条件不变的情况下，由传感器中随机性变动、周期性变动、漂移等引起的输出值变化，一般用精密度和观测时间表示。例如，某传感器输出电压值每小时变化 1.3 mV，则其稳定度可以表示为 1.3 mV/h。

影响量是指传感器由外界环境或工作条件变化所引起的输出值的变化量，它是由温度、湿度、气压、振动、电源电压、电源频率等一些外加环境影响所引起的。说明影响量时，必须将影响因素与输出值偏差同时表示。例如，某传感器由于电源变化 10%而引起其输出值变化 0.02 mA，应写成 0.02 mA（$U \pm 10\% U$）。

7. 重复性

传感器的输入量按同一方向变化时，在全量程内连续进行多次重复测试所得的特性曲线不一致。同一测试点，每一次的输出值都不一样，其大小是随机的。为反映这一现象，引入重复性（repeatability）指标。图 2-2 所示为输出曲线的重复特性，正行程的最大重复性偏差为 $\Delta R_{\max 1}$，反行程的最大重复性偏差为 $\Delta R_{\max 2}$。重复性偏差取这两个偏差之中较大者为 $\Delta R_{\max}$，以满量程 y_{FS} 输出的百分数表示，即

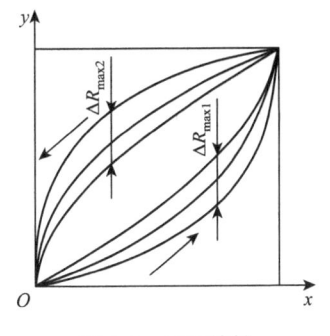

$$y_R = \pm \frac{\Delta R_{\max}}{y_{FS}} \times 100\% \quad (2\text{-}8)$$

图 2-2 重复特性

重复性误差也常用绝对误差表示。检测时也可以选取几个测试点，对应每一点多次从同一方向趋近，获得输出值系列 $y_{i1}, y_{i2}, \cdots, y_{in}$，算出最大值与最小值的差或 3σ 作为重复性偏差 ΔR_i，在几个 ΔR_i 中取最大值 $\Delta R_{\max}$ 作为重复性误差。

（二）动态特性

动态特性是指系统对随时间变化的输入量的响应特性。被测量可能以各种形式随时间变化，只要系统输入量 $x(t)$ 是时间的函数，则其输出量 $y(t)$ 也将是时间的函数，其间的关系要用动态特性方程来描述。

系统动态特性方程是指在动态测量时系统的输出量与输入量（被测量）之间随时间变化的函数关系。它依赖于系统本身的测量原理及结构，取决于系统内部机械参数、电气参数、磁性参数、光学参数等，而且这个特性本身不因输入量、时间、环境条件的不同而变。以线性时不变系统为例，动态误差可以分为以下几种：

（1）当静态误差为零时，动态误差是被测量的指示值与真值之间的差，它描述输入量随时间而变化时系统对相同输入幅度响应之间的差别；

（2）响应速度表示测量系统跟踪输入变量的变化快慢，即输出量与对应外加输入量之间的延迟，在频率域就是系统的相频特性；

（3）动态灵敏度是系统幅频特性，反映输入量幅度相同而频率变化时输出量幅度随频率变化的情况。

在估计系统的动态误差和响应速度（或延迟时间）等性能指标时，为简单起见，通常只根据规律性的输入来考察系统的响应。复杂周期输入信号可以分解为各种谐波，所以可以用正弦周期输入信号来代替。其他瞬变输入可以视为若干阶跃输入，用阶跃输入代替。因此，研究系统阶跃响应和正弦稳态响应来表征动态特性指标。上述动态指标主要与静态灵敏度 k、固有频率 ω_0、阻尼因数 ξ、时间常数 τ 等时域指标（上升时间、响应时间、延迟时间）等有关。

（三）可靠性

前面论述的静态特性和动态特性及其性能指标不能表征系统在应用中是否可靠工作。表征

这一特性的是可靠性指标,这是系统一类十分重要的指标。由于影响系统可靠性的因素比较多,描述、研究和试验比较复杂,在大多数专业教材中未能得到充分重视。

系统只有在规定条件和规定期间无故障工作才是可靠的。可靠性在统计学上被描述为:高可靠性意味着按要求工作的概率接近于1,即在工作期间,系统几乎不失效。目前,用可靠率$R(t)$、失效率$\lambda(t)$和平均无故障工作时间[9-10](mean time between failures,MTBF)等来评价可靠性。

1. 可靠率

可靠率是指在规定条件下和规定时间内系统完成所规定任务的成功率。设有N个相同的系统,使它们同时工作在同样的条件下,从它们启动至t时刻的运行时间内,有$F(t)$个系统发生故障,其余$S(t)$个系统工作正常,则该系统的可靠率$R(t)$定义为

$$R(t) = \frac{S(t)}{N} \tag{2-9}$$

系统的不可靠率$Q(t)$相应地表示为

$$Q(t) = \frac{F(t)}{N} \tag{2-10}$$

因为一个系统发生故障与无故障是互斥事件,必然满足$R(t)+Q(t)=1$,所以可靠率还可以写为

$$R(t) = 1 - Q(t) = \frac{N - F(t)}{N} \tag{2-11}$$

2. 失效率

失效率有时也称为瞬时失效率或故障率,是指系统运行至t时刻后单位时间内发生故障的系统个数与t时刻完好系统个数的比。假定N个系统的可靠率为$R(t)$,在t时刻至$t+\Delta t$时刻的失效系统个数为$N[R(t)-R(t+\Delta t)]$,t时刻完好系统个数为$NR(t)=S(t)$,于是,失效率$\lambda(t)$可以表示为

$$\lambda(t) = \frac{N[R(t) - R(t+\Delta t)]}{NR(t)\Delta t} \tag{2-12}$$

写成微分形式为

$$\lambda(t)\mathrm{d}t = -\frac{\mathrm{d}R(t)}{R(t)} \tag{2-13}$$

解得

$$R(t) = \mathrm{e}^{-\int_0^t \lambda(t)\mathrm{d}t} \tag{2-14}$$

正常使用状态下,认为系统失效率$\lambda(t)$不随时间而变化或变化很小,即$\lambda(t)=\lambda=$常数,故式(2-14)积分得

$$R(t) = \mathrm{e}^{-\int_0^t \lambda(t)\mathrm{d}t} = \mathrm{e}^{-\lambda t} \tag{2-15}$$

可见，系统经过一段时间老化后，其可靠率符合指数衰减规律。当某一时间的可靠率 $R(t)$ 已知时，可以利用式（2-15）计算失效率。失效率也可以用下式进行计算：

$$\lambda = \frac{\gamma}{T} \tag{2-16}$$

式中：γ 为系统失效数；T 为系统工作个数与其工作时间的乘积。

系统的平均失效率与元器件失效率的变化规律相同，即如图 2-3 所示的"浴盆曲线"。从图中可以看出，在系统刚投入使用时，由于设计不当及工艺上的缺陷等原因，有些系统很快出现早期故障而失效，这时的失效率较高，即为早期失效期。要提高系统的可靠性，应当采取合理设计方案，通过元器件筛选、老化、整机加速试验等措施来尽可能缩短早期失效期的时间，并尽可能使早期失效期在厂内度过。

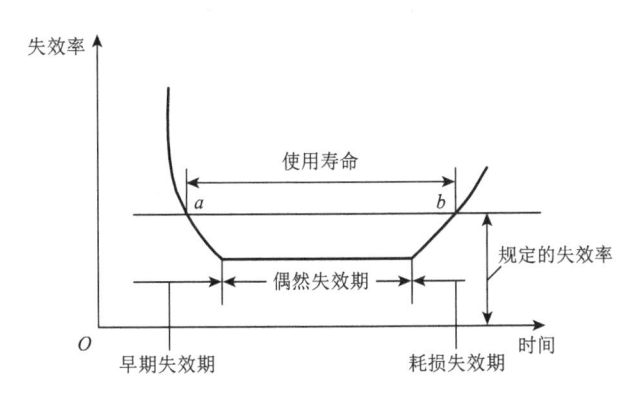

图 2-3 传感器系统失效率典型浴盆曲线

图中的第二段为偶然失效期，这一段是在早期失效的缺陷全部暴露之后，平均失效率变得较小且为常数，在此期间发生的故障是由随机因素影响而造成的。这种偶发失效来源于随机产生的应力、材料性质的随机分布及随机环境条件。这是系统最佳使用期，也是可靠性技术充分发挥作用的时期。

将某系统的若干产品投入使用较长时间以后，它们的失效数量又开始逐渐增多，可靠性大幅下降。在此期间发生的故障是由磨损、疲劳、热循环或系统的部分元器件使用寿命已到造成的，称为耗损故障。如图中的第三段，这个阶段称为耗损失效期，耗损失效的作用超过偶然失效。如果能够知道元器件寿命的统计分布规律，预先更换某些寿命将到的元器件，就可以防止发生耗损故障。这种预先更换元器件的维护方法称为预防性维护。显然，进行预防性维护能够延长系统的实际使用期。

3. MTBF

MTBF 与可靠率 $R(t)$ 之间的关系为

$$\mathrm{MTBF} = \int_0^{+\infty} R(t) \mathrm{d}t = \int_0^{+\infty} \mathrm{e}^{-\lambda T} \mathrm{d}t = -\frac{1}{\lambda} \mathrm{e}^{-\lambda T} \bigg|_0^{+\infty} = \frac{1}{\lambda} \tag{2-17}$$

可见，只要知道产品的失效率，就容易获得 MTBF。

第二节 惯性导航系统指标体系

导航系统的指标主要包括战技特性指标（精度、启动性能、抗干扰性能等）和通用特性指标（六性等）。其中最为重要的是战技特性指标。合理的战技特性指标制定将直接影响军工企业产品研制方向，充分激发厂家的技术潜力，有效促进产品进步；反之，则会影响产品发展。

一、战技指标论证

（一）军事应用需求分析

在确定装备技术发展重点项目计划时，必须以军事作战方针及所担负的任务为依据，认真调查研究，分析与预测国内外军事装备现状和发展趋势，根据需要和实际可能，通过综合平衡，分出轻重缓急，统筹安排[11]。

导航装备战技指标论证需要进行充分的军事应用需求分析和装备技术分析。其中军事应用需求分析需要对承担的军事任务进行深入分析。例如，作为保障舰艇航行安全和作战时空基准信息支持的导航系统，需要了解其作战使命任务、军事使用方式、信息支持种类等。除此之外，还要对应用环境条件进行充分分析，因为系统与环境是相互依存的。系统应用环境包括军事环境、物理和技术环境、人机环境等。

装备应用环境的复杂性包括电磁环境复杂性、气象环境复杂性、海洋环境复杂性、地域复杂性和船舶机动复杂性等。在此简要分析说明。

1. 电磁环境复杂性

现代高技术战场环境下各种形式的电子干扰与反干扰、破坏与反破坏、摧毁与反摧毁等相互作用造成实际电磁环境异常复杂。一方面，敌我双方的电磁优势争夺，如敌方实施的电子干扰、电子欺骗和脉冲攻击等，可能造成无线电设备中断、故障，甚至天线等部件烧毁；另一方面，装备体系内部各种电子设备之间的自扰及舰艇间的互扰，造成装备自身的电磁兼容问题。导航装备是一种特殊的电子装备，大部分装备都必须满足国军标规定的电磁兼容要求，一些卫星导航和无线电导航设备有专门的抗击导航战的相关性能指标，需要对此予以充分关注和测试。

2. 气象环境复杂性

气象环境是舰艇海上机动与作战不可忽视的重要因素，大气环境的复杂变化对部分导航装备的正常工作有显著影响。例如，天文导航系统的性能指标有明确的气象条件要求，导航雷达也会受到复杂气象条件和海面杂波的影响，气象测量设备也有明确的复杂气象条件工作要求。

3. 海洋环境复杂性

海洋环境包括海况、海浪、潮汐、水声、温度、盐度、密度、地形等，是影响导航设备工作的重要因素，甚至是决定因素。声学计程仪和测深仪对海况有明确要求。洋流、潮汐会增大相对计程仪的速度测量误差。复杂水声环境条件是影响各种水声导航设备性能的重要因素。舰船在高海况下的摇摆会对姿态测量与控制设备产生影响。海洋环境的复杂性和多变性使得声学换能器发射的声波在海水介质中传播时受到如温度、深度、盐度、海洋生物、底质等许多不稳定因素的影响，这些因素又常常随海域、气候、季节而变化，从而使声波在海洋环境中的传播极为复杂。

4. 地域复杂性

导航系统地域范围的复杂性包括水平尺度和垂直尺度的空间范围。水面尺度包括纬度范围、大纬度航行、跨越子午线和赤道、进入高纬度极区、全球导航等。垂直尺度包括浅水域、深水域、最大潜深等。同时，导航系统地域范围的复杂性还包括适应不同的水文气象环境，如狭窄水道、复杂条件等。

5. 船舶机动复杂性

船舶运动性能、不同的机动方式、各种复杂海况将对导航系统性能产生影响，所以大机动、复杂机动、匀速直航、潜航等要求对船舶线运动和角运动的影响进行分析，以及对相应的声场、流场、风场、地磁场、电磁场等背景物理场的影响进行分析。上述因素对导航系统性能都十分重要。

（二）战技指标论证现状简介

战技指标论证是典型的系统工程问题，科学、准确地确定需要考虑多种不同的因素，并形成相应的合理的技术分析、弹性决策、专家研讨等论证方法。当前指标论证前期主要以军方权威论证机构在有关机关指导下会同相关产品厂家开展技术分析；后期则以用户、院校、总体设计单位、国内知名专家的专家评审和审查会议形式确定通过。这一方式比较适合我国国情，但仍存在一定问题：指标体系受到产品厂家实际产品水平影响大；用户对产品实际需求建议受用户代表的业务能力影响大，所提出的建议易侧重局部问题点，系统性不强；国内专家更多注重技术，受评审时间限制，在关键指标讨论的充分性和意见最终妥善落实方面都存在一定的不足[12]。

以下两个阶段需要特别加以重视。

一是技术论证阶段。建立技术论证规范，加强技术论证的全面性。除国外产品及技术发展趋势、国内技术水平、上级系统设计要求输入牵引之外，可以从几个维度加强技术论证，如技术原理、器件与系统水平、环境条件、人员使用等。其中环境条件又可以细分为时空环境条件、力热声光电磁等全物理场环境条件、规律性或异常性条件限制等多维度分析。人员使用方面则需要加强以用户为主的产品部门的前期协助。

二是专家论证阶段。在机关和行业内权威论证机构的领导下，成立专门的行业专家机构，能够对论证结果进行持续跟踪与建议；充分发挥独立于军工部门的行业内科研技术力量，进行更为深入的技术层面论证；采取兰德（RAND）公司提出的德尔菲（Delphi）法（见第十章）及其他方式，改进现有专家会议模式，实现专家体系对论证工作的强力支撑。

随着导航装备的快速发展，在新的历史时期，应该大力借鉴系统工程的系统分析思想，不断探索研究新的导航产品指标论证模式。

二、舰艇惯性导航系统能力分析

惯性导航系统是舰艇导航系统的核心装备。在此通过对这一系统的能力和指标分析，介绍典型导航系统性能指标的主要内容。

为实现舰艇惯性导航系统的功能，系统必须具备以下几项能力。

（一）载体导航参数测量与解算能力

载体导航参数测量与解算能力是指惯性导航系统提供满足精度要求的舰艇地理经度、纬度、航向、纵摇、横摇、东向速度、北向速度等运动参数的能力，它是惯性导航系统能力的核心。该能力的强弱直接反映惯性导航系统主要技术性能的高低。

根据惯性导航系统工作原理可知，载体参数直接测量主要由惯性元件——陀螺仪和加速度计完成，而参数解算（也称为系统编排）与惯性导航系统结构、工作方式、计算机性能等密切相关。因此，载体参数测量与解算是由多方面因素共同作用所决定的，而用于评价载体参数测量与解算能力的具体项目也是由这些因素共同作用的结果，即惯性导航输出参数的技术指标所组成的。

惯性导航系统输出参数主要包括位置、航向、东向速度、北向速度、垂向速度、纵摇角、横摇角、角速度等。其技术指标通常表示为精度指标形式。水面舰艇的惯性导航系统可以工作于组合或自主方式，其输出参数的技术指标也分为组合和自主两类；潜艇惯性导航系统主要工作于自主方式，其参数技术指标为自主类附加综合校正指标。

有时为简单评价惯性导航系统技术性能，可以直接根据系统在无外部信息支持条件下的纯惯性方式导航定位精度或保精度自主定位工作时间来判断。惯性导航系统一定时间内定位精度越高或保精度自主定位工作时间越长，则其固有性能越优异。

（二）启动能力

惯性导航系统在启动过程中通常需要完成加温、对准和测漂补偿等步骤，以确保其在正常工作期间输出的参数信息满足其技术指标要求。这些步骤的执行方案及耗时与惯性器件、系统对准编排和载体运动状态等要素密切相关。

惯性导航系统启动能力的战技指标应指明启动时间要求、启动过程、舰艇平台运动状态和外部参考信息要求等。目前，国内平台式惯性导航系统为了适应舰艇平台不同状态下的启动要求，其启动方式通常划分为正常启动、应急启动和海上启动三种模式，每种模式下规定了启动过程、所需时间和详细要求。

（三）综合校正能力

惯性导航系统进入正常导航工作状态后，由于陀螺剩余漂移及其他因素引起的等效陀螺漂移的存在，系统产生位置和方位等参数误差，部分误差随时间积累造成惯性导航精度发散。为确保惯性导航系统能够长时间保精度工作，舰艇惯性导航系统，特别是长航时潜用惯性导航系统应具有综合校正能力，即能够利用工作过程中基于外部信息定位手段可用的时机，对惯性导航位置、航向误差、误差源（如陀螺漂移等）进行校正重调，从而最大限度地具备规定的自主精度性能。这也是舰艇惯性导航系统区别于航空惯性导航、武器惯性导航等其他领域惯性导航系统的重要特征之一。

舰艇惯性导航系统综合校正能力的强弱主要体现在校正期间对舰艇运动是否有特殊要求、校正所需外部信息的种类和精度、校正所需时间，以及惯性导航系统可以进行重调和校正的最大时间间隔等。

（四）信息发送能力

惯性导航系统是舰艇的主要信息源之一，众多参数在测量解算之后必须及时、准确地发送至其他系统，因此惯性导航系统必须具备足够的信息发送能力。该能力主要体现在传输接口的形式上，包括接口种类、通道数量、信息种类等。

现阶段，信息传递的形式主要包括数字量和模拟量两种。数字量传输通道主要包括并口、串口、总线（CAN 总线、1553B 总线等）、以太网等。模拟量传输通道主要利用微电机（旋转变压器、自整角机等），以远端复示角度、速度等参数为其主要应用。

（五）环境适应性能力

舰艇惯性导航系统环境适应性能力主要包括舰艇机动适应性能力和舰艇环境适应性能力两部分。舰艇机动适应性能力是指对舰艇平台复杂机动运动的适应。舰艇环境适应性能力是指对自然海洋环境和战场特殊环境的适应。惯性导航系统除须满足国军标所规定的舰艇电子设备环境要求外，还须对舰艇运动地理范围和运动状态等作出明确规定。

（六）综合保障能力

装备的综合保障能力主要包括可靠性、维修性、测试性、保障性、安全性五个方面，分别体现系统在规定条件和规定时间完成规定功能的能力、按规定的程序方法完成维修恢复规定状态的能力、及时准确确定或隔离内部故障的能力、装备保障资源满足平时战备和战时使用要求的能力，以及不危害人员健康导致伤亡或造成财产破坏损失的能力（见第十章）。此外，有时人们也将装备的经济性纳入装备的综合保障能力中。装备的经济性主要指装备论证、研制、生产、使用（含维修、存储等）和退役等全寿命周期的费用总和。惯性导航系统作为舰艇核心导航装备，需要具备突出的综合保障能力。

三、主要战技指标

惯性导航系统的能力主要通过战技指标加以体现。以国外典型的船用激光陀螺惯性导航系统指标为例（表 2-1），分别就与各项能力相对应的战技指标进行说明。

（一）导航参数精度指标

1. 定位误差

定义：定位误差是指惯性导航系统输出指定地理坐标系下的经纬度与其对应理论值之间在地球表面的直线距离。

表 2-1 国外典型的船用激光陀螺惯性导航系统指标一览表

型号	国家	旋转机构	惯性元件	性能精度	技术特性
MK49 AN/WSN-7 AN/WSN-7 A	美国	双轴	陀螺仪：GG1342 加速度计：QA2000	自主定位：0.7 n mile/72 h（TRMS） 1 n mile/120 h（TRMS）	不详
MK39 MOD3C	美国	单轴	陀螺仪：DIG20 加速度计：QA2000	自主定位：1 n mile/24 h（TRMS） 航向：<3′ sec Lat（RMS） 横摇、纵摇：<1.7′（RMS） 启动时间：16 h	体积：43 mm×476 mm×799 mm 质量：<130 kg
MINS2	美国	无	陀螺仪：GG1320 加速度计：QA2000	自主定位：1.5 n mile/8 h（TRMS），计程仪速度阻尼 3 n mile/24 h（TRMS），纯惯性 航向：<4′ sec Lat（RMS） 横摇、纵摇：<1.7′（RMS） 启动时间：码头 10 min，海上 20 min	体积：29.9 mm×210 mm×139.4 mm（DRU） 质量：7 kg（DRU） 功率：100 W
MK39 MOD3A	美国	无	陀螺仪：DIG20T 加速度计：QA2000	自主定位：1 nmile/8 h（TRMS） 启动时间：4 h 航向：<3′ sec Lat（RMS） 横摇、纵摇：<1.7′（RMS）	体积：88 mm×444 mm×594 mm（整体） 质量：<70 kg（整体）
SIGMA 40 SIGMA 40XP	法国	无	陀螺仪：GLS32 加速度计：A600	自主定位：1 n mile/8 h（TRMS） 1.5 n mile/24 h（TRMS） 航向：<3′ sec Lat（RMS） 横摇、纵摇：<1′（RMS） 启动时间：码头 3 min 后数据有效，15 min 后满足精度要求；海上 6 min 后数据有效，30 min 后满足精度要求	体积：285 mm×225 mm×410 mm（IMU） 352 mm×356 mm×510 mm（MS-XP） 质量：24 kg（INU），24 kg（MS-XP） 功率：<60 W（24 VDC） MTBF：>35 000 h MTTR：<30 min

常用形式：≤××n mile/××h（自主），≤××n mile（组合）。

常用误差类型：CEP、TRMS、3σ、Max。

说明：指明定位精度所使用的坐标系，如 CGCS2000 等。

2. 航向角误差

定义：航向角是指绕方位轴顺时针测量的载体纵轴艏向在水平面上的投影与正北方向的夹角。航向角误差是指惯性导航系统输出航向与真值之间的差值。

常用形式：≤××′/××h（自主）、≤××′（组合）。

常用误差类型：RMS、Peak、3σ。

说明：航向角误差指标有时表示为××′secφ 的形式，即航向角误差指标随载体所处地理纬度的不同而变化，纬度越大，则误差指标越大。

3. 纵摇角和横摇角误差

定义：纵摇角、横摇角是指载体纵轴、横轴与水平面的夹角。纵摇角、横摇角误差是指惯性导航系统输出纵摇角、横摇角与对应真值之间的差值。

常用形式：≤××′。

常用误差类型：RMS、Peak、3σ。

说明：针对姿态角（航向、纵摇角、横摇角）误差的技术指标有时特别列出其动态稳定性（dynamic stability），其定义为：在指定时间间隔 Δt 内姿态角误差最大变化量与 Δt 的比值。

4. 东向速度、北向速度、垂向速度误差

定义：东向、北向、垂向速度是指载体相对地球表面绝对运动速度在当地地理坐标系东向、北向、垂向上的投影分量。

常用形式：≤××kn、≤××m/s。

常用误差类型：RMS。

5. 姿态角速度误差

定义：姿态角速度包括航向角速度、纵摇角速度、横摇角速度，即单位时间内载体航向角、纵摇角、横摇角的变化量。

常用形式：≤××°/s。

常用误差类型：RMS。

6. 自主工作模式的附加条件说明

自主工作模式有纯惯性导航模式和外部辅助信息（速度、重力等）修正模式。由于计程仪（电磁、水压等相对计程仪）和重力仪均可以不受限制地自主连续工作，并对惯性导航系统提供长时间的连续外部信息补偿修正，一般情况下，可以将工作在纯惯性模式或利用外部速度、重力修正的惯性导航均当作自主式导航方式。因此，在描述惯性导航自主导航精度时，需要对所采取的辅助修正的外部信息的精度指标及其他要求进行说明。

7. 组合模式的外部信息附加条件说明

组合校正工作模式是惯性导航另一种正常工作模式，它与自主工作模式相对应。对于水面用户，称之为组合工作模式；对于水下用户，称之为校正模式。其特点在于需要间断获得外部精确的定位信息用于组合校正。这些外部定位信息可以通过卫星导航、天文导航、无线电导航、水声定位，以及地形匹配、地磁匹配、重力匹配等手段获得。所以，在描述惯性导航组合模式精度时，需要对所采取的外部辅助信息的精度指标及其他相关要求进行说明。

（二）启动性能指标

1. 启动时间

定义：启动时间是指从系统冷态下通电时刻起至满足规定性能时刻止之间的时间间隔。

常用形式：≤××h 等。

说明：船舶备航时间通常受制于惯性导航系统的启动时间。惯性导航系统启动时间越短，越有利于提高快速出航能力。

2. 启动附加条件

定义：启动附加条件是指为满足惯性导航系统正常启动而对载体运动状态和输入参数信息等所提出的特殊要求。

主要内容：①船舶运动状态，如码头停泊（定点状态）、匀速直航、任意航行等；②输入参数包括精度和输入频率，如初始位置、海上启动过程中载体连续的位置和速度等。

说明：惯性导航系统的启动附加条件与其内部结构、工作方式、系统编排密切相关。不同类型惯性导航系统的启动附加条件存在较大差异。通常，启动附加条件越简单，则惯性导航系统操作越方便，其自主性越高。

3. 综合校正性能指标

综合校正以往称为重调校正。对于重调与校正的理解目前国内行业并不统一。国军标中认为：对导航参数，特别是定位参数进行调整称为重调；而能够进一步对惯性导航所有参数（包含内部元件误差等参数）进行调整，则称为校准，也称为综合校准或综校。《惯性技术词典》中对重调的定义为：利用外部信息（如位置信息、方位信息和速度信息）修正惯性导航系统的输出或精确校准惯性导航系统的过程。这实际上与综合校正是一致的。在本书中，为避免理解上的歧义，对惯性导航重调校正重新定义：对惯性导航位置和航向误差的修正称为重调，对惯性导航误差源的修正称为校正，同时进行重调和校正，使惯性导航具备规定的自主精度性能称为综合校正。

4. 综合校正间隔时间

定义：综合校正间隔时间，也称为综合校正周期，是指惯性导航系统在自主工作模式下为保证输出参数精度指标而进行校正前后两次的时间间隔。

说明：

（1）因为惯性导航系统部分输出参数的误差随时间积累，所以系统校正间隔时间与用户对参数误差的容忍度相关。如果用户希望输出参数保持较高精度，那么需要缩短系统校正间隔时间；反之，可以延长系统校正间隔时间。

（2）部分惯性导航系统没有直接给出校正间隔时间指标，而是将其隐含在输出参数指标当中。例如，某型惯性导航自主模式下定位误差≤2.0 n mile/12 h（max），表示在校正间隔时间 12 h 的前提条件下，惯性导航最大定位误差不超过 2.0 n mile。

（3）在输出参数精度指标相同的前提条件下，校正间隔时间越长，表示该惯性导航性能越优异。这对于诸如强调自主导航的水下隐蔽用户而言极为重要。

（4）某些惯性导航系统也采用"两点校"或"三点校"方式，即利用不同时刻在两个观测点的精确位置和航向或三个观测点的精确位置信息进行校正。这种方式下，每次校正所用信息都可以由上一次校正所用部分观测点与当前观测点组合而成。因此，校正间隔时间也可以由观测点测量间隔时间表示。

（5）由于海上应用条件的特殊性，在使用中存在不能按照重调校正周期提供外部基准信息参数的可能。从指标完善的角度，应当指明系统最大可重调校正的时间间隔。

5. 综合校正所需时间

定义：综合校正所需时间是指校正开始至结束之间的时间间隔。

常用形式：≤×h 等。

说明：水面用户惯性导航系统通常采用"连续校"方式，即将外部参考信息以一定频率不断输入系统使系统进行校正。这种方式下校正所需时间主要是指外部参考信息输入的起止时间。而水下用户惯性导航系统可以采用"连续校"或"一点校"方式。其中"一点校"方式主要由内部校正算法所决定。

6. 校正附加条件

定义：校正附加条件是指为满足惯性导航系统校正而对输入的基准参数和载体航行状态所提出的特殊要求。

主要内容：输入参数包括精度和输入频率，如航行过程中的位置、航向、速度等。

说明：与启动附加条件类似，惯性导航系统的校正附加条件也与其内部结构、工作方式、系统编排密切相关。通常，校正附加条件越简单，则惯性导航系统操作越方便，其校正能力越强。

（三）信息发送指标

1. 传输通道类型

说明：实时性要求高的信息可以采用高速串口、反射内存、并口点对点传输等；数据量大的信息可以采用高速以太网传输；综合导航系统内设备间传输可以采用 CAN 总线、1553B 总线传输等；远程复示数据可以采用模拟口传输等。

2. 传输通道数量

说明：惯性导航系统通常具有专门的传输装置，通道数量主要由用户数量决定。此外，CAN 总线、以太网等传输方式已在舰船平台上成熟应用，通道数量较以前有所减少。多种传输方式在满足实时性和传输精度的前提条件下同时并存，且互为备份。

（四）环境适应性指标

1. 通用环境适应性指标

主要内容：温度、湿度、振动、颠震、冲击、霉菌、盐雾等。

说明：参见《舰船电子设备环境试验低温试验》（GJB 4.3—83）。

2. 载体机动适应性指标

定义：载体机动适应性指标可以分为可工作条件和保精度工作条件。可工作条件是指惯性导航系统满足该条件可以保证处于工作状态，但输出参数不能保证满足精度指标要求；保精度工作条件是指惯性导航系统满足该条件可以保证输出的参数满足精度指标要求。

主要内容：惯性导航系统所处地理范围，载体纵、横摇幅度和周期，航速，旋回角速度，环境温度和湿度等。

说明：保精度条件通常比可工作条件要求高。

（五）综合保障指标

1. 可靠性指标

定义：可靠性是指装备（产品）在规定条件和规定时间完成规定功能的能力。装备的可靠性反映装备在使用中不出或少出故障的质量特性。

（1）平均寿命：产品寿命的平均值或数学期望值。

可维修产品的平均寿命称为平均无故障工作时间（MTBF）。对惯性导航系统可以用MTBF衡量其整体可靠性。不维修产品的平均寿命称为平均无故障时间（mean time to failure，MTTF）。对惯性导航内部不可修复元件或组件，如陀螺仪和加速度计等，可以用MTTF衡量其可靠性。

（2）使用寿命：产品从制造完成到出现不可修复的故障或不能接受的故障率时的工作时间。使用寿命可以用于衡量惯性导航系统整体可靠性。

2. 维修性指标

定义：维修性是指装备（产品）在规定条件和规定时间采用规定的程序和方法完成维修的能力。

（1）平均修复时间（mean time to repair，MTTR）：排除故障所需实际修复时间的平均值。维修延续时间通常可以由 MTTR 表示。缩短维修延续时间是维修性设计最主要的目标，是系统维修迅速性的表征。

（2）维修性指数：每小时工作的平均维修工时。维修性指数反映维修的人力和机时消耗，直接关系到维修力量配备和维修费用，是维修性和可靠性的综合参数。

（3）年均维修费用：在规定使用期间内的平均维修费用与平均工作年数的比值。

3. 测量性指标

（1）故障检测率（fault detect rate，FDR）：惯性导航系统在规定期间内发生的所有故障，在规定条件下用规定方法能够被正确检测出的百分数。

（2）故障隔离率（fault isolation rate，FIR）：惯性导航系统在规定期间内已被检出的所有故障，在规定条件下用规定方法能够正确隔离到规定个数以内可更换单元的百分数。

（3）虚警率（false alarm rate，FAR）：在规定期间内发生的虚警数与故障指示总次数之比的百分数。

（4）故障检测时间：从故障发生开始检测至检出故障并给出指示所经过的时间。

（5）故障隔离时间：从检出故障至完成隔离程序指出要更换的故障单元所经过的时间。

4. 保障性指标

（1）战备完好率：当接到作战（使用）命令时装备能够按计划实施作战（使用）的概率。

（2）使用可用度：装备在拥有的时间内至少能执行一项规定任务所占时间的百分比。通常在飞机等装备中使用，也可用来评价惯性导航系统保障性。

（3）保障费用参数：常用每小时工作的平均保障费用表示。

5. 安全性指标

具体指标参见《军用设备和分系统电磁发射和敏感度要求》（GJB 151A—97）、《军用设备和分系统电磁发射和敏感度测量》（GJB 152A—97）、《接地、搭接和屏蔽设计的实施》（GJB 1210—91）的有关要求。

综上所述，舰艇惯性导航系统战技指标体系结构图如图 2-4 所示。

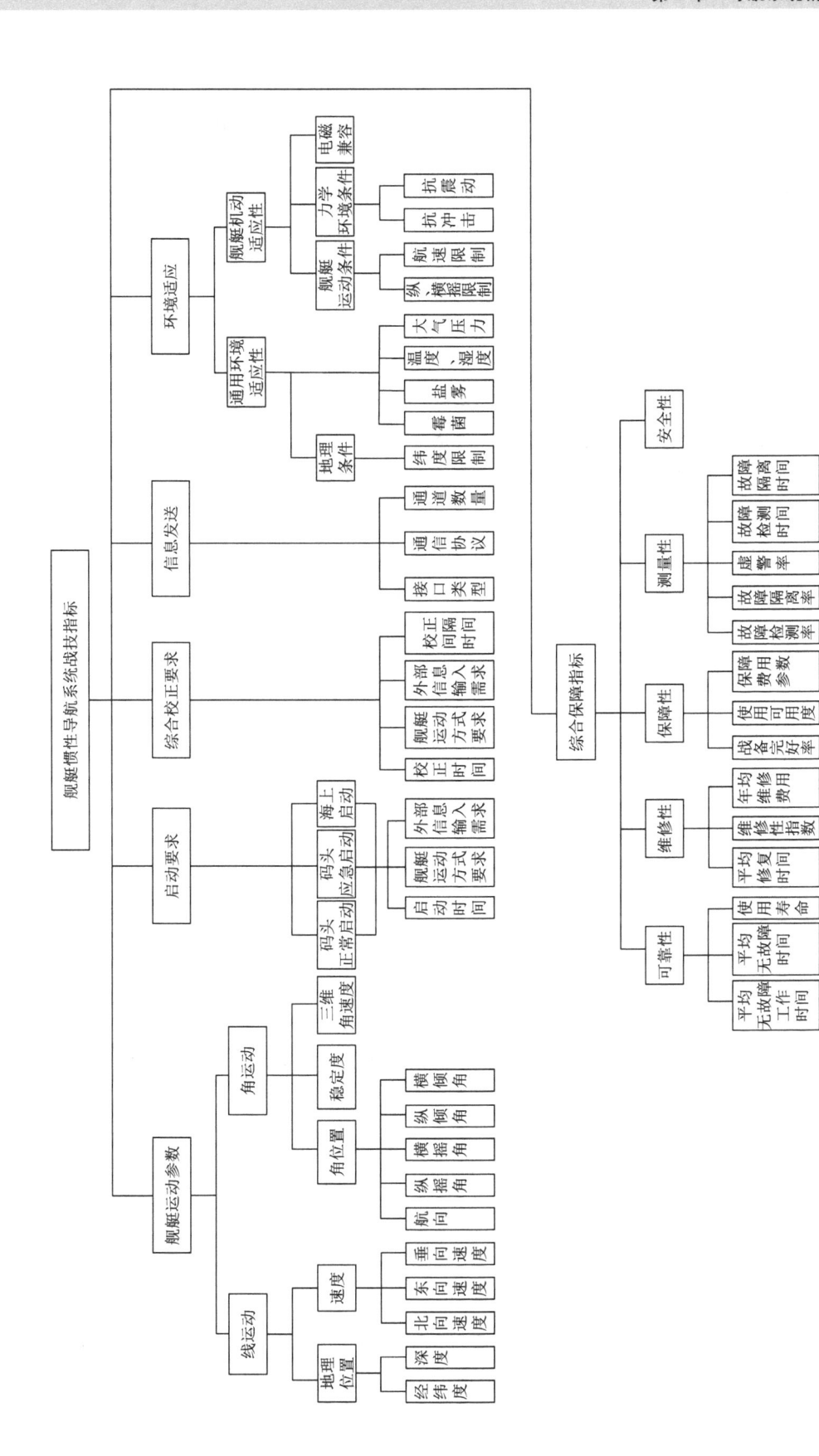

图 2-4 舰艇惯性导航系统战技指标体系结构图

第三节　精度指标的数学基础

导航系统有多种精度指标形式，大部分精度指标的提出都是基于正态分布，近年来还引入了不确定度的概念思想。本节对精度指标相关的数学基础知识进行介绍，在此基础上，下节将介绍导航系统主要精度指标的数学统计意义。

一、正态分布

随机误差的分布可以是正态分布，也可以是非正态分布，但多数随机误差都服从正态分布。最初提出类似正态分布思想的是伽利略（Galileo），他对其进行了定性描述；此后，拉普拉斯（Laplace）和棣莫弗（De Moivre）也对此做了大量研究；最终，高斯（Gauss）于1809年正式提出了正态分布。

（一）正态分布的数学描述

正态分布的分布密度 $f(\delta)$ 和分布函数 $F(\delta)$ 分别为

$$f(\delta) = \frac{1}{\sigma\sqrt{2\pi}} e^{-\frac{\delta^2}{2\sigma^2}} \tag{2-18}$$

$$F(\delta) = \frac{1}{\sigma\sqrt{2\pi}} \int_{-\infty}^{\delta} e^{-\frac{\delta^2}{2\sigma^2}} d\delta \tag{2-19}$$

式中：σ 为标准差。

正态分布的分布密度的数学期望为

$$E = \int_{-\infty}^{+\infty} \delta f(\delta) d\delta = 0 \tag{2-20}$$

其方差为

$$\sigma^2 = \int_{-\infty}^{+\infty} \delta^2 f(\delta) d\delta \tag{2-21}$$

其平均误差为

$$\theta = \int_{-\infty}^{+\infty} |\delta| f(\delta) d\delta = 0.797\,9\sigma \approx \frac{4}{5}\sigma \tag{2-22}$$

此外，由

$$\int_{-\rho}^{\rho} f(\delta) d\delta = \frac{1}{2} \tag{2-23}$$

可以解得或然误差为

$$\rho = 0.674\,5\sigma \approx \frac{2}{3}\sigma \tag{2-24}$$

图2-5所示为正态分布曲线以及各精度参数在图中的坐标。σ 值为曲线上拐点 A 的横坐标，θ 值为曲线右半部面积重心 B 的横坐标，ρ 值的纵坐标线则平分曲线右半部面积。由式（2-19）可以推导出正态分布随机误差的四个特征如下：

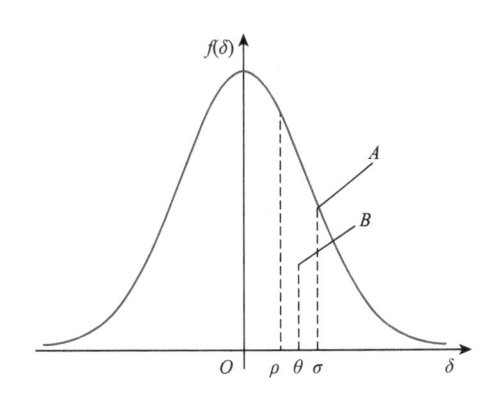

图 2-5　正态分布曲线

（1）误差的对称性：由 $f(\pm\delta) > 0$，$f(\delta) = f(-\delta)$ 可以推知分布具有对称性，即绝对值相等的正误差与负误差出现的次数相等。

（2）误差的单峰性：当 $\delta = 0$ 时，有 $f_{\max}(\delta) = f(0)$，即 $f(\pm\delta) < f(0)$，可以推知单峰性，即绝对值小的误差比绝对值大的误差出现的次数多。

（3）误差的有界性：虽然函数 $f(\delta)$ 的存在区间为 $[-\infty, +\infty]$，但实际上，随机误差 δ 只是出现在一个有限的区间内，即 $[-k\sigma, k\sigma]$。

（4）误差的补偿性：随着测量次数的增加，随机误差的算术平均值趋于零：

$$\lim_{n\to\infty}\frac{\sum_{i=1}^{n}\delta_i}{n} = 0 \tag{2-25}$$

（二）大数定律与中心极限定理

大多数随机误差服从正态分布的依据是什么？

1. 大数定律

有些随机事件无规律可循，有些是有规律的。这些有规律的随机事件在大量重复出现的条件下，往往呈现几乎必然的统计特性，这个规律就是大数定律（law of large number）。大数定律是一种描述当试验次数很大时所呈现的概率性质的定律，可以被简单地描述为"当试验次数足够多时，事件出现的频率无穷接近于该事件发生的概率"。大数定律由伯努利（Bernoulli）提出，是概率论历史上第一个极限定理。它是概率论与数理统计学的基本定律。大数定律并不是经验规律，而是被严格证明的定理。

2. 中心极限定理

中心极限定理（central limit theorem）是概率论中讨论随机变量序列部分和分布渐近于正态分布的一类定理。这组定理是数理统计学和误差分析的理论基础，指出了大量随机变量积累分布函数逐点收敛至正态分布的积累分布函数的条件。

中心极限定理表述为：设从均值为 μ、方差为 σ^2 的任意一个总体中抽取样本量为 n 的样本，当 n 充分大时，样本均值的抽样分布近似服从均值为 μ、方差为 σ^2/n 的正态分布。

中心极限定理是概率论中最重要的一类定理，也是数理统计学的基石之一，有广泛的实际

应用背景。在自然界及生产生活中，一些现象受到许多相互独立的随机因素的影响，当每个因素所产生的影响都很微小时，总的影响可以视为服从正态分布。中心极限定理从数学上证明了这一现象。最早的中心极限定理是讨论 n 重伯努利试验中事件 A 出现的次数渐近于正态分布的问题。1716 年前后，棣莫弗对 n 重伯努利试验中每次试验事件 A 出现的概率为 1/2 的情况进行了讨论；随后，拉普拉斯和李雅普诺夫（Lyapunov）等对此进行了推广与改进。自莱维（Levy）于 1919~1925 年系统地建立了特征函数理论起，中心极限定理的研究得到了快速发展，先后产生了普遍极限定理和局部极限定理等。

二、算术平均值

根据大数定律，随机变量序列的算术平均值向真值收敛。对某一量进行一系列等精度测量，因为存在随机误差，其测得值都不相同，所以用全部测得值的算术平均值作为最后测量结果。

（一）算术平均值的意义

在系列测量中，被测量的 n 个测得值的代数和除以 n 所得的值称为算术平均值。

设 $l_1, l_2, \cdots, l_n$ 为 n 次测量所得的值，则算术平均值 $\bar{x}$ 为

$$\bar{x} = \frac{l_1 + l_2 + \cdots + l_n}{n} = \frac{\sum_{i=1}^{n} l_i}{n} \tag{2-26}$$

若测量次数无限增加，算术平均值 $\bar{x}$ 必然趋近于被测量的真值 L_0。

由式（1-4）求和得

$$L_0 = \frac{\sum_{i=1}^{n} l_i}{n} - \frac{\sum_{i=1}^{n} \delta_i}{n} \tag{2-27}$$

根据正态分布随机误差的补偿性特征可知，当 $n \to \infty$ 时，有 $\frac{\sum_{i=1}^{n} \delta_i}{n} \to 0$，所以

$$\bar{x} = \frac{\sum_{i=1}^{n} l_i}{n} \to L_0 \tag{2-28}$$

由此可见，如果能够对某一量进行无限多次测量，就可以得到不受随机误差影响的测量值，或者其影响甚微可以忽略。这就是当测量次数无限增大时，算术平均值（也称为最大或然值）被认为是最接近于真值的理论依据。因为实际上均为有限次测量，所以只能将算术平均值近似地作为被测值真值。由于测量次数有限，由参数估计知，算术平均值是该测量总体期望的一个最佳估计量，即满足无偏性、有效性、一致性，且满足最小二乘原理（见第八章）在正态分布条件下的最大似然原理[3]。

（二）算术平均值的计算校核

算术平均值及其残余误差的计算是否正确，可以用求得的残余误差代数和性质来校核。根据式（1-5）求得的残余误差，其代数和为

$$\sum_{i=1}^{n} v_i = \sum_{i=1}^{n} l_i - n\bar{x} \tag{2-29}$$

式中的算术平均值 $\bar{x}$ 是根据式（2-28）计算的，当求得的 $\bar{x}$ 为未经凑整的准确数时，有

$$\sum_{i=1}^{n} v_i = 0 \tag{2-30}$$

残余误差代数和为零这一性质，可以用来校核算术平均值及其残余误差计算的正确性。但是，按式（2-26）计算 $\bar{x}$ 时，往往会遇到小数位数较多或除不尽的情况，必须根据测量的有效数字，按数据舍入规则，对算术平均值 $\bar{x}$ 进行截取与凑整。因此，实际得到的 $\bar{x}$ 可能为经过凑整的非准确数，存在舍入误差 Δ，即

$$\bar{x} = \frac{\sum_{i=1}^{n} l_i}{n} + \Delta \tag{2-31}$$

而

$$\sum_{i=1}^{n} v_i = \sum_{i=1}^{n} l_i - n\left(\frac{\sum_{i=1}^{n} l_i}{n} + \Delta\right) = -n\Delta \tag{2-32}$$

经过分析证明，用残余误差代数和校核算术平均值及其残余误差的规则如下。

（1）残余误差代数和应符合：

当 $\sum_{i=1}^{n} l_i = n\bar{x}$，求得的 $\bar{x}$ 为非凑整的准确数时，$\sum_{i=1}^{n} v_i$ 为零；

当 $\sum_{i=1}^{n} l_i > n\bar{x}$，求得的 $\bar{x}$ 为凑整的非准确数时，$\sum_{i=1}^{n} v_i$ 为正，其大小为求 $\bar{x}$ 时的余数；

当 $\sum_{i=1}^{n} l_i < n\bar{x}$，求得的 $\bar{x}$ 为凑整的非准确数时，$\sum_{i=1}^{n} v_i$ 为负，其大小为求 $\bar{x}$ 时的亏数。

（2）残余误差代数和的绝对值应符合：

当 n 为偶数时，$\left|\sum_{i=1}^{n} v_i\right| \leqslant \frac{n}{2} A$；

当 n 为奇数时，$\left|\sum_{i=1}^{n} v_i\right| \leqslant \left(\frac{n}{2} - 0.5\right) A$。

式中的 A 为实际求得的算术平均值 $\bar{x}$ 末位数的一个单位。

以上两种校核规则，可以根据实际运算情况选择一种进行校核，但大多数情况选用第（2）种规则较为方便，它不需要知道所有测得值之和[3]。

三、标准差

测量的标准偏差简称为标准差（standard deviation），也称为均方根误差。

（一）等精度测量列中单次测量标准差的计算

由于随机误差的存在，等精度测量列中各个测得值一般围绕该测量列的算术平均值有一定

的分散，该分散度说明了测量列中单次测得值的不可靠性，所以用σ值作为其不可靠性的评定标准。

符合正态分布的随机误差分布密度如式（2-20）所示，由此式可知：σ值越小，则e指数项的绝对值越大，从而$f(\delta)$减小得越快，即曲线变陡；e指数项的系数值变大，即对应误差为零（$\delta=0$）的纵坐标也变大，曲线变高。反之，σ值越大，则e指数项的绝对值越小，$f(\delta)$减小得越慢，曲线平坦，同时对应于误差为零的纵坐标也小，曲线变低。σ值反映了测量值或随机误差的分散程度，因此σ值可以作为随机误差的评定尺度。

图 2-6 中三个测量列所得的分布曲线不同，其标准差σ也不同，且$\sigma_1<\sigma_2<\sigma_3$。标准差$\sigma$的数值小，则任一单次测得值对算术平均值的分散度就小，测量的可靠性就高，即测量精度高（如曲线 1）；反之，则测量精度就低（如曲线 3）。因此，单次测量的标准差σ是表征同一被测量n次测量的测得值分散性的参数，可以作为测量列中单次测量不可靠性的评定标准。

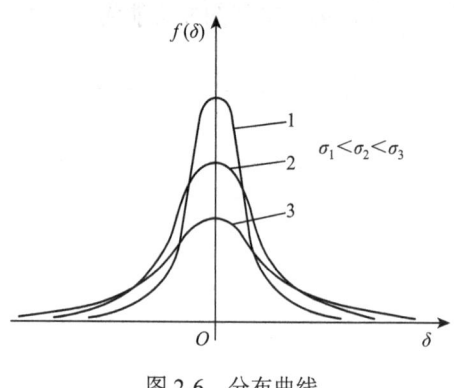

图 2-6 分布曲线

应该指出，标准差σ不是测量列中任何一个具体测得值的随机误差，σ的大小只说明，在一定条件下等精度测量列随机误差的概率分布情况。在该条件下，任一单次测得值的随机误差δ一般都不等于σ，但却认为这一系列测量中所有测得值都属于同样一个标准差σ的概率分布。在不同条件下，对同一被测量进行两个系列的等精度测量，其标准差σ也不相同。

在等精度测量列中，单次测量的标准差按下式计算：

$$\sigma=\sqrt{\frac{\delta_1^2+\delta_2^2+\cdots+\delta_n^2}{n}}=\sqrt{\frac{\sum_{i=1}^{n}\delta_i^2}{n}} \tag{2-33}$$

式中：n为测量次数（应充分大）；δ_i为测得值与被测量真值的差。

概括而言，采用σ作为随机误差的评定标准[3]。

（二）贝塞尔公式

等精度测量列单次测量标准差的计算方法中，最常用的是贝塞尔公式。当被测量的真值未知时，按式（2-33）不能求得标准差。实际上，在有限次测量的情况下，可以用残余误差v_i代替真误差，得到标准差的估计值。由式（1-4）知

$$\delta_i=l_i-L_0 \tag{2-34}$$

由此可得

$$\begin{cases}\delta_1=l_1-\bar{x}+\bar{x}-L_0\\ \delta_2=l_2-\bar{x}+\bar{x}-L_0\\ \cdots\cdots\\ \delta_n=l_n-\bar{x}+\bar{x}-L_0\end{cases} \tag{2-35}$$

式中：$\bar{x} - L_0 = \delta_{\bar{x}}$ 称为算术平均值的误差，将它和式（2-9）代入式（2-35）得

$$\begin{cases} \delta_1 = v_1 + \delta_{\bar{x}} \\ \delta_2 = v_2 + \delta_{\bar{x}} \\ \cdots\cdots \\ \delta_n = v_n + \delta_{\bar{x}} \end{cases} \tag{2-36}$$

将式（2-36）对应项相加得

$$\sum_{i=1}^{n} \delta_i = \sum_{i=1}^{n} v_i + n\delta_{\bar{x}} \tag{2-37}$$

即

$$\delta_{\bar{x}} = \frac{\sum_{i=1}^{n} \delta_i}{n} - \frac{\sum_{i=1}^{n} v_i}{n} = \frac{\sum_{i=1}^{n} \delta_i}{n} \tag{2-38}$$

将式（2-38）平方后再相加得

$$\sum_{i=1}^{n} \delta_i^2 = \sum_{i=1}^{n} v_i^2 + n\delta_{\bar{x}}^2 + 2\delta_{\bar{x}}\sum_{i=1}^{n} v_i = \sum_{i=1}^{n} v_i^2 + n\delta_{\bar{x}}^2 \tag{2-39}$$

将式（2-38）平方得

$$\delta_{\bar{x}}^2 = \left(\frac{\sum_{i=1}^{n} \delta_i}{n}\right)^2 = \frac{\sum_{i=1}^{n} \delta_i^2}{n^2} + \frac{2\sum_{1 \leqslant i < j}^{n} \delta_i \delta_j}{n^2} \tag{2-40}$$

当 χ^2 适当大时，可以认为 $\sum_{i=1}^{n} \delta_i \delta_j$ 趋近于零，将 $\delta_{\bar{x}}^2$ 代入式（2-40）得

$$\sum_{i=1}^{n} \delta_i^2 = \sum_{i=1}^{n} v_i^2 + \frac{\sum_{i=1}^{n} \delta_i^2}{n} \tag{2-41}$$

由式（2-39）可知

$$\sum_{i=1}^{n} \delta_i^2 = n\sigma^2 \tag{2-42}$$

代入式（2-41）得

$$n\sigma^2 = \sum_{i=1}^{n} v_i^2 + \sigma^2 \tag{2-43}$$

即

$$\sigma = \sqrt{\frac{\sum_{i=1}^{n} v_i^2}{n-1}} \tag{2-44}$$

式（2-44）称为贝塞尔公式，根据此式可以由残余误差求得单次测量标准差的估计值[3]。

根据我国有关名词的规定，一列有限次 n 个测量值，应视为测量总体的取样，所求得的标准差估计值用代号 s 表示，以区别于总体标准差 σ。本书各章经常会同时出现 σ 和 s 两个代号，容易混淆。为便于教学叙述，标准差估计值仍用 σ 表示，但实际测量时计算有限次测量值的标准差，用代号 s 表示。

四、标准不确定度的评定

由于测量误差的存在,被测量的真值难以确定,测量结果带有不确定性。长期以来,人们不断追求以最佳方式估计被测值,以最科学的方法评价测量结果的质量高低程度。测量不确定度是评定测量结果质量高低的重要指标。不确定度越小,则测量结果的质量越高,使用价值越大,其测量水平也越高;不确定度越大,则测量结果的质量越低,使用价值越小,其测量水平也越低。

根据测量不确定度的定义,在测量实践中如何对测量不确定度进行合理评定,是必须解决的基本问题。对于一个实际测量过程,影响测量结果精度的有多方面因素,因此测量不确定度一般包含若干个分量,各不确定度分量不论其性质如何,都可用两类方法进行评定,即 A 类评定和 B 类评定。其中一部分分量由一系列观测数据的统计分析来评定,称为 A 类评定;另一部分分量不是用观测数据,而是基于经验或其他信息所认定的概率分布来评定,称为 B 类评定。所有的不确定度分量均用标准差表征,它们或是由随机误差引起的,或是由系统误差引起的,都对测量结果的分散性产生相应的影响。

用标准差表征的不确定度称为标准不确定度,用 u 表示。测量不确定度所包含的若干个不确定度分量,均为标准不确定度分量,用 u_i 表示,其评定方法如下[13-15]。

(一)标准不确定度 A 类评定

A 类评定是用统计分析法评定,其标准不确定度 u 等同于由系列观测值获得的标准差 σ,即 $u=\sigma$。标准差 σ 的基本求法如式(2-44)所示,此外还有别捷尔斯(Peters)法、极差法、最大误差法等其他方法(见第四章)。

当被测量 Y 取决于其他 N 个量 $X_1, X_2, \cdots, X_N$ 时,Y 的估计值 y 的标准不确定度 u_y 将取决于 X_i 的估计值 x_i 的标准不确定度 u_{xi},为此要首先评定 x_i 的标准不确定度 u_{xi}。在其他 $X_j (j \neq i)$ 保持不变的条件下,仅对 X_i 进行 n 次等精度独立测量,用统计法由 n 个观测值求得单次测量标准差 σ_i,则 x_i 的标准不确定度 u_{xi} 的数值按下列情况分别确定:若用单次测量值作为 X_i 的估计值 x_i,则 $u_{xi} = \sigma_i$;若用 n 次测量的平均值作为 X_i 的估计值 x_i,则 $u_{xi} = \sigma_i / \sqrt{n}$。

(二)标准不确定度 B 类评定

B 类评定不用统计分析法,而是基于其他方法估计概率分布或分布假设来评定标准差并得到标准不确定度。B 类评定在不确定度评定中占有重要地位,因为有的不确定度无法用统计方法来评定,或者虽然可以用统计法,但并不经济可行,所以在实际工作中,采用 B 类评定方法居多。

设被测量 X 的估计值为 x,其标准不确定度的 B 类评定是借助于影响 x 可能变化的全部信息进行科学判定的。这些信息可以是历史测量数据、经验或资料、有关仪器和装置的一般知识、制造说明书和检定证书或其他报告所提供的数据、由手册提供的参考数据等。为了合理使用信息,正确进行标准不确定度的 B 类评定,要求有一定的经验并对被测量有透彻了解。

采用 B 类评定法,需要先根据实际情况分析,对测量值进行一定的分布假设,可以假设为正态分布,也可以假设为其他分布,常见的有下列几种情况。

（1）若测量估计值 x 受到多个独立因素影响，且影响大小相近，则假设为正态分布，由所取置信概率 P 的分布区间半宽 a 和包含因子 k_p 来估计标准不确定度，即

$$u_x = \frac{a}{k_p} \qquad (2-45)$$

式中：包含因子 k_p 的数值由本书末附录中的附表 1 正态分布积分表查得。

（2）若估计值 x 取自有关资料，所给出的测量不确定度 U_x 为标准差的 k 倍，则其标准不确定度为

$$u_x = \frac{U_k}{k} \qquad (2-46)$$

（3）若已知估计值 x 落在区间 $(x-a, x+a)$ 内的概率为 1，且在区间内各处出现的机会相等，则 x 服从均匀分布，其标准不确定度为

$$u_x = \frac{a}{\sqrt{3}} \qquad (2-47)$$

（4）若估计值 x 受到两个独立且都具有均匀分布的因素影响，则 x 服从在区间 $(x-a, x+a)$ 内的三角分布，其标准不确定度为

$$u_x = \frac{a}{\sqrt{6}} \qquad (2-48)$$

（5）若估计值 x 服从在区间 $(x-a, x+a)$ 内的反正弦分布，则其标准不确定度为

$$u_x = \frac{a}{\sqrt{2}} \qquad (2-49)$$

第四节　导航系统常用精度指标

导航系统采取多种精度指标形式，明确不同精度指标形式对误差的准确定义，对准确理解导航系统精度指标十分重要。导航系统所采取的精度指标种类多样，本节对常用的几种指标进行介绍。

一、极限误差指标

导航系统常常需要对参数的极限误差予以评定。极限误差也称为极端误差，测量结果（单次测量或测量列的算术平均值）的误差不超过该极限误差的概率为 P，并使差值 $1-P$ 可以忽略。当测量列的测量次数足够多且单次测量误差为正态分布时，根据概率论知识，可以求得单次测量的极限误差，如 3σ 误差等；当测量列误差不是正态分布时，可以采用最大误差（Max）或峰-峰值误差（Peak）。上述指标尽管经常在导航系统精度评定中使用，但却十分容易混淆。

（一）3σ 误差指标

由概率积分可知，随机误差正态分布曲线下的全部面积相当于全部误差出现的概率，即

$$p = \int_{-\infty}^{+\infty} f(\delta) \mathrm{d}\delta = \int_{-\infty}^{+\infty} \frac{1}{\sigma\sqrt{2\pi}} \mathrm{e}^{-\frac{\delta^2}{2\sigma^2}} \mathrm{d}\delta = 1 \qquad (2\text{-}50)$$

而随机误差在 $(-\delta, +\delta)$ 内的概率为

$$p = \int_{-\delta}^{\delta} f(\delta) \mathrm{d}\delta = \int_{-\delta}^{\delta} \frac{1}{\sigma\sqrt{2\pi}} \mathrm{e}^{-\frac{\delta^2}{2\sigma^2}} \mathrm{d}\delta \qquad (2\text{-}51)$$

引入新的变量 t，有 $t = \delta/\sigma$，即

$$\delta = t\sigma \qquad (2\text{-}52)$$

经变换，上式变为 $p = \frac{1}{\sqrt{2\pi}} \int_{-t}^{t} \mathrm{e}^{-t^2/2} \mathrm{d}t = \frac{2}{\sqrt{2\pi}} \int_{0}^{t} \mathrm{e}^{-t^2/2} \mathrm{d}t = 2\Phi(t)$，故

$$\Phi(t) = \frac{1}{\sqrt{2\pi}} \int_{0}^{t} \mathrm{e}^{-t^2/2} \mathrm{d}t \qquad (2\text{-}53)$$

此函数 $\Phi(t)$ 称为概率积分，不同 t 的 $\Phi(t)$ 值可由正态分布积分表查出。若某随机误差在 $(-t\sigma, t\sigma)$ 内出现的概率为 $2\Phi(t)$，则超出的概率为

$$\alpha = 1 - 2\Phi(t) \qquad (2\text{-}54)$$

表 2-2 给出了几个典型的 t 值及其相应的超出或不超出 $|\delta|$ 的概率（图 2-7）。由表可见，随着 t 的增大，超出 $|\delta|$ 的概率减小得很快。当 $t = 2$，即 $|\delta| = 2\sigma$ 时，在 22 次测量中只有 1 次的误差绝对值超出 2σ 范围；而当 $t = 3$，即 $|\delta| = 3\sigma$ 时，在 370 次测量中只有 1 次误差绝对值超出 3σ 范围。在一般测量中，测量次数很少超过几十次，所以可以认为绝对值大于 3σ 的误差是不可能出现的，通常将这个误差称为单次测量的极限误差 $\delta_{\lim}x$，即

$$\delta_{\lim}x = \pm 3\sigma \qquad (2\text{-}55)$$

表 2-2 正态分布常用概率范围统计值

t	$|\delta| = t\sigma$	概率范围 不超出 $|\delta|$ 的概率 $2\Phi(t)$	超出 $|\delta|$ 的概率 $1 - 2\Phi(t)$	测量次数 n	超出 $|\delta|$ 的测量次数
1	1σ	0.682 6	0.317 4	3	≈1
2	2σ	0.954 4	0.045 6	22	≈1
3	3σ	0.997 3	0.002 7	370	≈1

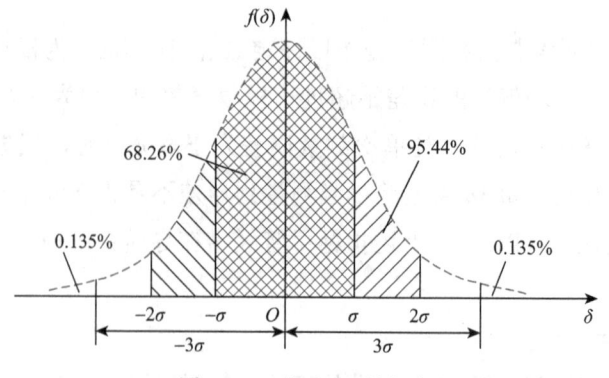

图 2-7 t 值及 $|\delta|$ 的概率

当 $t=3$ 时，对应的概率 $P=99.73\%$。在实际测试中，如船用光学罗经的姿态最大值，就可以用经过野值剔除后的最大值作为 3σ 指标。

在实际测量中，有时也可以取其他 t 值来表示单次测量的极限误差，如取 $t=2.58$，$P=99\%$；$t=2$，$P=95.44\%$；$t=1.96$，$P=95\%$ 等。因此，一般情况下，测量列单次测量的极限误差可以用下式表示：

$$\delta_{\lim}x = \pm t\sigma \tag{2-56}$$

若已知测量的标准差 σ，选定置信系数 t，则可以由上式求得单次测量的极限误差。

（二）最大误差指标

当测量列误差不是正态分布时，人们仍希望采取极限误差来度量系统误差。由于术语翻译或理解的差异，目前存在最大误差、极限误差、峰值误差等多种名称，英文名称和俄文名称也存在差异。但其目的均为希望在可接受的概率范围内系统的误差不会超出的最大阈值。为了便于读者对这一指标有全面的认识，在此列出多种不同的数学计算方法，供大家比较与思考。

1. 国军标最大误差指标计算方法

国军标采用矩估计的方式，取样本均值绝对值加 2 倍标准差作为 Max 指标，即

$$\bar{X} = \frac{1}{nm}\sum_{j=1}^{n}\sum_{i=1}^{m}X_{ij} \tag{2-57}$$

$$S = \sqrt{\frac{1}{n(m-1)}\sum_{j=1}^{n}\sum_{i=1}^{m}(X_{ij}-\bar{X})^2} \tag{2-58}$$

$$X_{\max} = |\bar{X}| + 2S \tag{2-59}$$

式中：m 为每个航次的样本数；n 为航次数；X_{ij} 为第 j 航次第 i 测点误差值；$X_{\max}$ 为误差最大值。

2. 峰-峰值误差指标计算方法

记 i 时刻测量参数误差为 X_i，n 个测量参数序列为 $X[n]:\{X_1, X_2, \cdots, X_n\}$，将 $X[n]$ 按非递减次序排列，排列后的序列表示为 $X'[n]=\{X'_1, X'_2, \cdots, X'_n\}$（$X'_1 \leq X'_2 \leq \cdots \leq X'_n$）。取 $X'[n]$ 第 95% 位的数值作为测量数据最大值，将误差最大值（峰值）指标的 95% 作为数据合格判定值：

$$\text{PEAK}_{\text{error}} = X_{\text{round}(0.95n)} \tag{2-60}$$

式中：round 为四舍五入取整；n 为试验的采样点数。

比较二者，若测量数据最大值低于判定标准，则认定符合 Peak 指标；反之，视为超差，不符合精度质保。

二、均方根误差指标

RMS 计算公式为

$$\text{RMS} = \sqrt{\frac{\sum x_i^2}{N}} \tag{2-61}$$

式中：x_i 为真误差样本；N 为试验的采样点数。

标准差是观测值与其平均值偏差平方和的平方根，它反映组内个体间的离散程度。标准差计算公式为

$$\text{STD} = \sqrt{\frac{\sum (x_i - \overline{x})^2}{N-1}} \tag{2-62}$$

RMS 是观测值与真值偏差的平方和观测次数 N 比值的平方根，对一组测量中的特大或特小误差反应非常敏感，用来衡量观测值与真值之间的偏差。RMS 作为精度指标的意义在于，结合系统误差与随机误差，既能反映误差的中心趋势，又能反映误差的分散程度。若误差服从高斯分布，当 $x = 0$ 时，RMS = STD，此时的 RMS 表示误差测得值的绝对值不超过 RMS 值的概率为 67.8%。

对于误差属于平稳序列的导航装备，其 RMS 为一个具体的统计值，如计程仪、GNSS、罗兰 C 等；但对于误差属于非平稳序列的导航装备，其 RMS 为总体平均计算结果，是一条随时间变化的曲线，如惯性导航系统、罗经等。需要特别指出的是，在惯性导航系统定位误差指标中，还经常使用 TRMS 均方根误差指标（见第九章）。

三、圆概率误差指标

圆概率误差半径定义为：以目标点为圆心，定位概率为 P 的圆形区域的圆半径[16]。CEP 满足如下方程：

$$\frac{1}{2\pi\sigma_1\sigma_2} \iint_{x^2+z^2 \leq \text{CEP}^2} \exp\left\{-\frac{1}{2}\left[\frac{(x-\mu_1)^2}{\sigma_1^2} + \frac{(x-\mu_2)^2}{\sigma_2^2}\right]\right\} \mathrm{d}x\mathrm{d}z = P \tag{2-63}$$

CEP50 表示落着点距离目标点 (x, z) 不超过 R 的概率小于 50%，同理可得 CEP95 的定义。例如，CEP 为 100 m 的定位精度，表明有 50%的水平定位结果偏离真实位置的误差在 100 m 以内。但是 50%概率过低，无论是水面还是陆地导航定位，一般认为比较合理的概率为 95%，记为 $R95$。例如，将大量卫星单点定位结果标出来，然后以均值（或已知真实位置点）为圆心画圆包含全部测位结果的 95%，则该圆的半径就称为 $R95$。

国军标计算 CEP 时进行了一定的假设和简化：①假设误差属于平稳随机序列；②假设概率分布服从高斯分布。故可以采用下式近似计算圆概率误差半径 R：

$$R = K\sqrt{\frac{1}{n}\sum_{i=1}^{n}\frac{1}{m}\sum_{j=1}^{m}\text{RER}_{ij}^2} \tag{2-64}$$

式中：R 为圆概率误差半径；K 为系数，置信度为 50%时 $K = 0.82$，置信度为 95%时 $K = 1.73$；n 为每个航次测量点数；m 为有效试验次数；RER_{ij} 为第 j 次试验第 i 个采样时刻的径向误差率，按下式计算：

$$\text{RER}_{ij}^2 = \frac{1}{\tau_{ij}}\sqrt{\Delta\phi_{ij}^2 + (\Delta\lambda_{ij}\cos\phi_{ij})^2} \tag{2-65}$$

式中：τ_{ij} 为第 j 次试验，系统从零时刻至第 i 个采样时刻所经过的导航时间（h）；$\Delta\phi_{ij}$ 为第 j 次

试验第 i 个采样时刻的纬度误差（′）；$\Delta\lambda_{ij}$ 为第 j 次试验第 i 个采样时刻的经度误差（′）；ϕ_{ij} 为第 j 次试验第 i 个采样时刻的纬度观测值（°）。

系统的位置精度用径向误差的圆概率误差半径 R 来衡量，R 小于或等于 CEP 值则位置精度合格。

思 考 题

1. 请根据导航专业知识，阐述精度指标对于导航系统的重要性，并举例说明。
2. 请结合实际装备和系统，举例说明具体导航系统的精度指标。
3. 结合教材中介绍的传感器类仪器的性能指标知识以及相关课程的学习与理解，从误差角度深入阐述性能指标的种类、含义及作用。
4. 导航装备战技指标论证的意义是什么？需要重点考虑哪些方面的因素？
5. 请简述惯性导航系统的性能指标的主要构成。其中反映系统精度的关键指标有哪些？
6. 为什么说正态分布是研究导航系统精度指标问题的重要数学基础？
7. 请简述对大数定律的理解。在导航系统的精度评定中，如何运用大数定律？
8. 基于正态分布，请说明均值和方差在误差分析中的重要意义。
9. 如何从不确定度的角度理解导航系统精度指标？
10. 导航系统常用的精度指标有哪些？请说明它们之间的联系和差异。

第三章 导航系统误差特性分析

故经之以五事，校之以计，而索其情，一曰道，二曰天，三曰地，四曰将，五曰法。

——《孙子兵法 计篇》

测试方案需要针对导航系统的误差特性编制制定。在各种误差种类当中，系统误差是导航研究重点关注的内容，如罗经的航向效应、磁罗经的航向效应、惯性导航的振荡性误差、卫星导航潜在的昼夜性波动、罗兰C的季节性波动、受不同几何分布因子影响的区域性误差、ASF修正性误差等。系统误差产生的原因是各类导航系统设计分析的重点。把握这些原因可以帮助设计出有效消除系统误差的方法，或者将系统误差转化为残余的随机误差，如计程仪的消差、磁罗经的消差、惯性导航旋转调制误差补偿、安装误差标定等。

本章对几种主要导航系统误差进行简要分析，并介绍误差理论中系统误差的基本特征、通过试验数据的处理发现系统误差的方法，以及采取何种方法能够对其进行消除；联系导航设备误差消除的方法加深对这些方法的理解，同时也帮助读者建立起从误差理论的角度消除与抑制导航系统误差的思想和理念。这一思想并不仅仅针对导航系统，在许多其他领域同样适用，因此可以提高人们在实际工作中灵活处理问题的能力。

第一节 导航系统的误差特性

不同导航系统的误差特性不同。针对这些误差的消除不仅是导航系统设计原理中关注的重点，也是测试的重点，同时也是导航设备使用关注的要点。误差分析是导航系统的核心问题，随着人们对装备认识实践的加深，对其有不同层次的理解。以惯性导航系统的误差为例，最基本的认识是惯性导航系统定位误差随时间积累；更进一步的认识是惯性导航不同误差存在多种周期振荡特点；再进一步的认识是惯性元件等各种部件性能、初始对准精度、外部环境等对系统误差的影响规律；更本质、更深刻的认识是从惯性元件等部件的加工制造工艺、实际工作中元件与系统部件的相互影响，以及受环境综合作用影响等方面认识器件和系统误差的变化规律等。所以，误差测试与研究的内涵十分丰富，需要在工作中不断地完善与深入。

一、导航系统误差分析方法

如何对导航系统的性能有较为深入的分析和把握，从而对导航系统特性全面、深入地认识？可以运用误差理论的方法，例如，从误差产生来源系统认识导航系统误差就是一个有效的切入点。根据误差理论，通常主要的误差来源有测量装置误差、环境误差、方法误差、人员误差四个方面，而这些方面在导航系统中均有体现，并且具有自身的特点[17]。

（一）导航系统的测量装置误差

导航系统作为全船时空基准，本身就是一个测量系统，其测量的对象是载体的运动参数及相关的环境要素。系统测量装置误差分析包括传感器、数据采集、信息处理精度、计算过程、计算方法等多个误差分析环节，也包括系统基准误差、安装误差、传递误差等多个具体的技术细节分析。其中传感器性能是核心，导航系统分析往往要从这一最基本的技术细节入手。如前所述，传感器的性能模型包括静态误差特性和动态误差特性。因此，需要了解传感器的工作机理。因为传感器测量得到的物理量是导航系统后续处理的基础，所以传感器所采用的测量原理十分关键。在此，为了便于把握与开展不同环节的误差分析工作，暂将此类误差归于测量装置误差的范畴。在实际中，各个环节彼此相关，相互影响，是一个整体。

（二）导航系统的环境误差

导航系统主要测量的是载体运动条件下的各种时空参数。因为载体运动测量受环境影响，所以环境因素分析在导航系统性能分析中占据重要地位。为了便于理解掌握，可以分三个维度对环境因素进行分析。

1. 时空维度

时空维度又可以分为空间维度和时间维度。空间维度主要是指载体运动的主要区域范围，可以进一步分为平面尺度和垂向尺度。平面尺度要素包括大纬度、跨零度子午线、过赤道、高纬度、极区，以及两栖、岛屿、近岸、远海等。垂向尺度要素包括浅水、近水面、大潜深、大深度，以及海面、近空、高空等。时间维度主要是指时间使用条件方面的限制约束等。许多导航系统的使用都有时间限制，如惯性导航、原子钟、惯性导航校准时间、卫星导航首捕时间等。部分天文导航的星体跟踪也有工作时间的限制要求。

2. 物理维度

环境的物理特性维度包括热特性（温度、湿度等）、力特性（重力、浮力、冲击、振动等）、声特性（声场、声速传播与变化等）、光特性（能见度、水色等）、磁特性（地磁场、电磁场、船磁变化等）、电磁特性（无线电波传输、电磁干扰、电磁兼容等）。由于环境始终变化，这些特性也相应呈现出不同的变化规律。表现在时间尺度上，有慢变、快变；表现在空间尺度上，有区域差异、垂向跃层等。这些要素对导航传感器也有直接或间接的影响。直接影响即环境物理场直接作用至传感器测量的物理量上，如空间链路上的无线电波的信号传输、海水声波信号传输等；间接影响则是综合作用在系统上的环境因素，如温度、盐度、湿度等，往往会对系统的各部件和整体产生总体影响。上述影响在实际工作环境中共同作用，对上述问题充分进行考虑分析，才能更全面地认识环境对系统影响。

3. 异常干扰维度

这一维度包括各种异常干扰，如化学腐蚀、生物附着、霉菌等。

（三）导航系统的方法误差

方法误差包括导航系统工作原理误差和使用维护方法误差。工作原理误差包括惯性导航的周期性误差、卫星导航的几何因子误差、相对计程仪的测速误差、陀螺罗经的速纬误差、磁罗经的磁差等。使用维护方法误差包括磁罗经磁差消除方法、计程仪速度标校方法等。全面了解方法误差需要掌握上述设备设计和使用两个方面存在的误差。

（四）导航系统的人员误差

人在回路的系统中，必须将人员误差也纳入误差分析范围。例如，传统的磁罗经消差、计程仪速度标校、天文定位六分仪观测、地文定位物标测量等，都需要人员的实际参与观测，不同人员观测的准确性和熟练程度都会对最终测量结果产生影响。即使在采用电子设备完成数据解算输出的场合，人员的判断和记录错误也会导致系统误差或问题。此外，人员是否对设备进行正确操作也需要重点关注，例如，在复杂的工况条件下，是否对设备进行了正确的参数装订、模式设置，以及正确的应急处置等，都会直接影响设备性能。

误差特征分析是导航系统的关键问题，下面将简要介绍几种常见导航系统的主要误差，以加深对导航系统误差及其分析的理解。读者若需更深入了解相关内容，可以参考相关的专业教材或专著。

二、惯性导航主要误差

惯性导航系统在结构安装、惯性元件及系统的工程实现中都不可避免地存在着多种误差因素，从而导致平台误差和系统输出误差。例如，无阻尼指北方位惯性导航的误差具有舒勒（Schuler）振荡周期、傅科（Foucault）振荡周期和地球振荡周期三种振荡周期。除经度误差外，大部分误差呈现周期性振荡；经度误差，则在北向陀螺和方位陀螺常值漂移的作用下，随时间积累发散。惯性导航系统的主要误差有以下几种[18]。

（一）元件误差

元件误差主要是指陀螺仪和加速度计的误差，如陀螺仪的漂移、陀螺仪力矩器的力矩系数误差、加速度计的零位偏置和刻度系数误差等。陀螺仪漂移是影响系统定位精度的主要因素。另外，平台误差是平台坐标系不能准确地模拟地理坐标系而产生的误差角，它也是主要由惯性元件误差引起的，例如，平台的水平精度主要由加速度计零位误差决定。

（二）安装误差

平台环架轴的非正交会造成安装误差。陀螺仪和加速度计安装在平台上，陀螺仪角度传感器误差（如由安装不准引起的零位误差等）、陀螺仪安装的非正交误差、加速度计安装的非正交误差等都会造成系统误差。

（三）初始值误差

惯性导航系统本质上是依靠推算定位的，因此工作前必须输入初始参数，如速度、位置等。在系统工作前，惯性导航平台要进行初始对准，初始参数的误差和平台初始对准误差都会造成系统的输出误差。初始参数误差引起的误差大多是振荡性的，会对经度产生常值误差分量，不会导致随时间积累的误差分量。

（四）载体运动干扰误差

载体运动干扰误差是指由于惯性导航平台修正回路不能完全满足舒勒调谐条件，或工作在阻尼状态，载体的加速度对系统会产生干扰误差等。

（五）计算机误差

计算机误差包括计算机的舍入误差，计算机输入/输出接口装置的转换误差，以及计算机计算的导航参数（载体速度、位置）和指令角速度存在的误差等。

（六）其他误差

其他误差还包括用地球参考椭球描述地球形状的近似误差、补偿有害加速度时忽略二阶小量造成的误差、重力模型误差等。

三、卫星导航主要误差

（一）与卫星信号传播有关的误差

1. 电离层折射误差

卫星信号通过电离层时，其传播路径会发生弯曲，传播速度也会发生变化。此时，采用光速乘信号传播时间不再等于卫星至接收机的实际距离。该距离差即为电离层折射误差。在天顶方向误差最大可达 50 m，在接近地平方向时可达 150 m。

2. 对流层折射误差

对流层大气的对流作用很强，大气状态变化复杂，电磁波在对流层的传播速度将受到对流层折射率的影响。由此产生的误差即为对流层折射误差。

3. 多路径误差

接收机天线除直接收到卫星发射的信号外，还可能收到经天线周围地物反射的卫星信号，两种信号叠加将会引起测量参考点（相位中心点）位置的变化。由此产生的误差即为多路径误差。

（二）与 GNSS 有关的误差

1. 卫星星历误差

卫星星历误差是指根据星历计算的卫星位置与卫星真实位置的误差。其大小主要取决于卫星跟踪站的数量及空间分布、观测值的数量及精度、轨道计算时所用的轨道模型及定轨软件的完善程度等。

2. 卫星钟差

测量是通过接收与处理信号实现定位的，必须准确测定信号传播时间，才能准确测定观测站至卫星的距离。尽管卫星均有精密的原子钟，但仍难以避免存在偏差和漂移，此即卫星钟差。

3. 相对论效应

卫星在距离地面约 20 000 km 的太空以 14 000 km/h 的速度绕地球飞行，根据狭义相对论和广义相对论计算，卫星时钟每天要快约 38 μs。另外，由于地球的自转，接收机在地球表面的位移也会产生误差。例如，当接收机在赤道上，而卫星在地平线上时，由位移产生的误差将达到 133 ns。

（三）与接收设备有关的误差

1. 接收机钟差

接收机使用轻便、经济的石英钟，其频率稳定度约为 10^{-9}，尽管误差不大，但换算为定位误差则难以忽视。

2. 相位中心位置误差

测量中，观测点以接收机天线相位中心位置为准，因而理论上天线的相位中心应与其几何中心保持一致。但实际上，天线的相位中心位置随着信号输入的强度和方向不同而有所变化，这将使其偏离几何中心，此即为相位中心位置误差。

（四）几何精度因子

定位的精度除取决于上述因素外，还与地面接收机与高空卫星空间交会的几何形状有关。在测距误差相同的情况下，观测点（接收机）与卫星的几何形状不同时，定位误差的大小也会不同。几何精度因子（geometric dilution of precision，GDOP）表示用户与卫星之间的几何关系对定位误差的影响大小，其值恒大于 1，最大可达 10。几何位置好，则定位精度高，几何位置差，则定位精度低（见第八章）。

四、计程仪主要误差

船用计程仪是舰船测定速度和航程的主要导航设备。根据提供的速度和航程性质的不同，计程仪可以分为相对计程仪和绝对计程仪两类。传统的水银水压式计程仪和电磁计程仪属于相对计程仪，只能显示舰船相对于水的航程和速度。新式的多普勒（Doppler）计程仪属于绝对计程仪，它利用多普勒效应实现舰船对地速度的测量，是一种不需要其他设备辅助的高精度自主测速仪器，其速度信息还可以用来补偿惯性导航系统的误差。

（一）边界层的影响

载体相对水以一定速度 V 航行时，在理想情况下，就压差计程仪来说，水流相对合压管的流动速度 V' 应与载体对水的航行速度 V 相等，即 $V' = V$，故合压管传递的动压应为

$$P = \rho \frac{V'^2}{2} = \rho \frac{V^2}{2} \tag{3-1}$$

式中：ρ 为海水密度。

所谓"理想情况"是指水是理想的液体，不可压缩，不存在黏性，且不存在乱流和气泡等。

但实际上海水并非理想液体，它是有黏性的。当载体运动时，受水分子与船壳之间的附着力和水分子之间的内摩擦力的作用，在船底周围有一层水伴随运动，形成边界层，如图 3-1 所示。边界层的厚度与载体水下部分的形状、长度、航行速度、水的黏度等因素有关。此外，由于水有黏性，若船底不光滑或装有凸出物等，还会出现乱流和气泡等。这些都将使流经合压管的水流速度 V' 与载体相对水的航行速度 V 不相等，即 $V'\neq V$，从而使合压管所接受与传递的动压 P 不满足式(3-1)，计程仪指示速度就必将存在误差。因为边界层及乱流的情况都与船速有关，所以计程仪指示速度的误差也将随船速而变化。

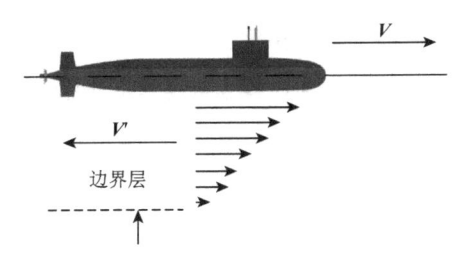

图 3-1 边界层示意图

载体航行时，通常边界层厚度约 1~2 m。因此，边界层引起的计程仪测量误差不仅存在于压差式测速装置，同样也存在于电磁测速装置。而紊流造成的气泡和声场干扰，也对多普勒声学计程仪的工作影响较大；平面式电磁测速传感器也工作于边界层内，杆式电磁测速传感器所测量的位置距船底有一定的距离，边界层的影响相对有所减弱。

（二）海水密度变化的影响

根据式（3-1），当速度 V 为定值时，压差计程仪动压 P 与水的密度 ρ 成正比。通常在设计制造仪器时，取某一固定值（如 $\rho = 1$ g/cm³）作为密度标准。但实际海水密度在不同海区、不同季节均有变化，且均大于 1 g/cm³，如表 3-1 所示。这就使压差计程仪合压管实际传递的动压力大于标准情况，且随海水密度 ρ' 的变化而变化，从而使计程仪指示速度产生误差。

表 3-1 我国部分海域海水密度变化

海区	海水密度/(g/cm³)	
	二月平均	八月平均
大连附近海面	1.025	1.020
长江口外海面	1.020	1.011
海南岛榆林附近海面	1.023	1.021

根据式（3-1）及误差分析（见第五章），可以推导出密度差 $\mathrm{d}\rho$ 引起的计程仪速度的相对误差公式：

$$\frac{\mathrm{d}V}{V} = \frac{\mathrm{d}\rho}{\rho} \tag{3-2}$$

式中：$\mathrm{d}V/V$ 为密度差 $\mathrm{d}\rho$ 引起的计程仪指示速度的相对误差；$\mathrm{d}\rho = \rho' - \rho$ 为海水密度与标准密度之间的差值。

由速度相对误差公式（3-2）可见：

（1）固定的海水密度差引起计程仪速度的固定相对误差，不随速度变化。当 $\mathrm{d}\rho$ 为负时，指示速度增大，会产生正误差。例如，如表 3-1 所示，夏季大连附近海面海水密度 $\rho' = 1.020$ g/cm³，$\mathrm{d}\rho = +0.02$ g/cm³，引起计程仪指示速度的误差 $\delta = +1\%$。所以，计程仪装船后，所测定与消除的误差就包括由密度差 $\mathrm{d}\rho$ 所引起的误差。

（2）不同海区或季节，海水密度变化，会引起计程仪速度变化。例如，如表 3-1 所示，在大连附近海面，夏季与冬季海水密度有 0.5% 的变化，因此计程仪指示速度有 0.25% 的变化。通常，由海区或季节变化所引起的海水密度的变化都很小，其影响一般可以不考虑。但当载体由海水航行至淡水区域时，海水密度 ρ' 变化所产生的影响就比较明显，在使用中应引起注意。一般情况下，电磁计程仪指示速度不受海水密度差 $d\rho$ 的影响，但会受海水电导率影响。

（三）水声特性变化的影响

某些声速变化因素会对声学计程仪测量误差造成影响。

1. 舰船航速的影响

当舰船航速较高时，船体的振动加剧，水流对船体的冲击也更猛烈，致使干扰噪声增大；与此同时，海水中气泡增多，回波信号的强度被削弱。这些因素的存在会影响多普勒计程仪的测量精度，严重时将使计程仪无法辨别出回波信号，从而影响正常测速。

2. 舰船摇摆的影响

当舰船摇摆较大时，如图 3-2 所示，可能会出现回波信号脱漏现象。一般当摇摆角小于 ±10°，水深在 100～200 m 范围内时，不会有明显的回波脱漏现象。

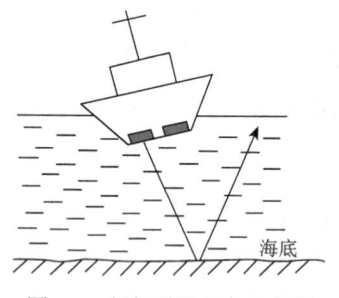

图 3-2　摇摆脱漏现象示意图　　　　图 3-3　坡度脱漏现象示意图

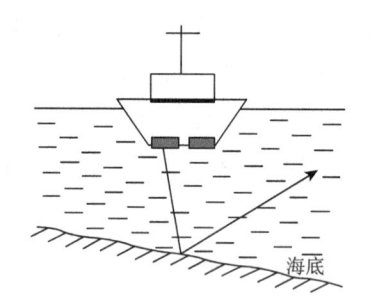

3. 海底坡度的影响

当海底倾斜度较大时，如图 3-3 所示，也会出现回波脱漏现象。

4. 海底底质的影响

岩石、硬沙等硬底质海底，对超声波信号的反射能力强；而淤泥、海草等软底质海底的反射能力弱。所以，不同的海底底质会影响仪器的测量精度。

5. 水中气泡

舰船倒车、急转向、在急流旋涡区航行、在前舰的航迹线上航行等情况下，船底海水中都含有大量的气泡，它们的存在增加了对超声波信号能量的吸收和散射，将影响仪器性能。

五、罗兰 C 主要误差

（一）系统误差

罗兰 C 系统误差主要是指主副台时间同步误差，即主台或副台按规定时间发射信号所引起的时间误差。罗兰 C 系统允许的同步误差为 50～60 ns，与其他误差相比，一般可以忽略不计。

（二）接收机测量误差

罗兰 C 接收机观测时差时的测量误差与接收点信号电平、噪声场强、接收机性能有关。它一般用数字估计加经验数据来描述。对于采用载波相位来精确测量时差的全自动罗兰 C 导航仪来说，如果接收点的信噪比大于零，一般认为测量误差为 10～100 ns，信噪比为 –10～0 dB，测量误差放大一个数量级。

（三）电波传播误差

罗兰 C 主要依靠地波进行测时差定位，因此信号传播误差主要为地波传播的时间延迟。无线电波在两点之间的传播时间可以表示为 TOA = PF + SPF + ASPF。式中：一次相位因子（phase factor，PF）为电波在大气中的传播时间；二次相位因子（secondary phase factor，SPF）为海水相对大气的时间延迟；附加二次相位因子（additional secondary phase factor，ASPF）为大地相对海水的时间延迟变化。PF 和 SPF 可以准确预算，而 ASPF 与大地电导率、高程、大气折射指数等因素有关，预测困难，它是目前影响罗兰 C 定位精度的主要误差。

（四）几何位置误差

几何位置误差是指接收点距主、副台的不同张角产生的误差，一般用 GDOP 表示。接收点在基线延长线上误差为无穷大，在基线上位置线误差最小。

六、磁罗经主要误差

磁罗经的指向误差称为自差，消除并计算磁罗经自差是磁罗经正常使用中的重要工作。船舶是由许多钢板和钢材按一定线型组装的集合体，其上还装置有主机、发电机组、舵机、起货机、起锚机等强磁性钢铁材料。在地球磁场那样大小的弱磁场（即 0.3～0.5 Oe）的范围内，船体钢材的磁导率通常为 150～250。船体钢材所具有的永久磁性和由地磁场所产生的感应磁性统称为船磁。船磁体对船舶上罗经的作用力称为船磁力。在船磁力的作用下罗经会产生自差，分析磁罗经的自差必须从地磁力、软铁磁力和硬铁磁力三个方面进行。

（一）地磁力

地磁力 T 可以分解为地磁水平分力 H 和地磁垂直分力 Z。地磁水平分力 H 又可以分为在 x 轴上的投影力 X 和在 y 轴上的投影力 Y。H 和 Z 是随磁纬度而变化的，X 和 Y 除随磁纬度变化外，还随船舶的航向而变化。

（二）软铁磁力

船舶软铁本身没有磁性，它受地磁力的磁化后才有磁性，并对磁罗经产生磁力。船舶软铁被地磁力磁化后对磁罗经的作用力共有九个分量，分别记为 aX、bY、cZ、dX、eY、fZ、gX、hY、kZ。其中 a、b、c、d、e、f、g、h、k 称为软铁系数。软铁系数的正负只与磁罗经安装的位置有关，而与航向和磁纬度无关。当船舶上罗经安装好后，这九个软铁系数的大小及正负是不变的。

（三）硬铁磁力

钢板被装配成船体之前，其中的硬铁已带有一定的固有磁性。这些钢板用铆接或电焊结合

起来，构成由许多舱室组成的船体。在舾装过程中，又安装了大量钢铁组成的机械设备。它们在地磁场中按一定的方向部分被磁化，在钢板焊接、切割等局部性的加热、冷却中，又局部改变了磁特性。所以，整个船体下水时已带有一定的永久磁性，也称为永久船磁，且下水之后逐渐接近稳定。设船上所有硬铁的永久磁性对固定位置磁罗经的作用合力为 **F**，其大小及相对载体坐标的方向是固定的，且不随航向和磁纬度而变化，其方向仅取决于造船时船艏的方向及磁罗经在船上安装的位置。

以上三种磁力共同作用于磁罗经上就形成了磁罗经自差。经过对各磁力分别产生的自差的分析，可以得到磁罗经自差是与罗航向有关的自差公式：

$$\sin\delta = A'\cos\delta + B'\sin\Psi' + C'\cos\Psi' + D'\sin(2\Psi'+\delta) + E'\cos(2\Psi'+\delta) \quad (3\text{-}3)$$

式中：δ 为自差；Ψ' 为罗航向；$A' = \tan A$；$B' = \sin B$；$C' = \sin C$；$D' = \sin D$；$E' = \sin E$。

七、天文导航主要误差

（一）星敏感器误差

星敏感器作为天文导航系统中天体测量的核心部件，其所含误差主要包括星象位置误差、焦距误差、光轴位置误差、标定误差、电子线路误差、软件处理误差等。其中，星象位置误差主要是由星象漂移、光学系统设计噪声、图像处理等因素决定的，而焦距 f 和光轴位置两个参数误差则主要是由机械结构设计、加工与安装等引起的[19]。

（二）大气传输误差

1. 大气折射误差

光在穿过大气层时，由于沿途大气密度不均匀而出现弯曲的现象称为大气折射。在天文学中，大气对星体光线的折射使视角与实际星体的角位置不同称为天体折射，也称为蒙气差，如图 3-4 所示。星体的实际仰角为 α，仪器对星体的视线仰角却为 $\alpha+\beta$。大气对光的折射分为正规折射和随机折射。正规折射是指依赖于气候条件的折射角的平均值。随机折射是指由大气湍流引起的随时间变化的折射。

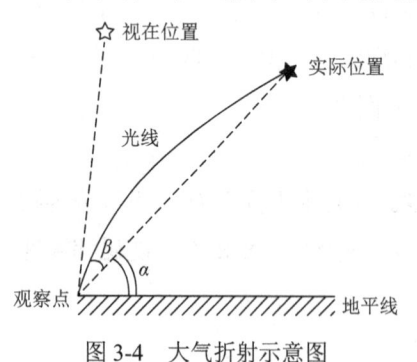

光在空气中传播的折射率 n 与光波波长 λ、空气温度 T、湿度 e、压强 P、高度 h 有关，可以表示为

图 3-4 大气折射示意图

$$n = 1 + N(\lambda, T, P, e, h) \quad (3\text{-}4)$$

式中：N 为折射率模数，单位为 10^{-6}。对于任意大气状况，其在可见光波段的近似公式为

$$N = \frac{0.79P}{T} \quad (3\text{-}5)$$

2. 大气吸收误差

光在大气中传输时，会因为与大气相互作用而衰减。大气对激光的吸收由分子吸收光谱特

性所决定。大气分子的吸收特性较为复杂，且吸收系数强烈依赖于频率。完整描述任何一种气体分子的吸收特性应包括三个参数，即频率、谱线线型和强度。

3. 大气散射误差

光在大气中传输时，大气分子和气溶胶粒子会对光产生散射，这些散射辐射的频率与入射辐射的频率相同，且光子能量无损失时称为弹性散射。弹性散射中最常见的是瑞利（Rayleigh）散射。瑞利散射理论适用于分子半径远小于光波波长时的散射过程。最典型的例子是本身无色的天空因分子散射而呈现蓝色。当粒子半径增大至一定尺度时，瑞利散射理论失效，应使用还存在吸收过程的米（Mie）散射理论。当大气浑浊时，由于米散射作用，散射光强与波长没有显著的关系，天空呈现灰白色。除此之外，大气中还可以产生非弹性散射，如拉曼（Raman）散射、共振与近共振拉曼散射等，此时辐射将损失能量。

第二节 系统误差的特征及发现方法

测量过程中往往存在系统误差，在某些情况下的系统误差数值比较大。因为系统误差与随机误差同时存在于测量数据之中，且不易被发现，多次重复测量又不能减小其对测量结果的影响，所以系统误差比随机误差具有更大的危害性。因此，研究系统误差的特征和规律，用一定的方法发现并减小或消除系统误差，就显得十分重要。

一、系统误差的特征

系统误差是固定的，或服从一定的函数规律变化，或从广义上理解服从某一确定规律变化。所以，与随机误差不同，系统误差在多次重复测量中不具有抵偿性[3]。

图 3-5 所示为各种系统误差 Δ 随测量时间 t 变化而表现出的不同特征。曲线 a 为不变的系统误差，曲线 b 为线性变化的系统误差，曲线 c 为非线性变化的系统误差，曲线 d 为周期性变化的系统误差，曲线 e 为复杂规律变化的系统误差。

当系统误差与随机误差同时存在时，误差表现特征如图 3-6 所示。设 x_0 为被测量的真值，在多次重复测量中，系统误差为固定值 Δ，而随机误差为对称分布，分布范围为 2δ，并以系统误差 Δ 为中心而变化。

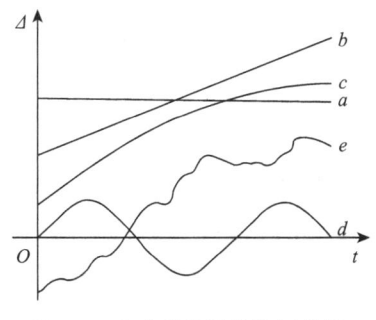

图 3-5　各种系统误差特征曲线

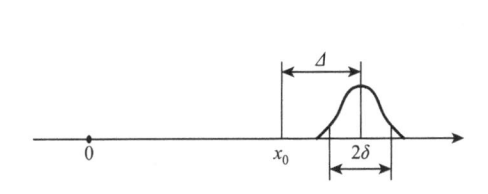

图 3-6　系统误差与随机误差表现特征

（一）不变的系统误差

在整个测量过程中，误差符号和大小固定不变的系统误差称为不变的系统误差。

（二）线性变化的系统误差

在整个测量过程中，随着测量值或时间的变化，误差成比例地增大或减小的系统误差称为线性变化的系统误差。

（三）周期性变化的系统误差

在整个测量过程中，随着测量值或位置的变化，误差按周期性规律变化的系统误差称为周期性变化的系统误差。

如图3-7所示，周期性系统误差

$$\Delta L = e \sin \varphi \tag{3-6}$$

其变化规律符合正弦曲线，指针在0°和180°时误差为零，在90°和270°时误差最大，误差值为±e。

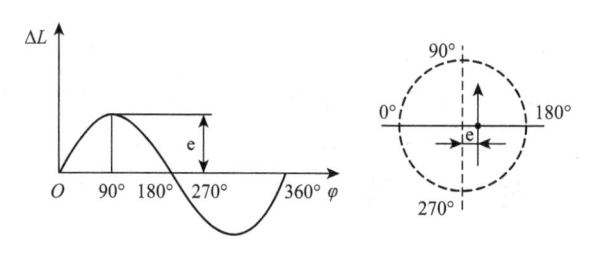

图3-7 周期性系统误差

（四）复杂规律变化的系统误差

在整个测量过程中，误差按确定且复杂的规律变化的系统误差，称为复杂规律变化的系统误差。

二、系统误差的发现方法

因为系统误差的数值往往比较大，必须清除系统误差的影响，才能有效地提高测量精度。消除或减小系统误差的前提是能够有效地发现系统误差。系统误差产生的因素是复杂的，通常人们难以查明所有系统误差，发现系统误差必须对具体测量过程和测量仪器进行全面、细致的分析，这本身就是一件困难且复杂的工作。下面介绍适用于发现某些系统误差常用的经验方法[3]。

（一）试验对比法

试验对比法是指改变产生系统误差的条件进行不同条件的测量，以发现系统误差。这种方法适用于发现不变的系统误差。例如，量块按公称尺寸使用时，在测量结果中就存在由于量块的尺寸偏差而产生的不变的系统误差，多次重复测量也不能发现这一误差，只有用另一块更高精度的量块进行对比才能发现它。

（二）残余误差观察法

残余误差观察法是指根据测量列的各个残余误差大小和符号的变化规律，直接由误差数据或误差曲线图形来判断有无系统误差。这种方法适用于发现有规律变化的系统误差。

若有测量列 $l_1, l_2, \cdots, l_n$，其系统误差分别为

$$\Delta l_1, \Delta l_2, \cdots, \Delta l_n \tag{3-7}$$

其不含系统误差的值为

$$l_1', l_2', \cdots, l_n' \tag{3-8}$$

则有

$$\begin{cases} l_1 = l_1' + \Delta l_1 \\ l_2 = l_2' + \Delta l_2 \\ \cdots \cdots \\ l_n = l_n' + \Delta l_n \end{cases} \tag{3-9}$$

其算术平均值为

$$\bar{x} = \bar{x}' + \Delta \bar{x} \tag{3-10}$$

因为

$$\begin{cases} l_i - \bar{x} = v_i \\ l_i' - \bar{x}' = v_i' \end{cases} \tag{3-11}$$

所以

$$v_i = v_i' + (\Delta l_i - \Delta \bar{x}) \tag{3-12}$$

若系统误差显著大于随机误差，v_i' 可以忽略，则有

$$v_i \approx \Delta l_i - \Delta \bar{x} \tag{3-13}$$

上式说明，显著含有系统误差的测量列，其任一测量值的残余误差为系统误差与测量列系统误差平均值的差。根据测量先后顺序，将测量列的残余误差列表或作图进行观察，可以判断有无系统误差。如图 3-8 所示，主要有以下几种情况。

（1）若残余误差大体上正负相同，且无显著变化规律，则无根据怀疑存在系统误差 [图 3-8（a）]。

（2）若残余误差数值有规律地递增或递减，且在测量开始与结束时误差符号相反，则存在线性系统误差 [图 3-8（b）]。

（3）若残余误差符号有规律地逐渐由负变正，再由正变负，且循环交替重复变化，则存在周期性系统误差 [图 3-8（c）]。

（4）若残余误差有如图 3-8（d）所示的变化规律，则应怀疑同时存在线性系统误差和周期性系统误差。

由式（3-12）和图 3-8 可以看出，若测量列中含有不变的系统误差，则用残余误差观察法无法发现。

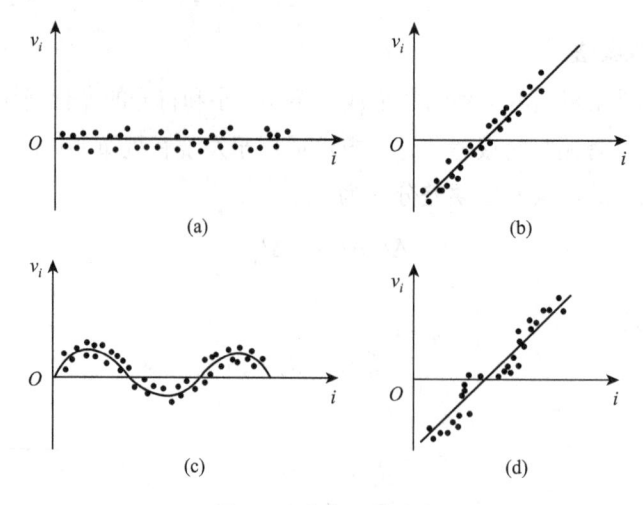

图 3-8 残余误差分布

(三) 残余误差校核法

1. 用于发现线性系统误差

根据式（3-12），将测量列中前 K 个残余误差相加，后 $n-K$ 个残余误差相加 [若 n 为偶数，则取 $K=n/2$；若 n 为奇数，则取 $K=(n+1)/2$]，再将二者相减得

$$\Delta = \sum_{i=1}^{K} v_i - \sum_{j=K+1}^{n} v_j = \sum_{i=1}^{K} v_i' - \sum_{j=K+1}^{n} v_j' + \sum_{i=1}^{K} (\Delta l_i - \Delta \overline{x}) - \sum_{j=K+1}^{n} (\Delta l_j - \Delta \overline{x}) \quad (3-14)$$

当测量次数足够多时，有

$$\sum_{i=1}^{K} v_i' \approx \sum_{j=K+1}^{n} v_j' \approx 0 \quad (3-15)$$

故

$$\Delta = \sum_{i=1}^{K} v_i - \sum_{j=K+1}^{n} v_j \approx \sum_{i=1}^{K} (\Delta l_i - \Delta \overline{x}) - \sum_{j=K+1}^{n} (\Delta l_j - \Delta \overline{x}) \quad (3-16)$$

若式（3-16）的两部分差值 Δ 显著不为零，则有理由认为测量列存在线性系统误差。这种校核法也称为马利科夫（Malikov）准则，它能有效地发现线性系统误差。但值得指出的是，有时按残余误差校核法求得差值 $\Delta = 0$，仍有可能存在系统误差。

2. 用于发现周期性系统误差

设有一等精度测量列，按测量先后顺序将残余误差排列为 $v_1, v_2, \cdots, v_n$。若存在着按此顺序呈周期性变化的系统误差，则相邻两个残余误差的差值 $v_i - v_{i+1}$ 符号也将出现周期性的正负号变化。因此，由差值 $v_i - v_{i+1}$ 可以判断是否存在周期性系统误差。但是这种方法只有当周期性系统误差是整个测量误差的主要成分时，才有实用效果。否则，差值 $v_i - v_{i+1}$ 符号变化将主要取决于随机误差，从而不能判断出周期性系统误差。在此情况下，可以用统计准则进行判断。令

$$u = \left| \sum_{i=1}^{n-1} v_i v_{i+1} \right| = | v_1 v_2 + v_2 v_3 + \cdots + v_{n-1} v_n | \quad (3-17)$$

若
$$u > \sqrt{n-1}\sigma^2 \quad (3\text{-}18)$$

则认为该测量列中含有周期性系统误差。这种校核法也称为阿贝-赫尔默特（Abbe-Helmert）准则，它能有效发现周期性系统误差。

（四）不同公式计算标准差比较法

对等精度测量，可以用不同公式计算标准差，然后通过比较以发现系统误差。

由贝塞尔公式（2-44），有

$$\sigma_1 = \sqrt{\frac{\sum_{i=1}^{n} v_i^2}{n-1}} \quad (3\text{-}19)$$

由别捷尔斯公式［见第四章公式（4-26）］，有

$$\sigma_2 = 1.253 \times \frac{\sum_{i=1}^{n} |v_i|}{n(n-1)} \quad (3\text{-}20)$$

令

$$\frac{\sigma_2}{\sigma_1} = 1 + u \quad (3\text{-}21)$$

若

$$|u| \geqslant \frac{2}{\sqrt{n-1}} \quad (3\text{-}22)$$

则怀疑测量列中存在系统误差。

（五）计算数据比较法

对同一量进行多组测量，得到很多数据，通过多组计算数据比较，若不存在系统误差，则其比较结果应满足随机误差条件，否则可认为存在系统误差。

若对同一量独立测得 m 组结果，并知其算术平均值和标准差为

$$\bar{x}_1, \sigma_1; \bar{x}_2, \sigma_2; \cdots; \bar{x}_m, \sigma_m \quad (3\text{-}23)$$

而任意两组结果的差为

$$\Delta = \bar{x}_i - \bar{x}_j \quad (3\text{-}24)$$

其标准差为

$$\sigma = \sqrt{\sigma_i^2 + \sigma_j^2} \quad (3\text{-}25)$$

则任意两组结果 $\bar{x}_i$ 与 $\bar{x}_j$ 之间不存在系统误差的标志为

$$|\bar{x}_i - \bar{x}_j| < 2\sqrt{\sigma_i^2 + \sigma_j^2} \quad (3\text{-}26)$$

（六）秩和检验法

对某量进行两组测量，这两组之间是否存在系统误差，可以用秩和检验法根据两组分布是否相同来判断。

若独立测得两组数据分别为

$$x_i \ (i=1,2,\cdots,n_x) \quad 和 \quad x_j \ (j=1,2,\cdots,n_y) \tag{3-27}$$

则将它们混合后，按大小顺序重新排列，取测量次数较少的那一组，数出其测得值混合后的次序（即秩），再将所有测得值的次序相加，即得秩和 T。

通常，两组的测量次数 $n_1, n_2 \leqslant 10$，可以根据测量次数较少的组的次数 n_1 和测量次数较多的组的次数 n_2，由表 3-2 查得 T_- 和 T_+（显著性水平为 0.05）。若

$$T_- < T < T_+ \tag{3-28}$$

则无根据怀疑两组之间存在系统误差。

表 3-2　秩和检验表

n_1	n_2	T_-	T_+	n_1	n_2	T_-	T_+	n_1	n_2	T_-	T_+	n_1	n_2	T_-	T_+
2	4	3	11	3	7	9	24	5	5	19	36	7	7	39	66
2	5	3	13	3	8	9	27	5	6	20	40	7	8	41	71
2	6	4	14	3	9	10	29	5	7	22	43	7	9	43	76
2	7	4	16	3	10	11	31	5	8	23	47	7	10	46	80
2	8	4	18	4	4	12	24	5	9	25	50	8	8	52	84
2	9	4	20	4	5	13	27	5	10	26	54	8	9	54	90
2	10	5	21	4	6	14	30	6	6	28	50	8	10	57	95
3	3	6	15	4	7	15	33	6	7	30	54	9	9	66	105
3	4	7	17	4	8	16	36	6	8	32	58	9	10	69	111
3	5	7	20	4	9	17	39	6	9	33	63	10	10	83	127
3	6	8	22	4	10	18	42	6	10	35	67				

当 $n_1, n_2 > 10$ 时，秩和 T 近似服从正态分布

$$N\left(\frac{n_1(n_1+n_2+1)}{2}, \sqrt{\frac{n_1 n_2(n_1+n_2+1)}{12}}\right) \tag{3-29}$$

括号中第一项为数学期望，第二项为标准差，此时 T_- 和 T_+ 可以由正态分布算出。根据求得的数学期望值 a 和标准差 σ，选取概率 $\phi(t)$，由正态分布积分表查得 t，若

$$|t| \leqslant t_a \tag{3-30}$$

则无根据怀疑两组之间存在系统误差。

若两组数据中有相同的数值，则该数据的秩按所排列的两个次序的平均值计算。

（七）t 检验法

当两组测得值服从正态分布时，可以用 t 检验法判断两组之间是否存在系统误差。

若独立测得的两组数据分别为

$$x_i \ (i=1,2,\cdots,n_x) \quad 和 \quad x_j \ (j=1,2,\cdots,n_y) \tag{3-31}$$

令变量

$$t = (\bar{x} - \bar{y}) \sqrt{\frac{n_x n_y (n_x + n_y - 2)}{(n_x + n_y)(n_x \sigma_x^2 + n_y \sigma_y^2)}} \tag{3-32}$$

式中：

$$\bar{x} = \frac{1}{n_x} \sum x_i \tag{3-33}$$

$$\bar{y} = \frac{1}{n_y} \sum y_i \tag{3-34}$$

$$\sigma_x^2 = \frac{1}{n_x} \sum (x_i - \bar{x})^2 \tag{3-35}$$

$$\sigma_y^2 = \frac{1}{n_y} \sum (y_i - \bar{y})^2 \tag{3-36}$$

此变量服从自由度为 $n_x + n_y - 2$ 的 t 分布。

取显著性水平 α，由附表 2 t 分布表查得 $P(|t|>t_a)=\alpha$ 中的 t_a。若实测数列中算出的 $|t|<t_a$，则无根据怀疑两组之间有系统误差。

上面介绍的 7 种系统误差发现方法，按其用途可以分为两类：第一类用于发现测量列组内的系统误差，包括前 4 种方法，即试验对比法、残余误差观察法、残余误差校核法和不同公式计算标准差比较法；第二类用于发现各组测量列之间的系统误差，包括后 3 种方法，即计算数据比较法、秩和检验法和 t 检验法。这些方法各具特点，有的只能在一定条件下使用，必须根据具体测量仪器及测量过程来选用相应的方法。例如，试验对比法是发现各种系统误差的有效方法，但由于这种方法需要相应的高精度测量仪器及较好的测量条件，其应用受到限制。又如，残余误差观察法是发现组内系统误差的有效方法，一般情况皆可应用，但它发现不了不变的系统误差。

第三节　导航系统误差抑制

在测量过程中发现有系统误差存在，必须进一步分析比较，找出可能产生系统误差的因素以及减小或消除系统误差的方法，但是这些方法与具体的测量对象、测量方法、测量人员的经验有关，查找分析误差的过程往往十分困难，下面介绍其中最基本的方法以及适应各种系统误差的特殊方法。

一、消除系统误差的两类基本方法

（一）从产生误差的根源上消除系统误差

从产生误差的根源上消除误差是最根本的方法，它要求测量人员对测量过程中可能产生的系统误差的环节进行仔细分析，并在测量前就将误差从产生根源上加以消除。常见的方法有：①为了防止调整误差，要正确调整仪器，选择合理的被测件的定位面或支承点；②为了防止测量过程中仪器零位的变动，测量开始和结束时都要检查零位；③为了防止长期使用使仪器精度降低，要严格进行周期检定与修理。如果误差是由外界条件引起的，应在外界条件比较稳定时进行测量，当外界条件急剧变化时应停止测量[3]。

在导航设备中，常见的从根源上消除系统误差的方法有：①选取高精度等级的传感器测量部件，如选取高精度等级的惯性器件、换能器、星敏感器、天线等；②进行精确的安装标校，减少安装误差，如船用罗经的主仪器安装标校、平台罗经/惯性导航系统的惯性平台安装标校、计程仪换能器的安装标校、天体导航星敏感器测量组件的安装标校、磁罗经安装标校、双天线 GNSS 罗经安装标校等；③通过外部技术手段测出系统误差并予以补偿，例如，卫星导航通过地面站准确测量卫星轨道运行参数，通过将轨道修正参数播发的方式，及时修正、提升星历精度；④隔离造成误差的相应环境干扰，例如，为声学计程仪和测深仪选择声场理想、合适的安装位置，减少复杂声场干扰，以及采取抑径板隔离 GNSS 接收机的多径效应；⑤定期进行误差测量修正，因为工况和设备性能随时间会发生变化，例如，船体磁场会因大纬度航行、武器发射等，造成本船磁场发生变化，需定期进行修正维护；⑥及时更新基准图精度，如地磁图、重力图、地形图等；⑦选取高等级的电子线路处理器件，降低处理噪声，提高接收机和处理计算机的信息处理精度；⑧选取高精度的测角元件和控制元件，提高平台控制精度。通过上述方式，可以对可能造成误差或发生误差变化的环节进行抑制或消除。

（二）用修正方法消除系统误差

用修正方法消除系统误差是指预先将测量仪器的系统误差检定出来或计算出来，做出误差表或作出误差曲线，然后取与误差数值大小相同而符号相反的值作为修正值，最后将实际测得值加上相应的修正值，即可得到不包含该系统误差的测量结果。因为修正值本身也包含一定误差，所以用修正值消除系统误差的方法，不可能将全部系统误差修正掉，总会残留少量系统误差，对这种残留的系统误差可以按随机误差进行处理[3]。

许多导航设备通过测量一定的物理场来实现导航功能，如地磁场、声场、电磁场等，不同背景环境物理场的变化会对导航设备带来误差。不同地域的地磁场本身的变化会导致磁罗经或磁航姿测量设备的固有误差，不同海域由于温度、盐度、密度等水文环境变化，会导致水声传播速度发生变化，影响基于声速测量的水声导航设备的测量误差；无线电传播在不同季节、经过陆地和海洋等不同的路径、不同电导率，也同样会导致长河导航信号产生测距误差；卫星导航信号穿过不同的对流层时也会产生相应的误差……对于上述系统误差，适合采取修正方法予以抑制或消除。常见的方法有：①对于地磁场，可以通过定期更新测量或更新更高精度的地磁模型数据库等提高地磁场计算的准确性，对于北极国家，由于存在磁暴现象，地磁场变化频繁，甚至直接采取广播播发磁暴修正信息的方法来解决；②对于声速修正，可以通过实时测量以及水声模型更高精度地估算声速误差予以修正；③对于无线电导航的 ASPF 修正，可以通过历史数据测量建立数据库以及建立 ASPF 修正模型等方法；④对于卫星导航，可以利用对流层改正模型来修正减少这一误差。

除此之外，一些导航设备在实际使用中，经常会使用误差表或误差曲线的方式来进行修正。例如，磁罗经校正自差时，不可能将自差消除为零，总还存在剩余自差，需要求出磁罗经的自差公式或制出自差表或绘制自差曲线以供船舶在航行中使用。其具体步骤为：①测量 8 个航向 N、NE、E、SE、S、SW、W、NW 的剩余自差 $\delta°$，将航向值和剩余自差值代入自差公式（3-3）。

②得出 8 个含有近似自差系数的关系式，求出近似自差系数，再代入自差公式后，得出以航向值为自变量的船用自差公式。③根据自差公式按每隔 10°或 15°航向值计算出自差，填制成自差表格。绘制自差值与罗经航向值之间的关系曲线，其中自差值为纵坐标，罗航向值为横坐标。在使用中通过在曲线中直接查出某个罗航向上的自差值修正磁罗经指示达到消除自差的目的（见第七章）。

计程仪在速度校差之后，通过线性回归拟合得到速度误差系数（见第八章），可以通过速度误差公式求取在不同航速下的速度修正，现在这一修正工作可以通过计算机直接完成，不用制成速度误差表或作出曲线即可完成。对于一些采用自整角机作为测角和角度发送元件的导航设备，也采取类似方法来修正测角元件在不同转角的测量误差。

二、主要系统误差消除方法

（一）不变系统误差消除法

若系统测量值中存在固定不变的系统误差，则常用以下几种消除法[3]。

1. 代替法

代替法的实质是在不改变测量条件的情况下，利用标准装置代替测量装置测量被测量，对比前后两次测量，求得的差值即可视为测量装置误差，即

$$被测量 = 标准量 + 差值 \tag{3-37}$$

例如，在等臂天平上称重，被测重量 X 先与媒介物重量 Q 平衡，若天平的两臂长有误差，设其长度分别为 l_1、l_2，则

$$X = \frac{l_2}{l_1} Q \tag{3-38}$$

由于不能准确知道两臂长 l_1、l_2 的实际值，若取 $X = Q$，则将带来固定不变的系统误差。今移去被测量 X，用已知质量为 P 的标准砝码代替，若该砝码可以使天平重新平衡，则有

$$P = \frac{l_2}{l_1} Q \tag{3-39}$$

所以

$$X = P \tag{3-40}$$

若该砝码不能使天平重新平衡，读出差值 ΔP，则有

$$P + \Delta P = \frac{l_2}{l_1} Q \tag{3-41}$$

所以 $X = P + \Delta P$。这样就可以消除由于天平两臂不等而带来的系统误差。

导航设备中采取代替法的实例有：磁罗经消差过程中，采用大小相等、方向相反、性质相同的磁力来抵消船磁力。硬铁磁力用磁棒消除；软铁磁力用软铁条消除。在差分 GNSS 中，采取高精度定位基准点测出卫星伪距偏差，并将此偏差播发至附近区域内的接收机，直接完成对测量伪距误差的修正。之前讨论的变化缓慢的物理场修正，如地磁场、重力场、海底地形等，也可以视为常量，通过事先高精度基准准确测量建立数据库，再进行查表修正。

2. 自抵消法

自抵消法要求进行两次测量，以便使两次读数时出现的系统误差大小相等，符号相反，取两次测得值的平均值作为测量结果，即可消除系统误差。

例如，在工具显微镜上测量螺纹中径，由于被测螺纹轴线与工作台纵向移动方向不一致，当按螺纹牙廓的一侧测量时，所得的测得值 d_{21} 将包含系统误差 $+\Delta$；当按螺纹牙廓另一侧测量时，所得的测得值 d_{22} 将包含系统误差 $-\Delta$。取两次测得值的算术平均值作为测量结果，便可以消除由于被测螺纹轴线与工作台纵向移动方向不一致所引起的误差，即

$$\frac{d_{21}+d_{22}}{2}=\frac{d_2+\Delta+d_2-\Delta}{2}=d_2 \quad (3-42)$$

这种情况下，往往系统误差的大小并不确定，但基于其大小和方向固定的特点，通过调整系统工作在正反不同方向，可以使之实现一定程度的自我抵消。例如，光学经纬仪的测量中，需要观测同一个目标时，通过顺时针、逆时针两次相反方向旋转经纬仪的方法进行测量，并对测量结果求取均值，以消除机械旋转机构内的固有误差。单轴和双轴调制惯性导航系统也是基于抵消法原理来抑制陀螺仪的常值漂移和加速度计的零偏误差。

3. 交换法

交换法是根据误差产生的原因，将某些条件交换，以消除系统误差。

例如，在等臂天平上称量，如图 3-9 所示，先将被测量 X 放于左边，标准砝码 P 放于右边，调平衡后，有

$$X=\frac{l_2}{l_1}P \quad (3-43)$$

将 X 与 P 交换位置后，由于 $l_1 \neq l_2$，P 将换为 $P'=P+\Delta P$ 才能与 X 平衡，即

$$P'=P+\Delta P=\frac{l_2}{l_1}X \quad (3-44)$$

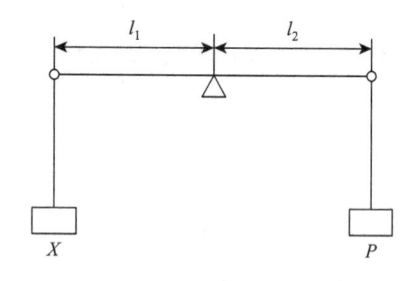

图 3-9 等臂天平示意图

取

$$X=\sqrt{PP'} \quad (3-45)$$

即可消除两臂不等所带来的系统误差。

惯性导航系统的惯性测量单元（inertial measurement unit，IMU）在实验室转台标校过程中，也经常通过将 IMU 旋转至多个方向相反的位置，使地球自转角速度或重力加速度自我抵消，从而测量出不同的 IMU 误差参数。这一方法，也可以用于有稳定平台的惯性导航系统在码头系泊状态下进行准静态测量标校。

（二）线性系统误差消除法

消除线性系统误差常用的有效方法是对称法[3]，如图 3-10 所示。随着时间的推移，测量误差线性增大，若选定某时刻为中点，则对称此点的系统误差算术平均值都相等，即

$$\frac{\Delta l_1+\Delta l_5}{2}=\frac{\Delta l_2+\Delta l_4}{2}\Delta l_3 \quad (3-46)$$

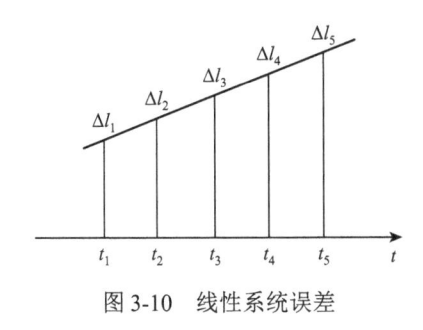

图 3-10　线性系统误差 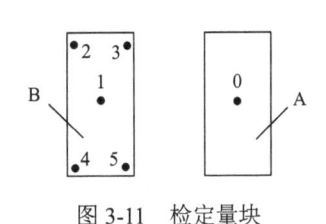　　　　　图 3-11　检定量块

利用这一特点，可以将测量对称安排，取各对称点两次读数的算术平均值作为测得值，即可消除线性系统误差。

例如，检定量块平面平行性时，如图 3-11 所示，先以标准量块 A 的中心 0 点对零，然后按图中所示被检量块 B 上的顺序逐点检定，再按相反顺序进行检定，取正反两次读数的平均值作为各点的测得值，就可以消除因温度变化而产生的线性系统误差。

对称法可以有效地消除随时间推移而产生的线性系统误差。很多误差都随时间变化，在短时间内均可认为是线性规律。有时，按复杂规律变化的误差，也可以近似视为线性误差处理，因此，在一切有条件的场合，均宜采用对称法消除系统误差。计程仪对速度进行时间窗滑动平滑处理，也有类似效果。

压差和电磁等相对计程仪在精度标校时，因为通常采取的速度基准是对地绝对速度，二者之间相差洋流速度，所以必须采取方法消除洋流速度误差的影响。在测速过程中，往往选择洋流呈现稳定或稳定线性变化的状态，这种情况也是线性误差消除问题。实际中可以采取正、逆、正向三次航行的方法，通过计算消除洋流速度误差的影响，通过计程仪速度换算得到平均对地速度。

（三）周期性系统误差消除法

对周期性误差，可以相隔半个周期进行两次测量，取两次读数的平均值，即可有效消除周期性系统误差。周期性系统误差一般可以表示为

$$\Delta l = a\sin\varphi \tag{3-47}$$

设当 $\varphi = \varphi_1$ 时的误差为

$$\Delta l_1 = a\sin\varphi_1 \tag{3-48}$$

当 $\varphi_2 = \varphi_1 + \pi$，即相差半周期时的误差为

$$\Delta l_2 = a\sin(\varphi_1 + \pi) = -a\sin\varphi_1 = -\Delta l_1 \tag{3-49}$$

取两次读数的平均值则有

$$\frac{\Delta l_1 + \Delta l_2}{2} = \frac{\Delta l_1 + \Delta l_1}{2} = 0 \tag{3-50}$$

由此可知，半周期法能消除周期性系统误差。

例如，仪器度盘安装偏心、测微表针回转中心与刻度盘中心的偏心等引起的周期性误差，都可以用半周期法予以削除。

磁罗经消除半圆自差和象限自差的方法就是周期性系统误差消除方法的一种应用，具体方式如下。

（1）对于磁罗经的半圆自差，通常用艾里（Airy）法，即在4个基点航向（0°、90°、180°、270°）上直接观测自差，用水平纵横校正磁铁来抵消半圆自差。校正步骤为：①若磁北向（N）开始，测出北向指向误差δ_N，放置极性正确或调整横向磁棒消除δ_N；②转磁东/西向（E或W），测出指向误差δ_E（或δ_W），放置极性正确或调整纵向磁棒消除δ_E（或δ_W）；③转磁南向（S），测出指向误差δ_S，调整横向磁棒，将δ_S消除一半，保留一半，抵消南北向硬磁自差；④转至磁西/东向（W或E），测出δ_W（或δ_E），调整纵向磁棒，将δ_W（或δ_E）消除一半，保留一半，抵消东西向硬磁自差。

（2）对于象限自差，校正步骤为：①走航向西北向（NW），测出指向误差δ_{NW}，移动软铁球，消除δ_{NW}；②走航向西南向（SW），测出指向误差δ_{SW}，移动软铁球，消除一半δ_{SW}，抵消较大的软磁自差。一般情况下，另一个方向的软磁自差很小，可以忽略。

（四）复杂规律变化系统误差消除法

通过构造合适的数学模型，进行试验回归统计，可以对复杂规律变化的系统误差进行补偿与修正。

采用组合测量等方法，使系统误差以尽可能多的组合方式出现于被测量中，使之具有偶然误差的抵偿性，即以系统误差随机化的方式消除其影响，这种方法称为组合测量法，如用于检定线纹尺的组合定标法、度盘测量中的定角组合测量法，以及力学计量中检定砝码的组合测量法等。

综合导航系统中有多种抑制与降低复杂规律误差的方法，包括：采取多套惯性导航系统进行加权平均提高定位、测向等导航精度；采取可输出同类型参数的多种不同精度的导航系统的不等精度加权组合，如定位组合、速度组合、航向组合等；基于卫星导航等外部离散精确位置的长航时惯性导航综合误差校正；基于卡尔曼（Kalman）滤波等信息融合技术实现综合导航各类导航参数的最优估计等。

思 考 题

1. 系统误差研究在导航系统中的地位和意义如何？联系所学的导航专业课程，分析哪些属于系统误差，各有什么特点。
2. 导航系统误差分析主要应从哪几个方面入手？试举例说明。
3. 系统误差的基本特征有哪些？试联系惯性导航系统或卫星导航系统误差的特点进行说明。
4. 根据系统误差的特征，能否对其进行抑制或消除？具体有哪些方法？
5. 误差理论中关于系统误差发现的方法有哪些？请联系导航专业的实际，说明这些方法在专业中的应用。
6. 如何判断与发现磁罗经的系统误差？可以采取哪些手段来抑制硬磁误差和软磁误差？
7. 陀螺罗经的航向误差是系统误差吗？陀螺罗经哪些误差属于系统误差？
8. 请简述不同种类计程仪误差的特点，并介绍计程仪测速校差的方法。
9. 请简述惯性导航系统常用的系统误差测量与抑制方法。

第四章 直接测量误差处理

> 莫见乎隐，莫显乎微。
>
> ——《礼记·中庸》

大部分导航系统的导航参数的误差数据处理属于直接参数测量问题。例如，惯性导航的定位精度评估、电罗经的航向精度评估、计程仪的速度精度评估、卫星导航接收机的定位精度评定等，均可以采取直接测量误差数据处理方法。直接测量误差数据处理最为常见，应用也最为广泛。它是一种最基本的误差数据处理方式，也是各种复杂测量和处理的基础。

直接测量误差数据处理主要包括试验数据记录、粗大误差野点剔除、均值和方差求取等。对于测试人员而言，即使不了解导航系统具体的误差原理，也可以通过直接数据处理方法得到系统试验的误差分析结果。

第一节 有效数字与数据运算

在测量结果和数据运算中，确定用几位数字来表示测量或数据运算的结果，是一个重要问题。记录测量结果和处理运算的数据位数应以测量所能达到的精度为依据。人们在记录数据时常出现的错误是：认为不论测量结果的精度如何，在一个数值中小数点后面的位数越多，这个数值就显得越精确；或者在数据运算中，保留的位数越多，精度就越高。这种认识是片面的。事实上，若将不必要的数字写出来，既费时间，又无意义。一是因为小数点的位置决定不了精度，它仅与所采用的单位有关，如 35.6 mm 与 0.0356 m 的精度完全相同，而小数点位置却不同。二是测量结果的精度与所用测量方法及仪器有关，在记录或运算数据时，所取数据位数的精度不能超过测量所能达到的精度；反之，若低于测量精度，也是不正确的，因为它将损失精度。此外，在求解方程组时，若系数为近似值，其取值多少对方程组的解有很大影响。例如，方程组

$$\begin{cases} x-y=1 \\ x-1.0001y=0 \end{cases} \quad 和 \quad \begin{cases} x-y=1 \\ x-0.9999y=0 \end{cases} \quad (4\text{-}1)$$

对应的解分别为[3]

$$\begin{cases} x=10\ 001 \\ y=10\ 000 \end{cases} 和 \begin{cases} x=-9\ 999 \\ y=-10\ 000 \end{cases} \tag{4-2}$$

两个方程组仅有一个系数相差万分之二，但所得结果差异极大，由此可以看出有效数字和数据运算规则的重要性。

一、有效数字

含有误差的任何近似数，如果其绝对误差界是最末位数的半个单位，那么从这个近似数左边起第一个非零的数字，称为第一位有效数字。从第一位有效数字起到最末一位数字止的所有数字，不论是零或非零的数字，都称为有效数字。若具有 n 个有效数字，就说是 n 位有效位数。例如，取 $\pi = 3.14$，第一位有效数字为 3，共有三位有效位数；又如，0.0027 第一位有效数字为 2，共有两位有效位数；再如，0.00270 有三位有效位数。

若近似数的右边带有若干个数字零，通常将这个近似数写成 $a \times 10^n$ 的形式，其中 $1 \leqslant a < 10$。利用这种写法，可以从 a 含有几个有效数字来确定近似数的有效位数。例如，2.400×10^3 有四位有效位数；2.40×10^3 和 2.4×10^3 分别有三位和两位有效位数。

在测量结果中，最末一位有效数字取到哪一位，是由测量精度来决定的，即最末一位有效数字应与测量精度是同一量级的。例如，用千分尺测量时，其测量精度只能达到 0.01 mm，若测出长度 $l = 20.531$ mm，显然小数点后第二位数字已不可靠，而第三位数字更不可靠，此时只应保留小数点后第二位数字，即 $l = 20.53$ mm，有四位有效位数。由此可知，测量结果应保留位数的原则是：其最末一位数字是不可靠的，而倒数第二位数字应是可靠的。测量误差一般取 1~2 位有效数字，因此上述用千分尺测量结果可以表示为 $l = (20.53 \pm 0.01)$ mm。

在进行比较重要的测量时，测量结果和测量误差可以比上述原则再多取一位数字作为参考，如 15.214 ± 0.042。因此，凡采取这种形式表示的测量结果，其可靠数字为倒数第三位数字，不可靠数字为倒数第二位数字，而最后一位数字为参考数字。

例如，在精密的称重设备中，其精密度为 0.001 g，记录测量结果一般可以表示为 $m = (70.357 \pm 0.001)$ g，在进行比较重要的测量时，可以表示为 $(70.357\ 2 \pm 0.003\ 1)$ g。

二、数字舍入规则

对于位数很多的近似数，当有效位数确定后，其后面多余的数字应舍去，而保留的有效数字最末一位数字应按下面的舍入规则进行凑整：

（1）若舍去部分的数值大于保留部分末位的半个单位，则末位加 1；

（2）若舍去部分的数值小于保留部分末位的半个单位，则末位不变；

（3）若舍去部分的数值等于保留部分末位的半个单位，则末位凑成偶数，即当末位为偶数时末位不变，当末位为奇数时末位加 1。

例如，按上述舍入规则，将下面各个数据保留四位有效数字进行凑整后得

原有数据	舍入后数据
3.141 59	3.142
2.717 29	2.717
4.510 50	4.510
3.215 50	3.216
6.378 501	6.379
7.691 499	7.691
5.434 60	5.435

由于数字舍入而引起的误差称为舍入误差，按上述规则进行数字舍入，其舍入误差都不超过保留数字最末位的半个单位。必须指出，这种舍入规则的第（3）条明确规定，被舍去的数字不是见 5 就入，而是使舍入误差成为随机误差，在大量运算时，其舍入误差的均值趋于零。这样就避免了过去所采用的四舍五入规则由于舍入误差的积累而产生的系统误差。

三、数据运算规则

在近似数运算中，为了保证最后结果有尽可能高的精度，所有参与运算的数据，在有效数字后可以多保留一位数字作为参考数字，或称为安全数字。

（1）在进行近似数加减运算时，各运算数据以小数位数最少的数据位数为准，其余各数据可以多取一位小数，但最后结果应与小数位数最少的数据小数位相同。

例如，求 $2643.0+987.7+4.187+0.2354$ 过程如下：

$$2643.0+987.7+4.187+0.2354 \approx 2643.0+987.7+4.19+0.24=3635.13 \approx 3635.1$$

（2）在进行近似数乘除运算时，各运算数据以有效位数最少的数据位数为准，其余各数据要比有效位数最少的数据位数多取一位数字，而最后结果应与有效位数最少的数据位数相同。

例如，求 15.13×4.12 过程如下：

$$15.13 \times 4.12 = 62.3356 \approx 62.3$$

（3）在进行近似数平方或开方运算时，平方相当于乘法运算，开方是平方的逆运算，故可按乘除运算处理。

（4）在进行对数运算时，n 位有效数字的数据应用 n 位或 $n+1$ 位对数表，以免损失精度。

（5）在进行三角函数运算时，所取函数值的位数应随角度误差的减小而增多，其对应关系如表 4-1 所示。

表 4-1　三角函数误差与函数值位数简易对应关系

项目	角度误差/(″)			
	10	1	0.1	0.01
函数值位数	5	6	7	8

以上所述的运算规则，都是一些常见的最简单情况，实际问题中的数据运算比较复杂，往往一个问题包括几种不同的简单运算，对中间的运算结果所保留的数据位数可以比简单运算结果多取一位数字。

第二节　粗大误差判别准则

在一系列重复测量数据中，如果有个别数据与其他数据有明显差异，那么数据中很可能含有粗大误差，称之为可疑数据，记为 x_d。根据随机误差理论，出现粗大误差的概率虽然小，但也是可能的。因此，如果不恰当剔除含有大误差的数据，会造成测量精密度偏高的假象；反之，如果对混有粗大误差的数据，即异常值，未加剔除，必然会造成测量精密度偏低的后果。以上两种情况还将严重影响对 $\bar{x}$ 的估计。因此，对数据中异常值的正确判断与处理，是获得客观测量结果的一个重要环节。

在判别某个测得值是否含有粗大误差时，要特别慎重，应进行充分的分析与研究，并根据判别准则予以确定。本节介绍常用的 5 种判别准则[3]。

一、莱以特准则

莱以特（Leiter）准则（也称为 3σ 准则）是最常用，也是最简单的判别粗大误差的准则。使用它的前提是测量次数充分大，但通常测量次数较少，因此 3σ 准则只是一个近似的准则。

对于某一测量列，若各测得值只含有随机误差，则根据随机误差的正态分布规律，其残余误差落在 $(-3\sigma, +3\sigma)$ 以外的概率约为 0.3%，即在 370 次测量中只有一次其残余误差 $|v_i| > 3\sigma$。若在测量列中发现有大于残余误差的测得值，即

$$|v_i| > 3\sigma \tag{4-3}$$

则可以认为其含有粗大误差，应予以剔除。

二、罗曼诺夫斯基准则

当测量次数较少时，按 t 分布的实际误差分布范围来判别粗大误差较为合理。罗曼诺夫斯基（Romanowsky）准则也称为 t 检验准则，其特点是首先剔除一个可疑的测量值，然后按 t 分布检验被剔除的测量值是否含有粗大误差。

设对某量进行多次等精度独立测量得

$$x_1, x_2, \cdots, x_n \tag{4-4}$$

若认为测量值 x_j 为可疑数据，将其剔除后计算平均值得（计算时不包括 x_j）

$$\bar{x} = \frac{1}{n-1} \sum_{i=1, i \neq j}^{n} x_i \tag{4-5}$$

并求得测量列的标准差为（计算时不包括 $v_i = x_i - \bar{x}$）

$$\sigma = \sqrt{\frac{\sum_{i=1}^{n} v_i^2}{n-2}} \tag{4-6}$$

根据测量次数 n 和选取的显著性水平 α，即可由表 4-2 查得 t 分布的检验系数 $K(n,\alpha)$。更为完整的 $K(n,\alpha)$ 可以在附录 B 中查询。

表 4-2　罗曼诺夫斯基准则检验系数表

n	K ($\alpha=0.05$)	K ($\alpha=0.01$)	n	K ($\alpha=0.05$)	K ($\alpha=0.01$)	n	K ($\alpha=0.05$)	K ($\alpha=0.01$)
4	4.97	11.46	13	2.29	3.23	22	2.14	2.91
5	3.56	6.53	14	2.26	3.17	23	2.13	2.90
6	3.04	5.04	15	2.24	3.12	24	2.12	2.88
7	2.78	4.36	16	2.22	3.08	25	2.11	2.86
8	2.62	3.96	17	2.20	3.04	26	2.10	2.85
9	2.51	3.71	18	2.18	3.01	27	2.10	2.84
10	2.43	3.54	19	2.17	3.00	28	2.09	2.83
11	2.37	3.41	20	2.16	2.95	29	2.09	2.82
12	2.33	3.31	21	2.15	2.93	30	2.08	2.81

若

$$|x_j - \bar{x}| > K\sigma \tag{4-7}$$

则认为测量值 x_j 含有粗大误差，剔除 x_j 是正确的；否则认为 x_j 不含有粗大误差，应保留。

三、格拉布斯准则

设对某量进行多次等精度独立测量得

$$x_1, x_2, \cdots, x_n \tag{4-8}$$

当 x_i 服从正态分布时，计算：

$$\bar{x} = \frac{1}{n}\sum_{i=1}^{n} x_i \tag{4-9}$$

$$v_i = x_i - \bar{x} \tag{4-10}$$

$$\sigma = \sqrt{\frac{\sum v^2}{n-1}} \tag{4-11}$$

为了检验 x_i $(i=1,2,\cdots,n)$ 中是否存在粗大误差，将 x_i 按大小顺序排列成顺序统计量 $x_{(i)}$，有

$$x_{(1)} \leqslant x_{(2)} \leqslant \cdots \leqslant x_{(n)} \tag{4-12}$$

格拉布斯（Grubbs）导出 $g_{(n)} = \dfrac{x_{(n)} - \bar{x}}{\sigma}$ 和 $g_{(1)} = \dfrac{\bar{x} - x_{(1)}}{\sigma}$ 的分布，取定显著性水平 α（一般为 0.05 或 0.01），可以得到如表 4-3 所示的临界值 $g_0(n,\alpha)$，且

$$P\left(\frac{x_{(n)}-\overline{x}}{\sigma}\geqslant g_0(n,\alpha)\right)=\alpha \qquad (4\text{-}13)$$

$$P\left(\frac{\overline{x}-x_{(1)}}{\sigma}\geqslant g_0(n,\alpha)\right)=\alpha \qquad (4\text{-}14)$$

表 4-3　格拉布斯准则检验系数表

n	$g_0(n,\alpha)$ $\alpha=0.05$	$g_0(n,\alpha)$ $\alpha=0.01$	n	$g_0(n,\alpha)$ $\alpha=0.05$	$g_0(n,\alpha)$ $\alpha=0.01$
3	1.15	1.16	17	2.48	2.78
4	1.46	1.49	18	2.50	2.82
5	1.67	1.75	19	2.53	2.85
6	1.82	1.94	20	2.56	2.88
7	1.94	2.10	21	2.58	2.91
8	2.03	2.22	22	2.60	2.94
9	2.11	2.32	23	2.62	2.96
10	2.18	2.41	24	2.64	2.99
11	2.23	2.48	25	2.66	3.01
12	2.28	2.55	30	2.74	3.10
13	2.33	2.61	35	2.81	3.18
14	2.37	2.66	40	2.87	3.24
15	2.41	2.70	50	2.96	3.34
16	2.44	2.75	100	3.17	3.59

若认为 $x_{(1)}$ 可疑，则有

$$g_{(1)}=\frac{\overline{x}-x_{(1)}}{\sigma} \qquad (4\text{-}15)$$

若认为 $x_{(n)}$ 可疑，则有

$$g_{(n)}=\frac{x_{(n)}-\overline{x}}{\sigma} \qquad (4\text{-}16)$$

当

$$g_{(i)}\geqslant g_0(n,\alpha) \qquad (4\text{-}17)$$

时，即判别出该测得值含有粗大误差，应予以剔除。

四、狄克松准则

前面三种粗大误差判别准则均需先求出标准差 σ，在实际工作中比较麻烦，而狄克松（Dixon）准则避免了这一缺点。它是用极差比的方法，得到简化而严密的结果。

狄克松研究了 $x_1,x_2,\cdots,x_n$ 的顺序统计量 $x_{(i)}$ 的分布，有

$$\begin{cases} r_{10} = \dfrac{x_{(n)} - x_{(n-1)}}{x_{(n)} - x_{(1)}} \\ r_{11} = \dfrac{x_{(n)} - x_{(n-1)}}{x_{(n)} - x_{(2)}} \\ r_{21} = \dfrac{x_{(n)} - x_{(n-2)}}{x_{(n)} - x_{(2)}} \\ r_{22} = \dfrac{x_{(n)} - x_{(n-2)}}{x_{(n)} - x_{(3)}} \end{cases} \quad (4\text{-}18)$$

当 x_i 服从正态分布时，得到 $x_{(n)}$ 的统计量的分布，选定显著性水平 α，得到各统计量的临界值 $r_0(n,\alpha)$ 如表 4-4 所示。若测量的统计值 r_{ij} 大于临界值，则认为 $x_{(n)}$ 含有粗大误差。

表 4-4　狄克松准则检验系数表

统计量	n	$r_0(n,\alpha)$ $\alpha=0.01$	$\alpha=0.05$	统计量	n	$r_0(n,\alpha)$ $\alpha=0.01$	$\alpha=0.05$
$r_{10} = \dfrac{x_{(n)} - x_{(n-1)}}{x_{(n)} - x_{(1)}}$ $\left(r_{10} = \dfrac{x_{(1)} - x_{(2)}}{x_{(1)} - x_{(n)}}\right)$	3 4 5 6 7 8	0.988 0.889 0.780 0.698 0.637 0.683	0.341 0.765 0.642 0.560 0.507 0.554	$r_{21} = \dfrac{x_{(n)} - x_{(n-2)}}{x_{(n)} - x_{(2)}}$ $\left(r_{21} = \dfrac{x_{(1)} - x_{(3)}}{x_{(1)} - x_{(n-1)}}\right)$	15 16 17 18 19 20	0.616 0.595 0.577 0.561 0.547 0.535	0.525 0.507 0.490 0.475 0.462 0.450
$r_{11} = \dfrac{x_{(n)} - x_{(n-1)}}{x_{(n)} - x_{(2)}}$ $\left(r_{11} = \dfrac{x_{(1)} - x_{(2)}}{x_{(1)} - x_{(n-1)}}\right)$	9 10 11 12 13 14	0.635 0.597 0.679 0.642 0.615 0.641	0.512 0.477 0.576 0.546 0.521 0.546	$r_{22} = \dfrac{x_{(n)} - x_{(n-2)}}{x_{(n)} - x_{(3)}}$ $\left(r_{22} = \dfrac{x_{(1)} - x_{(3)}}{x_{(1)} - x_{(n-2)}}\right)$	21 22 23 24 25	0.524 0.514 0.505 0.497 0.489	0.440 0.430 0.421 0.413 0.406

对最小值 $x_{(1)}$ 用同样的临界值进行检验，有

$$\begin{cases} r_{10} = \dfrac{x_{(1)} - x_{(2)}}{x_{(1)} - x_{(n)}} \\ r_{11} = \dfrac{x_{(1)} - x_{(2)}}{x_{(1)} - x_{(n-1)}} \\ r_{21} = \dfrac{x_{(1)} - x_{(3)}}{x_{(1)} - x_{(n-1)}} \\ r_{22} = \dfrac{x_{(1)} - x_{(3)}}{x_{(1)} - x_{(n-2)}} \end{cases} \quad (4\text{-}19)$$

为剔除粗大误差，狄克松准则认为：

（1）当 $n \leqslant 7$ 时，使用 r_{10} 效果好；

（2）当 $8 \leqslant n \leqslant 10$ 时，使用 r_{11} 效果好；

（3）当 $11 \leqslant n \leqslant 13$ 时，使用 r_{21} 效果好；

（4）当 $n \geqslant 14$ 时，使用 r_{22} 效果好。

五、汤姆孙准则

设从试验中得到 N 个数据 $x_1, x_2, \cdots, x_n$，为了检验其中是否有奇异值，首先按下式计算：

$$\begin{cases} \overline{x} = \dfrac{1}{N}\sum_{i=1}^{N} x_i \\ \sigma^2 = \dfrac{1}{N}\sum_{i=1}^{N}(x_i - \overline{x})^2 \\ \tau = \dfrac{x_k - \overline{x}}{\sigma} \end{cases} \quad (4\text{-}20)$$

然后求统计量：

$$t' = \frac{\tau\sqrt{N-2}}{\sqrt{N-1-\tau^2}} \quad (4\text{-}21)$$

式中：$\overline{x}$ 为子样平均值；N 为数据的个数；σ^2 为子样平均方差；k 为数据的序号。

若 $|t| > t(N-2, \alpha)$，则 x_k 被剔除；否则保留。其中 $t(N-2, \alpha)$ 为 t 分布分位点，可以根据自由度 $N-2$ 和显著性水平 α 从 t 分布表查得。例如，由 $N=10$，$\alpha=0.05$ 可以查得 $t(N-2, \alpha) = 2.306$。

六、粗大误差判别准则比较

以上 5 种粗大误差的判别准则在使用中需要注意以下特点。

（1）3σ 准则适用于测量次数较多的测量列，对于测量次数较少的应用场合，其可靠性不高。但它使用简便，不需查表，故在要求不高时经常应用。

（2）对测量次数较少但要求较高的测量列，可以采用罗曼诺夫斯基准则、格拉布斯准则或狄克松准则等，其中以格拉布斯准则的可靠性最高，通常测量次数 n 为 20～200 时其判别效果较好。当测量次数很少时，可以采用罗曼诺夫斯基准则。若需要从测量列中迅速判别含有粗大误差的测得值，则可以采用狄克松准则。

（3）必须指出，按上述准则若判别出测量列中有两个以上测得值含有粗大误差，则只能首先剔除含有最大误差的测得值，然后重新计算测量列的算术平均值和标准差，再对余下的测得值进行判别，依此程序逐步剔除，直至所有测得值皆不含粗大误差时为止。

（4）在某些情况下，为了及时发现与防止测得值中含有粗大误差，可以采用不等精度测量和相互之间进行校核的方法。例如，对某一被测值，可由两位测量者进行测量、读数与记录，或者用两种不同的仪器或两种不同的方法进行测量并相互校验。

（5）特别指出，对于粗大误差，除设法从测量结果中发现与鉴别进而加以剔除外，更重要的是要加强测量者的工作责任心，使其以严格的科学态度对待测量工作。此外，还要保证测量条件的稳定，应避免在外界条件发生激烈变化时进行测量。若能达到以上要求，一般情况下是可以防止粗大误差产生的。

第三节　标准差计算

除贝塞尔公式（见第二章）外，计算标准差还有别捷尔斯法、极差法和最大误差法等[3]。

一、别捷尔斯法

由贝塞尔公式（2-44）得

$$\sigma = \sqrt{\frac{\sum_{i=1}^{n} v_i^2}{n-1}} = \sqrt{\frac{\sum_{i=1}^{n} \delta_i^2}{n}} \tag{4-22}$$

此式近似为

$$\sum_{i=1}^{n} |\delta_i| \approx \sum_{i=1}^{n} |v_i| \sqrt{\frac{n}{n-1}} \tag{4-23}$$

故平均误差为

$$\theta = \frac{\sum_{i=1}^{n} |\delta_i|}{n} = \frac{1}{\sqrt{n(n-1)}} \sum_{i=1}^{n} |v_i| \tag{4-24}$$

由式（2-22）得

$$\sigma = \frac{1}{0.7979} \theta = 1.253\theta \tag{4-25}$$

故有

$$\sigma = 1.253 \times \frac{\sum_{i=1}^{n} |v_i|}{\sqrt{n(n-1)}} \tag{4-26}$$

此式称为别捷尔斯公式，它可由残余误差 v 的绝对值之和求出单次测量的标准差 σ，而算术平均值的标准差 $\sigma_{\bar{x}}$ 为

$$\sigma_{\bar{x}} = 1.253 \times \frac{\sum_{i=1}^{n} |v_i|}{n\sqrt{n-1}} \tag{4-27}$$

二、极差法

用贝塞尔公式和别捷尔斯公式计算标准差均需要先求算术平均值，然后求残余误差，再进行其他运算，计算过程比较复杂。当要求简便、迅速算出标准差时，可以用极差法。

若等精度多次测量测得值 $x_1, x_2, \cdots, x_n$ 服从正态分布，在其中选取最大值 $x_{\max}$ 和最小值 $x_{\min}$，则二者的差称为极差，即

$$\omega_n = x_{\max} - x_{\min} \tag{4-28}$$

根据极差的分布函数，可以求出极差的数学期望为

$$E(\omega_n) = d_n \sigma \tag{4-29}$$

因 $E\left(\dfrac{\omega_n}{d_n}\right) = \sigma$，故可以得到 σ 的无偏估计值。若仍以 σ 表示，则有

$$\sigma = \dfrac{\omega_n}{d_n} \tag{4-30}$$

式中：d_n 的数值如表 4-5 所示。

表 4-5　极差法系数映射表

n	2	3	4	5	6	7	8	9	10	11	12	13	14	15	16	17	18	19	20
d_n	1.13	1.69	2.06	2.33	2.53	2.70	2.85	2.97	3.08	3.17	3.26	3.34	3.41	3.47	3.53	3.59	3.64	3.69	3.74

极差法可以简便、迅速地算出标准差，并具有一定精度，一般当 $n < 10$ 时均可采用。

三、最大误差法

在有些情况下，可以知道被测量的真值或满足规定精确度的用来代替真值使用的量值（称为实际值或约定真值），因而能够算出随机误差 δ_i，取其中绝对值最大的一个值 $|\delta_i|_{\max}$，当各个独立测量值服从正态分布时，可以求得以下关系式：

$$\sigma = \dfrac{|\delta_i|_{\max}}{K_n} \tag{4-31}$$

一般情况下，被测量的真值未知，不能按式（4-31）求标准差，应按最大残余误差 $|v_i|_{\max}$ 进行计算，其关系式为

$$\sigma = \dfrac{|v_i|_{\max}}{K'_n} \tag{4-32}$$

式（4-31）和式（4-32）中两系数 K_n 和 K'_n 的倒数如表 4-6 所示。

表 4-6　最大误差法系数映射表

n	1	2	3	4	5	6	7	8	9	10	11	12	13	14	15
$1/K_n$	1.25	0.88	0.75	0.68	0.64	0.61	0.58	0.56	0.55	0.53	0.52	0.51	0.50	0.50	0.49
n	16	17	18	19	20	21	22	23	24	25	26	27	28	29	30
$1/K$	0.48	0.48	0.47	0.47	0.46	0.46	0.45	0.45	0.45	0.44	0.44	0.44	0.44	0.43	0.43
n	2	3	4	5	6	7	8	9	10	15	20	25	30		
$1/K'_n$	1.77	1.02	0.83	0.74	0.68	0.64	0.61	0.59	0.57	0.51	0.48	0.46	0.44		

最大误差法简单、迅速、方便，容易掌握，因而有广泛的用途。当 $n < 10$ 时，最大误差法具有一定的精度。

在代价较高的试验（如破坏性试验）中，往往只进行一次试验，此时贝塞尔公式成为 "$\dfrac{0}{0}$" 形式而无法计算标准差。在这种情况下，需要尽可能精确地估算其精度，因而最大误差法就显得特别有用。

四、标准差计算方法比较

上述标准差计算方法的优缺点如下。

（1）贝塞尔公式的计算精度较高，但计算麻烦，需要乘方和开方等，其计算速度难以满足快速自动化测量的需要。

（2）别捷尔斯公式最早用于苏联的普尔科夫（Pulkovo）天文台，它的计算速度较快，但计算精度较低，计算误差为贝塞尔公式的1.07倍。

（3）用极差法计算σ非常迅速、方便，可以用来作为校对公式，当$n<10$时可以用来计算σ，此时计算精度高于贝塞尔公式。

（4）用最大误差法计算σ更为简捷，容易掌握，当$n<10$时可以用最大误差法，计算精度大多高于贝塞尔公式，尤其是对于破坏性试验（$n=1$），只能使用最大误差法。

本节介绍的几种标准差计算方法，简便易行，且具有一定的精度，但其可靠性均较贝塞尔公式要低。因此，对于重要的测量或者当几种方法的计算结果出现矛盾时，仍应以贝塞尔公式为准。

第四节　导航系统常用数据处理方法

时空基准类的导航系统主要提供载体的位置、航向、速度、姿态等信息，所以对上述导航数据结果进行误差分析是大部分导航系统数据处理和精度评估的主要工作。本节在前面各章的基础上，整理归纳主要导航参数精度评定的计算方法，并结合卫星导航试验数据处理的实例，介绍完整的直接数据处理流程及方法。

一、导航数据精度评定方法

（一）位置圆概率误差精度评定方法

根据导航系统的特性不同，位置精度的评定可以采用不同的方法。圆概率误差是常见的误差精度形式。

圆概率误差半径R按下式计算：

$$R = K\sqrt{\frac{1}{n}\sum_{i=1}^{n}\frac{1}{m}\sum_{j=1}^{m}(\text{RER})_{ij}^2} \qquad (4-33)$$

式中：R为圆概率误差半径；K为系数，置信度为50%时，$K=0.8336$；n为每个航次测量点数；m为有效试验次数；$(\text{RER})_{ij}$为第j次试验第i个采样时刻的径向误差率，按下式计算：

$$(\text{RER})_{ij}^2 = \frac{1}{\tau_{ij}}\sqrt{\Delta\phi_{ij}^2 + (\Delta\lambda_{ij}\cos\phi_{ij})^2} \qquad (4-34)$$

式中：τ_{ij}为第j次试验系统从零时刻至第i个采样时刻所经过的导航时间（h）；$\Delta\phi_{ij}$为第j次

试验第 i 个采样时刻的纬度误差（′）；$\Delta\lambda_{ij}$ 为第 j 次试验第 i 个采样时刻的经度误差（′）；ϕ_{ij} 为第 j 次试验第 i 个采样时刻的纬度观测值（°）。

系统的位置精度用径向误差的圆概率误差 R 来衡量，R 小于或等于 CEP 值即为位置精度合格。

（二）艏向精度评定方法

系统艏向误差用 RMS_h 和 $\Delta Y_{\max}$，即艏向误差的均方根值和最大值来衡量，除非另有约定，RMS_h 按式（4-37）计算。

1. 系泊试验艏向误差计算方法

$$\mu_h = \frac{1}{mn}\sum_{j=1}^{m}\sum_{i=1}^{n}\Delta H_{ij} \tag{4-35}$$

$$\sigma_h = \sqrt{\frac{1}{mn-1}\sum_{j=1}^{m}\sum_{i=1}^{n}(\Delta H_{ij} - \mu_h)^2} \tag{4-36}$$

$$\text{RMS}_h = \sqrt{\mu_h^2 + \sigma_h^2} \tag{4-37}$$

$$\Delta Y_{\max} = |\mu_h| + 2\sigma_h \tag{4-38}$$

式中：μ_h 为系统误差（均值）的估计值；m 为试验航次数；n 为每个航次测点数；ΔH_{ij} 为第 j 航次第 i 测点艏向误差值；σ_h 为标准偏差的估计值；RMS_h 为艏向综合误差估计值；$\Delta Y_{\max}$ 为艏向误差最大值。

2. 航行试验艏向误差

将各航次的艏向误差一次差数据列表对齐后，先求取误差总平均值、各航次同一时间坐标点的标准偏差、总的标准偏差，然后计算综合误差和最大误差。其具体计算公式为

$$\mu_h = \frac{1}{mn}\sum_{j=1}^{m}\sum_{i=1}^{n}\Delta H_{ij} \tag{3-39}$$

$$\sigma_{ih} = \sqrt{\frac{1}{m-1}\sum_{j=1}^{m}(\Delta H_{ij} - \mu_h)^2} \tag{4-40}$$

$$\sigma_h = \sqrt{\frac{1}{n}\sum_{i=1}^{m}\sigma_{ih}^2} \tag{4-41}$$

$$\text{RMS}_h = \sqrt{\mu_h^2 + \sigma_h^2} \tag{4-42}$$

$$\Delta Y_{h\max} = |\mu_h| + 2\sigma_h \tag{4-43}$$

式中：σ_{ih} 为各航次第 i 测点的艏向误差标准偏差；σ_h 为艏向误差总的标准偏差。

（三）水平精度评定方法

导航系统水平精度的评定包括系统横摇角和纵摇角误差的统计与评估。与系统的艏向精度评定方式一样，先就不相关的 m 个航次之间同一时间点的水平误差数据进行统计，然后进行纵向（指不同时间点的方向）统计，给出其标准偏差、综合误差和最大误差。

1. 系统横摇误差

横摇误差的计算方法是先将各航次横摇误差值（横摇误差一次差）按时间对齐，然后相对均值计算每一时间坐标点的标准偏差，再对各时间点的标准偏差计算被试产品的横摇精度。其具体公式如下：

$$\mu_\theta = \frac{1}{mn}\sum_{j=1}^{m}\sum_{i=1}^{n}\Delta\theta_{ij} \tag{4-44}$$

$$\sigma_{i\theta} = \sqrt{\frac{1}{m-1}\sum_{j=1}^{m}(\Delta\theta_{ij}-\mu_\theta)^2} \tag{4-45}$$

$$\sigma_\theta = \sqrt{\frac{1}{n}\sum_{i=1}^{n}\sigma_{i\theta}^2} \tag{4-46}$$

$$\mathrm{RMS}_\theta = \sqrt{\mu_\theta^2 + \sigma_\theta^2} \tag{4-47}$$

$$\Delta Y_{\theta\max} = |\mu_\theta| + 2\sigma_\theta \tag{4-48}$$

式中：μ_θ 为系统横摇误差总的算术平均值；$\Delta\theta_{ij}$ 为系统第 j 航次第 i 测点横摇瞬时误差；$\sigma_{i\theta}$ 为系统各航次第 i 测点的横摇误差标准偏差；σ_θ 为系统横摇误差的标准偏差估计值；RMS_θ 为系统横摇误差的综合误差估计值；$Y_{\theta\max}$ 为系统横摇最大误差估计值。

2. 系统纵摇误差

系统纵摇误差的计算方法同横摇误差，具体公式如下：

$$\mu_\phi = \frac{1}{mn}\sum_{j=1}^{m}\sum_{i=1}^{n}\Delta\phi_{ij} \tag{4-49}$$

$$\sigma_{i\phi} = \sqrt{\frac{1}{m-1}\sum_{j=1}^{m}(\Delta\phi_{ij}-\mu_\phi)^2} \tag{4-50}$$

$$\sigma_\phi = \sqrt{\frac{1}{n}\sum_{i=1}^{n}\sigma_{i\phi}^2} \tag{4-51}$$

$$\mathrm{RMS}_\phi = \sqrt{\mu_\phi^2 + \sigma_\phi^2} \tag{4-52}$$

$$\Delta Y_{\phi\max} = |\mu_\phi| + 2\sigma_\phi \tag{4-53}$$

式中：μ_ϕ 为系统纵摇误差总的算术平均值；$\Delta\phi_{ij}$ 为系统第 j 航次第 i 测点纵摇瞬时误差；$\sigma_{i\phi}$ 为系统各航次第 i 测点的纵摇误差标准偏差；σ_ϕ 为系统纵摇误差的标准偏差估计值；RMS_ϕ 为系统纵摇误差的综合误差估计值；$Y_{\phi\max}$ 为系统纵摇最大误差估计值。

（四）水平速度精度评定方法

系统水平速度精度以综合误差 RMS_V 统计。系统水平速度误差按北向速度误差和东向速度误差统计方式分别进行。若速度基准真值按照北向分量和东向分量的形式给出，则可以直接进行比对分析处理；若速度基准以合速度形式给出，则利用载体航迹向对该合速度进行坐标交换，分解成北向速度和东向速度基准，再进行分析处理。水平速度误差的计算公式为

$$\mathrm{RMS}_{V_\mathrm{E}} = \sqrt{\frac{1}{n}\sum_{i=1}^{n}\frac{1}{m}\sum_{j=1}^{m}\Delta V_\mathrm{E}^2} \tag{4-54}$$

式中：$\mathrm{RMS}_{V\mathrm{E}}$ 为东向速度误差的均方根值（m/s）；ΔV_E 为第 j 航次第 i 个采样点的东向速度瞬时误差（m/s）；n 为每个航次的采样点数；m 为试验航次。

$$\mathrm{RMS}_{V\mathrm{N}} = \sqrt{\frac{1}{n}\sum_{i=1}^{n}\frac{1}{m}\sum_{j=1}^{m}\Delta V_\mathrm{N}^2} \tag{4-55}$$

式中：$\mathrm{RMS}_{V\mathrm{N}}$ 为北向速度误差的均方根值（m/s）；ΔV_N 为第 j 航次第 i 个采样点的北向速度瞬时误差（m/s）；

二、导航数据预处理

导航试验实测数据一般需要经过预处理后方可用于误差分析，常用的预处理方法包括粗大误差剔除、时间戳对齐、单位换算和进制转换等。

（一）粗大误差剔除

本章第二节中介绍了 5 种粗大误差剔除方法。其中罗曼诺夫斯基准则、格拉布斯准则、狄克松准则、汤姆孙准则在使用时需要查表，并需要根据数据量的大小选择合适的统计量。对于耗时较长、规模较大（超过 1 000 个）的数据，有时需要进行分段判断与剔除，不同的数据分段方法对应的剔除效果也不同，还需要进行必要的附加判断，增加了方法的复杂性。3σ 准则虽然不需要查表，但存在一定误判率，在总体标准差较小的情况下，容易将少数正常的数据跳动值误判为粗大误差并予以剔除，影响精度评定中对最大值指标的评定结果。

粗大误差剔除的关键是选择误差判断阈值。阈值求解的方法不同，判定的标准就不同。阈值除可以从概率分析的角度求解外，有时也可以根据实测数据的变化规律进行求解。例如，利用载体运动参数的极限值设定统计值，对于舰艇，位置变化阈值一般不超过 30 m/s，速度一般不超过 15 m/s（30 kn），姿态变化也类似。因此，可以通过分析位置、速度、姿态的一次差分序列来判定粗大误差，对应的判断统计值由表 4-7 给出。这类方法需要具备一定的先验知识。

表 4-7 粗大误差判断统计值

序列类型	位置/m	速度/(m/s)	航向/(°/s)	水平姿态/(°/s)
统计值	20	15	5	5

实际情况中，有时会出现粗大误差短时间连续出现的情况，即连续几个或几十个数据存在粗大误差，如果直接将粗大误差剔除，会破坏数据在时间上的连续性。这时需要对这一段时间的试验数据进行替换。粗大误差替换可以等效为序列缺失值补全，常用的方法有回归建模、补零，以及利用前一时刻正常值替换等。其中回归建模方法通过对缺失值前一段正常数据进行回归建模来补全，但建模的准确度与建模所使用的数据量有关，时间序列的拟合结果越靠近建模所使用的序列，则精度越高，不适用于具有连续多个缺失值的情况，且计算量偏大。后两种方法破坏了原有数据的统计特性，并不适用于重要时间序列处理。

从航行试验数据分析，船舶运动参数随运动环境、航行任务实时变化；但从短时间局部数据分析，船舶运动参数仍具有一定的稳态，即短时间内运动参数变化规律可以近似为一阶线性。因此，利用该近似结论设计粗大误差替换算法，对应只需要一阶线性的斜率 **fill_k** 即可。图 4-1 给出了粗大误差剔除算法。

```
输入：时间序列 D=[d₁,d₂,…,dₙ]；统计值 Max；斜率 k
输出：经粗大误差剔除预处理的时间序列 D'=[d₁',d₂',…,dₙ']
1  i=0;D'=D
2  while i<n 开始
3    if d_{i+1}-d_i>Max 寻找粗大误差起始点
4      error_start=i
5      for j=i+1:n-1 开始寻找粗大误差终点
6        If d_j-d_{error_start}<(j-error_start)*k 寻找粗大误差终点
7          error_end=j
8          fill_k=(d_{error_end}-d_{error_start})/(error_end-error_start)
9          for n=1:error_end-error_start 开始粗大误差替换
10           d'_{error_start+n} = d_{error_start} +fill_k*n
11         end
12         break
13       end
14     end
15 end
```

图 4-1　粗大误差剔除算法

图 4-2 给出了一段实测纬度数据粗大误差预处理结果图。从图中可以看到，该段数据整体变化幅度大，局部变化小，并且这组数据存在三处较为明显的粗大误差。经过粗大误差剔除算法处理，可以准确判定粗大误差并予以替换，满足后续分析需求。

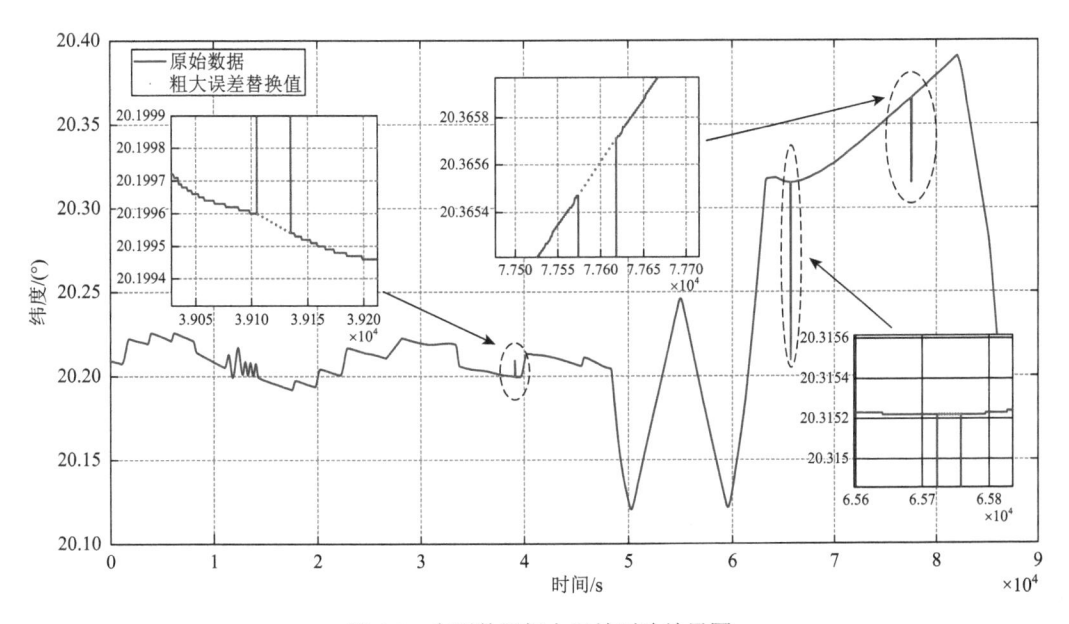

图 4-2　实测数据粗大误差剔除结果图

（二）时间戳对齐

由于各导航系统的导航解算周期和导航参数输出更新率并不相同，例如，惯性导航解算周期为 10 ms（100 Hz），GNSS 和计程仪参数输出更新率为 1 s（1 Hz），在计算误差过程中需要将被测导航参数与基准按照同一时间戳对齐，一般可以采取 1 Hz 同步脉冲广播发送至各导航设备，要求定时进行数据存储。但由于存在处理延时等原因，各导航设备接收的同步脉冲频率不统一，难以保证各类导航设备的实测数据同步存储。如表 4-8 所示，短时间内罗经、惯性导航两设备数据的时间戳平均间距在 50 ms 内，但延时经过长时间积累，在 100 000 s 两组时间戳平均间距已达 8 s，若继续视为同一时刻数据进行误差计算，其结果不准确。针对此类问题，应设计一套时间戳对齐算法，如图 4-3 所示。

表 4-8　导航设备实测时间戳

序号	罗经时间戳	惯性导航时间戳
1	"2017-06-25 10:34:00.764"	"2017-06-25 10:34:00.780"
2	"2017-06-25 10:34:00.780"	"2017-06-25 10:34:01.811"
3	"2017-06-25 10:34:02.780"	"2017-06-25 10:34:02.827"
4	"2017-06-25 10:34:03.796"	"2017-06-25 10:34:03.749"
5	"2017-06-25 10:34:04.780"	"2017-06-25 10:34:04.749"
6	"2017-06-25 10:34:05.780"	"2017-06-25 10:34:05.780"
⋮	⋮	⋮
100 000	"2017-07-03 10:37:41.690"	"2017-07-03 10:37:49.722"
100 001	"2017-07-03 10:37:42.659"	"2017-07-03 10:37:50.847"
100 002	"2017-07-03 10:37:43.706"	"2017-07-03 10:37:51.706"
100 003	"2017-07-03 10:37:44.706"	"2017-07-03 10:37:52.831"
100 004	"2017-07-03 10:37:45.706"	"2017-07-03 10:37:53.722"
100 005	"2017-07-03 10:37:46.800"	"2017-07-03 10:37:54.815"

```
输入:含有时间戳的数据 D=[d₁,d₂,⋯,dₙ]ᵀ, B=[b₁,b₂,⋯,bₙ]ᵀ, 其中 dᵢ=[time,data], bᵢ=[time,data];
     最大时间间隔 interval
输出:经时间戳对齐预处理的数据 D'=[d'₁,d'₂,⋯,d'ₙ] 与 B'=[b'₁,b'₂,⋯,b'ₙ]
1  mum=1;j_start=0;
2  for i=2:n 开始
3      for j=i-j_start-1:n
4          value=etime(dᵢ.time,bⱼ.time)使用 MATLAB 中的 etime 函数计时间间隔,以 m 为单位
5          flag=0;
6          if abs(value)<interval
7              d'_num=dᵢ; b'_num=bⱼ;按同一时刻对齐数据
8              j_start=i-j;mum=num+1;
9              flag=1;break;
10         end
11     end
12     if flag==0
13         j_start=j_start+1;
14     end
15 end
```

图 4-3　时间戳对齐算法

（三）单位换算

导航数据显示与数据处理所使用的量纲不同。例如：经纬度、姿态信息在交互界面以度（°）为单位，在信息处理以弧度（rad）为单位；速度信息在交互显示界面以节（kn）为单位，在信息处理时以米/秒（m/s）为单位。简要列出导航设备常用的量纲转换等式，便于后续的数据处理：

$$1 弧度 (rad) = 180 / \pi 度 (°) \quad (4\text{-}56)$$

$$1 节 (kn) \approx 0.514\ 4 米/秒 (m/s) \quad (4\text{-}57)$$

$$1 海里 (n\ mile) \approx 1\ 852 米 (m) \quad (4\text{-}58)$$

（四）进制转换

在导航设备中，数据以二进制浮点数保存，直接读取的数据是一串 0 与 1 的组合，其中浮点数又可以分为单精度（single precision）和双精度（double precision）等，如表 4-9 所示。一般对有效数字要求较高的导航参数以双精度浮点数保存，如经纬度、速度、姿态、线加速度、角加速度等，其他参数以单精度浮点数保存，如温度等。

表 4-9 进制转换举例

二进制浮点数	十进制
0100 0000 0010 0011 1000 1111 0101 1100 0010 1000 1111 0101 1100 0010 1000 1111（double）	9.78
0100 0001 0001 1100 0111 1010 1110 0001（float）	
0100 0000 0000 1001 0010 0001 1111 1011 0101 0011 1100 1000 1101 0100 1111 0001（double）	3.141 592 65
100 0000 0100 1001 0000 1111 1101 1011（float）	

简要列出 MATLAB 中用于二进制浮点数与十进制数转换的函数：

```
fid=fopen(fname,'r');     指定要转换的数据文件
fread(fid,n,'int')        从文件中连续读取 n 个 int 二进制数并转换为十进制
fread(fid,n,'float')      从文件中连续读取 n 个 float 二进制数并转换为十进制
fread(fid,n,'double')     从文件中连续读取 n 个 double 二进制数并转换为十进制
```

三、导航系统误差数据处理实例

参加精度评定统计计算的数据，应剔除个别奇异点。凡属于被试产品以外原因造成的过失数据，均应剔除；找不出确切原因，连续出现的奇异数据不应随意剔除，应在进行细致、深入的分析后决定取舍，一般采用汤姆孙准则、格拉布斯准则等进行处理。本节选取某北斗接收机的静态试验数据实例进行数据处理举例。

例 4-1 现有一系列北斗的静态定位数据，其格式如下（取其中一组）：

$PN，0030.57913498，0114.24067010，1，*

$PW，1，00171，032，000，*

$PW，3，00129，032，000，*

$PW，5，00089，032，000，*

$TD，W-E，+03224389，*

$TD，M-E，−03581544，*

为简化问题，本试验仅处理纬度和经度数据，其他数据暂不考虑。取标识为"$PN"的第一行数据，数据"0030.57913498"表示纬度30.579 134 98°；数据"0114.24067010"表示经度114.240 670 10°；其后"1"表示数据有效，"0"表示数据无效。按照上述数据格式，读取 n 组试验数据（如 $n=65$）。注意：此处经纬度数据的小数位数有 8 位，最后一位代表 $1°\times 10^{-8}$，近似为 1 mm；考虑到一般卫星导航接收机的标称精度为米级，根据有效位数确定原则，可以取小数点后 6 位进行数据处理，其中前 5 位为有效位数。所有数据均为等精度直接测量所得的测得值，并假定该测得值不存在固定的系统误差，则可以按下列步骤求测量结果。

（1）求算术平均值。

根据下式求测得值的算术平均值 $\bar{x}$：

$$\bar{x}=\frac{x_1+x_2+\cdots+x_n}{n}=\frac{\sum_{i=1}^{n}x_i}{n} \tag{4-59}$$

计算一组数据的算术平均值，使用 MATLAB 的 mean 函数，其语法格式为

m=mean(x);

其中 x 为所求的一组数据组成的行向量，m 为其算术平均值。编制程序处理，得到纬度算术平均值 wdm 和经度算术平均值 jdm 分别为

\>>wdm=

30.579234°

\>>jdm=

114.240734°

（2）求残余误差。

根据式（1-5）求各测得值的残余误差 $v_i=x_i-\bar{x}$。计算一组数据样本的程序十分简单，MATLAB 中没有相应的子程序供调用，但可以用下面的程序进行求解：

m=mean(x);

v=x-m;

其中 x 为所求的一组数据组成的行向量，m 为其算术平均值，v 为各数据的残差。

编制程序处理，得到纬度各测得值的残余误差 wdv 和经度各测得值的残余误差 jdv。

（3）校核算术平均值及其残余误差。

算术平均值及其残余误差计算的正确性可以由求得的残余误差代数和性质来校核。根据残余误差代数和校核算术平均值及其残余误差规则，现用规则（2）进行校核。

因为 $A=0.000\,000\,01°$，$n=65$，而对于纬度残余误差代数和 $\sum_{i=1}^{n}v_i$，由程序求得

```
>>swdv=
-2.7649e-010
```
所以有

$$\left|\sum_{i=1}^{n} v_i\right| = 2.764\,9 \times 10^{-18} < \left(n - \frac{1}{2}\right) A = 3.200\,0 \times 10^{-7} \quad (4\text{-}60)$$

故以上计算正确。

对于经度数据，其处理过程一样，由程序求残余误差代数和为

```
>>sjdv=
2.0373e-010
```
所以有

$$\left|\sum_{i=1}^{n} v_i\right| = 2.037\,3 \times 10^{-18} < \left(n - \frac{1}{2}\right) A = 3.200\,0 \times 10^{-7} \quad (4\text{-}61)$$

故以上计算正确。如果发现计算有误，应重新进行上述计算和校核。

（4）判断系统误差。

根据残余误差观察法，由纬度和经度的残差结果可以看出其数值有规律地逐渐由负变正，再由正变负，且循环交替重复变化。因此，可以判断该纬度和经度的测得值存在周期性系统误差。

根据残余误差校核法，用统计准则进行判断，令

$$u = \left|\sum_{i=1}^{n-1} v_i v_{i+1}\right| = |v_1 v_2 + v_2 v_3 + \cdots + v_{n-1} v_n| \quad (4\text{-}62)$$

若

$$u > \sqrt{n-1}\sigma^2 \quad (4\text{-}63)$$

则认为该测量列中含有周期性系统误差。此校核法即阿贝-赫尔默特准则，能有效发现周期性系统误差。经计算，满足上式，故也可以判断该纬度和经度的测得值存在周期性系统误差。

若根据残余误差观察法，发现纬度和经度的残差结果存在有规律递减现象，且在测量开始与结束时误差符号相反，则可以判断该纬度和经度的测得值存在线性系统误差。

根据残余误差校核法，有

$$\Delta = \sum_{i=1}^{K} v_i - \sum_{j=K+1}^{n} v_j \quad (4\text{-}64)$$

计算上式的两部分差值 Δ 是否显著不为零，可以判断该纬度和经度的测得值是否存在线性系统误差。此校核法即马列科夫准则，能有效发现线性系统误差。

（5）求测得值单次测量的标准差。

根据贝塞尔公式，求得测得值单次测量的标准差 σ，通常用其试验标准差 s 代替。可以使用 MATLAB 的 std 函数，其格式为

```
s=std(x)
```
其中 x 为数据样本组成的一组行向量，s 为该数据样本单次测量的试验标准差。

通过程序处理得到纬度测得值单次测量的试验标准差 wds 为

>>wds=

1.1025e+004

同样，通过程序处理得到经度测得值单次测量的试验标准差 jds 为

>>jds=

2.1525e+003

（6）判别粗大误差。

3σ 准则是最常用、最简单的准则，通常适用于测量次数很多的情况，由于本例中测量次数 $n=65$ 不足够大，如果选用本准则，可靠性不高。罗曼诺夫斯基准则适用于测量次数较少的情况，此时按 t 分布的实际误差分布范围来判别粗大误差较为合理。格拉布斯准则也适于测量次数较少的情况，其可靠性比较高。狄克松准则适用于需要从测得值中迅速判别含有粗大误差的情况。

采取上述准则分析处理后，其纬度和经度测得值中均不含有粗大误差。若发现测得值中存在粗大误差，应先将含有粗大误差的测得值剔除，然后按上述步骤重新计算，直至所有测得值均不包含粗大误差时为止。

（7）求算术平均值的标准差。

算术平均值的标准差为

$$\sigma_{\bar{x}} = \frac{\sigma}{\sqrt{n}} \tag{4-65}$$

根据前面得到的纬度和经度标准差，将其除以 $\sqrt{n}$ 就可以得到纬度和经度算术平均值的标准差 wdms 和 jdms，其结果为

>>wdms=

1.3674e+003

>>jdms=

266.9871

>>wdms=

4.8021

>>jdms=

2.9830

（8）求算术平均值的极限误差。

若测量次数较多，则算术平均值的极限误差按正态分布计算，即

$$\delta_{\lim}\bar{x} = \pm t\sigma_{\bar{x}} \tag{4-66}$$

式中：t 为置信系数，由给定的置信概率 $P = 1-\alpha = 2\Phi(t)$ 确定。

若测量次数较少，则算术平均值的极限误差按 t 分布计算，即

$$\delta_{\lim}\bar{x} = \pm t_a \sigma_{\bar{x}} \tag{4-67}$$

式中：t_a 也为置信系数，由给定的置信概率 $P = 1-\alpha$ 和自由度 $v = n-1$ 确定。

对于该纬度和经度测得值,测量次数较多,所以选用正态分布,取 $t = 3$,有

$$\delta_{\lim}\bar{x}\ (\text{wd}) = \pm 3 \times 4.802\ 1 \times 10^{-6} \tag{4-68}$$

$$\delta_{\lim}\bar{x}\ (\text{jd}) = \pm 3 \times 2.983\ 0 \times 10^{-6} \tag{4-69}$$

(9) 写出最后测量结果。

纬度测量结果:

$$\text{wd} = \bar{x}\ (\text{wd}) + \delta_{\lim}\bar{x}\ (\text{wd}) = 30°34.975\ 4' \pm 0°0.000\ 014'$$

经度测量结果:

$$\text{jd} = \bar{x}\ (\text{jd}) + \delta_{\lim}\bar{x}\ (\text{jd}) = 114°14.511\ 0' \pm 0°0.000\ 009'$$

思 考 题

1. 直接误差测量通常应用于哪些导航系统的误差评定?
2. 试验数据记录的有效位的注意要点有哪些?是否小数位数越多越好?
3. 本章介绍的"四舍五入"方法与通常的理解有什么不同?为什么会出现差异?
4. 单次测量的标准差 σ 与算术平均值的标准差 $\sigma_{\bar{x}}$ 的物理意义及实际用途有何不同?
5. 粗大误差产生的原因有哪些?表现的形式有哪些?请结合导航系统进行分析说明。
6. 粗大误差的剔除方法有哪些?它们之间有什么差异?选择的准则是什么?
7. 均值和方差的计算方法有哪些?它们之间有什么差异?各应用于怎样的场合?
8. 结合具体的导航系统试验数据,能否进行正确的数据处理和误差分析?
9. 请绘制直接误差数据处理的流程图。

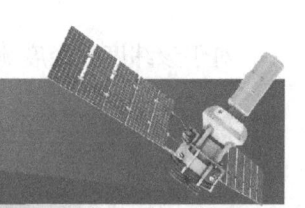

第五章　导航测量基准设计

> 权，然后知轻重；度，然后知长短。物皆然，心为甚。
>
> ——《孟子·梁惠王章句上·第八节》

上一章介绍了直接测量误差数据处理方法。直接测量需要测量真值作为基准，导航系统属于载体动态测量，需要选择更加精确的基准测量仪器作为标准真值。本章以导航测量基准选取与设计为线索，探讨导航精度测量中的一些实际问题，如基于微小误差准则的测量基准选取问题、设计基准的误差分析问题等。在进行上述问题的误差理论分析时，都会使用误差合成理论。误差合成是误差理论中的重要内容，是研究导航系统精度评估中多种误差源综合影响的主要分析方法。

在实际中，除直接测量外，导航系统精度评估有时还会采取间接测量评估方法。间接测量，也就是当无法获得高精度的测量基准设备时，通过测量其他参数指标，间接对无法直接测量的指标进行评定。这些参数之间由于存在着复杂、确定的函数关系，同样可以采用误差合成方法来进行理论分析。

本章首先从测量函数误差、系统误差与随机误差的合成、不确定度合成等多个方面对误差合成理论进行详细介绍；然后在此基础上，运用误差合成方法推导可用于测量基准选取的微小误差准则；再对多种导航常用的测量基准进行介绍，如电子水平仪、方位仪、陀螺经纬仪、多轴转台、分度头等；最后介绍一种设计的导航系统测试动态航向参考基准，并重点介绍如何采用误差合成方法对其进行误差分析，希望通过这一具体的导航应用实例，加深读者对这些方法的应用认识。

第一节　误差合成基本理论

任何测量结果都包含一定的测量误差，这是测量过程中各个环节一系列误差因素共同作用的结果。正确分析与综合这些误差因素，并正确表述这些误差的综合影响，是误差合成研究的基本内容。本节较为全面地论述误差合成与分配的基本规律和基本方法。

一、测量函数误差

间接测量是指通过直接测量与被测量有一定函数关系的其他量，按照已知的函数关系式计算出被测量。间接测量量实际是多个直接测量量的函数，相应地，间接测量量的误差也是多个直接测得值误差的函数，称这种误差为测量函数误差。研究测量函数误差实质上就是研究误差的传递问题，这种具有确定关系的误差计算，称为误差合成。

下面分别介绍测量函数系统误差和测量函数随机误差的计算问题[3]。

（一）测量函数系统误差计算

在间接测量中，测量函数的形式主要为初等函数，且一般为多元函数，其表达式为

$$y = f(x_1, x_2, \cdots, x_n) \quad (5\text{-}1)$$

式中：$x_1, x_2, \cdots, x_n$ 为各个直接测量值；y 为间接测量值。

由高等数学可知，对于多元函数，其增量可以用函数的全微分表示，故上式的函数增量 $\mathrm{d}y$ 为

$$\mathrm{d}y = \frac{\partial f}{\partial x_1}\mathrm{d}x_1 + \frac{\partial f}{\partial x_2}\mathrm{d}x_2 + \cdots + \frac{\partial f}{\partial x_n}\mathrm{d}x_n \quad (5\text{-}2)$$

若已知各个直接测量值的系统误差 $\Delta x_1, \Delta x_2, \cdots, \Delta x_n$，由于这些误差值都较小，可以用来近似代替式（5-2）中的微分量 $\mathrm{d}x_1, \mathrm{d}x_2, \cdots, \mathrm{d}x_n$，从而可以近似得到函数的系统误差 Δy 为

$$\Delta y = \frac{\partial f}{\partial x_1}\Delta x_1 + \frac{\partial f}{\partial x_2}\Delta x_2 + \cdots + \frac{\partial f}{\partial x_n}\Delta x_n \quad (5\text{-}3)$$

式（5-3）称为测量函数系统误差公式，其中 $\partial f / \partial x_i \ (i=1,2,\cdots,n)$ 为各个直接测量值的误差传递系数。

有些情况下的函数公式较简单，可以直接求得函数的系统误差。

例如，若函数形式为线性公式

$$y = a_1 x_1 + a_2 x_2 + \cdots + a_n x_n \quad (5\text{-}4)$$

则函数的系统误差为

$$\Delta y = a_1 \Delta x_1 + a_2 \Delta x_2 + \cdots + a_n \Delta x_n \quad (5\text{-}5)$$

式中：各个误差传递系数 a_i 为常数。

当 $a_i = 1$ 时，有

$$\Delta y = \Delta x_1 + \Delta x_2 + \cdots + \Delta x_n \quad (5\text{-}6)$$

上式说明：当函数为各测量值之和时，其函数系统误差为各测量值系统误差之和。

（二）测量函数随机误差计算

随机误差是用表征其取值分散程度的标准差来评定的。对于测量函数的随机误差，也采用函数的标准差进行评定。因此，测量函数随机误差计算，就是研究函数 y 的标准差与各测量值 $x_1, x_2, \cdots, x_n$ 标准差之间的关系。但在式（5-2）中，若以各测量值的随机误差 $\delta x_1, \delta x_2, \cdots, \delta x_n$ 代替各微分量 $\mathrm{d}x_1, \mathrm{d}x_2, \cdots, \mathrm{d}x_n$，只能得到函数的随机误差 δy，而得不到函数的标准差 σ_y。因此，必须进行下列运算，以求得函数的标准差。

函数的一般形式为

$$y = f(x_1, x_2, \cdots, x_n) \tag{5-7}$$

为了求得用各个测量值的标准差表示函数的标准差公式，设对各个测量值均进行了 N 次等精度测量，其相应的随机误差为

$$\begin{cases} x_1: & \delta x_{11}, \delta x_{12}, \cdots, \delta x_{1N} \\ x_2: & \delta x_{21}, \delta x_{22}, \cdots, \delta x_{2N} \\ \cdots\cdots \\ x_n: & \delta x_{n1}, \delta x_{n2}, \cdots, \delta x_{nN} \end{cases} \tag{5-8}$$

根据式（5-2），可以得到函数 y 的随机误差为

$$\begin{cases} \delta y_1 = \dfrac{\partial f}{\partial x_1} \delta x_{11} + \dfrac{\partial f}{\partial x_2} \delta x_{21} + \cdots + \dfrac{\partial f}{\partial x_n} \delta x_{n1} \\ \delta y_2 = \dfrac{\partial f}{\partial x_1} \delta x_{12} + \dfrac{\partial f}{\partial x_2} \delta x_{22} + \cdots + \dfrac{\partial f}{\partial x_n} \delta x_{n2} \\ \cdots\cdots \\ \delta y_N = \dfrac{\partial f}{\partial x_1} \delta x_{1N} + \dfrac{\partial f}{\partial x_2} \delta x_{2N} + \cdots + \dfrac{\partial f}{\partial x_n} \delta x_{nN} \end{cases} \tag{5-9}$$

将方程组（5-9）中每个方程平方得

$$\begin{cases} \delta y_1^2 = \left(\dfrac{\partial f}{\partial x_1}\right)^2 \delta x_{11}^2 + \left(\dfrac{\partial f}{\partial x_2}\right)^2 \delta x_{21}^2 + \cdots + \left(\dfrac{\partial f}{\partial x_n}\right)^2 \delta x_{n1}^2 + 2\sum_{1 \leq i < j}^{n} \dfrac{\partial f}{\partial x_i} \dfrac{\partial f}{\partial x_j} \delta x_{i1} \delta x_{j1} \\ \delta y_2^2 = \left(\dfrac{\partial f}{\partial x_1}\right)^2 \delta x_{12}^2 + \left(\dfrac{\partial f}{\partial x_2}\right)^2 \delta x_{22}^2 + \cdots + \left(\dfrac{\partial f}{\partial x_n}\right)^2 \delta x_{n2}^2 + 2\sum_{1 \leq i < j}^{n} \dfrac{\partial f}{\partial x_i} \dfrac{\partial f}{\partial x_j} \delta x_{i2} \delta x_{j2} \\ \cdots\cdots \\ \delta y_N^2 = \left(\dfrac{\partial f}{\partial x_1}\right)^2 \delta x_{1N}^2 + \left(\dfrac{\partial f}{\partial x_2}\right)^2 \delta x_{2N}^2 + \cdots + \left(\dfrac{\partial f}{\partial x_n}\right)^2 \delta x_{nN}^2 + 2\sum_{1 \leq i < j}^{n} \dfrac{\partial f}{\partial x_i} \dfrac{\partial f}{\partial x_j} \delta x_{iN} \delta x_{jN} \end{cases} \tag{5-10}$$

将方程组（5-10）中各方程相加得

$$\begin{aligned} \delta y_1^2 + \delta y_2^2 + \cdots + \delta y_N^2 &= \left(\dfrac{\partial f}{\partial x_1}\right)^2 (\delta x_{11}^2 + \delta x_{12}^2 + \cdots + \delta x_{1N}^2) + \left(\dfrac{\partial f}{\partial x_2}\right)^2 (\delta x_{21}^2 + \delta x_{22}^2 + \cdots + \delta x_{2N}^2) \\ &\quad + \cdots + \left(\dfrac{\partial f}{\partial x_n}\right)^2 (\delta x_{n1}^2 + \delta x_{n2}^2 + \cdots + \delta x_{nN}^2) + 2\sum_{1 \leq i < j}^{n} \sum_{m=1}^{N} \left(\dfrac{\partial f}{\partial x_i} \dfrac{\partial f}{\partial x_j} \delta x_{im} \delta x_{jm}\right) \end{aligned} \tag{5-11}$$

将式（5-11）的各项除以 N，并根据式（2-34）得

$$\sigma_y^2 = \left(\dfrac{\partial f}{\partial x_1}\right)^2 \sigma_{x1}^2 + \left(\dfrac{\partial f}{\partial x_2}\right)^2 \sigma_{x2}^2 + \cdots + \left(\dfrac{\partial f}{\partial x_n}\right)^2 \sigma_{xn}^2 + 2\sum_{1 \leq i < j}^{n} \left(\dfrac{\partial f}{\partial x_i} \dfrac{\partial f}{\partial x_j} \dfrac{\sum_{m=1}^{N} \delta x_{im} \delta x_{jm}}{N}\right) \tag{5-12}$$

若定义

$$K_{ij} = \frac{\sum_{m=1}^{N} \delta x_{im} \delta x_{jm}}{N}, \qquad \rho_{ij} = \frac{K_{ij}}{\sigma_{xi} \sigma_{xj}} \tag{5-13}$$

或 $K_{ij} = \rho_{ij} \sigma_{xi} \sigma_{xj}$，则有

$$\sigma_y^2 = \left(\frac{\partial f}{\partial x_1}\right)^2 \sigma_{x1}^2 + \left(\frac{\partial f}{\partial x_2}\right)^2 \sigma_{x2}^2 + \cdots + \left(\frac{\partial f}{\partial x_n}\right)^2 \sigma_{xn}^2 + 2\sum_{1 \leq i < j}^{n} \left(\frac{\partial f}{\partial x_i} \frac{\partial f}{\partial x_j} \rho_{ij} \sigma_{xi} \sigma_{xj}\right) \tag{5-14}$$

式中：ρ_{ij} 为第 i 个测量值与第 j 个测量值之间的误差相关系数。

根据式（5-14）可以由各个测量值的标准差计算出函数的标准差，故称该式为函数随机误差公式，其中 $\partial f / \partial x_i \ (i=1,2,\cdots,n)$ 为各个测量值的误差传递系数。

若各测量值的随机误差是相互独立的，且当 N 适当大时，相关项

$$K_{ij} = \frac{\sum_{m=1}^{N} \delta x_{im} \delta x_{jm}}{N} = 0 \tag{5-15}$$

则相关系数 ρ_{ij} 也为零，误差公式（5-14）可以简化为

$$\sigma_y^2 = \left(\frac{\partial f}{\partial x_1}\right)^2 \sigma_{x1}^2 + \left(\frac{\partial f}{\partial x_2}\right)^2 \sigma_{x2}^2 + \cdots + \left(\frac{\partial f}{\partial x_n}\right)^2 \sigma_{xn}^2 \tag{5-16}$$

$$\sigma_y = \sqrt{\left(\frac{\partial f}{\partial x_1}\right)^2 \sigma_{x1}^2 + \left(\frac{\partial f}{\partial x_2}\right)^2 \sigma_{x2}^2 + \cdots + \left(\frac{\partial f}{\partial x_n}\right)^2 \sigma_{xn}^2} \tag{5-17}$$

令 $\partial f / \partial x_i = a_i$，则式（5-17）可以写成

$$\sigma_y = \sqrt{a_1^2 \sigma_{x1}^2 + a_2^2 \sigma_{x2}^2 + \cdots + a_n^2 \sigma_{xn}^2} \tag{5-18}$$

各测量值随机误差之间互不相关的情况较为常见，当各相关系数很小时，也可以近似地作不相关处理。因此，式（5-17）和式（5-18）是较常用的函数随机误差公式。

当各个测量值的随机误差为正态分布时，式（5-18）中的标准差用极限误差代替，可以得到函数的极限误差公式为

$$\delta_{\lim y} = \pm\sqrt{a_1^2 \delta_{\lim x_1}^2 + a_2^2 \delta_{\lim x_2}^2 + \cdots + a_n^2 \delta_{\lim x_n}^2} \tag{5-19}$$

在多数情况下，$a_i = 1$，且函数形式较简单，即

$$y = x_1 + x_2 + \cdots + x_n \tag{5-20}$$

故函数的标准差为

$$\sigma_y = \sqrt{\sigma_{x1}^2 + \sigma_{x2}^2 + \cdots + \sigma_{xn}^2} \tag{5-21}$$

函数的极限误差为

$$\delta_{\lim y} = \pm\sqrt{\delta_{\lim x_1}^2 + \delta_{\lim x_2}^2 + \cdots + \delta_{\lim x_n}^2} \tag{5-22}$$

（三）误差之间的相关关系及相关系数

在计算函数误差及其他误差的合成时，各误差之间的相关性对计算结果有直接影响。例如，式（5-14）中的相关项反映了各随机误差相互之间的线性关系对函数总误差的影响大小。当相

关系数 $\rho_{ij}=0$ 时，式（5-14）简化为式（5-18）的常用函数随机误差传递公式；当 $\rho_{ij}=1$ 时，式（5-14）又可简化为

$$\sigma_y = \sqrt{a_1^2\sigma_{x1}^2 + a_2^2\sigma_{x2}^2 + \cdots + a_n^2\sigma_{xn}^2 + 2\sum_{1\leqslant i<j}^{n} a_i a_j \sigma_{xi}\sigma_{xj}} = a_1\sigma_{x1} + a_2\sigma_{x2} + \cdots + a_n\sigma_{xn} \quad (5\text{-}23)$$

式（5-23）表明，当 $\rho_{ij}=1$ 时，函数随机误差具有线性的传递关系。

以上分析结果充分说明，误差之间的相关性与误差合成有密切关系。通常遇到的测量问题多可以视为误差之间线性无关或近似线性无关，但也存在误差之间线性相关的现象。当各误差之间的相关性不能忽略时，必须先求出各个误差间的相关系数，然后才能进行误差合成计算。因此，正确处理误差之间的相关问题，具有重要的实用意义。

1. 误差之间的线性相关关系

误差之间的线性相关关系是指它们具有线性依赖关系，这种依赖关系有强有弱。联系最强时，在平均意义上，一个误差的取值完全决定另一个误差的取值，此时两误差之间具有确定的线性函数关系；当两误差之间的线性依赖关系最弱时，一个误差的取值与另一个误差的取值无关，这是互不相关的情况。

一般两误差之间的关系处于上述两种极端情况之间，既有联系但又不具有确定性关系。此时，线性依赖关系是指在平均意义上的线性关系，即一个误差值随另一个误差值的变化具有线性关系的倾向，但二者取值又不服从确定的线性关系，而具有一定的随机性。

2. 相关系数

两误差之间有线性关系时，其相关性强弱由相关系数来反映，在误差合成时应求得相关系数，并计算出相关项大小。

若两误差 ξ 与 η 之间的相关系数为 ρ，根据式（5-14）中相关系数的定义，有

$$\rho = \frac{K_{\xi\eta}}{\sigma_\xi \sigma_\eta} \quad (5\text{-}24)$$

式中：$K_{\xi\eta}$ 为误差 ξ 与 η 之间的协方差；σ_ξ 和 σ_η 分别为误差 ξ 和 η 的标准差。

根据概率论可知，相关系数的取值范围为

$$-1 \leqslant \rho \leqslant 1 \quad (5\text{-}25)$$

分以下四种情况进行讨论：

（1）当 $0<\rho<1$ 时，两误差 ξ 与 η 正相关，即当一误差增大时，另一误差的统计均值增大；

（2）当 $-1<\rho<0$ 时，两误差 ξ 与 η 负相关，即当一误差增大时，另一误差的统计均值减小；

（3）当 $\rho=1$ 时称为完全正相关，当 $\rho=-1$ 时称为完全负相关，此时两误差 ξ 与 η 之间存在着确定的线性函数关系；

（4）当 $\rho=0$ 时，两误差之间无线性关系或称不相关，即当一误差增大时，另一误差取值可能增大，也可能减小。

由上面讨论可知，相关系数确实可以表示两个误差 ξ 与 η 之间线性相关的密切程度，$|\rho|$ 越接近 0，则 ξ 与 η 之间的线性相关程度越小；反之，$|\rho|$ 取值越大，越接近 1，则 ξ 与 η 之间的

线性相关程度越密切。值得注意的是,相关系数只表示两误差线性关系的密切程度,当 ρ 很小甚至等于零时,两误差之间不存在线性关系,但并不表示它们之间不存在其他函数关系。

确定两误差之间的相关系数是比较困难的,通常可以采用以下几种方法。

(1) 直接判断法。

直接判断法是指通过两误差之间关系的分析直接确定相关系数 ρ。若两误差不可能有联系或联系微弱时,则确定 $\rho=0$;若一个误差增大,另一个误差成比例地增大,则确定 $\rho=1$。

(2) 试验观察或简略计算法。

在某些情况下可以直接测量两误差的多组对应值 (ξ_i,η_i),用试验观察或简单计算法求得相关系数。

① 试验观察法。

用多组测量的对应值 (ξ_i,η_i) 作图,将其与图 5-1 的标准图形对比,看它与哪一图形相近,从而确定相关系数的近似值。

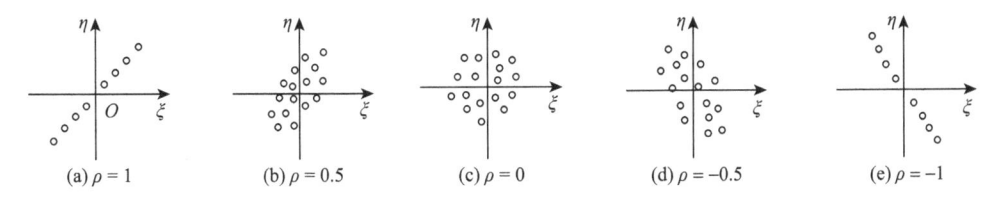

图 5-1 标准图形

② 简单计算法。

先将多组测量的对应值 (ξ_i,η_i) 标注在平面直角坐标系上,如图 5-2 所示,然后作平行于纵轴的直线 A 将点阵左右均分,再作平行于横轴的直线 B 将点阵上下均分,并尽量使 A、B 线上无点,于是点阵被分为四部分。设各部分的点数分别为 n_1, n_2, n_3, n_4,则可以证明相关系数为

$$\rho \approx -\cos\left(\frac{n_1+n_3}{\sum n}\pi\right) \quad (5\text{-}26)$$

式中:$\sum n = n_1+n_2+n_3+n_4$。

图 5-2 平面图

③ 直接计算法。

根据多组测量的对应值 (ξ_i,η_i),按相关系数的定义直接计算得

$$\rho = \frac{\sum(\xi_i-\bar{\xi})(\eta_i-\bar{\eta})}{\sqrt{\sum(\xi_i-\bar{\xi})^2 \sum(\eta_i-\bar{\eta})^2}} \quad (5\text{-}27)$$

式中:$\bar{\xi}$ 和 $\bar{\eta}$ 分别为 ξ_i 和 η_i 的均值。

(3) 理论计算法。

有些误差之间的相关系数,可以根据概率论和最小二乘法直接求出。

若求得两个误差 ξ 与 η 之间为线性相关，即 $\xi = a\eta + b$，则其相关系数为

$$\rho = \begin{cases} 1, & a > 0 \\ -1, & a < 0 \end{cases} \quad (5\text{-}28)$$

以上讨论了误差之间相关系数的各种求法，根据具体情况可以采用不同的方法。一般先在理论上探求，若达不到目的，对于数值小或一般性的误差之间的相关系数可以用直观判断法；对于数值大或重要的误差之间的相关系数宜采用多组成对观测，并分情况采用不同的计算方法。

（四）函数误差在导航系统误差分析中的应用举例

函数误差分析方法常被应用于导航系统的误差特性分析。第二章中讨论计程仪误差分析时曾使用了压差计程仪相对速度的误差公式，在此以此公式的推导为例，加深一下对函数误差分析具体应用的认识。

根据压差计程仪合压管传递的动压公式（3-1），现重列如下：

$$P = \rho \frac{V'^2}{2} = \rho \frac{V^2}{2} \quad (5\text{-}29)$$

由式（5-29）对密度 ρ 求导数得

$$\frac{dp}{d\rho} = \frac{1}{2} V^2 \quad (5\text{-}30)$$

由式（5-29）对速度 V 求导数得

$$\frac{dp}{dV} = \rho V \quad (5\text{-}31)$$

由式（5-30）和式（5-31）整理得

$$\rho V dV = \frac{1}{2} V^2 d\rho \quad (5\text{-}32)$$

$$\frac{dV}{V} = \frac{d\rho}{\rho} \quad (5\text{-}33)$$

即得压差计程仪的速度相对误差公式。

二、误差合成

（一）随机误差的合成

随机误差具有随机性，取值不可预知，可以用测量的标准差或极限误差表征随机误差的分散程度。随机误差的合成采用均方根的方法，同时考虑各个误差传递系数与误差之间的相关性影响[3]。

1. 标准差的合成

全面分析测量过程中影响测量结果的各个误差因素，若有 q 个单项随机误差，其标准差分别为 $\sigma_1, \sigma_2, \cdots, \sigma_q$，其相应的误差传递系数分别为 $a_1, a_2, \cdots, a_q$。这些误差传递系数是由测量的具体情况来确定的，例如，对于间接测量可以按式（5-14）来求得，对于直接测量则可以根据各个误差因素对测量结果的影响情况来确定。

各个标准差合成后的总标准差为

$$\sigma = \sqrt{\sum_{i=1}^{q}(a_i\sigma_i)^2 + 2\sum_{1 \leq i < j}^{q} \rho_{ij} a_i a_j \sigma_i \sigma_j} \tag{5-34}$$

一般情况下，各个误差彼此独立，互不相关，相关系数 $\rho_{ij} = 0$，则有

$$\sigma = \sqrt{\sum_{i=1}^{q}(a_i\sigma_i)^2} \tag{5-35}$$

用标准差合成优点明显，不仅简单方便，而且无论各单项随机误差的概率分布如何，只要给出各个标准差，均可按式（5-34）或式（5-35）计算总的标准差。

2. 极限误差的合成

在测量实践中，各个单项随机误差和测量结果的总误差也常以极限误差的形式来表示，因此极限误差的合成也较常见。极限误差合成时，各单项极限误差应取同一置信概率。若已知各单项极限误差为 $\delta_1, \delta_2, \cdots, \delta_q$（本章后面均用符号 δ 表示极限误差 $\delta_{\lim}$），且置信概率相同，则按方和根法合成的总极限误差为

$$\delta = \pm\sqrt{\sum_{i=1}^{q}(a_i\delta_i)^2 + 2\sum_{1 \leq i < j}^{q} \rho_{ij} a_i a_j \delta_i \delta_j} \tag{5-36}$$

式中：a_i 为各极限误差传递系数；ρ_{ij} 为任意两误差之间的相关系数。

一般情况下，已知的各单项极限误差的置信概率可能不相同，不能按式（5-36）进行极限误差合成，应根据各单项误差的分布情况，引入置信系数，先将误差转换为标准差，再按极限误差合成。

单项极限误差为

$$\delta_i = \pm t_i \sigma_i \quad (i = 1, 2, \cdots, q) \tag{5-37}$$

式中：t_i 为各单项极限误差的置信系数；σ_i 为各单项随机误差的标准差。

总的极限误差为

$$\delta = \pm t\sigma \tag{5-38}$$

式中：t 为合成后总极限误差的置信系数；σ 为合成后的总标准差。

将式（5-34）代入式（5-38）中，可得一般的极限误差合成公式为

$$\delta = \pm t\sqrt{\sum_{i=1}^{q}\left(\frac{a_i\delta_i}{t_i}\right)^2 + 2\sum_{1 \leq i < j}^{q} \rho_{ij} a_i a_j \frac{\delta_i}{t_i}\frac{\delta_j}{t_j}} \tag{5-39}$$

当各个单项随机误差均服从正态分布式，式（5-39）中的各个置信系数完全相同，即 $t_1 = t_2 = \cdots = t_q = t$，则式（5-39）可化简得到式（5-36）。

一般情况下，$\rho_{ij} = 0$，则式（5-39）成为

$$\delta = \pm\sqrt{\sum_{i=1}^{q}(a_i\delta_i)^2} \tag{5-40}$$

式（5-40）具有十分简单的形式，由于各单项误差大多服从正态分布或者假设近似服从正态分布，而且它们之间常为线性无关或近似线性无关，式（5-40）是较为广泛使用的极限误差合成公式。

（二）系统误差的合成

系统误差的大小是评定测量准确度高低的标志，系统误差越大，准确度越低；反之，准确度越高。系统误差具有确定的变化规律，不论其变化规律如何，根据对系统误差的掌握程度，可以分为已定系统误差和未定系统误差。由于这两种系统误差的特征不同，其合成方法也不相同[3]。

1. 已定系统误差的合成

已定系统误差是指误差大小和方向均已确切掌握的系统误差。在测量过程中，若有 r 个单项已定系统误差，其误差值分别为 $\Delta_1, \Delta_2, \cdots, \Delta_r$，相应的误差传递系数分别为 $a_1, a_2, \cdots, a_r$，则按代数和法进行合成，求得总的已定系统误差为

$$\Delta = \sum_{i=1}^{r} a_i \Delta_i \tag{5-41}$$

在实际测量中，有不少已定系统误差在测量过程中已被消除，由于某些原因未消除的已定系统误差也只是有限的几项，它们按代数和法合成后，还可以从测量结果中修正，故最后的测量结果中一般不再包含已定系统误差。

2. 未定系统误差的合成

未定系统误差在测量实践中较为常见，对于某些影响较小的已定系统误差，为简化计算，可以不对其进行修正，而将其作为未定系统误差处理。

（1）未定系统误差的特征及其评定。

未定系统误差是指误差大小和方向未能确切掌握，或不必花费过多精力去掌握，而只能或只需估计出其不致超过某一极限范围 $(-e_i, e_i)$ 的系统误差。也就是说，在一定条件下，客观存在的某一系统误差，其取值一定是落在所估计的误差区间 $(-e_i, e_i)$ 内。当测量条件改变时，该系统误差又是误差区间 $(-e_i, e_i)$ 内的另一个取值。而当测量条件在某一范围内多次改变时，未定系统误差也随之改变，其相应的取值在误差区间 $(-e_i, e_i)$ 内服从某一概率分布。对于某一单项未定系统误差，其概率分布取决于该误差源变化时所引起的系统误差变化规律。理论上此概率分布可知，但实际上较难求得。目前，对于未定系统误差的概率分布，均根据测量实际情况分析与判断来确定，并采用两种假设，即正态分布假设和均匀分布假设。但这两种假设在理论和实践上往往缺乏根据，因此对未定系统误差的概率分布尚有待进一步研究。

某一单项未定系统误差的极限范围可以根据该误差源具体情况分析与判断来作出。但其估计结果是否符合实际，往往取决于对误差源的掌握程度以及测量人员的经验和判断能力。某些未定系统误差的极限范围较易确定，如标准计量器具误差，其对检定结果的影响属于未定系统误差，但此误差值通常已知。

未定系统误差在测量条件不变时一般为恒值，多次重复测量其值仍不变，因而不具有抵偿性。无法利用多次重复测量取均值的方法减小其对测量结果的影响，是未定系统误差与随机误差的重要差别。但是当测量条件改变时，未定系统误差的取值在某一极限范围内具有随机性，且服从一定的概率分布，这些特征与随机误差相同，因此评定其对测量结果

的影响也与随机误差相同，即采用标准差或极限误差来表征未定系统误差取值的分散程度。

一般来说，一批量具、仪器或设备等在加工、装调或检定中随机因素带来的误差具有随机性。但对于某一具体的量具、仪器或设备，随机因素带来的误差却具有确定性，实际误差为一恒定值。若尚未掌握这种误差的具体数值，则这种误差属于未定系统误差。

（2）按标准差的未定系统误差合成。

若测量过程中存在若干项未定系统误差，应正确将这些未定系统误差进行合成，以求得最后结果。

因为未定系统误差的取值具有随机性，且服从一定的概率分布，所以若干项未定系统误差综合作用时，它们之间就具有一定的抵偿作用。这种抵偿作用与随机误差的抵偿作用相似，因此，未定系统误差的合成，完全可以采用随机误差的合成公式，这就给测量结果的处理带来很大方便。对于某一项误差，当难以严格区分其是随机误差还是未定系统误差时，因为不论作哪一种误差处理，最后总误差的合成结果均相同，所以可以将该项误差任作一种误差来处理。

若测量过程中有 s 个单项未定系统误差，其标准差分别为 $u_1, u_2, \cdots, u_s$，其相应的误差传递系数分别为 $a_1, a_2, \cdots, a_s$，则合成后未定系统误差的总标准差为

$$u = \sqrt{\sum_{i=1}^{s}(a_i u_i)^2 + 2\sum_{1 \leqslant i < j}^{s} \rho_{ij} a_i a_j u_i u_j} \tag{5-42}$$

当 $\rho_{ij} = 0$ 时，有

$$u = \sqrt{\sum_{i=1}^{s}(a_i u_i)^2} \tag{5-43}$$

（3）按极限误差的未定系统误差合成。

因为各个单项未定系统误差的极限误差为

$$e_i = \pm t_i u_i \quad (i = 1, 2, \cdots, s) \tag{5-44}$$

总的未定系统误差的极限误差为

$$e = \pm t u \tag{5-45}$$

所以有

$$e = \pm t \sqrt{\sum_{i=1}^{s}(a_i u_i)^2 + 2\sum_{1 \leqslant i < j}^{s} \rho_{ij} a_i a_j u_i u_j} \tag{5-46}$$

或

$$e = \pm t \sqrt{\sum_{i=1}^{s}\left(\frac{a_i e_i}{t_i}\right)^2 + 2\sum_{1 \leqslant i < j}^{s} \rho_{ij} a_i a_j \frac{e_i}{t_i}\frac{e_j}{t_j}} \tag{5-47}$$

当各个单项未定系统误差均服从正态分布，且 $\rho_{ij} = 0$ 时，式（5-47）可以简化为

$$e = \pm \sqrt{\sum_{i=1}^{s}(a_i e_i)^2} \tag{5-48}$$

为了与随机误差的极限误差符号相区别，未定系统误差的极限误差用符号 e 表示，而其标准差则用符号 u 表示，式中右下角符 i 表示第 i 项未定系统误差。

（三）系统误差与随机误差的合成

以上分别讨论了各种相同性质的误差合成问题，当测量过程中存在各种不同性质的多项系统误差和随机误差，应将其进行综合，以求得最后测量结果的总误差，并常用极限误差来表示，但有时也用标准差来表示。

1. 按极限误差合成

若测量过程中有 r 个单项已定系统误差，s 个单项未定系统误差，q 个单项随机误差，它们的误差值或极限误差分别为

$$\Delta_1, \Delta_2, \cdots, \Delta_r \tag{5-49}$$

$$e_1, e_2, \cdots, e_s \tag{5-50}$$

$$\delta_1, \delta_2, \cdots, \delta_q \tag{5-51}$$

为计算方便，设各个误差传递系数均为 1，则测量结果总的极限误差为

$$\Delta_{总} = \sum_{i=1}^{r} \Delta_i \pm t\sqrt{\sum_{i=1}^{s}\frac{e_i}{t_i} + \sum_{i=1}^{q}\left(\frac{\delta_i}{t_i}\right)^2} + R \tag{5-52}$$

式中：R 为各个误差之间协方差的和。

当各个误差均服从正态分布，且各个误差之间互不相关时，式（5-52）可以简化为

$$\Delta_{总} = \sum_{i=1}^{r}\Delta_i \pm \sqrt{\sum_{i=1}^{s}e_i^2 + \sum_{i=1}^{q}\delta_i^2} \tag{5-53}$$

一般情况下，已定系统误差经修正后，测量结果总的极限误差就是总的未定系统误差与总的随机误差的均方根，即

$$\Delta_{总} = \pm\sqrt{\sum_{i=1}^{s}e_i^2 + \sum_{i=1}^{q}\delta_i^2} \tag{5-54}$$

由式（5-52）和式（5-53）可以看出，当多项未定系统误差与随机误差合成时，对某一项误差不论作哪一种误差处理，其最后合成结果均相同。但必须注意，对于单次测量，可以直接按上式求得最后结果的总误差；而对多次重复测量，因为随机误差具有抵偿性，系统误差固定不变，所以总误差合成公式中的随机误差项应除以重复测量次数 n，即测量结果平均值的总极限误差公式为

$$\Delta_{总} = \pm\sqrt{\sum_{i=1}^{s}e_i^2 + \frac{1}{n}\sum_{i=1}^{q}\delta_i^2} \tag{5-55}$$

由式（5-55）可知：在单次测量的总误差合成中，不需要严格区分各个单项误差是未定系统误差还是随机误差；而在多次重复测量的总误差合成中，则必须严格区分各个单项误差的性质。

2. 按标准差合成

若用标准差来表示系统误差与随机误差的合成公式，则只需要考虑未定系统误差与随机误差的合成问题。

若测量过程中有 s 个单项未定系统误差，q 个单项随机误差，其标准差分别为

$$u_1, u_2, \cdots, u_s \tag{5-56}$$

$$\sigma_1, \sigma_2, \cdots, \sigma_q \tag{5-57}$$

为计算方便，设各个误差传递系数均为1，则测量结果总的标准差为

$$\sigma = \sqrt{\sum_{i=1}^{s} u_i^2 + \sum_{i=1}^{q} \sigma_i^2 + R} \tag{5-58}$$

式中：R 为各个误差之间协方差的和。

当各个误差之间互不相关时，式（5-58）可以简化为

$$\sigma = \sqrt{\sum_{i=1}^{s} u_i^2 + \sum_{i=1}^{q} \sigma_i^2} \tag{5-59}$$

与极限误差合成的理由相同，对于单次测量，可以直接按上式求得最后结果的总标准差；但对于 n 次重复测量，测量结果平均值的总标准差公式为

$$\sigma = \sqrt{\sum_{i=1}^{s} u_i^2 + \frac{1}{n}\sum_{i=1}^{q} \sigma_i^2} \tag{5-60}$$

三、测量不确定度的合成

（一）自由度的概念及确定

1. 自由度的概念

根据概率论与数理统计所定义的自由度，在 n 个变量 v_i 的平方和 $\sum_{i=1}^{n} v_i^2$ 中，若 n 个 v_i 之间存在着 k 个独立的线性约束条件，即 n 个变量中独立变量的个数仅为 $n-k$，则称平方和 $\sum_{i=1}^{n} v_i^2$ 的自由度为 $n-k$。若用贝塞尔公式（2-44）计算单次测量标准差 σ，式中 $\sum_{i=1}^{n} v_i^2 = \sum_{i=1}^{n} (x_i - \bar{x})^2$ 的 n 个变量 v_i 之间存在唯一线性约束条件 $\sum_{i=1}^{n} v_i = \sum_{i=1}^{n} (x_i - \bar{x}) = 0$，则平方和 $\sum_{i=1}^{n} v_i^2$ 的自由度为 $n-1$，故由式（2-44）计算的标准差 σ 的自由度也为 $n-1$。

由此可以看出，系列测量的标准差的可信赖程度与自由度有密切关系，自由度越大，标准差越可信赖。因为不确定度是用标准差来表征的，所以不确定度评定的质量也可以用自由度来说明。每个不确定度都对应着一个自由度，并将不确定度计算表达式中总和所包含的项数减去各项之间存在的约束条件数，所得差值称为不确定度的自由度。

2. 自由度的确定

（1）标准不确定度 A 类评定的自由度。

对 A 类评定的标准不确定度，其自由度 v 即为标准差 σ 的自由度。由于标准差有不同的计算方法，其自由度也有所不同，可以由相应公式计算出不同的自由度。例如，用贝塞尔法计算的标准差，其自由度 $v = n-1$，而用其他方法计算的标准差的自由度有所不同。为方便起见，将已计算好的自由度列表使用。表 5-1 给出了其他几种方法计算标准差的自由度。

表 5-1　三种标准差计算方法对比结果

方法		\multicolumn{11}{c}{n}
		1	2	3	4	5	6	7	8	9	10	15	20
v	别捷尔斯法	—	0.9	1.8	2.7	3.6	4.5	5.4	6.2	7.1	8.0	12.4	16.7
	极差法	—	0.9	1.8	2.7	3.6	4.5	5.3	6.0	6.8	7.5	10.5	13.1
	最大误差法	0.9	1.9	2.6	3.3	3.9	4.6	5.2	5.8	6.4	6.9	8.3	9.5

（2）标准不确定度 B 类评定的自由度。

对 B 类评定的标准不确定度 u，由估计 u 的相对标准差来确定自由度，其自由度定义为

$$v = \frac{1}{2\left(\frac{\sigma_u}{u}\right)^2} \quad (5\text{-}61)$$

式中：σ_u 为评定 u 的标准差；σ_u/u 为评定 u 的相对标准差。

例如：当 $\sigma_u/u = 0.25$ 时，u 的自由度 $v=2$；当 $\sigma_u/u=0.25$ 时，u 的自由度 $v=8$；当 $\sigma_u/u=0.10$ 时，u 的自由度 $v=50$；当 $\sigma_u/u=0$ 时，u 的自由度 $v=\infty$，即 u 的评定非常可靠。表 5-2 给出了标准不确定度 B 类评定不同的相对标准差所对应的自由度。

表 5-2　相对标准差与自由度的映射关系

σ_u/u	0.71	0.50	0.41	0.35	0.32	0.29	0.27	0.25	0.24	0.22	0.18	0.16	0.10	0.07
v	1	2	3	4	5	6	7	8	9	10	15	20	50	100

（二）合成标准不确定度

当测量结果受多种因素影响形成了若干个不确定度分量时，测量结果的标准不确定度用各标准不确定度分量合成后所得的合成标准不确定度 u_c 表示。为了求得 u_c，首先需要分析各种影响因素与测量结果的关系，以便准确评定各不确定度分量；然后才能进行合成标准不确定度计算。例如，在间接测量中，被测量 Y 的估计值 y 由 N 个其他量的测得值 $x_1, x_2, \cdots, x_N$ 的函数求得，即

$$y = f(x_1, x_2, \cdots, x_N) \quad (5\text{-}62)$$

且各直接测得值 x_i 的测量标准不确定度为 u_{xi}，它对被测量估计值影响的传递系数为 $\partial f/\partial x_i$，故由 x_i 引起被测量 y 的标准不确定度分量为

$$u_i = \left|\frac{\partial f}{\partial x_i}\right| u_{xi} \quad (5\text{-}63)$$

而测量结果 y 的不确定度 u_y 应是所有不确定度分量的合成，用合成标准不确定度 u_c 来表征。其计算公式为

$$u_c = \sqrt{\sum_{i=1}^{N}\left(\frac{\partial f}{\partial x_i}\right)^2 u_{xi}^2 + 2\sum_{1 \leq i < j}^{N}\frac{\partial f}{\partial x_i}\frac{\partial f}{\partial x_j}\rho_{ij}u_{xi}u_{xj}} = \sqrt{\sum_{i=1}^{N} u_i^2 + 2\sum_{1 \leq i < j}^{N} \rho_{ij} u_i u_j} \quad (5\text{-}64)$$

式中：ρ_{ij} 为任意两个直接测量值 x_i 与 x_j 不确定度的相关系数。

若 x_i 与 x_j 的不确定度相互独立，即 $\rho_{ij}=0$，则合成标准不确定度的计算公式（5-64）可以表示为

$$u_c = \sqrt{\sum_{i=1}^{N}\left(\frac{\partial f}{\partial x_i}\right)^2 u_{xi}^2} = \sqrt{\sum_{i=1}^{N} u_i^2} \tag{5-65}$$

若 $\rho_{ij}=1$ 且 $\partial f/\partial x_i$ 与 $\partial f/\partial x_j$ 同号，或者 $\rho_{ij}=-1$ 且 $\partial f/\partial x_i$ 与 $\partial f/\partial x_j$ 异号，则合成标准不确定度计算公式（5-65）可以表示为

$$u_c = \sum_{i=1}^{N}\left|\frac{\partial f}{\partial x_i}\right| u_{xi} \tag{5-66}$$

若引起不确定度分量的各种因素与测量结果之间为简单的函数关系，则应根据具体情况按 A 类评定或 B 类评定方法来确定各不确定度分量 v_i 的值，然后按上述不确定度合成方法求得合成标准不确定度。例如，

$$y = x_1 + x_2 + \cdots + x_N \tag{5-67}$$

$$u_c = \sqrt{\sum_{i=1}^{N} u_i^2 + 2\sum_{1\leqslant i<j}^{N} \rho_{ij} u_i u_j} \tag{5-68}$$

用合成标准不确定度作为被测量 Y 估计值 y 的测量不确定度，其测量结果可以表示为

$$Y = y \pm u_c \tag{5-69}$$

为了正确给出测量结果的不确定度，还应全面分析影响测量结果的各种因素，从而列出测量结果的所有不确定度来源，做到不遗漏，不重复。遗漏会使测量结果的合成不确定度减小，重复会使测量结果的合成不确定度增大，它们都会影响不确定度的评定质量[4]。

（三）展伸不确定度

合成标准不确定度可以表示测量结果的不确定度，但它仅对应于标准差，由其所表示的测量结果 $y\pm u_c$ 含被测量 Y 真值的概率仅为 68%。然而，在一些实际工作中，如高精度比对、一些与安全生产或身体健康有关的测量，要求给出的测量结果区间包含被测量真值的置信概率较大，即给出一个测量结果的区间，使被测量的值大部分位于其中，为此需要用扩展不确定度（也称为展伸不确定度）表示测量结果[3]。

扩展不确定度由合成标准不确定度 u_c 乘以包含因子 k 得到，记为 U，即

$$U = ku_c \tag{5-70}$$

用扩展不确定度作为测量不确定度，则测量结果表示为

$$Y = y \pm U \tag{5-71}$$

包含因子 k 由 t 分布的临界值 $t_p(v)$ 给出，即

$$k = t_p(v) \tag{5-72}$$

式中：v 为合成标准不确定度 u_c 的自由度，根据给定的置信概率 P 和自由度 v 查 t 分布表，得到 $k=t_p(v)$ 的值。当各不确定度分量 u_i 相互独立时，合成标准不确定度 $f(\chi^2)$ 的自由度 v 由下式计算：

$$v = \frac{u_c^4}{\sum_{i=1}^{N} \frac{u_i^4}{v_i}} \quad (5\text{-}73)$$

式中：v_i 为各标准不确定度分量 u_i 的自由度。

当各不确定度分量的自由度 v_i 均已知时，才能由式（5-73）计算合成不确定度的自由度 v。但往往由于缺少资料难以确定每一个分量的 v_i，故自由度 v 无法按式（5-73）计算，也不能按式（5-72）来确定包含因子 k 的值。为了求得扩展不确定度，一般情况下取包含因子 $k = 2 \sim 3$。

第二节　导航测量基准选取

导航系统的误差测量需要选取可以视为真值的高精度基准，任何测量仪器都包含误差，那么导航测量的基准又应如何选取呢？本节介绍导航测量基准选取的准则——微小误差取舍准则。

一、微小误差取舍准则

测量过程包含诸多误差，部分误差对测量结果的总误差影响较小。当其影响小到一定程度可以忽略时，称此类误差为微小误差。为确定误差数值小到何种程度方能作为微小误差而舍去，需要给出一个微小误差取舍准则。

若已知测量结果的标准差为

$$\sigma_y = \sqrt{D_1^2 + D_2^2 + \cdots + D_{k-1}^2 + D_k^2 + D_{k+1}^2 + \cdots + D_n^2} \quad (5\text{-}74)$$

将其中的部分误差 D_k 取出后得

$$\sigma_y' = \sqrt{D_1^2 + D_2^2 + \cdots + D_{k-1}^2 + D_{k+1}^2 + \cdots + D_n^2} \quad (5\text{-}75)$$

若有

$$\sigma_y \approx \sigma_y' \quad (5\text{-}76)$$

则称 D_k 为微小误差，在计算测量结果总误差时可以舍去。

根据有效数字运算准则，对一般精度的测量，测量误差的有效数字取一位。在此情况下，若将某项部分误差舍去后，满足

$$\sigma_y - \sigma_y' \leqslant (0.1 \sim 0.05)\sigma_y \quad (5\text{-}77)$$

则对测量结果的误差计算没有影响。

将式（5-77）写成下列形式：

$$\sqrt{D_1^2 + D_2^2 + \cdots + D_k^2 + \cdots + D_n^2} - \sqrt{D_1^2 + D_2^2 + \cdots + D_{k-1}^2 + D_{k+1}^2 + \cdots + D_n^2}$$
$$\leqslant (0.1 \sim 0.05)\sqrt{D_1^2 + D_2^2 + \cdots + D_k^2 + \cdots + D_n^2} \quad (5\text{-}78)$$

解此式得

$$D_k \leqslant (0.4 \sim 0.3)\sigma_y \quad (5\text{-}79)$$

因此，满足此条件需取

$$D_k \leqslant \frac{1}{3}\sigma_y \tag{5-80}$$

对于比较精密的测量,误差的有效数字取两位,则有

$$\sigma_y - \sigma_y' \leqslant (0.01 \sim 0.005)\sigma_y \tag{5-81}$$

由此可得

$$D_k \leqslant (0.14 \sim 0.1)\sigma_y \tag{5-82}$$

满足此条件需取

$$D_k \leqslant \frac{1}{10}\sigma_y \tag{5-83}$$

因此,对于随机误差和未定系统误差,微小误差取舍准则为:被舍去的误差必须小于或等于测量结果总标准差的1/3(一般精度测量)或1/10(精密精度测量)。

微小误差取舍准则在总误差计算及选择高一级精度基准等方面都有实际意义。计算总误差或误差分配时,若发现有微小误差,可以不考虑该误差对总误差的影响;选择高一级精度基准时,其误差一般应为被测设备允许总误差的1/3(一般精度测量)或1/10(精密精度测量)。这是导航专业所采取的测量基准选取准则。

二、常用导航测量基准

导航系统涉及领域广泛,生产、加工、试验等过程中需要使用多种测量基准及仪器设备。下面介绍几种常用的精度测试设备[20]。

(一)水平仪

水平仪是一种用于测量两部件的相互平行度和垂直度、工作台平面度的小角度量具。

1. 气泡式水平仪

早期使用的水平仪无电子部分,由水准管和基座两部分组成。水准管为一有一定曲率半径的玻璃管,封装乙醇,内留气泡,管上有刻度线。当水准管基座与地面水平时,管中气泡位于正中;当基座位于倾斜平面时,可以从气泡的偏移方向确定该面的倾斜情况。这种水平仪的分度值一般分为1′、30″、10″、1″多个精度等级。而常用的条式和框式水平仪(图5-3)的分度值只有0.02~0.04 mm/m(4″~8″),只能用于普通精度的测量。

气泡水平仪的缺点是:被测平面水平与否主要靠人眼观测,易产生人为读数误差;只能指示与水平仪基准面相贴合的平面与地球水平面的夹角是否为零,而不能测量具体的倾角值。

图5-3 框式水平仪

2. 电子水平仪

电子水平仪是一种将微小角位移转换成电学量,经放大后由电表指示读数的一种角度测量

仪器，如图 5-4 所示。电子水平仪可以分为电感式、电容式和电阻式三种，主要由测量部分和显示仪表两部分组成。目前广泛应用的电子水平仪在原理上是以重物铅垂线为直线基准。

电子水平仪具有测量精度高、反应迅速、分辨率高、读数方便、测量范围可变等优点，主要用于精密测量被测表面相对于水平面的倾斜角，可以自动精密测量制件表面的平面度、直线度，以及部件之间的平行度。

图 5-4 电子水平仪

（二）经纬仪

经纬仪是一种高精度的测角仪器，通常分为光学经纬仪和电子经纬仪两类。经纬仪的基本结构包括基座、光学度盘和照准部三大部件。照准部是上部转动部分的总称，包括望远镜、水准器、水平轴、垂直度盘等主要部件。望远镜具有物镜（由若干层折光镜片构成）调焦螺旋和目镜调焦螺旋，可以进行照准过程中的调焦操作，以使目标在目镜中的成像尽量清晰。照准过程中参照的最主要的部件是十字丝分划板。J2-1 光学经纬仪是苏州光学仪器一厂生产的光学测量仪器，其外形如图 5-5 所示，仪器指标如表 5-3 所示。

图 5-5 J2-1 光学经纬仪　　　　图 5-6 TCA1105 全站仪

表 5-3 J2-1 光学经纬仪仪器指标

性能名称		技术参数
测量精度	一测回水平方向精度/(″)	±2（RMS）
	一测回垂直方向精度/(″)	±6（RMS）
望远镜	放大倍数	30
	视场（1 000 m 处）/m	24
	最短视距/m	2
补偿器	补偿精度/(″)	±0.3（RMS）
	补偿范围/(′)	±3（RMS）
水准器	长水准器/mm	20″/2
	圆水准器/mm	8′/2
光学对中器	对中精度/mm	<0.5

在室内测量中,可以采用基于经纬仪的姿态测量方法来确定待测表面的姿态信息。例如,在待测表面上放置一反射镜,从一已知点向反射镜发射一束光,采用光学经纬仪观测反射光出射方向,根据经纬仪所测得的角度及已知点的方位即可确定待测表面的姿态信息。

(三) 全站仪

图 5-6 所示的 TCA1105 全站仪是瑞士徕卡(Leica)公司生产的精密光学测量仪器。它所特有的目标自动识别(automatic target recognition,ATR)、目标锁定(target lock-on,LOCK)功能为实现实时、连续的动态观测提供了基础。仪器本身带有的 GeoCOM 接口,可以方便地实现对全站仪的自动控制,又为多台仪器同步工作提供了实现的途径。仪器的技术参数如表 5-4 所示。

表 5-4 全站仪技术参数

性能名称	技术参数			
测角精度	5″(RMS)			
测距精度	测量模式	测量精度*	测量时间/s	
	标准模式	2 mm + 2ppm**(RMS)	1.0	
	快速模式	5 mm + 2ppm(RMS)	0.5	
	追踪模式	5 mm + 2ppm(RMS)	0.3	
	快速追踪模式	10 mm + 2ppm(RMS)	<0.15	
最大测量距离	大气环境	标准棱镜/m	GPH3/m	360°反射棱镜/m	反射带 (60 cm×60 cm)/m	迷你棱镜/m
	1①	1 800	2 300	800	150	800
	2②	3 000	4 500	1 500	250	1 200
	3③	3 500	5 400	2 000	250	2 000
ATR/LOCK 最大作用距离	项目	标准棱镜/m	GPH3	360°反射棱镜/m	反射带 (60 cm×60 cm)/m	迷你棱镜/m
	ATR	1 000	—	600	65	500
	LOCK	800	—	500	不能锁定	400
LOCK 最大追踪速度	垂直于视轴的运动		平行于视轴的运动	
	目标距离/m	目标速度/(m/s)	目标距离	目标速度/(m/s)
	20	3.5	0~最大追踪距离	4
	100	18.0		
ATR 搜索范围	项目名称	相关指标		
	典型搜索时间/s	3.5		
	默认搜索区域/(°)	1.5		
	最大搜索区域/(°)	18		
补偿器精度	1.5″			
温度范围	工作温度/℃	−20~50	存放温度/℃	−40~70
仪器对中精度	水平精度/(″)	5	对中精度/mm	<0.5
棱镜对中精度	水平精度/(′)	8	对中精度/mm	±0.5

*当全站仪射出光束被遮挡、全站仪视野内出现强光或运动物体时,将造成测距精度下降。

** 1 ppm = 1 μm/m

① 多云,可视距 5 km;或晴天,有强反光。

② 薄云,可视距 20 km;或晴天,有轻微反光。

③ 无云,可视距 40 km;或晴天,无反光。

（四）位置给定设备

凡是能够提供空间精密角坐标定位的装置都可以作为位置给定设备。对惯性器件及系统进行静态特性测试的最基本测试设备通常有以下几种。

1. 多面体

多面体是一类最简单、使用最方便的能够提供精密空间坐标位置的测试装置，其角度精度可达 1″以内。常用的多面体主要有四面体、六面体、八面体等结构形式，可以对惯性器件及系统进行确定角度的多位置测试，是惯性器件及系统在生产、加工、调试过程中进行精度测试的最基本、最常用的装置。

2. 端齿盘

端齿盘是利用齿数、齿形、直径均相同的一对端面齿盘在不同位置啮合而进行圆周分度的器具。常用端齿盘有 360 齿盘、391 齿盘。360 齿盘能给出 360°范围内的整角度值，用于整角度标准值给定。391 齿盘主要用于在 360°范围内提供 K 倍于 360/391 的标准角度值，其中 K 为齿数。端齿盘的分度精度可达 0.2″。端齿盘作为角度计量标准器具，可以用于角度精密测量，也可以作为惯性器件及系统多位置测试的位置给定装置。

3. 位置转台

位置转台是惯性器件及系统进行静态误差测试最基本的测试设备，通常有单轴、双轴、三轴三种。为了对惯性器件及系统运行所处的环境作精确的温度、湿度控制，改善其性能，位置转台常配备温度、湿度控制箱。位置转台的典型技术参数如下。

回转精度：0.5″～1″；

各轴之间及轴与台面不垂直度：1″～1.5″；

分辨率：0.18″～0.36″；

重复性：0.1″～0.2″；

位置精度（峰-峰值）：1″～1.5″。

（五）速率转台

速率转台也称为角速度转台，它主要用于测定陀螺仪的特性。速率转台具有位置转台的特性，按转轴数目可以分为单轴、双轴、三轴三种，如图5-7和图5-8所示。速率转台的典型技术参数如下。

速率范围：一般为 0.000 1°/s～5 000°/s；

速率精度：当角度间隔 360°时为（1×10^{-5}）°/s，当角度间隔 10°时为（2×10^{-4}）°/s，当角度间隔 1°时为（2×10^{-3}）°/s；

速率平稳性：当角度间隔 360°时为（1×10^{-5}）°/s，当角度间隔 10°时为（2×10^{-4}）°/s，当角度间隔 1°时为（2×10^{-3}）°/s。

（六）伺服转台

伺服转台主要用于测试陀螺仪的长期漂移特性，其工作状态可以模拟陀螺仪在惯性平台系统中的工作情况，也具有精密位置和精密速率功能。根据具有伺服功能的轴数不同，伺服转台

图 5-7　带温控试验箱的单轴位置速率转台　　　　图 5-8　三轴多功能惯性导航系统测试转台

分成单轴、双轴、三轴三种。测试陀螺仪漂移时使其中一个轴工作在伺服状态，其他轴工作于精密位置状态。伺服转台的主要性能指标，除位置、速率指标外，伺服工作状态的指标如下。

伺服刚度：一般为 1~5 N·m/(″)；

伺服带宽：一般为 3~12 Hz；

跟踪精度：一般优于 ±1″；

一次连续工作时间：不少于 24 h。

（七）角振动台

角振动台也称为摇摆台，它主要是为了测试当外界输入有角加速度时陀螺仪输出的动态误差特性，有时也可以用角速率突停台来实现上述目的。根据转动轴个数的不同，角振动台分为单轴、双轴、三轴三种，以模拟一维、二维、三维角运动状态。双轴、三轴角振动台根据需要，可以绕一个或多个正交轴按给定的幅值、频率做正弦角运动。

除正弦角运动工作方式外，角振动台一般还具有定位和速率工作方式，从而能够实现在一次安装、一次通电的条件下完成动、静态试验及其结果比较。

某三轴角振动台在振动工作状态下的典型性能参数如下。

最大速率：60°/s；

最大加速度：1 500°/s^2（内框），500°/s^2（中框），400°/s^2（外框）；

频率范围：0.5~20 Hz（内框），0.5~15 Hz（中框），0.5~10 Hz（外框）；

失真度：5%。

（八）精密线振动台

精密线振动台用于测试惯性器件及系统的线振动误差。目前，只有单轴振动台可以产生精确的正弦波形线振动。精密线振动台的典型性能参数如下。

振动加速度范围：0~50g；

振动频率范围：5~1 000 Hz；

振动加速度精度：≤10^{-3}；

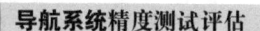

波形失真度：$\leq 10^{-2}$；

侧向干扰加速度：$\leq 10^{-5}g$。

（九）精密离心机

离心机是利用物体在转动中所承受的向心加速度来建立高过载条件的测试设备。精密离心机是进行惯性器件及系统与加速度有关误差的测试设备，其精度要远高于一般环境试验的普通离心机。各国精密离心机的主要性能参数如表 5-5 所示。

表 5-5 精密离心机主要性能参数

国家	半径/m	加速度范围	加速度不确定度
美国	0.150~9.8	$0.01g$~$170g$	2.5×10^{-6}~5×10^{-5}
俄罗斯	0.15~2.7	$10^{-5}g$~$380g$	10^{-7}~3.5×10^{-1}
法国	0.4~2	$1g$~$200g$	1×10^{-5}
中国	0.469~2.5	$0.01g$~$200g$	7×10^{-6}~2×10^{-5}

（十）运动模拟台

运动模拟台广泛应用于各种载体和设备的运动仿真，图 5-9 所示为六自由度摇摆台，图 5-10 所示为三轴船舶仿真试验摇摆台。惯性器件及系统可以利用运动模拟器进行功能测试和某些精度项目的测试。精度测试项目主要包括动基座初始对准精度测试、动基座误差标定精度测试、动基座导航/制导精度测试。用于惯性系统运动模拟的设备主要有飞行仿真转台和采用 Stewart 并联机构的六自由度运动模拟设备等。

图 5-9　六自由度摇摆台　　　　　图 5-10　三轴船舶仿真试验摇摆台

第三节　光学动态航向基准设计

导航系统种类多样。对于一些高精度系统和装备，有时无法选择现成的基准设备，而需要根据实际需求进行专门设计。本节介绍的光学标校系统，可以提供高精度的动态航向信息，用于导航系统航向的动态精确测量与校正。系统利用两个高精度的基准点，通过光学测量方法，构成两点测角测距系统。两点测角测距系统使用 2 台全站仪，分别观测 2 个代表载体艏艉线的被观测点，通过全站仪观测的斜距、方位角、高度角等信息，经过数据处理后解算出舰船的高精度航向信息。系统的主要功能是：对惯性导航系统、GNSS 系统等进行初始标校；为保证本系统与其他导航系统在时间上保持一致，引入 GNSS 时间同步系统用于授时。系统主要由用于航向测量的光学测量子系统和用于维护与校准时间的时间同步子系统两部分构成[21-22]。

一、系统指标及组成

（一）系统指标

本系统期望实现的测量精度应优于36″。由于船舶在码头内活动的空间有限，要求系统具有远距离测量的能力，能够应用于距离码头一定范围内的船舶。考虑到动态标校对观测时间的同步性要求严格，需要建立精确的时间同步方式，以便于进行数据的准确同步比对；码头附近活动的船舶运动速度相对缓慢，时间同步精度达毫秒级即可。综上，论证制定系统的核心技术指标如表 5-6 所示。

表 5-6 系统指标

系统指标	数值
航向校准精度/(″)	30（RMS）
同步时间精度/s	10^{-2}（RMS）
系统工作最大距离/km	1

（二）系统组成

如表 5-7 所示，本系统由光学测量子系统和时间同步子系统共同构成。

表 5-7 系统组成表

子系统名称	硬件资源	软件资源
光学测量子系统	TCA1105 全站仪（2 台） Leica 标准棱镜套件（2 套） C150 电缆（2 根） RS232/RS422 转换器（2 对） 气压计（1 个）、温度/湿度计（1 个） J2-1 光学经纬仪（1 台） 三脚架（5 部）	星历处理软件（1 套） 全站仪自动化控制及数据解算、处理软件（1 套）
时间同步子系统	便携电脑（1 台） DSP-100 串口扩展卡（1 块，公用） GPS-OEM 板（1 块）	Windows 操作系统 时间同步控制软件（1 套）

1. 光学测量子系统

光学测量子系统主要由 2 台全站仪、2 套棱镜、光学经纬仪、星历处理软件，以及全站仪自动化控制及数据解算、处理软件组成。

（1）全站仪。

系统采用 TCA1105 全站仪，如图 5-6 所示，仪器技术参数如表 5-4 所示。

（2）光学经纬仪。

系统采用 J2-1 光学经纬仪，如图 5-5 所示，仪器指标如表 5-3 所示。

（3）星历处理软件。

采用光学经纬仪通过北极星任意时角法可以完成对岸上两个高精度定位点的航向测量。星历处理软件根据精确的北极星星历、北极星 0 时在天体上的经纬坐标及误差补偿公式对测量结果进行计算校正，使修正精度优于 0.1″。

（4）全站仪自动化控制及数据解算、处理软件。

TCA1105 作为智能型的全站仪具有与计算机双向通信的能力。本软件利用这一特性，同时结合 TCA1105 特有的自动目标搜索、目标锁定功能，实现了光学标校系统测量的自动化，减少了操作人员的操作步骤，克服了人员操作上带来的误差，并保证了两台仪器的同步性和数据解算的实时性[21]。

2. 时间同步子系统

时间同步子系统主要由 GPS-OEM 板、电平转换电路、终端计算机，以及时间同步控制软件组成。

（1）GPS-OEM 板。

系统采用的是天宝（Trimble）公司的 LassenSKII 型 OEM 板，其指标如表 5-8 所示。

表 5-8　GPS-OEM 板指标表

性能名称	技术指标		
接收机	L1 载波，C/A 码，8 通道，实时追踪		
	精度	定位/m	25（CEP，50%）
		速度/(m/s)	0.1（RMS）
	DGPS	定位/m	2（CEP，50%）
		速度/(m/s)	0.05（RMS）
环境参数	温度	工作温度/℃	−40～85
		保存温度/℃	55～100
输入/输出	接口	2 个 TTL 电平的 9 针串口	
	格式	TSIP、TAIP、NEMA	
时间	UTC/ns	100	
	PPS/ns	30	

（2）时间同步控制软件。

为保证光学标校与真航向测量的其他分系统在时间上保持一致，采用 GNSS 授时的方法，同步所有分系统的时钟。本软件主要利用精密定位业务（precise positioning service，PPS）和世界协调时（universal time coordinated，UTC）时间信息完成对终端计算机的时间调整。

二、系统工作原理

系统测量原理如图 5-11 所示。图中：A、B 分别为位于码头的光学基站，安装光学全站仪；C、D 分别为位于舰船艏艉线的光学目标棱镜；l_1、l_2 分别为 AC、BD 观测光路长；α_1、α_2 和 β_1、β_2 为 AC、BD 与 AB 的水平夹角和 AC、BD 高度角。

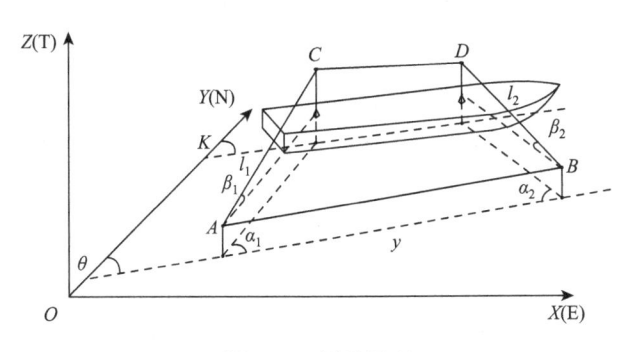

图 5-11 测量原理

实际工作中，两台全站仪 A、B 分别对安装于舰船艏艉线的光学目标棱镜 C、D 同步进行观测，得到相应的距离、方位角、高度角 l_1、l_2、α_1、α_2、β_1、β_2。全站仪数据解算事后处理软件基于上述观测量可以计算得到舰船动态真航向数值。

假设基线 AB 真方位角为 θ，基线 AB 平距为 y，CD 与舰船艏艉线平行。

经过推导、分析可以得到图中舰船航向 K 的计算公式为

$$K = \theta - \arctan\frac{l_2\cos\beta_2\sin\alpha_2 - l_1\cos\beta_1\sin\alpha_1}{y - l_2\cos\beta_2\cos\alpha_2 - l_1\cos\beta_1\cos\alpha_1} \tag{5-84}$$

在实际应用中，由于标校场地和码头位置的关系，可能会出现舰船位于基线 AB 以南、点 D 位于船艉位置等不同情况。综合考虑以上各种与式（5-84）假设不同的情况，模型的计算公式应修正为

$$K = \theta + (-1)^a \arctan\frac{l_2\sin\beta_2\sin\alpha_2 - l_1\sin\beta_1\sin\alpha_1}{y - l_2\sin\beta_2\cos\alpha_2 - l_1\sin\beta_1\cos\alpha_1} + b\times 180° \tag{5-85}$$

式中：当舰船位于基线南方时，a 取其值为 0；当舰船位于基线北方时，a 取其值为 1。当模型中原点处的全站仪观测位于船艉位置的被观测点，即被观测点 C 位于船艉位置时，b 取其值为 0；当模型中原点处的全站仪观测位于船艉位置的被观测点，即被观测点 D 位于船艉位置时，b 取其值为 1。

三、系统误差分析

（一）系统误差来源

系统的解算误差来自两个方面：全站仪本身的测量误差，即静态测量误差，以及舰船运动产生的动态误差。二者相互独立，在此仅讨论来自仪器本身的静态测量误差。

由式（5-85），航向 K 由全站仪观测量（l_1、l_2、α_1、Δl_1、Δl_2、$\Delta \alpha_1$）和场地基线观测量（θ、y）共同解算得到，所以静态测量误差是这些观测量观测误差综合作用的结果。

由于基线 AB 的位置是固定的，目前大地测量技术可以保证 300～1 500 km 范围内定位精度优于 1 mm 的极高精度。通过大地测量技术，建立两个高精度的国家基准点，则通过坐标计算所得到的 θ、y 的测量精度远远超过了全站仪的测量精度，成为模型中可以忽略的部分。基于这一假设，静态测量误差来自全站仪的观测误差，与场地基线测量误差无关。

（二）误差传递模型推导

针对这种多个误差因素对测量结果综合影响的分析，一般使用函数传递计算法。使用函数传递法计算测量误差，就是通过试验、理论分析等方法，确定各误差因素与测量误差之间的函数关系，从而计算测量误差。因为函数关系通常是非线性的，所以往往造成了函数表达式求解的困难。误差传递线性叠加法认为，各误差因素具有独立性，即各个误差因素对测量结果的作用是独立的。虽然严格地说，误差因素与测量总误差之间的线性关系是近似的，但是在一般情况下，因为误差量相对于被测量来说常常是十分微小的，所以非线性的影响十分微小，可以忽略不计。因此，误差传递线性叠加法成立，对误差解析表达式的求解问题，可以等价地转化为对误差因素系数的求解问题。

传递函数系数可以通过函数关系的分析、几何关系的分析、测量传动关系的分析和试验分析等方法来确定。在这几种方式中，在已取得测量模型的情况下，采用函数关系分析法，应用全微分计算传递函数系数，不仅方便计算，而且也便于进行误差关系的分析。下面采用函数关系分析法，通过对模型的分析，确定传递函数系数，从而确定误差传递关系。

为便于误差分析，设 l_1、l_2、α_1、α_2、β_1、β_2 的观测误差分别为 Δl_1、Δl_2、$\Delta \alpha_1$、$\Delta \alpha_2$、$\Delta \beta_1$、$\Delta \beta_2$，两台仪器之间的测量时间差为 Δt，系统总体误差为 ΔK，静态测量误差为 ΔK_1，动态误差为 ΔK_2。l_1、l_2、α_1、α_2、β_1、β_2 观测数据的标准差分别为 σ_{l1}、σ_{l2}、$\sigma_{\alpha 1}$、$\sigma_{\alpha 2}$、$\sigma_{\beta 1}$、$\sigma_{\beta 2}$，系统总不确定度为 σ_K，系统静态测量误差的不确定度为 σ_{K1}，系统动态误差的不确定度为 σ_{K2}。

对式（5-85）作一阶全微分得

$$\Delta K_1 = \frac{\partial K}{\partial l_1}\Delta l_1 + \frac{\partial K}{\partial l_2}\Delta l_2 + \frac{\partial K}{\partial \alpha_1}\Delta \alpha_1 + \frac{\partial K}{\partial \alpha_2}\Delta \alpha_2 + \frac{\partial K}{\partial \beta_1}\Delta \beta_1 + \frac{\partial K}{\partial \beta_2}\Delta \beta_2 \qquad (5\text{-}86)$$

式中：

$$\frac{\partial K}{\partial l_1} = \frac{1}{\omega} \times [-y\cos\beta_1 \sin\alpha_1 + l_2 \cos\beta_1 \cos\beta_2 \sin(\alpha_1 + \alpha_2)] \qquad (5\text{-}87)$$

$$\frac{\partial K}{\partial l_2} = \frac{1}{\omega} \times [y\cos\beta_2 \sin\alpha_2 - l_1 \cos\beta_1 \cos\beta_2 \sin(\alpha_1 + \alpha_2)] \qquad (5\text{-}88)$$

$$\frac{\partial K}{\partial \alpha_1} = \frac{1}{\omega} \times [-yl_1 \cos\beta_1 \cos\alpha_1 + l_1^2 \cos^2\beta_1 + l_1 l_2 \cos\beta_1 \cos\beta_2 \cos(\alpha_1 - \alpha_2)] \qquad (5\text{-}89)$$

$$\frac{\partial K}{\partial \alpha_2} = \frac{1}{\omega} \times [yl_2 \cos\beta_2 \cos\alpha_2 - l_2^2 \cos^2\beta_2 - l_1 l_2 \cos\beta_1 \cos\beta_2 \cos(\alpha_1 - \alpha_2)] \qquad (5\text{-}90)$$

$$\frac{\partial K}{\partial \beta_1} = \frac{1}{\omega} \times [yl_1 \sin\beta_1 \sin\alpha_1 - l_1 l_2 \sin\beta_1 \cos\beta_2 \sin(\alpha_1+\alpha_2)] \tag{5-91}$$

$$\frac{\partial K}{\partial \beta_2} = \frac{1}{\omega} \times [-yl_2 \sin\beta_2 \sin\alpha_2 + l_1 l_2 \cos\beta_1 \sin\beta_2 \sin(\alpha_1+\alpha_2)] \tag{5-92}$$

式中：

$$\frac{1}{\omega} = -\frac{1}{y^2 + l_1^2 \cos^2\beta_1 + l_2^2 \cos^2\beta_2 - 2yl_1 \cos\beta_1 \cos\alpha_1 - 2yl_2 \cos\beta_2 \cos\alpha_2 + 2l_1 l_2 \cos\beta_1 \cos\beta_2 \cos(\alpha_1+\alpha_2)} \tag{5-93}$$

式（5-86）即为函数系统误差传递公式。

全站仪在进行测量时对测距 l、水平角 α、高度角 β 的测量是独立进行的，因此 l_1、l_2、α_1、α_2、β_1、β_2 之间是相互独立的（相关项 K_{ij} 为零）。由方差传递原理得

$$\sigma_{K1}^2 = \left(\frac{\partial K}{\partial l_1}\sigma_{l1}\right)^2 + \left(\frac{\partial K}{\partial l_2}\sigma_{l2}\right)^2 + \left(\frac{\partial K}{\partial \alpha_1}\sigma_{\alpha 1}\right)^2 + \left(\frac{\partial K}{\partial \alpha_2}\sigma_{\alpha 2}\right)^2 + \left(\frac{\partial K}{\partial \beta_1}\sigma_{\beta 1}\right)^2 + \left(\frac{\partial K}{\partial \beta_2}\sigma_{\beta 2}\right)^2 \tag{5-94}$$

式（5-94）即为函数随机误差传递公式。

（三）试验数据误差处理

为了检验光学动态航向测量基准的精度，采取静态条件下，使用精度更高的光学经纬仪直接测量舰艇线真方位，评定基于全站仪的光学动态航向测量基准的测量精度。

1. 光学动态航向测量数据处理

例 5-1 现有两台全站仪测量数据（qzy1.dat 和 qzy2.dat），取其中一组如下所示：

1.8590303767，4.7128932829，18.5629323621，073233.733，1.0

数据格式为：高度角，方位角，测距，时时分分秒秒.秒秒秒（UTC 时间），数据质量（1.0 表示有效，0.0 表示无效）。上述数据即为误差传递模型合成所要用到的高度角、方位角和测距数据。最终处理得到的试验测量数据如图 5-12 所示。

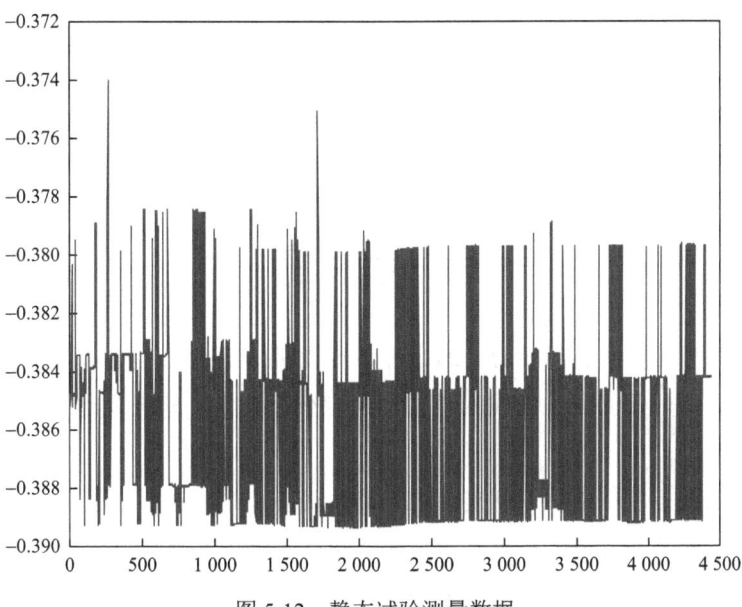

图 5-12 静态试验测量数据

试验结果统计数据如表 5-9 所示。

表 5-9 统计数据表

样本长	均值/(°)	方差/(″)
4 443	0.386 0	10.7

2. 光学经纬仪基准测量数据处理

J2-1 光学经纬仪的测量数据如表 5-10 所示。

表 5-10 J2-1 光学经纬仪测量数据表

测量的角度		棱镜 1	棱镜 2	差角	综合数据
A	盘左	64.913 3	−8.560 6	73.473 9	73.474 0
	盘右	244.908 3	171.434 2	73.474 1	
B	盘左	93.487 0	−12.665 0	106.152 0	106.151 8
	盘右	273.482 6	167.331 1	106.151 5	

由表 5-10 得 J2-1 光学经纬仪的测量基准航向数据为 0.374 2°。

3. 误差分析结果

静态误差数据如表 5-11 所示。

表 5-11 静态误差

方差/(″)	均值差/(″)	RMS/(″)
10.7	42.5	43.8

注：以上试验结果统计、试验结果曲线均根据 3σ 标准剔除粗大误差后得到。

结论：基于误差模型的分析与真实测量数据误差比较的结果表明，基于理论分析的误差模型可以反映真实的测量精度，误差理论分析与实测数据吻合得很好，可以用来作为光学动态航向基准精度评定的重要参考。

思　考　题

1. 请简述直接测量与间接测量的区别，并举例说明。
2. 惯性导航系统的位置误差与航向误差之间有什么关系？能否通过惯性导航的位置误差评估航向误差？
3. 函数系统误差为各测量值系统误差之和的前提条件是什么？
4. 当各误差之间的相关性不能忽略时，应如何进行误差合成计算？
5. 请简述确定两误差之间的相关系数的方法。

6. 不确定度 A 类评定与 B 类评定有什么差别？相应的自由度的选取方法有哪些？
7. 请简述导航专业所采取的测量基准选取准则。
8. 常用的室内航姿测量基准有哪些？
9. 请通过文献检索，总结导航系统常用的位置、速度、航姿基准各有哪些。
10. 请结合所学专业知识举例说明，如何采用误差合成方法对测试方法进行误差分析。
11. 通过文献检索，选择一种舰船用光学航姿标校系统，对其进行误差合成分析。

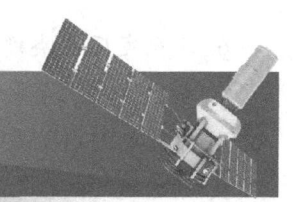

第六章 试验测试方案设计

> 运筹帷幄之中，决胜千里之外。
>
> ——《史记·高祖本纪》

试验测试方案是导航系统精度测试的依据，是试验工作重要的指导性文献。测试方案规定了测试试验几乎所有关键环节，制定一份科学、完整、明确、可行的试验方案需要进行充分的论证研究。前面章节介绍的内容均为试验方案设计时需要重点关注的内容。本章专门针对导航系统试验测试方案设计问题，深入介绍导航测试方案设计的要点和试验大纲编制等内容。

此外，样本次数对于具有长航时精度指标的航海导航设备、装备的试验测试十分重要，涉及试验船只海试工作时长等现实问题；样本次数确定本质上是抽样选取问题，本章专门针对试验样本次数确定问题，分析讨论相关设计方法；本章介绍可以用于导航设备、装备精度评定的区间估计方法，帮助读者更深入地理解精度评定数据处理方法；最后介绍一种实际的可以用于多普勒计程仪速度测试的系统测试方案。

第一节　试验测试方案设计要点

测试方案分析是系统分析方法的一种实际应用。系统分析是一个有目的、有步骤的探索与分析过程，其目的是为决策提供依据，为此要对各备选方案的费用、性能、可靠性、技术可行性、风险等方面进行分析评价，最后提出研究结果，供决策者选择最佳方案时参考。

一、系统分析基本要素

系统分析有 6 个主要环节，即目标、方案、模型、评价标准、费用、效果，也称为系统分析的基本要素。

1. 目标

目标，即系统的决策者（包括组织者和使用者）希望系统达到结果状态的定性描述或定量指标，是目的的具体化，是系统分析的出发点。在进行系统分析时，为了合理地决策，必须明确系统的目标，并尽量以定量指标表示。经过分析确定的目标应是具体的、有根据的、可行的。

2. 方案

方案，即达到系统目标的计划。系统分析要求尽量列举各种替代方案，并估计其可能产生的结果，以便于分析、研究与选择。没有方案就没有开展分析工作的基础。

3. 模型

根据目标要求和实际条件，建立反映系统的要素和结构以及它们之间相互关系的形象模型、模拟模型和数学模型等形式。有了模型，就能在决策以前对结果作出预测。使用模型进行分析是系统分析的基本方法，通过模型可以预测出各替代方案的目标、性能、费用与效益、时间等指标情况，以利于方案的分析与比较。模型的优化和评价是方案论证的判断依据。

4. 评价标准

评价标准是衡量方案优劣的指标，必须具有明确性、可比性、敏感性。由于可以有多种可行方案，要制定统一的评价标准，需要对各种方案进行综合评价，比较各种方案的优劣，确定对各种方案的选择顺序，为决策提供依据。

5. 费用

广义的费用包括失去的机会、所作的牺牲等。为了达到某种目的，需要选择特定的方法和手段，这里的费用是指按照每一个方案达到目标所消耗的全部资源。

6. 效果

效果，即达到目标所取得的成果，效益和指标是衡量尺度。前者可以用货币尺度来评价达到目标的效果；后者是用货币尺度以外的指标来评价的，它反映系统最本质的特征参数。在分析系统的效果时，既要注意直接效果（决定对系统进行效果分析的重要性和必要性），又要考虑间接效果（社会效益）。

二、最佳测量方案确定及误差分配

（一）最佳测量方案确定

当测量结果与多个测量因素有关时，采用什么方法确定各个因素，才能使测量结果的误差最小，这一问题即为最佳测量方案确定问题。

考虑到绝大部分已定系统误差可以用修正方法来消除，讨论最佳测量方案时，可以只考虑随机误差和未定系统误差对测量方案的影响。为便于介绍最佳测量方案的基本原理，在此仅介绍使测量函数误差最小的最佳测量方案的各种途径。这些途径同样也适用于其他情况的测量。

根据式（5-17），测量函数的误差标准差为

$$\sigma_y = \sqrt{\left(\frac{\partial f}{\partial x_1}\right)^2 \sigma_1^2 + \left(\frac{\partial f}{\partial x_2}\right)^2 \sigma_2^2 + \cdots + \left(\frac{\partial f}{\partial x_n}\right)^2 \sigma_n^2} \quad (6-1)$$

由此式可知，欲使 σ_y 为最小，可以从以下几方面来考虑。

1. 选择最佳函数误差公式

一般情况下，测量函数中的误差项数越少，则函数误差受影响的误差因素也相应越少，即直接测量值的数目越少，往往函数误差也会相应减小。特别是在间接测量中，若可以由不同的函数公式来表示，则应选取包含直接测量值最少的函数公式；若不同的函数公式所包含的直接测量值数目相同，则应选取误差较小的直接测量值的函数公式。例如，测量零件几何尺寸时，在相同条件下测量内尺寸的误差要比测量外尺寸的误差大，应尽量选择包含测量外尺寸的函数公式。

2. 使误差传递系数等于零或最小

由函数误差公式可知，若使各个测量值对函数的误差传递系数 $\partial f/\partial x_i$ 等于零或最小，则函数误差可以相应减小。

若 $\partial f/\partial x_i$ 等于零，则该项部分误差 $D_i=(\partial f/\partial x_i)\sigma_i$ 也等于零，即该测量值的误差 σ_i 对函数误差没有影响。

若 $\partial f/\partial x_i$ 最小，则可以减小该项部分误差 D_i 对函数误差的影响。

根据这个原则，对某些测量，尽管有时不可能达到使 $\partial f/\partial x_i$ 等于零的测量条件，但却指出了达到最佳测量方案的方向。

（二）误差分配

如前所述，任何测量过程都包含多项误差，而测量结果的总误差由各单项误差的综合影响所确定。现在要研究一个新的课题，即给定测量结果总误差的允许误差，要求确定各个单项误差。在进行测量工作前，应根据给定测量总误差的允许误差来选择测量方案，合理进行误差分配；确定各单项误差，以保证测量精度。

误差分配应考虑测量过程中所有误差组成项的分配问题。为便于表述误差分配原理，这里只研究间接测量的函数误差分配。其基本原理也适用于一般测量的误差分配。

对于函数的已定系统误差，可以用修正方法来消除，不必考虑各个测量值已定系统误差的影响，而只需要研究随机误差和未定系统误差的分配问题。根据式（5-54）和式（5-59），这两种误差在误差合成时可以同等看待，因而在误差分配时也可以同等看待，其误差分配方法完全相同。

现设各误差因素都为随机误差，且互不相关，由式（5-17）得

$$\sigma_y = \sqrt{\left(\frac{\partial f}{\partial x_1}\right)^2 \sigma_1^2 + \left(\frac{\partial f}{\partial x_2}\right)^2 \sigma_2^2 + \cdots + \left(\frac{\partial f}{\partial x_n}\right)^2 \sigma_n^2}$$ （6-2）
$$= \sqrt{a_1^2 \sigma_1^2 + a_2^2 \sigma_2^2 + \cdots + a_n^2 \sigma_n^2} = \sqrt{D_1^2 + D_2^2 + \cdots + D_n^2}$$

式中：D_i 为函数的部分误差，$D_i = \dfrac{\partial f}{\partial x_i} \sigma_i = a_i \sigma_i$。

若已给定 σ_y，需确定 D_i 或相应的 σ_i，使满足

$$\sigma_y \geqslant \sqrt{D_1^2 + D_2^2 + \cdots + D_n^2}$$ （6-3）

显然，式中 D_i 可以为任意值，为不确定解，因此一般需要按下列步骤求解。

1. 按等作用原则分配误差

等作用原则认为各个部分误差对函数误差的影响相等，即

$$D_1 = D_2 = \cdots = D_n = \frac{\sigma_y}{\sqrt{n}} \tag{6-4}$$

由此得

$$\sigma_i = \frac{\sigma_y}{\sqrt{n}} \frac{1}{\frac{\partial f}{\partial x_i}} = \frac{\sigma_y}{\sqrt{n}} \frac{1}{a_i} \tag{6-5}$$

或用极限误差表示为

$$\delta_i = \frac{\delta}{\sqrt{n}} \frac{1}{\frac{\partial f}{\partial x_i}} = \frac{\delta}{\sqrt{n}} \frac{1}{a_i} \tag{6-6}$$

式中：δ_i 为各单项误差的极限误差；δ 为函数的总极限误差。

若各个测得值的误差满足式（6-5）和式（6-6），则所得函数误差不会超过允许的给定值。

2. 按可能性调整误差

按等作用原则分配误差可能会出现不合理情况，这是因为计算出来的各个部分误差都相等，对于其中有的测量值，要保证其测量误差不超出允许范围难以满足要求，若要保证其测量精度，势必要用昂贵的高精度仪器，或者付出较多的劳动。

另外，由式（6-5）和式（6-6）可以看出，当各个部分误差一定时，相应测量值的误差与其传递系数成反比。所以各个部分误差相等，其相应测量值的误差并不一定相等，有时甚至可能相差较大。

由于存在上述两种情况，对按等作用原则分配的误差，必须根据具体情况进行调整。对难以实现测量的误差项适当扩大，对容易实现测量的误差项尽可能缩小，而对其余误差项不予调整。

3. 验算调整后的总误差

误差分配后，应按误差合成公式计算实际总误差，若超出给定的允许误差范围，应选择可能缩小的误差项缩小误差；若实际总误差较小，可以适当扩大难以测量的误差项的误差。

按等作用原则分配误差需要注意，当有的误差已经确定而不能改变时（如受测量条件限制，必须采用某种仪器测量某一项目时），应先从给定的允许总误差中剔除，再对其余误差项进行误差分配。

不同导航设备的测试方法不同，读者可以通过查询资料了解如测深仪、卫星导航接收机、陀螺罗经、惯性导航系统等精度测试的方法。

三、设备测试试验大纲编制

试验大纲与试验实施细则是性能测试试验开展的依据，是设备、装备开展各项试验工作重

要的指导性技术文献。各种性能测试试验均需要试验大纲。从事导航设备与系统使用、测试、检验、考核等工作的专业技术人员和管理人员必须熟悉试验大纲的制定要求和制定方法，试验中诸多要点问题都必须在试验大纲或试验实施细则中予以明确说明。

在此，结合某新型船用罗经海试试验，列出其试验大纲和细则中的主要部分，并对编制要点加以说明。

（一）编制依据

被试设备的技术指标、试验方法和试验要求等都必须有充分依据。这些依据主要包括如下几个方面。

1. 国军标

国军标主要列出与测试设备相关的国家军用标准，如 GJB 1723A—2019《舰船陀螺罗经通用规范》、GJB 2477—2018《舰船平台罗经通用规范》、GJB 729—89《惯性导航系统精度评定方法》、GJB 427A—2009《舰艇惯性导航系统设计定型试验规程》等[23-26]。

2. 上级有关规定及其他依据性文件

与测试设备相关的上级有关规定及其他依据性文件包括《中国人民解放军装备科研条例》《海军装备工作条例》《常规武器装备研制程序》《海军装备研制管理办法（试行）》《军工产品定型工作规定》《海军军工产品定型工作办法》《××陀螺罗经研制技术要求》（简称《研制技术要求》）等。

（二）试验性质、目的与内容

大纲在这一部分指明试验的性质、目的和内容，从中可以了解试验的整体要求，表述要准确、明确、全面。

1. 试验性质

试验性质包括科研摸底试验、性能试验、竞优试验、鉴定试验等多种种类；也分为多种不同的阶段，如出所试验、陆上室内试验、车载试验、海上试验等；还分为初样机、正样机、交船设备、现役设备等。这里以某型陀螺罗经（正样机）海上鉴定试验为例。

2. 试验目的

本例试验目的为全面考核某型陀螺罗经（以下简称被试样机）的技术性能是否达到规定的研制技术要求。

3. 试验内容

试验内容包括全部试验项目及其内容名称。本例中，试验对被试样机的以下方面进行考核。

（1）物理、电气特性符合性考核：①齐套性检查；②外观及工艺水平；③物理特性；④电源适应性；⑤电源功耗；⑥接口特性。

（2）功能考核：①基本功能；②状态监测、报警保护及数据记录功能；③人机工程设计状态；④安装自动标定和 IMU 互换性功能。

（3）战技指标性能考核：①航向精度；②横摇精度；③纵摇精度；④启动性能；⑤长时间稳定性精度。

（三）主要参试设备

大纲这一部分主要针对试验中的各种参试的相关设备和平台予以说明。

1. 被试样机

被试样机是指被试品对象。本例被试样机为某型陀螺罗经正样机。

2. 试验平台

大纲这一部分包括试验平台及相关条件和要求。本例中，为了全面测试被试样机的战技指标性能，选择现役舰艇为试验平台，通过海上航行施加各种不同应力，全面考核被试样机战技指标性能。试验舰艇需要装备卫星导航接收机和计程仪。

3. 测试设备

测试设备是指测试试验所必需的陪试设备和测试设备。本例中，试验使用的主要测试设备包括计程仪、卫星导航接收机、同步数据录取装置、通用测试仪表等，如表6-1所示。可以列表的形式，在表中对各参试、陪试设备、仪器和工具的型号、指标等信息予以指明。

表6-1 主要测试设备表

序号	设备名称	设备要求	数量	来源
1	航姿基准设备	作为海上试验的航向、横摇、纵摇基准设备 提供误差（RMS）≤2′的航向信息 提供误差（RMS）≤1′的水平姿态信息	1套	测试单位提供
2	卫星导航接收机	提供误差（RMS）≤100 m的位置信息	1套	舰艇配试设备
3	计程仪	提供误差（RMS）≤0.2 kn的对水速度	1套	舰艇配试设备
4	同步数据录取装置	向被试样机发送同步信号、外速度、位置信息，同步录取多套被试样机、配试设备、基准设备数据	2套	测试单位提供

（四）试验项目及方法

报告的主体部分，规定各项目的具体方法，对试验的指导性和针对性很强。如果需要更加细致的方法细节可以在后续的实施细则中进一步体现。总之，必须做到清楚、明确、可操作。本例仅为新型船用罗经示例，其他设备应根据设备的具体特点制定。

1. 物理、电气特性符合性

（1）齐套性检查。

对照被试样机的配套表及其备品、备件清单，检查产品成套性。

（2）外观及工艺水平检查。

采用目测法对被试样机外形结构、色彩、铭牌、标志、漆膜、镀层、紧固件、活动件、装配及工艺质量、材料、零部件进行检查。

（3）物理特性检查。

使用量具对被试样机的主机进行测量；使用电子秤对主机质量进行测量。

（4）电源适用性检查。

使用自耦调压器、直流稳压源检查被试系统在研制技术要求规定的交直流电压范围内是否正常工作，并完成自动切换。

（5）电源功耗检查。

在被试样机启动和正常工作的情况下，用功率计测量系统的功率。

（6）接口检查。

检查样机接口硬件规格及数量是否符合要求；设备启动并正常工作后，采用接口检查设备分别检测 RS422A 串口、控制器局域网（controller local area network，CLAN）接口、以太网接口和秒脉冲接口的数据输出和电气性能是否符合要求。

2. 功能检查

（1）基本功能检查。

操作被试样机，对被试样机的信息输入、工作模式选择、参数设置查询、信息指示输出、面板操作及显示控制等功能进行检查。

（2）状态监测、报警保护及数据记录功能检查。

操作被试样机，检查被试样机是否具有对设备的关键器件、重要部位的工作参数、设备状态及总工作时间等数据进行记录的功能。检查被试样机是否具备完好性检测和报警保护功能。系统检测点布置是否合理，故障报警是否指示至可更换部件等。

（3）人机工程设计状态检查。

对被试样机的操作界面友好性、按键布局合理性、显示简捷性、操作流畅性、误操作规避功能进行评估；检查设备外形和结构设计是否合理，布置是否整齐、美观，是否便于安装、操作、观察、标定与维修。

（4）安装自动标定和 IMU 互换性功能检查。

对被试样机利用卫星导航组合工作方式实现自动安装标定的功能进行检查，记录自动标定完成所需的时间；检查 IMU 维修时备件的直接更换能力，考核 IMU 备件的维修互换性能。

3. 战技指标性能考核

对于导航设备、装备和系统，这一部分是精度评估的核心，也是教材多个章节讨论的重点，其中关于样本航次的选择确定问题，将在本章后续章节介绍。

（1）试验条件。

战技指标性能考核通过海上试验进行。试验舰艇应配备计程仪和卫星导航接收机，能够向被试样机提供符合要求的航速和位置信息。试验舰艇还应安装高精度航姿基准和同步数据录取装置。

（2）考核内容与方法。

① 航向、姿态精度考核。

根据样本定义分别采用自主工作方式和卫星组合方式获取试验样本。测试结束后，利用同步数据录取装置记录被试样机航向、姿态信息和基准设备航向、姿态信息，统计并求取航向、姿态精度，结果满足研制技术要求中对应的航向精度指标则记为合格。

② 启动性能考核。

分别采用码头启动、海上自主正常启动和海上卫星导航组合启动，按照各参试样机所提供的启动时间，记录被试样机从启动转入导航状态那一时刻的航向、姿态数据，与同一时刻的基准惯性导航进行比对，计算该点航向、姿态误差，结果满足研制技术要求中对应的精度指标则记为合格。

③ 长时间稳定性和纬度适应性考核。

被试设备开机连续运行 14 天，考核航向、横摇、纵摇的性能稳定性。其间择机进行大旋回机动。测试结束后，统计并求取航向、横摇、纵摇精度，结果满足研制技术要求中各参数的精度指标则记为合格。

（3）样本定义与要求。

① 样本定义。

启动性能考核样本分为三种：A1 样本为被试设备进行码头正常启动；A2 样本为被试设备进行海上自主启动；A3 样本为被试设备进行海上组合启动。

精度性能考核样本分为三种：B1 类样本为采用人工装订速度；B2 类样本为卫星辅助导航；C 类样本为被试设备长时间工作于计程仪辅助导航模式下。

② 样本要求。

通过海上试验至少获取 2 个 A1 类样本、2 个 A2 类样本、2 个 A3 类样本、4 个 B1 类样本、4 个 B2 类样本和 1 个 C 类样本。

4. 试验设计

（1）舰艇机动考核设计。

试验过程中采取 4 种机动样式，即匀速直航、直线变速、匀速旋回、变速旋回，设计机动方式如图 6-1 所示。

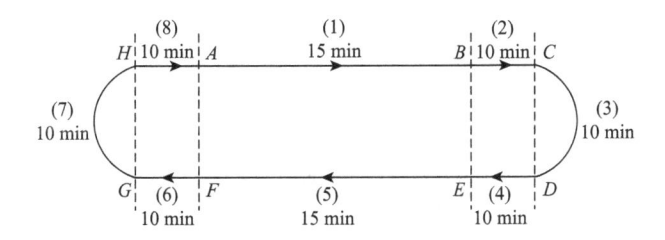

图 6-1　海上试验机动路线

试验舰艇在航渡到试验海域后，进行如下机动。

① $A \rightarrow B$：以航速 V_1 匀速航行，航行时间 15 min；

② $B \rightarrow C$：航速 V_1 加速至 V_2，定向航行，航行时间 10 min；

③ $C \rightarrow D$：以航速 V_2 旋回 180°，航行时间 10 min；

④ $D \rightarrow E$：航速 V_2 减速至 V_1，定向航行，航行时间 10 min；

⑤ $E \rightarrow F$：以航速 V_1 匀速航行，航行时间 15 min；

⑥ $F \rightarrow G$：航速 V_1 减速至 V_3，定向航行，航行时间 10 min；

⑦ $G \rightarrow H$：以航速 V_3 旋回 180°，航行时间 10 min；

⑧ $H \rightarrow A$：航速 V_3 加速至 V_1，定向航行，航行时间 10 min。

注：V_1、V_2、V_3 的取值视试验舰艇的具体情况而定。

完成一次 $A \to H \to A$ 的机动，即为 1 个航次。在 1 个航次期间，不切换被试设备工作模式。

（2）工作模式切换组合设计。

工作模式切换组合如表 6-2 所示。

表 6-2　工作模式切换组合

模式	试验安排
1	A2→B1→B2
2	A2→B2→B1
3	A3→B1→B2
4	A3→B2→B1
5	A3→C

（五）阶段划分及试验组织

大纲这一部分对试验阶段进行划分，并对试验组织相关的单位、分工、责任、进度等要求进行说明；对所有相关单位的工作和责任进行规定，也对出现的各种异常情况的处置方式进行说明。这对试验各阶段的顺利组织十分重要，这里不详细列出。

（六）精度性能评定方法

大纲这一部分规定试验数据的数据处理方法和性能评定方法，是报告的关键部分。在制定过程中，要充分考虑到科学性和准确性。对于一些经典的精度评定，其数据处理方法也可以参照国军标及行业共识，但对于一些新研发设备的性能综合评定，如竞优性性能评定，则需要结合主观、客观等多种评定方法进行综合评定，往往需要经过充分论证才能确定。精度性能的评定方法不仅是后续数据处理工作的重要依据，也对试验最终的结论有重要影响。

第二节　航次选择及精度指标区间估计

对于一个未知参数的测量，其测量误差随着样本 n 的增大而趋向于正态分布。但在样本较少的情况下，不满足符合正态分布的大数定律的样本条件，所得统计值往往存在较大风险。因此，对于未知参数，除求出其点估计外，还希望估计出一个取值范围，并给出这个范围包含参数真值的可信度，这种形式的估计就称为区间估计。

抽样分布为均值和方差的区间估计提供了计算方法。由总体 X 中的 n 个样本 $X_1, X_2, \cdots, X_n$ 所构成的函数 $g(X_1, X_2, \cdots, X_n)$ 称为 X 的统计量，统计量的分布称为抽样分布，如 t 分布、χ^2 分布均为来自总体正态分布的抽样分布。

在区间估计的框架下，样本数、置信度与置信区间之间存在相互制约关系。如何选择尽可能少的样本数使所估计未知参数的置信度和置信区间满足使用需求，即为样本数量选择问题，在导航精度试验中即为试验航次的确定问题。本节首先介绍来自正态总体的几个常用统计量的抽样分布，然后介绍区间估计的计算方法，最后介绍区间估计在导航精度试验航次数选择及数据处理中的应用。

一、抽样分布

（一）χ^2 分布

设 $\xi_1, \xi_2, \cdots, \xi_v$ 为来自总体 $N(0,1)$ 的样本，则称统计量

$$\chi^2 = \xi_1^2 + \xi_2^2 + \cdots + \xi_v^2 \tag{6-7}$$

服从自由度为 v 的 χ^2 分布，记为 $\chi^2 \sim \chi^2(v)$。

下式给出了 χ^2 分布的概率密度函数：

$$f(\chi^2) = \begin{cases} \dfrac{2^{-v/2}(\chi^2)^{\frac{v}{2}-1} e^{-\chi^2/2}}{\Gamma(v/2)}, & \chi^2 > 0 \\ 0, & \chi^2 \leqslant 0 \end{cases} \tag{6-8}$$

式中：

$$\Gamma(x) = \int_0^{+\infty} t^{x-1} e^{-t} dt \quad (x > 0) \tag{6-9}$$

其数学期望为

$$E = \int_0^{+\infty} \chi^2 \frac{2^{-v/2}}{\Gamma(v/2)} (\chi^2)^{\frac{v}{2}-1} e^{-\chi^2/2} d\chi^2 = v \tag{6-10}$$

其方差和标准差分别为

$$\sigma^2 = 2v \tag{6-11}$$

$$\sigma = \sqrt{2v} \tag{6-12}$$

$f(\chi^2)$ 的图形如图 6-2 所示。

第八章中基于最小二乘的数据分析方法需要基于 χ^2 分布，χ^2 分布同时也是 t 分布和 F 分布的基础。从图 6-2 的两条 χ^2 理论曲线可以看出，当 v 逐渐增大时，曲线逐渐接近对称。为了进一步分析 χ^2 分布与正态分布的逼近规律，将式（6-8）进行标准化处理。令

$$g(x) = \sqrt{2v} f(\sqrt{2v}x + v) \tag{6-13}$$

图 6-2 χ^2 理论曲线

上式可以展开成以标准正态分布函数为基函数的多项式[27]，式中 $\phi(x)$ 即为标准正态分布函数：

$$g(x) = \left[1 + \frac{r_1(x)}{\sqrt{v}} + \frac{r_2(x)}{v} + \frac{r_3(x)}{v\sqrt{v}} + \frac{r_4(x)}{v^2}\right] \phi(x) + o\left(\frac{1}{v^2}\right) \tag{6-14}$$

式中：

$$\phi(x) = \frac{1}{\sqrt{2\pi}} \exp\left(-\frac{x^2}{2}\right) \tag{6-15}$$

$$r_1(x) = \sqrt{2}\left(\frac{1}{3}x^3 - x\right) \tag{6-16}$$

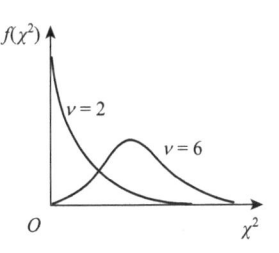

$$r_2(x) = \frac{1}{9}x^6 - \frac{7}{6}x^4 + 2x^2 - \frac{1}{6} \tag{6-17}$$

$$r_3(x) = \sqrt{2}\left(\frac{1}{81}x^9 - \frac{5}{18}x^7 + \frac{47}{30}x^5 - \frac{37}{18}x^3 + \frac{1}{6}x\right) \tag{6-18}$$

$$r_4(x) = \frac{1}{486}x^{12} - \frac{13}{162}x^{10} + \frac{341}{360}x^8 - \frac{1\,031}{270}x^6 + \frac{151}{36}x^4 - \frac{1}{3}x^2 + \frac{1}{72} \tag{6-19}$$

将式（6-14）离散化并引入函数 $h(\nu)$，计算标准化后的 χ^2 分布与正态分布概率密度函数在区间 [0,10] 上的差值：

$$h(\nu) = \sum_{m=1}^{1\,000}[g(mT_s) - \phi(mT_s)]^2 \tag{6-20}$$

式中：$T_s = 0.01$。

图 6-3 给出了 ν 从 1 到 50 的 $h(\nu)$ 值。从图 6-3 可以看到，随着自由度 ν 的增大，$h(\nu)$ 逐渐减小，表明标准化后的 χ^2 分布的概率密度函数逐渐趋向于标准正态分布的概率密度函数。

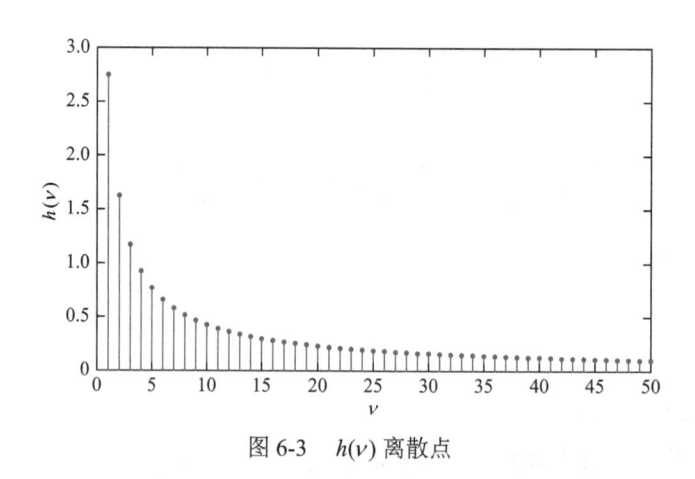

图 6-3　$h(\nu)$ 离散点

（二）t 分布

t 分布也称为学生氏分布（student distribution），是一种重要分布。当测量列的测量次数较少时，在对极限误差进行估计或在检验测量数据的系统误差时经常使用。

设 ξ 和 η 为独立的随机变量，ξ 为自由度为 ν 的 χ^2 分布函数，η 为标准化正态分布函数，定义新的随机变量为

$$t = \frac{\eta}{\sqrt{\xi/\nu}} \tag{6-21}$$

式中：ν 为自由度。随机变量 t 称为自由度为 ν 的学生氏 t 变量。

t 分布的概率密度函数 $f(t)$ 为

$$f(t) = \frac{\Gamma\left(\dfrac{\nu+1}{2}\right)}{\sqrt{\nu\pi}\,\Gamma\left(\dfrac{\nu}{2}\right)}\left(1 + \frac{t^2}{\nu}\right)^{-(\nu+1)/2} \tag{6-22}$$

其数学期望为

$$E = \frac{\Gamma\left(\dfrac{v+1}{2}\right)}{\sqrt{v\pi}\,\Gamma\left(\dfrac{v}{2}\right)} \int_{-\infty}^{+\infty} \left(1+\frac{t^2}{v}\right)^{-(v+1)/2} \mathrm{d}t \tag{6-23}$$

其方差和标准差分别为

$$\sigma^2 = \frac{v}{v-2} \tag{6-24}$$

$$\sigma = \sqrt{\frac{v}{v-2}} \tag{6-25}$$

t 分布的数学期望为零，分布密度曲线关于纵坐标轴对称，但它与标准化正态分布密度曲线不同，如图6-4所示。

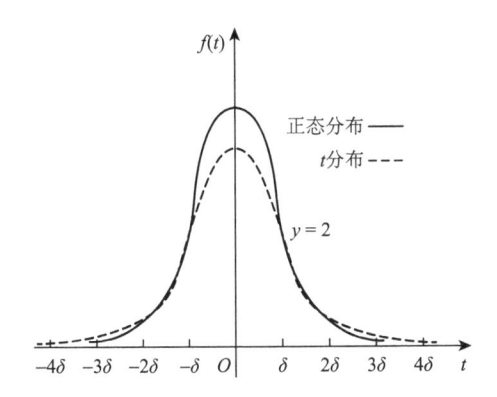

图6-4 t 分布和标准化正态分布密度曲线

与式（6-14）类似，式（6-22）可以展开为[28]

$$f(t) = \phi(t) + \frac{1}{v}\varphi_1(t) + \frac{1}{v^2}\varphi_2(t) + o(v^{-2}) \tag{6-26}$$

式中：

$$\phi(t) = \frac{1}{\sqrt{2\pi}} \exp\left(-\frac{t^2}{2}\right) \tag{6-27}$$

$$\varphi_1(t) = \frac{1}{4}(t^4 - 2t^2 - 1)\phi(t) \tag{6-28}$$

$$\varphi_2(t) = \frac{1}{96}(3t^8 - 28t^6 + 30t^4 + 12t^2 + 3)\phi(t) \tag{6-29}$$

将式（6-26）离散化并引入函数 $r(v)$，计算 t 分布与正态分布的概率密度函数在区间 $[0,10]$ 上的差值：

$$h(v) = \sum_{m=1}^{1\,000} [g(mT_s) - \phi(mT_s)]^2 \tag{6-30}$$

式中：$T_s = 0.01$。

图 6-5 给出了 ν 从 1 到 50 的 $r(\nu)$ 值。可以证明，当自由度 ν 较小时，t 分布与正态分布有明显区别；当自由度增大到 10 左右时，t 分布近似于正态分布；当自由度 ν 大于 10 并继续增大时，$r(\nu)$ 的变化很小；当自由度 $\nu \to \infty$ 时，$r(\nu)$ 的值减小并收敛于零。

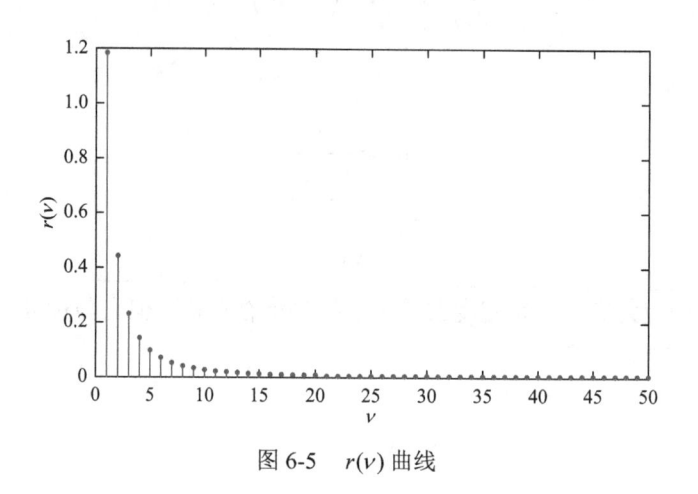

图 6-5　$r(\nu)$ 曲线

（三）F 分布

设 ξ_1 为自由度为 ν_1 的 χ^2 分布函数，ξ_2 为自由度为 ν_2 的 χ^2 分布函数，定义新的随机变量为

$$F = \frac{\xi_1/\nu_1}{\xi_2/\nu_2} = \frac{\xi_1 \nu_2}{\xi_2 \nu_1} \tag{6-31}$$

随机变量 F 称为自由度为 ν_1 和 ν_2 的 F 变量。

F 分布的概率密度函数 $f(F)$（图 6-6）为

$$f(F) = \begin{cases} \nu_1^{\nu_1/2} \nu_2^{\nu_2/2} \dfrac{\Gamma\left(\dfrac{\nu_1+\nu_2}{2}\right)}{\Gamma\left(\dfrac{\nu_1}{2}\right)\Gamma\left(\dfrac{\nu_2}{2}\right)} \dfrac{F^{\frac{\nu_1}{2}-1}}{(\nu_2+\nu_1 F)^{\frac{\nu_1+\nu_2}{2}}}, & F \geqslant 0 \\ 0, & F < 0 \end{cases} \tag{6-32}$$

其数学期望为

$$E = \int_0^{+\infty} F f(F) \mathrm{d}F = \frac{\nu_2}{\nu_2 - 2} \quad (\nu_2 > 2) \tag{6-33}$$

其方差和标准差分别为

$$\sigma^2 = \frac{2\nu_2^2(\nu_1 + \nu_2 - 2)}{\nu_1(\nu_2 - 2)^2(\nu_2 - 4)} \quad (\nu_2 > 4) \tag{6-34}$$

$$\sigma = \sqrt{\frac{2\nu_2^2(\nu_1 + \nu_2 - 2)}{\nu_1(\nu_2 - 2)^2(\nu_2 - 4)}} \quad (\nu_2 > 4) \tag{6-35}$$

F 分布也是一种重要分布，在检验统计假设及方差分析中经常使用。

图 6-6 F 分布

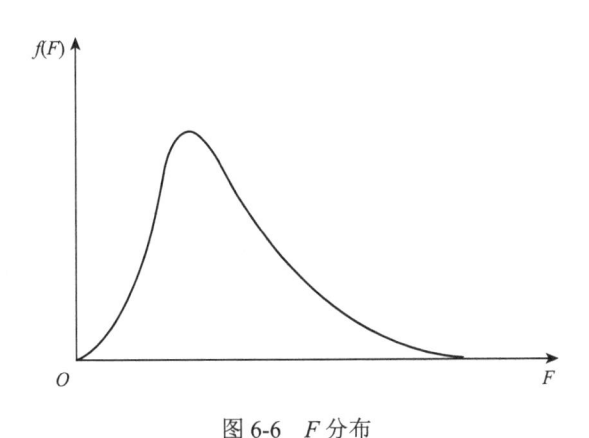

二、置信区间估计

下面介绍总体样本均值 μ 和方差 σ^2 的置信区间计算方法。

设总体样本误差服从正态分布 $X \sim N(\mu, \sigma^2)$，$X_1, X_2, \cdots, X_n$ 为抽取子样，$\overline{X}$ 和 S^2 分别为子样本的均值和方差，n 为子样本数。

（一）置信区间的定义

设总体 X 的分布函数 $K(x;\theta)$ 含有一个未知参数 θ，$\theta \in \Theta$（Θ 为 θ 可能的取值范围），对于给定值 α（$0 < \alpha < 1$），若由来自 X 的子样本 $X_1, X_2, \cdots, X_n$ 确定的两个统计量 $\underline{\theta} = \underline{\Phi}(X_1, X_2, \cdots, X_n)$ 和 $\overline{\theta} = \overline{\Phi}(X_1, X_2, \cdots, X_n)$（$\underline{\theta} < \overline{\theta}$），对于任意 $\theta \in \Theta$ 满足：

$$P\{\underline{\Phi}(X_1, X_2, \cdots, X_n) < \theta < \overline{\Phi}(X_1, X_2, \cdots, X_n)\} = 1 - \alpha \quad (6-36)$$

则称区间 $(\underline{\theta}, \overline{\theta})$ 为 θ 的置信度为 $1-\alpha$ 的置信区间，$1-\alpha$ 称为置信度。

（二）未知参数置信区间求解方法

《概率论与数理统计教程》[29]中对未知参数置信区间的求解方法如下。

（1）构造枢轴量。

由子样本 $X_1, X_2, \cdots, X_n$ 和参数 θ 构成的函数 $w = W(X_1, X_2, \cdots, X_n; \theta)$，使得函数 w 的分布不依赖于参数 θ 及其他未知参数，称具有这种性质的函数 W 为枢轴量。

（2）列出枢轴量的置信区间等式并求解。

结合置信区间的定义，由式（6-36）列出枢轴量的置信区间表达式为

$$P\{a < W(X_1, X_2, \cdots, X_n; \theta) < b\} = 1 - \alpha \quad (6-37)$$

根据 $W(X_1, X_2, \cdots, X_n; \theta)$ 的概率密度函数可以求解 a 和 b，进而间接求出 θ 的不等式 $\underline{\theta} < \theta < \overline{\theta}$，即未知参数 θ 的置信区间。

（三）均值的置信区间估计

易证明，统计量 $\dfrac{\overline{X} - \mu}{S/\sqrt{n}} \sim t(n-1)$，其取值仅依赖于子样本和参数 μ，不依赖于其他未知参数，满足枢轴量定义要求，即统计量 $\dfrac{\overline{X} - \mu}{S/\sqrt{n}}$ 为枢轴量。

令 $\dfrac{\overline{X}-\mu}{S/\sqrt{n}}=W(X_1,X_2,\cdots,X_n;\mu)$，代入式（6-37）得

$$P\left\{a<\dfrac{\overline{X}-\mu}{S/\sqrt{n}}<b\right\}=1-\alpha \qquad (6\text{-}38)$$

由于 $\dfrac{\overline{X}-\mu}{S/\sqrt{n}}\sim t(n-1)$，可以根据 t 分布的概率密度分布函数求出 a 和 b，进而求出 μ 的范围。此处 a 和 b 分别对应于图 6-7 中的 $-t_{\alpha/2}(n-1)$ 和 $t_{\alpha/2}(n-1)$，通过查 t 分布表可以快速求解 $-t_{\alpha/2}(n-1)$ 和 $t_{\alpha/2}(n-1)$，即

$$-t_{\alpha/2}(n-1)<\dfrac{\overline{X}-\mu}{S/\sqrt{n}}<t_{\alpha/2}(n-1) \qquad (6\text{-}39)$$

上式中只有 μ 未知，其他参数均已知，即可求出总体均值 μ 置信度为 $1-\alpha$ 的置信区间：

$$\overline{X}-\dfrac{S}{\sqrt{n}}t_{\alpha/2}(n-1)<\mu<\overline{X}+\dfrac{S}{\sqrt{n}}t_{\alpha/2}(n-1) \qquad (6\text{-}40)$$

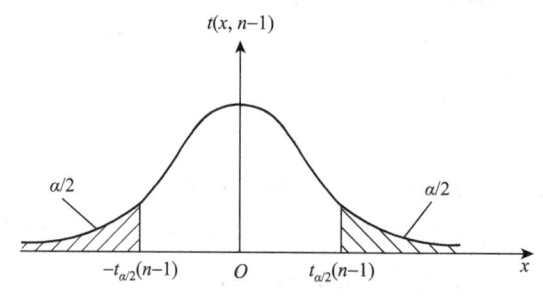

图 6-7 t 分布的分位点

（四）方差的置信区间估计

易证明，构造统计量 $\dfrac{(n-1)S^2}{\sigma^2}\sim\chi^2(n-1)$，满足枢轴量定义要求。

令 $\dfrac{(n-1)S^2}{\sigma^2}=W(X_1,X_2,\cdots,X_n;\mu)$，代入式（6-37）得

$$P\left\{\chi^2_{1-\frac{\alpha}{2}}(n-1)<\dfrac{(n-1)S^2}{\sigma^2}<\chi^2_{\alpha/2}(n-1)\right\}=1-\alpha \qquad (6\text{-}41)$$

由于 $\dfrac{(n-1)S^2}{\sigma^2}\sim\chi^2(n-1)$，可以根据 χ^2 分布的概率密度函数求出 a 和 b，进而求出 σ^2 的范围。此处 a 和 b 分别对应于图 6-8 中的 $\chi^2_{\alpha/2}(n-1)$ 和 $\chi^2_{1-\frac{\alpha}{2}}(n-1)$，通过查附表 3 χ^2 分布表可以快速求解 $\chi^2_{\alpha/2}(n-1)$ 和 $\chi^2_{1-\frac{\alpha}{2}}(n-1)$，即

$$\chi^2_{\alpha/2}(n-1)<\dfrac{(n-1)S^2}{\sigma^2}<\chi^2_{1-\frac{\alpha}{2}}(n-1) \qquad (6\text{-}42)$$

上式中只有 σ^2 未知，其他参数均已知，即可求出总体均值 σ^2 置信度为 $1-\alpha$ 的置信区间：

$$\dfrac{(n-1)S^2}{\chi^2_{1-\frac{\alpha}{2}}(n-1)}<\sigma^2<\dfrac{(n-1)S^2}{\chi^2_{\alpha/2}(n-1)} \qquad (6\text{-}43)$$

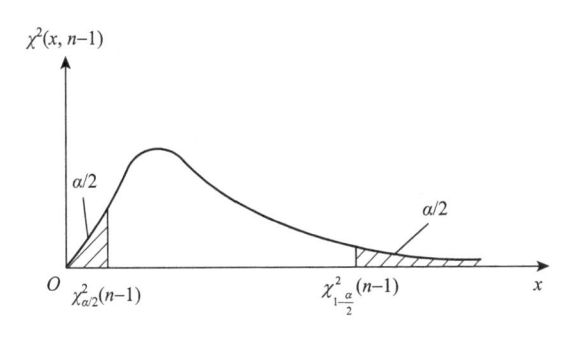

图 6-8 χ^2 分布的分位点

三、航行试验样本数确定

航次样本选择问题是实际导航精度试验中的常见问题。通常样本误差服从正态分布的假定条件是具有海量的测量数据，而在实际情况下，海量的数据样本往往难以保证，此时就需要采取有限样本分析方法。有限样本分析主要基于非正态抽样分布的知识，主要包括有限样本数选取和有限样本数据处理两个问题。航次样本选择属于前者，当样本耗时耗力且种类多样，造成同种样本数严重受限时，这一问题就会显得更加突出，如导航系统中长航时惯性导航系统的鉴定试验等。对有限样本试验结果的数据处理属于后者，将在随后的内容中介绍。

导航系统海上航行试验是考核系统性能的主要手段，是产品定型、装船的主要依据。不同种类的试验对试验结果的置信度要求不同，相应地会影响样本航次的选择。在鉴定试验中，航次选择往往采取高置信度原则；在实际样本设计中，则首先选取置信度，然后通过分析确定置信度下的置信区间与样本数的对应关系，综合分析确定试验航次。

现将式（6-40）和式（6-43）重写如下：

$$\bar{X} - \frac{\bar{S}}{\sqrt{n}} t_{\alpha/2}(n-1) \leqslant \mu \leqslant \bar{X} + \frac{\bar{S}}{\sqrt{n}} t_{\alpha/2}(n-1) \tag{6-44}$$

$$\frac{(n-1)\bar{S}^2}{\chi^2_{1-\frac{\alpha}{2}}(n-1)} \leqslant \sigma^2 \leqslant \frac{(n-1)\bar{S}^2}{\chi^2_{\alpha/2}(n-1)} \tag{6-45}$$

当试验航次分别取 6、8、10、12、13、15、20 时，置信度为 90%，经查 t 分布表并计算得到置信区间分别为

$$\begin{cases} n=6: \bar{X} - 1.05\bar{S} < \mu < \bar{X} + 1.05\bar{S} \\ n=8: \bar{X} - 0.84\bar{S} < \mu < \bar{X} + 0.84\bar{S} \\ n=10: \bar{X} - 0.71\bar{S} < \mu < \bar{X} + 0.71\bar{S} \\ n=12: \bar{X} - 0.63\bar{S} < \mu < \bar{X} + 0.63\bar{S} \\ n=13: \bar{X} - 0.60\bar{S} < \mu < \bar{X} + 0.60\bar{S} \\ n=13: \bar{X} - 0.56\bar{S} < \mu < \bar{X} + 0.56\bar{S} \\ n=20: \bar{X} - 0.47\bar{S} < \mu < \bar{X} + 0.47\bar{S} \end{cases} \tag{6-46}$$

当试验航次分别取 6、8、10、12、13、15、20 时，置信度为 90%，经查 χ^2 分布表并计算得到标准偏差的置信区间分别为

$$\begin{cases} n=6: & 0.67\bar{S} < \sigma < 2.09\bar{S} \\ n=8: & 0.70\bar{S} < \sigma < 1.81\bar{S} \\ n=10: & 0.73\bar{S} < \sigma < 1.65\bar{S} \\ n=12: & 0.75\bar{S} < \sigma < 1.55\bar{S} \\ n=13: & 0.76\bar{S} < \sigma < 1.51\bar{S} \\ n=15: & 0.77\bar{S} < \sigma < 1.46\bar{S} \\ n=20: & 0.79\bar{S} < \sigma < 1.37\bar{S} \end{cases} \quad (6\text{-}47)$$

通过对误差分布规律的分析和综合考虑，认为试验航次取 13 为宜，其均值置信限小于 $0.5\bar{S}$，标准偏差的置信限在 $0.5\bar{S}$ 左右。考虑到惯性导航系统试验周期长，外场试验测量难度大，且受天气制约严重，航次应尽量减少，取 8～13 次较合适。在 8～13 次的范围内，航次可以根据试验性质适当选择：定性试验可以多做几个航次；鉴定试验和验收试验可以少做几个航次；对于重调周期特别长的惯性组合系统海上试验，航次可以适当减少，但最低不得少于 6 次[30]。相关技术资料表明，俄罗斯将惯性组合导航系统试验航次确定为 3 次，采取了与我国不同的方法。

四、RMS 指标的置信区间估计

目前，国军标中规定的船用导航装备精度评定多采用点估计方法（见第四章第四节）。在导航装备试验样本数据量 n 较大的情况下，根据大数定律，样本的算术平均值 $\bar{X}$ 接近于均值真值；但在样本数量 n 较小的情况下，$\bar{X}$ 与均值真值有较大差异，继续使用 $\bar{X}$ 来估计 ν 存在较大风险。在样本数据近似符合高斯分布的情况下，可以使用区间估计方法给出估计参数的置信区间。对精度指标的区间估计方法是将样本数量 n、置信度 $1-\alpha$ 与估计参数的置信区间结合起来，统一作为样本统计结果对导航装备精度进行评定。

（一）导航装备精度评定流程

图 6-9 所示为导航装备精度评定流程图。区间估计的评估方法可以根据样本数量 n 的实际情况来调整置信度 $1-\alpha$ 的大小。当 n 较小时，适当减小置信度以表明本次的精度结果有较大风险；当 n 较大时，适当增大置信度以表明本次精度结果的可信度较高。

点估计的评估方法中，均值最大值取子样本均值加 2 倍标准差作为上限。在正态分布下，2 倍标准差涵盖整个子样本数据的 95.45%。区间估计评估方法中，均值最大值为子样本均值置信区间的最大绝对值，取 RMS 置信区间上限为 RMS 最大值。

现对 RMS 的区间估计方法进行介绍。在求解系统 RMS 指标置信区间的过程中涉及区间运算。由 RMS 的定义得

$$\text{RMS} = \sqrt{\mu^2 + \sigma^2} \quad (6\text{-}48)$$

RMS 区间估计涉及区间的加法、乘法和幂运算。

第六章 试验测试方案设计

(a) 基于区间估计的导航装备精度评定方法　　(b) 国军标导航装备精度评定方法

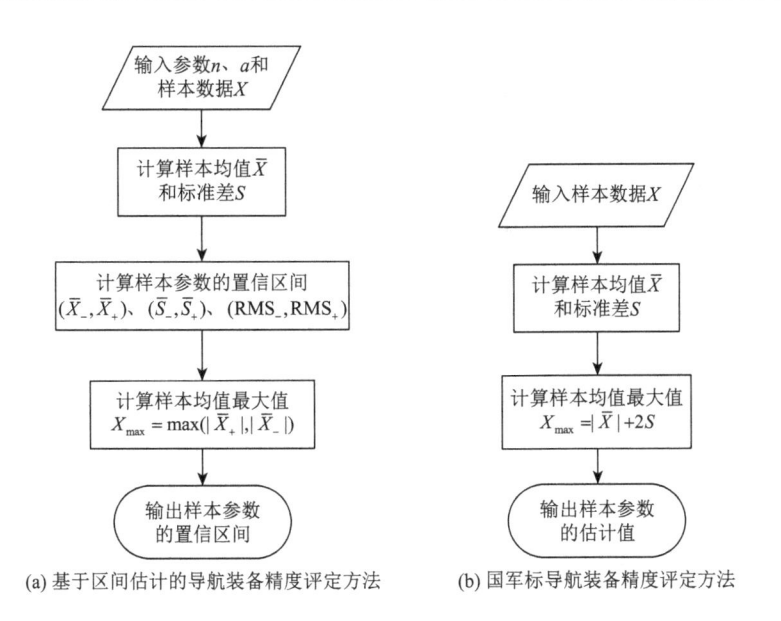

图 6-9　导航装备精度评定流程图

（二）区间算术

下面简要介绍区间算术（interval arithmetic）的相关数学知识。它是以区间作为操作数的一组运算规则，区间数的定义及其运算法则如下。

区间数：$\tilde{x} = [\underline{x}, \overline{x}] = \{x \in \mathbf{R} \mid \underline{x} \leq x \leq \overline{x}\}$（$\mathbf{R}$ 为实数集；$\underline{x}$ 和 $\overline{x}$ 分别为 x 的下限值和上限值）；

加法：$\tilde{x} + \tilde{y} = [\underline{x} + \underline{y}, \overline{x} + \overline{y}]$；

减法：$\tilde{x} - \tilde{y} = [\underline{x} - \overline{y}, \overline{x} - \underline{y}]$；

乘法：$\tilde{x} \times \tilde{y} = [\min(\underline{x}\,\underline{y}, \underline{x}\,\overline{y}, \overline{x}\,\underline{y}, \overline{x}\,\overline{y}), \max(\underline{x}\,\underline{y}, \underline{x}\,\overline{y}, \overline{x}\,\underline{y}, \overline{x}\,\overline{y})]$

除法：$\tilde{x} \div \tilde{y} = [\min(\underline{x} \div \underline{y}, \underline{x} \div \overline{y}, \overline{x} \div \underline{y}, \overline{x} \div \overline{y}), \max(\underline{x} \div \underline{y}, \underline{x} \div \overline{y}, \overline{x} \div \underline{y}, \overline{x} \div \overline{y})]$

幂运算：$[\tilde{x}]^n = \begin{cases} [0, \max((\overline{x})^n, (\underline{x})^n)], & n\text{为偶数且}0 \in [a,b] \\ [(\underline{x})^n, (\overline{x})^n], & n\text{为偶数且}a,b<0 \\ [(\overline{x})^n, (\underline{x})^n], & \text{其他} \end{cases}$

在区间数求幂过程中，采取幂运算始终比乘法运算精度更高。例如，采取乘法区间数运算得

$$[-1,2] \times [-1,2] = [-2,4]$$

采取区间数幂运算得

$$[-1,2]^2 = [0, \max((-1)^2, 2^2)] = [0,4]$$

所以，在区间数求幂时，优先采用幂运算方法。

（三）RMS 区间估计

由式（6-48）及区间数的运算规则，可以计算 RMS 区间估计。对式（6-40）进行幂运算得到 μ^2 的区间：

$$\mu = \begin{cases} \left(0, \left[\bar{X} + \dfrac{S}{\sqrt{n}} t_{\alpha/2}(n-1)\right]^2\right), & 0 < \bar{X} < \dfrac{S}{\sqrt{n}} t_{\alpha/2}(n-1) \\ \left(0, \left[\bar{X} - \dfrac{S}{\sqrt{n}} t_{\alpha/2}(n-1)\right]^2\right), & -\dfrac{S}{\sqrt{n}} t_{\alpha/2}(n-1) < \bar{X} < 0 \\ \left(\left[\bar{X} - \dfrac{S}{\sqrt{n}} t_{\alpha/2}(n-1)\right]^2, \left[\bar{X} + \dfrac{S}{\sqrt{n}} t_{\alpha/2}(n-1)\right]^2\right), & \dfrac{S}{\sqrt{n}} t_{\alpha/2}(n-1) < \bar{X} \\ \left(\left[\bar{X} + \dfrac{S}{\sqrt{n}} t_{\alpha/2}(n-1)\right]^2, \left[\bar{X} - \dfrac{S}{\sqrt{n}} t_{\alpha/2}(n-1)\right]^2\right), & \bar{X} < -\dfrac{S}{\sqrt{n}} t_{\alpha/2}(n-1) \end{cases} \quad (6\text{-}49)$$

将式（6-43）和式（6-49）代入式（6-48）得 RMS^2 的置信度为 $1-\alpha$ 的置信区间：

$$\text{RMS}^2 = \begin{cases} \left(\dfrac{(n-1)S^2}{\chi^2_{1-\frac{\alpha}{2}}(n-1)}, \left[\bar{X} + \dfrac{S}{\sqrt{n}} t_{\alpha/2}(n-1)\right]^2 + \dfrac{(n-1)S^2}{\chi^2_{\alpha/2}(n-1)}\right), & 0 < \bar{X} < \dfrac{S}{\sqrt{n}} t_{\alpha/2}(n-1) \\ \left(\dfrac{(n-1)S^2}{\chi^2_{1-\frac{\alpha}{2}}(n-1)}, \left[\bar{X} - \dfrac{S}{\sqrt{n}} t_{\alpha/2}(n-1)\right]^2 + \dfrac{(n-1)S^2}{\chi^2_{\alpha/2}(n-1)}\right), & -\dfrac{S}{\sqrt{n}} t_{\alpha/2}(n-1) < \bar{X} < 0 \\ \left(\dfrac{(n-1)S^2}{\chi^2_{1-\frac{\alpha}{2}}(n-1)} + \left[\bar{X} - \dfrac{S}{\sqrt{n}} t_{\alpha/2}(n-1)\right]^2, \left[\bar{X} + \dfrac{S}{\sqrt{n}} t_{\alpha/2}(n-1)\right]^2 + \dfrac{(n-1)S^2}{\chi^2_{\alpha/2}(n-1)}\right), & \dfrac{S}{\sqrt{n}} t_{\alpha/2}(n-1) < \bar{X} \\ \left(\dfrac{(n-1)S^2}{\chi^2_{1-\frac{\alpha}{2}}(n-1)} + \left[\bar{X} + \dfrac{S}{\sqrt{n}} t_{\alpha/2}(n-1)\right]^2, \left[\bar{X} - \dfrac{S}{\sqrt{n}} t_{\alpha/2}(n-1)\right]^2 + \dfrac{(n-1)S^2}{\chi^2_{\alpha/2}(n-1)}\right), & \bar{X} < -\dfrac{S}{\sqrt{n}} t_{\alpha/2}(n-1) \end{cases}$$

（6-50）

五、光学罗经实测数据分析

以某型船用光学罗经装备的航行精度试验为例，取航向试验每个航次为 90 min，共 6 个航次；同步录取被试装备和测量基准的航向值，以高精度 SINS/GNSS 组合系统的航向值作为航向参考基准。采样率为 1 Hz，每个航次获得 5 400 组试验误差数据。图 6-10 为 6 个航次样本数据概率直方图。

分别使用点估计和区间估计方法比对两种精度评估方法。点估计评估方法使用 6 个航次的样本数据进行评估，区间估计评估方法使用前 4 个航次的样本数据进行评估，自由度为 3，置信度取 0.8。式（6-49）、式（6-43）和式（6-50）给出了总体样本均值、方差和均方根的计算公式。

最终的统计结果由表 6-3 给出，从表中的数据分析可知，采用区间估计评估方法得到的总体样本均值、方差和均方根，涵盖了采用点估计评估方法得到的总体样本均值、方差和均方根。这说明，在样本数量减少的情况下，通过控制风险度，采用区间估计评估方法所得到的结果在这一实例中比较多样本数量的点估计评估方法更为严格。所以，对于惯性导航系统的长航时精度试验，在减少航次的情况下，通过采取调整置信度的区间精度评估，也可以得到指标评估结果。

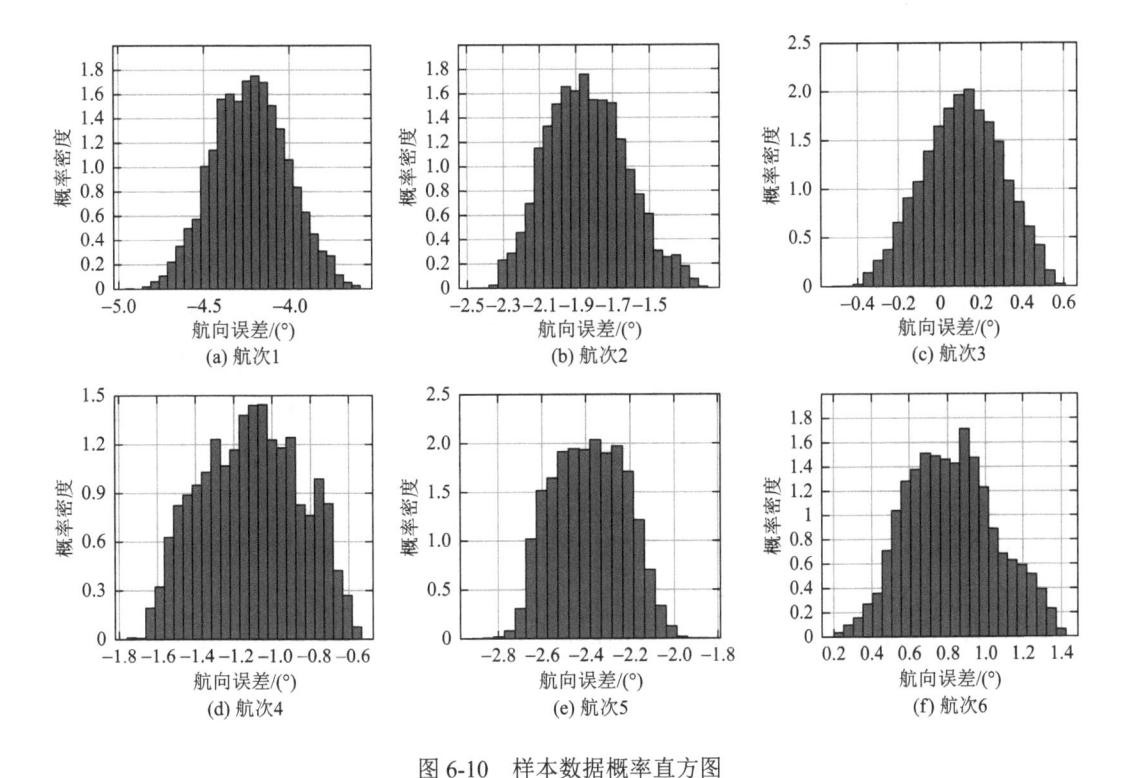

图 6-10 样本数据概率直方图

表 6-3 评估参数统计值　　　　　　　　　　　　　　　　单位：（°）

评估方法	均值	标准差	RMS	最大均值	最大RMS
点评估	−1.79	1.33	2.23	4.45	2.23
区间估计	(−4.69, 0.75)	(0.93, 7.13)	(0.93, 8.53)	4.69	8.53

第三节　多普勒计程仪速度测试

多普勒计程仪利用多普勒效应实现舰船对地和对水速度测量，是一种高精度自主测速仪器。对多普勒计程仪的速度标定可以用来评估计程仪的性能，它影响到计程仪的正常校准与使用，是计程仪使用中的重要环节。以往计程仪在出厂鉴定、新船使用，以及长时间使用后都需要在专用测速场通过精确实测船速实现速度的标定。测速实施过程中对舰船的操控要求十分严格，测试结果容易受到各种外界因素的影响，难以满足高精度计程仪速度标定的需要。本节介绍一种基于 GNSS 高精度姿态测量系统建立的舰船速度测试参考系统。作为计程仪速度的测试基准，充分利用 GNSS 姿态测量系统提供的高精度的位置、姿态信息，采取准实时数据处理方法，解决高精度计程仪的标定问题。

一、DGPS 高精度速度测试系统

众所周知，GNSS 传统的测量方法主要基于 GNSS 的伪距测量提供精确的载体位置和速度信息。GNSS 载波测量技术是一种比伪距测量精度更高的测量解算方法，可以达到厘米或毫米级精度。目前采用载波相位测量技术的 GNSS 已经可以实时、连续地为用户提供位置、速度、姿态和时间信息。高精度 GNSS 姿态测量系统可以选用 Trimble MS860 差分 GPS 系统（differential global positioning system，DGPS），如图 6-11 所示。如图 6-12 所示，DGPS 主要由两部天线和一台接收机组成，天线带有抑径板，可以抑制 GPS 的多路径效应带来的误差。为了提高系统的定位精度，系统中增加了一套 SBX-2 型差分信标机，使系统工作在差分状态。接收机采用 18 个 L1C/A 码独立信道，L1 和 L2 双频载波接收，拥有动态初始化（on the fly，OTF）功能和定向移动基线的实时动态（real-time kinematic，RTK）定位技术，可以在 5 颗卫星的条件下 25 s 至几分钟之间自动完成对整周模糊度的初始化，自动转入固定整周模式解算。系统的输出包括 10 Hz 航向信息，20 Hz 位置信息和 1 pps（频率为 1 Hz 的方波信号）时间同步信号。系统没有积累误差，可以实现的主要技术指标有：绝对定位精度≤1 m（DGPS 方式），航向精度≤0.03°（10 m 天线基线）[31]。

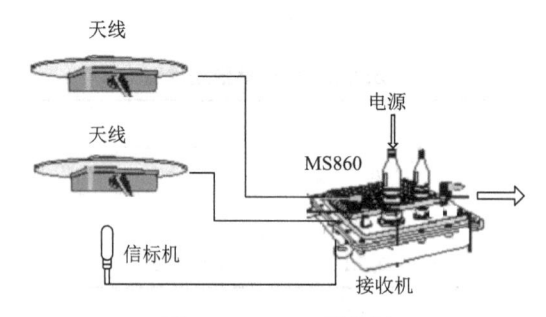

图 6-11 DGPS 示意图

图 6-12 系统海试试验图

下面介绍计程仪误差测速基本方法。

二、计程仪测速校差方法

计程仪测速校差方法有两种：传统方法是在测速场利用测叠标的方法进行速度精度测量，简称叠标测速；另一种新方法是在海流稳定的海域（或测速场）采用 DGPS 进行速度精度测量，简称 DGPS 测速。无论是叠标测速还是 DGPS 测速，在国际上通常都采用对一个速度点连续测 3 趟或 4 趟，即三测趟法或四测趟法。

（一）三测趟法

1. 基本航次

三测趟法是国内应用较多的方法，每个速度点要测 3 趟，高、中、低 3 个速度点，共 9 个测趟。根据经验，舰艇水上测速可以只测量常用的 3 个轮转数，每 1 个轮转数舰艇进行 3 次测速操作。舰艇航迹示意图如图 6-13 所示。

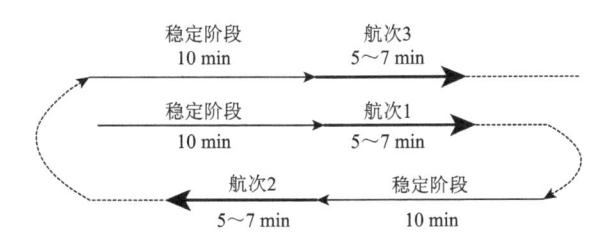

图 6-13 三测趟法舰艇航迹示意图

2. 简单操作步骤

（1）进入测速航线，稳定主机轮转数约 10 min 后，此时该轮转数第 1 航次测速开始，同时操作 DGPS 接收机，记录测速起始位置和时间。

（2）保持航向稳定航行约 5 min，其间航向变化不超过 1°，航向与航迹向相差不超过 1°；第 1 航次测速结束，同时操作 DGPS 接收机，记录结束位置和时间。

（3）记录航次未修正和修正的速度，并通过 DGPS 接收机记录的测速起止位置和时间计算第 1 航次真速度。

（4）操纵舰艇转向，按照图 6-13 所示重复步骤（1）～（3），完成该轮转数的 3 次测速航次。

（5）计算本航速下的舰艇真速度和计程仪速度。

（6）操纵舰艇重复上述过程，测得舰艇在 3 个不同主机轮转数下的真速度和未经校正及经过校正的测量速度。

（7）修正误差评估，若不满足指标要求，则重复步骤（1）～（6），直至满足要求。

3. 数据处理方法

手工计算主机轮转数下舰艇的真速度和系统的平均测量速度。

（1）舰艇真速度（平均）计算。

$$V_{Zi} = \frac{V_{Zi1} + 2V_{Zi2} + V_{Zi3}}{4} \tag{6-51}$$

式中：V_{Zi} 为第 i 个轮转数舰艇航行的真速度；V_{Zij} 为第 i 个轮转数对应的第 j 个航程舰艇航行的真速度。

（2）未经校正的计程仪速度计算。

此处列出双通道计程仪的两个通道（如电磁计程仪的平面测量通道和杆式测量通道）的计算公式，若计程仪仅有一个通道，则只需要计算一个通道数据：

$$\begin{cases} V_{Ai} = \dfrac{V_{Ai1} + 2V_{Ai2} + V_{Ai3}}{4} \\ V_{Bi} = \dfrac{V_{Bi1} + 2V_{Bi2} + V_{Bi3}}{4} \end{cases} \quad (6\text{-}52)$$

式中：V_{Ai}、V_{Bi} 分别为 A 通道、B 通道第 i 个轮转数未经校正的测量平均速度；V_{Aij}、V_{Bij} 分别为第 i 个轮转数对应的 1 通道、2 通道第 j 个航程系统显示的未经校正的测量速度。

（3）经校正的计程仪速度计算。

$$\begin{cases} \tilde{V}_{Ai} = \dfrac{\tilde{V}_{Ai1} + 2\tilde{V}_{Ai2} + \tilde{V}_{Ai3}}{4} \\ \tilde{V}_{Bi} = \dfrac{\tilde{V}_{Bi1} + 2\tilde{V}_{Bi2} + \tilde{V}_{Bi3}}{4} \end{cases} \quad (6\text{-}53)$$

式中：$\tilde{V}_{Ai}$、$\tilde{V}_{Bi}$ 分别为 A 通道、B 通道第 i 个轮转数经过校正的测量平均速度；$\tilde{V}_{Aij}$、$\tilde{V}_{Bij}$ 分别为第 i 个轮转数对应的 A 通道、B 通道第 j 个航程系统显示的经过校正的测量速度。

（4）曲线拟合。

在坐标纸上按照图 6-14 所示描出测量的 3 个轮转数对应点，标出 3 个不同主机轮转数下的真速度与经过校正的测量速度。通常采用线性拟合方法求取计程仪速度测量修正参数。也可以采用曲线拟合计算方法。通过这一工作由计程仪内的计算机自动完成校正系数的解算，也可以通过手工绘制经过零点以及上述 3 点的平滑曲线进行辅助计算。

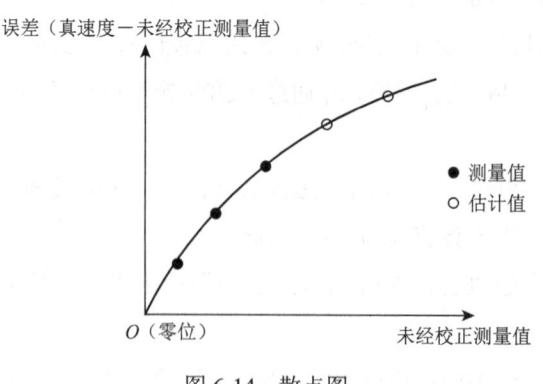

图 6-14　散点图

（二）四测趟法

1. 基本航迹

测量 5 个不同轮转数，每 1 个轮转数舰艇进行 4 次测速操作。舰艇航迹示意图如图 6-15 所示。标准操作步骤与三测趟法类似，主要介绍数据处理方法。

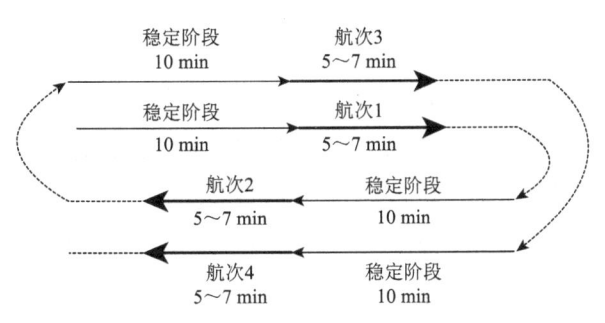

图 6-15　四测趟法舰艇航迹示意图

2. 数据处理方法

手工计算主机轮转数下舰艇的真速度和系统的平均测量速度。

（1）舰艇真速度（平均）计算。

$$V_{Zi} = \frac{V_{Zi1} + 3V_{Zi2} + 3V_{Zi3} + V_{Zi4}}{8} \tag{6-54}$$

式中：V_{Zi} 为第 i 个轮转数舰艇航行的真速度；V_{Zij} 为第 i 个轮转数对应的第 j 个航程舰艇航行的真速度。

（2）未经校正的计程仪速度计算。

此处列出双通道计程仪的两个通道的计算公式：

$$\begin{cases} V_{Ai} = \dfrac{V_{Ai1} + 3V_{Ai2} + 3V_{Ai3} + V_{Ai4}}{8} \\ V_{Bi} = \dfrac{V_{Bi1} + 3V_{Bi2} + 3V_{Bi3} + V_{Bi4}}{8} \end{cases} \tag{6-55}$$

式中：V_{Ai}、V_{Bi} 分别为 A 通道、B 通道第 i 个轮转数未经校正的测量平均速度；V_{Aij}、V_{Bij} 分别为第 i 个轮转数对应的 A 通道、B 通道第 j 个航程系统显示的未经校正的测量速度。

（3）经校正的计程仪速度计算。

$$\begin{cases} \tilde{V}_{Ai} = \dfrac{\tilde{V}_{Ai1} + 3\tilde{V}_{Ai2} + 3\tilde{V}_{Ai3} + \tilde{V}_{Ai4}}{4} \\ \tilde{V}_{Bi} = \dfrac{\tilde{V}_{Bi1} + 3\tilde{V}_{Bi2} + 3\tilde{V}_{Bi3} + \tilde{V}_{Bi4}}{4} \end{cases} \tag{6-56}$$

式中：$\tilde{V}_{Ai}$、$\tilde{V}_{Bi}$ 分别为 A 通道、B 通道第 i 个轮转数经过校正的测量平均速度；$\tilde{V}_{Aij}$、$\tilde{V}_{Bij}$ 分别为第 i 个轮转数对应的 A 通道、B 通道第 j 个航程系统显示的经过校正的测量速度。

三、速度数据准实时处理方法

（一）准实时法

在实际计程仪速度测试中，如果可以获得高精度的速度真值 $V_x(i)$ 和 $V_y(i)$，就能方便地计算出计程仪的测速精度。如何采取 GNSS 测量速度真值是数据处理的关键。因为 GNSS 的速度计算实际上依赖于其定位精度，而亚米级的系统定位精度将使 GNSS 的速度测量产生较大误差，所以不能直接采用 GNSS 速度作为计程仪标定过程中的基准。GNSS 航迹速度是通过长时间测量得到的，可以在一定程度上抑制定位误差的干扰，但速度误差仍在 0.1 kn 左右。为了能够进一步提高系统的测量精度，可以采用准实时法对系统数据进行处理。

如图 6-16 所示，准实时法实际上是先采取航程段方法计算舰船航迹向 $H_g(i)$ 和航迹速度 $V_g(i)$。假定舰船做匀速直线运动，可以将一小段航程段的航迹向与平均航速当作该航程段中点的舰船航迹向 $H_g(i)$ 和航迹速度 $V_g(i)$。若航程段中点的舰船航向为 $H_w(i)$，航迹向为 $H_g(i)$，航程段的航程为 $L_r(i)$，航程段的航行时间为 $\Delta T_r(i)$，则速度真值 $V_x(i)$ 和 $V_y(i)$ 的计算如下：

$$V_y(i) \approx \frac{L_r(i)}{\Delta T_r(i)} \cdot \cos[H_g(i) - H_w(i)] \quad (6\text{-}57)$$

$$V_x(i) \approx \frac{L_r(i)}{\Delta T_r(i)} \cdot \sin[H_g(i) - H_w(i)] \quad (6\text{-}58)$$

式中：$\Delta T_r(i) = T_2(i) - T_1(i)$，$T_1(i)$ 和 $T_2(i)$ 分别为第 i 个航程段起点和终点的时刻。由于 DGPS 接收机的定位精度存在 1 m 误差（时统精度 10 ms 对计算的影响可以忽略不计），为了降低其定位误差带来的航程计算误差，航程段应尽可能选择远大于定位误差的距离；同时，由于舰船不能准确地保持直线航行，航程段不能选择过长。实际航程段取定为 200 m。上述参数中，舰船航向 $H_w(i)$ 直接由 DGPS 接收机获取，航迹向 $H_g(i)$ 和航迹速度 $V_g(i)$ 由接收机输出的经纬度信息和 UTC 时间信息换算得到。

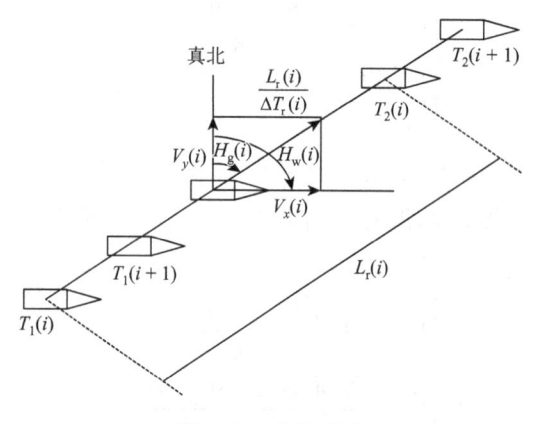

图 6-16 准实时法

（二）中分纬度法

令 $\lambda_1(i)$、$\varphi_1(i)$ 和 $\lambda_2(i)$、$\varphi_2(i)$ 分别为第 i 个航程段起点和终点 GPS 接收机输出的经纬度，航程 $L_r(i)$ 采用中分纬度算法（mid-latitude sailing）进行计算。中分纬度算法是航海学中的一个方法，主要适用于纬度不太高和航程不太远的场合，但不能用于跨赤道航行。它将地球近似视为一个圆球体，因此算法简单。也可以采用波林（Bowring）法和墨卡托（Mercator）法计算航程[31]。在数百米的航程段下，三种方法的计算误差相差不大。采用的航程段航程计算公式如下：

$$L_r(i) = \sqrt{[\Delta d(i)]^2 + [\Delta \varphi(i)]^2} \times 6\,371\,000 \quad (6\text{-}59)$$

航迹向计算公式如下：

$$H_g(i) = \arctan\frac{|\Delta d(i)|}{|\Delta\varphi(i)|}$$ （6-60）

式中：东西距 $\Delta d(i) = \Delta\lambda(i)\cdot\cos[\Delta\overline{\varphi}(i)]$ {经度差 $\Delta\lambda(i) = \lambda_2(i) - \lambda_1(i)$，中分纬度 $\overline{\varphi}(i) = [\varphi_2(i) + \varphi_1(i)]/2$}；纬度差 $\Delta\varphi(i) = \varphi_2(i) - \varphi_1(i)$。

四、速度测试参考系统及其应用

（一）速度测试参考系统

高精度计程仪速度测试系统由若干子系统组成，包括 MS860 DGPS 姿态测量接收机、SBX-2 型差分信标机、GPS 天线及天线安装支架、便携式控制计算机（含时间同步板和信号转换卡）、电源及附件等，系统组成如图 6-17 所示。在舰船外甲板只需要完成天线的固定安装和信标机的固定，图 6-12 所示为天线在舰艇上固定安装的照片，系统采取槽钢底座固定天线，并在天线中心加装光学瞄准的目标，通过光学经纬仪、观星和太阳观测的手段保证基线与船的纵轴线重合。在舱室内完成计程仪、GPS 接收机与便携式控制计算机之间的各种连接。

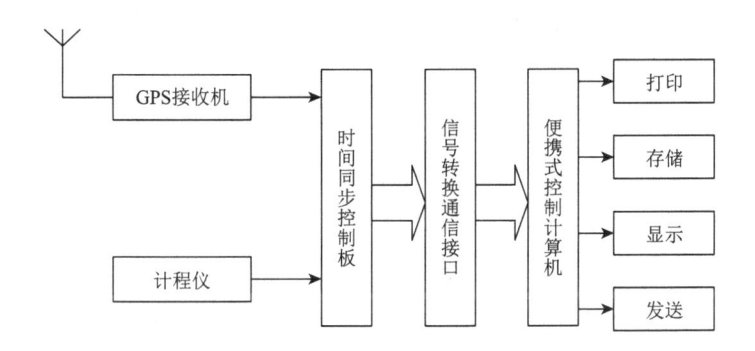

图 6-17　高精度计程仪速度测试系统组成图

（二）试验过程

在计程仪测速试验中，GNSS 提供高精度的航向、位置和时间信息，上述数据和计程仪速度数据通过串行通信输入控制计算机，进行记录计算。计程仪的速度输出形式是舰船对底的纵向速度 V_{yl} 和横向速度 V_{xl}。在进行计程仪试验的测定航次中，每隔一定的时间间隔读取计程仪的一对原始数据，同时记录 GNSS 的航向、位置和时间。计算数据时，首先选择航程段，确定第 i 航程段起始点时间和位置，第 $i+1$ 航程段起点仅落后第 i 航程段起点一个测量点，这样可以保证两个航程段之间有较大部分重合，提高数据利用率。然后依次采用公式（6-59）、（6-60）、（6-57）、（6-58）计算 GNSS 数据，得到精确的测试系统速度参考基准。再采用 3σ 准则剔除计程仪数据的野点，得到 k 组可用计程仪速度数据 $V_{yl}(i)$ 和 $V_{xl}(i)$（$i = 1,2,\cdots,k$）。最后采用下列公式计算系统各分速度测量均方根误差：

$$\sigma(V_{yl}) = \sqrt{\frac{1}{k}\sum_{i=1}^{k}[V_{yl}(i)-V_y(i)]^2} \qquad (6\text{-}61)$$

$$\sigma(V_{xl}) = \sqrt{\frac{1}{k}\sum_{i=1}^{k}[V_{xl}(i)-V_x(i)]^2} \qquad (6\text{-}62)$$

或者直接根据 $V_{yl}(i)$ 和 $V_{xl}(i)$ 计算出舰船的合速度矢量，采用同样的方法得到计程仪的合速度测量精度。机内数据处理软件自动实现上述数据的分析，得出测试环境下的系统性能，自动保存数据和输出测试结果。

（三）试验及其结果

上述基于 MS860 DGPS 姿态测量系统的舰船速度参考测试系统对某新型计程仪进行了速度标定试验，试验前后进行了 7 个航次，根据上面介绍的方法处理的试验结果如图 6-18 所示。图中：实线为速度参考系统的速度测量值；虚线为计程仪速度测量值；图中的速度是各系统最终测量得到的舰船合速度数值。图 6-19 所示为各次计程仪速度的测量误差。图中：三角形为计程仪速度误差值；虚线为误差均值。均值误差为 0.049 kn，系统方差为 0.038 kn，系统均方根差为 0.062 kn。整个试验过程验证了采用高精度 GNSS 姿态测量系统实现计程仪速度标定系统的有效性。

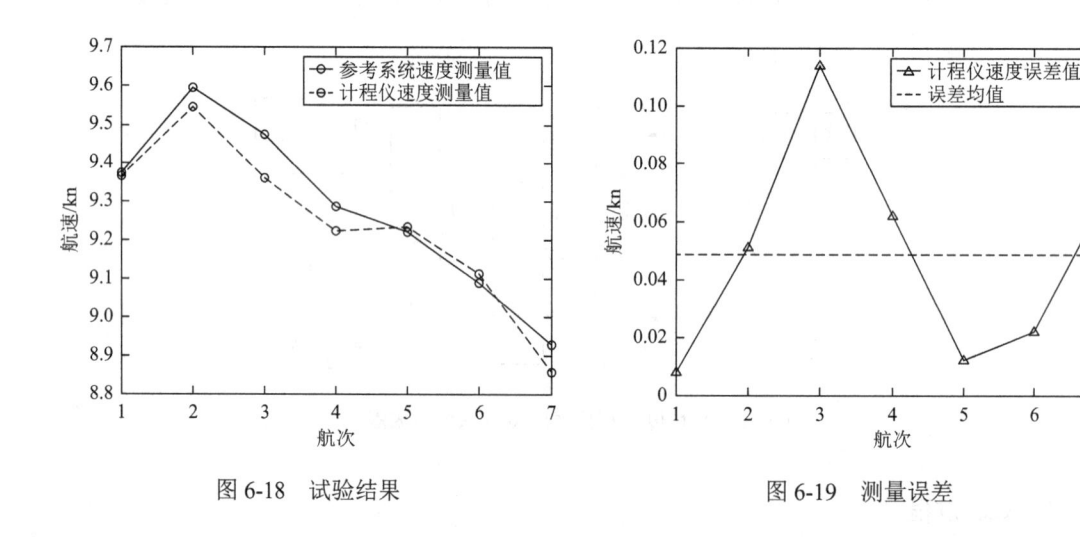

图 6-18　试验结果

图 6-19　测量误差

思　考　题

1. 请简述试验测试方案设计应关注的主要问题。
2. 系统分析的基本要素有哪些？
3. 测试试验大纲主要包括哪几部分内容？各要点是什么？
4. 请根据 χ^2 分布和 t 分布的数学意义，谈谈二者与统计学中常用的均值和方差之间有什么关系？
5. 请以惯性导航测试为例，简述其海上试验样本确定的主要方法。

6. 为什么要研究基于区间估计的导航精度评定问题？相对于精度指标点估计，区间估计有什么优点？其必要性如何？

7. 请简述计程仪测速校差的方法。

8. 请通过资料检索找出一种计程仪测速系统的设计方案，并对其误差分析方法进行定性分析说明。

9. 请通过资料检索，找出一种罗经精度测试方案，并对其误差分析方法进行定性分析说明。

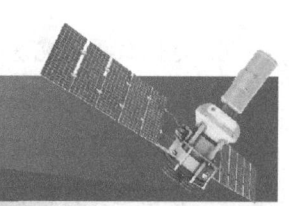

第七章 试验筹备与实施

> 木受绳则直，金就砺则利。
>
> ——荀子《劝学》

前面章节系统介绍了导航系统精度测试的关键问题，如精度测试的判定标准、测试基准的建立与选择、试验航次的确定、误差数据处理方法，以及误差评估等。导航系统精度测试是一项专业性强的工作，涉及一系列具体的工程实际问题。这些问题对保证精度测试工作的顺利完成和测试结果的准确性十分重要。导航设备和相关测试设备的准确安装是导航精度测试工作首先需要解决的问题，而确立舰船准确的载体坐标系又是导航系统安装标校的基础。本章结合对基座安装标校要求较为苛刻的惯性导航系统，对导航系统安装、标校等试验筹备以及复杂的海上试验组织与实施工作的相关要点进行介绍。

第一节 惯性导航系统测试安装

惯性导航系统对零位对准要求很高，其位置、航向和水平姿态均要求具有高精度的起始零位。因此，装船时，具有零位基准的设备（如惯性平台）和测量设备（如天文测量设备、光学测量设备、卫星定位设备）均要进行零位对准，并与试验载体的相关基准相匹配。

一、系统装船技术要求

（一）对安装基准的要求

专用试验舰船和一般舰船在建造时均需要设置相关导航装备安装基准。为了支持多种导航设备试验，试验船只上往往设置多个零位基准，其中总的基准设置在舰船刚性和稳性最好的地方，一般位于舰船下部的主龙骨上。艏艉线基准为方位基准镜（平面镜或棱镜）或基准线（多点组成的一条直线，模拟艏艉线），水平基准为具有艏艉线和横向线标志的基准平台，其表面不仅要有较高的水平度，而且要有足够的面积，以放置水平观测仪器或水平测量传感器。在舰船的惯性导航设备室、观测设备和武器附近，也配置有艏艉线和水平基准平台，以便于武器装备的安装与标定。方位基准和水平基准不但要有足够的精度，而且要有足够的刚度，避免承载造成的变形影响测试标校的结果。

1. 水平基准的确定

试验舰船的艏艉线（方位）基准和水平基准在造船时一并确定。水平基准的确定相对比较容易。在舰船坐墩期间，船体静止不动，水平基准平台在车间加工好后，可以直接在主龙骨上的适当部位垫平，用倾斜仪或合像水平仪进行测量，经过反复测试调整后用电焊机焊牢。焊接后若基准平台产生变形，技术人员可以通过刮、研等工艺方法，使其达到水平精度要求。由于水平基准是当地水平面，其他水平基准平台根据要求以同样的方法加工制作。基准平台的艏艉线方向必须与载体的艏艉线平行，以便测试时保证仪器使用精度。水平基准平台如图 7-1 所示。为了保证水平基准平台的使用寿命及精度，台底部应加固，并焊在主龙骨（总的基准平台）或肋骨（其他基准平台）上，且上部加防护罩，避免摩擦与碰击。水平基准平台的水平精度应不低于 1′（包括安装和加工精度）。

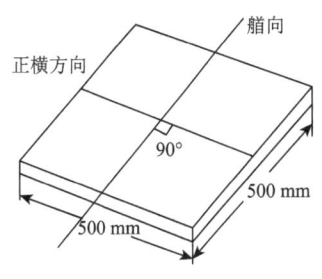

图 7-1　水平基准平台

2. 方位基准的确定

试验载体的艏艉线（方位）基准镜在造船开舱期间给出，传统方法是通过吊钢丝的方式来完成，但精度不高。随着惯性系统安装要求的提高和技术发展，目前一般通过具有指北功能的光学经纬仪进行测量，可以达到很高的精度。常用的陀螺经纬仪有国产的 TJ-7071、TJ-7072 型和进口的 GYRO-2000 型。艏艉线（方位）基准镜的安装精度应不低于 1′。

基准镜可以是平面镜，也可以是棱镜。平面镜使用时的精度容易保证，即使在船体倾斜一定角度时也不会带来大的对准误差，但采用平面镜的光学经纬仪自准直操作会相对困难。采用棱镜的光学经纬仪自准直操作比较容易，但对船体水平度要求高，要求棱镜的基准线不能有大的倾斜，否则会带来附加误差。

（二）对船载安装标校的要求

惯性导航系统在试验载体上安装的主要技术要求包括以下几点。

（1）惯性导航系统的主要配套设备（包括惯性平台、控制机柜、电源机柜、数据采集设备）一般应就近配置，距离不宜过大，避免电缆过长造成信号衰减或受到干扰。

（2）具有零位基准的设备（如惯性平台、捷联 IMU）要安装在艏艉线上，且惯性平台与姿态测量设备主体仪器尽量采用联合安装基座，实施一体化安装。

（3）各设备四周要留有一定的空间，为操作员使用维护提供方便。具有零位基准的设备，四周要留有较大的空间，便于设备安装标校与使用维修。特别是后部和右侧要留有光学经纬仪架设和人员操作空间，其直线距离不能小于 2 m。

（4）被试惯性导航系统和测量设备在舱室内的总体布局应尽量模拟惯性导航系统实船使用配置情况，力求操作、测量、数据采集方便，并兼顾电磁兼容要求。

（5）除上述基本安装要求外，还需考虑线缆的走向、捆扎与固定。导航试验舱室内应配置电缆架，一般设在舱室顶部，供试验设备电缆捆扎使用，尽量避免线缆之间相互交叉造成干扰。导航试验舱与上甲板之间预留线缆通道孔，作为无线电导航设备和卫星导航设备外部天线连接电缆的通道。

二、标校种类及精度

（一）标校环境选择

船用惯性导航系统试验安装标校，可以在载舰处于不同的环境条件下进行。标校按停泊地域可以分为船坞标校、码头标校和海上标校；按停泊状态可以分为静态标校和动态标校。坞内坐墩、半坐墩为静态标校；坞内漂浮、码头系泊和海上锚泊为动态标校。在海上条件下，即使风平浪静，由于载舰受到潮流、机械振动和人员活动的影响，尽管严格控制标校条件，保证高精度也十分困难。所以，系统安装标校可行的环境主要为坞内坐墩、坞内半坐墩、坞内漂浮和码头系泊四种情况。前二者为静态，后二者为动态，其中坞内系泊标校为微动状态[30]。几种环境下的标校的概要说明比较如表 7-1 所示。

表 7-1　四种安装标校的比较说明

载舰状态	状态含义	优缺点
坞内坐墩	载舰于坞墩上坐实	由于坐墩系强力支撑，会发生弹性变形，与海上使用状态有差异；标校精度最高，占用船坞，费用高
坞内半坐墩	载舰于坞墩上处于漂浮与坐墩之间的临界状态	仅发生微小变形，与海上使用状态接近；标校精度高；占用船坞，费用高；坐墩控制困难
坞内漂浮	载舰于坞内处于静水漂浮状态，挂缆控制载舰移位	不发生变形，与海上状态基本一致，但受风影响有微动；标校精度较高；占用船坞，费用较高
码头系泊	载舰停靠码头，系缆固定舰位	载舰晃动，标校精度低于前三种状态；与使用状态相吻合，便于标校实施，但须严格控制标校条件；不发生费用

几种标校环境的分析比较：①坞内坐墩安装标校具有高精度的特点，应优先选用，但坐墩状态与载舰使用环境有较大差距。②坞内半坐墩状态与使用环境接近，又能保证高精度，是高精度惯性导航系统安装标校最合适的选择，应首先选用；然而坞内标校占用船坞，有时无法安排，延误试验周期，且发生费用大。因此，只在惯性导航系统装船必须进坞或者结合任务具备坞内安装条件时，方优先考虑。③码头系泊状态下的安装标校，尽管环境条件相对较差，但与载舰实际使用条件相近；可以通过控制条件达到一定的精度，且便于标校工作进行，不发生额外费用。因此，除特殊情况外，一般船用惯性导航系统试验的安装标校在码头系泊状态下进行。后面讨论的标校方法也主要基于码头系泊状态。

（二）测量模式设计

根据不同的标校环境，采用合理的测量模式和标校方法是保证船用惯性导航系统安装精度的基础。通过对各种标校环境和不同测量仪器性能的综合分析，并借鉴船用惯性导航系统试验安装标校成熟的技术，对船用惯性导航系统试验安装标校的测量模式进行如下设计。

1. 坞内标校

坞内标校，尤其是坐墩标校，具有很好的外部环境，船体姿态固定，除因操作人员活动可能造成一些干扰外，船体不会发生变形。因此，该模式既不需同步测量，也无须对测量设备进行频繁调整，对标校时机的把握要求低。但船坞缺少外部基准，且坐墩后姿态倾角可能偏大。为此，坞内标校时，方位测量采用以陀螺经纬仪为主体的测量设备，它具有指北基准和自准直光学测量双重功能，便于安装基准（如艏艉线基准镜和基准线）的建立。水平测量所使用的电子水平仪则采用绝对测量方式，直接给出相对大地水平面的偏差量，或者直接采用合像水平仪这类非自动测量仪表。当载舰坐墩具有较大的水平倾角时，优先使用合像水平仪进行水平测量，避免由于船体倾斜而产生水平测量原理误差。

2. 码头系泊标校

码头系泊状态下的系统安装标校必须克服船体晃动的影响，以实现测量的高精度。方位标校采用具有光学自准功能的光学经纬仪或全站仪，配以专用标校工装，实现上下甲板之间方位的直接传递。水平标校则必须采用工作于差分状态的电子水平仪，在船体晃动的情况下通过差分测量减少由于船体晃动带来的测量误差。码头系泊状态下的安装标校，需要通过载舰水柜、油柜中液体的调整使船体处于基本水平状态（倾角控制在 3′～5′），并且要实时、同步测量，以尽可能提高标校精度，满足试验要求。

（三）标校精度要求

船用惯性导航系统海上试验的安装精度直接影响试验的测量精度和试验质量，被试惯性导航系统与真值测量设备之间的方位和水平零位的匹配误差会一比一地带到精度测量数据中，且无法准确消除，因而安装精度必须足够高。其总体要求与真值测量设备选用要求具有一致性，即标校误差与被试惯性导航系统的指标相比原则上可以忽略不计。根据第五章中基准选取的微小误差准则，对船用惯性导航系统试验的安装标校精度提出如下要求。

（1）方位标校精度比被试装备艏向精度高一个数量级。

（2）水平标校精度比被试装备水平精度至少高 3 倍。

上述误差指的是被试惯性导航系统各设备之间以及真值测量设备之间的零位匹配误差，与舰船坐标基准（艏艉线和水平基准平台）之间的零位对准精度可以适当放宽，以不影响试验精度评定质量为度。在有条件的情况下，标校精度应尽量提高，最好达到 5″。

三、标校技术方法

（一）方位标校

方位标校是指被试惯性导航系统和测量设备在装船时，使具有方位基准的被试设备与测量设备之间的方位零位一致，并与载体的方位零位相匹配。

1. 方位标校原理

方位标校时以载体上的艏艉线基准镜或基准线为基准，通过光学传递方法，使被试设备

（一个或多个）的方位零位与测量设备的方位零位在大地水平面内一致，其精度应符合标校精度的要求。标校过程中设备方位机械零位根据对准误差进行调整。

2. 方位标校条件

方位标校在当地大地水平面内完成，采用地理坐标系，具体如下。

（1）舱室内具有水平基准平台和艏艉线基准镜，被试系统和测量设备具有方位基准镜。

（2）以水平基准平台为基准，将船体调整到基本处于水平状态，要求纵倾和横倾角度在3′以内（通过调整海水柜、淡水柜、油柜中的液体来实现）。

（3）天气、水文条件良好，即风力小，不下雨，无雾气，并尽量处于海流低平潮期间，使载体晃动较小，便于测量仪器进行方位对准，保证测量精度。

（4）测量仪器和装具备便。

3. 测量仪器和装具

目前主要采用具有自准功能的光学经纬仪和专用方位标校工装进行方位标校。标校前，光学经纬仪应通过计量检测，专用方位标校工装应通过标定，确保其指标精度后方能投入使用。

4. 方位标校的实施

方位标校实施的主要步骤如下。

（1）选择风力较小、无雨、不下雾的天气，风力一般控制在2级以下，在码头海流处于低平潮期间进行标校，同时安排船员下船或睡眠期间进行，以创造良好的标校环境条件。

（2）用倾斜仪监视舰船纵倾和横倾，通过海水、淡水、油量的调整，使舰船大体处于水平状态。

（3）架设光学经纬仪和专用方位标校工装进行粗调平；打开被试导航设备、测量设备盖板，露出方位基准镜，供方位标校使用。

（4）进行光学经纬仪水平精确调整，在载体微小晃动的条件下，各台经纬仪同步调平，并大体对准方位基准镜。此后经纬仪的水平度不再改动，发现误差大时再次同步调平。

（5）进行方位标校测量。

现以一个惯性平台和天文测量设备方位标校为例予以说明。

① 以舱室的水平基准平台为基准，将被试导航设备和测量设备调平。

② 以光学经纬仪与舱室内的艏艉线基准镜进行自准直对准。

③ 将经纬仪转向专用方位标校工装，通过调整经纬仪的俯仰角和专用标校工装的方位，使经纬仪与标校工装的下方位基准镜自准直。

④ 将经纬仪与被试惯性平台后部的方位基准镜进行自准直（安装平台时已考虑其方位基准镜与舱室艏艉线基准高度大体一致）。

⑤ 用测量设备附近正前方或正后方（距离约2~3 m）的光学经纬仪与专用方位标校工装上方位基准镜自准直。

⑥ 经纬仪与天文经纬仪的方位基准镜自准直或与天文经纬仪进行光学对准（即十字丝对准）。

上述过程完成，即完成一个标校周期，为了保证标校精度，一般进行 8~12 次，并对惯性平台和天文测量设备的方位零位进行调整，方位标校即结束。

5. 方位标校数据的处理

上面叙述的方位标校方法仅使用两台经纬仪和一套方位标校专用工装，标校设施最少，且主要采用自准直方式，从而精度最容易得到保证，但操作、调整相对困难。

为了标校工作快捷，对准方便，一般在舱室内增加一台经纬仪，即在舱室经纬仪与标校工装之间增加一台经纬仪，两台经纬仪之间通过十字丝光学对准进行方位传递，这样操作方便，可以节省标校时间。但是增加一台仪器，多一个环节，会引入一些误差。对于有方位基准镜的测量设备，为标校方便，有时上甲板也增加一台经纬仪，标校方法同上。这样也会带来一些附加误差。标校时四台经纬仪必须同步调平，以提高测量精度。方位标校原理示意图如图 7-2 所示。

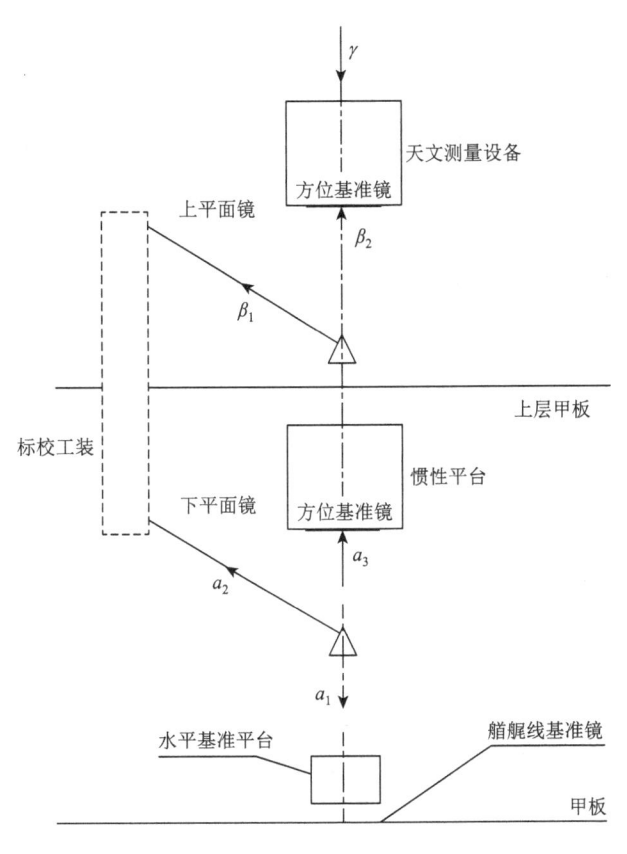

图 7-2 方位标校原理示意图

从图 7-2 下部可以看到，舱室内架设的光学经纬仪与艏艉线基准镜自准后给出的经纬仪方位角为 a_1，经纬仪与专用方位标校工装下平面镜自准后给出的经纬仪方位角读数为 a_2，经纬仪与惯性平台方位基准镜自准后方位角读数为 a_3。从图 7-2 上部可以看到，上甲板架设的光学经纬仪与专用方位标校工装上平面镜自准后给出的经纬仪读数为 β_1，经纬仪与天文测量设备方位基准镜自准后给出的方位角读数为 β_2。若天文测量设备没有方位基准镜，则上甲板的经纬仪与天文测量设备的瞄准镜进行十字丝对准，同样读取方位角读数 β_2 和瞄准镜方位角读数 γ。

若 $\alpha_1 + 180° = \alpha_3$，则惯性平台的方位基准镜与艏艉线一致；若 $(\alpha_2 - \alpha_1) + (\beta_2 - \beta_1) = 180°$，则说明上甲板经纬仪方位角 β_2 指向船艏方向；若天文测量设备安装准确，其方位角 γ 应为 $180°$，即指向船艏方向。

如前所述，方位标校一般进行 8～12 次，求取各次测量的平均值作为最终结果数据，或者通过调整方位，使惯性平台和天文测量设备的方位零位与艏艉线基准镜的法线方向一致，或者通过计算机对其进行补偿。

采用多次测量给出标校统计结果可以提高方位标校的精度，其均值的误差 ΔF 为

$$\Delta F = \frac{\sigma}{\sqrt{n}} \tag{7-1}$$

6. 方位标校的误差分析

从上述标校过程可以明显看出，影响方位标校精度的原因主要有以下几个方面。

（1）载体未能完全调平带来的经纬仪测角误差。因为载体调平至 $3'$，测量主要采用光学自准方式，且俯仰角接近零，所以产生的测量误差很小。

（2）经纬仪随载体微动造成的测角误差。由经纬仪测量要求可知，为保证测量精度，其垂轴必须与当地水平面垂直。本方案标校工作在码头系泊状态实施，垂轴本身处于微小晃动中会造成误差；但由于晃动微小，且经纬仪同步调平所引起的测量误差大部分被抵消，带来的误差不大。

（3）经纬仪专用标校工装自身的误差。该误差一般控制在指标范围内，只有 $1''$～$2''$。

（4）其他误差。其他误差包括人员走动造成经纬仪架设处甲板变形所带来的附加误差等，可以通过标校的精心组织加以控制。

采用相关措施及上述标校方案，使方位标校精度达到 $15''$ 是有保证的，一般能控制在 $10''$ 以内。

（二）水平标校

水平标校是指被试惯性导航系统和测量设备装船时，使具有水平基准的被试设备与测量设备之间水平零位一致，并与载体的基准平台相匹配。

1. 水平标校原理

水平标校的原理是：在当地水平面内，用水平测量仪器同步或差分测量基准平台、惯性导航系统的水平基准面与测量设备的水平基准面的水平度，看其是否一致，一般通过必要的调整，使对准精度满足试验总体要求。

2. 水平标校条件

水平标校条件与方位标校条件大体一致，即天气条件较好，载体处于相对调平状态，并尽量减小船体的晃动。

3. 测量仪器

当前采用的水平测量仪器主要为电子差分水平仪、合像水平仪和倾斜仪。标校前，上述仪器要通过检测与计量，使其处于正常工作状态。

4. 水平标校的实施

水平标校是方位标校的基础，一般在大体完成水平标校后再进行方位标校。水平标校的主要步骤如下。

（1）打开惯性平台、测量设备的盖板，使放置水平测量仪器的水平基准面外露，便于进行测量。

（2）在水平基准平台艏艉线方向放置水平测量仪器或其传感器，在惯性平台水平基准面和测量设备水平基准面的艏艉方向放置水平测量仪器或其传感器，进行同步或差分测量。若惯性平台或测量设备的水平度与基准平台之间有差角，可以通过调整惯性平台或测量设备的水平，使其与基准平台一致。测量仪或传感器调转180°，重复进行测量，看其与前者误差的一致性。

（3）在水平基准平台的正横方向放置水平测量仪或其传感器，在惯性平台水平基准面和测量设备的水平基准面正横方向放置测量仪或其传感器，进行同步或差分测量。若惯性平台或测量设备的水平度与基准平台有差角，可以通过调整惯性平台或测量设备的水平，使其与基准平台一致。测量仪或传感器调转180°，重复进行测量，看其与前者误差的一致性。

（4）上述标校工作由于纵向与横向有交连影响，可以反复交叉进行标定，直至达到标校精度要求。

（5）在艏艉线方向和正横方向测量8～12次，每次正反方位（前后、左右）各测1次，取平均值作为1次测量结果。

5. 水平标校数据的处理

水平标校数据分两组处理，艏艉线方向的水平倾角误差求取算术平均值，以其均值作为艏艉线方向水平倾角误差。艏向倾角误差应在允许范围内，正横方向的倾角误差也同样统计，并应符合标校精度要求。

6. 水平标校误差分析

水平标校相对比较简单，一般采用电子差分水平仪进行水平标校。由于采用差分测量原理，在载体有小的晃动的条件下进行标校可能引起的不同步误差大部分可以消除，能取得较高的测量精度。

影响水平标校精度的主要误差源包括三个方面：①船体调平的精度，由于差分水平仪的测量数据与船体不水平误差成正比，当其系数为0.01，即船体倾斜3′，可能带来0.03′即18″的测量误差，这正是标校时需要船体倾角尽量小的原因；②电子差分水平仪自身的测角误差；③电子差分水平仪传感器放置方位不准带来的误差，这也正是要求基准平台具有艏艉线基准线和正横基准线的理由。即使基准线精度很高，由于操作人员操作的熟练程度和视觉不同，仍会放置不准。因此，每次操作时，操作人员务必认真对准，避免由于测量方位上的偏差带来附加误差。通过多次测量求取平均值作为标校结果，水平标校精度一般可以控制在5″内。

（三）综合标校

鉴于标校过程中水平调整与方位调整具有交联影响，水平调整会造成方位上的失调，方位调整可能造成水平上的失调，故水平标校和方位标校往往需要反复进行，直至达到满意的标校结果。由于水平标校是方位标校的基础，一般先进行水平标校。由于方位标校过程中的调整会局部破坏水平标校的结果，水平标校与方位标校可能交叉进行多次，直至二者均符合要求为止。

四、安装标校技术问题及其处理

（一）几项关键技术

被试产品、测量设备与试验载体艏艉线、水平和位置基准之间的标定校准，是一项复杂的综合测试工程，水平和方位间的安装与调整还具有连带关系，相互制约。因此，工程实践中必须十分认真、细致，不能出现任何疏忽，否则可能造成整个标校工作失败，影响试验质量和效率。

试验安装标校一般要把握几个关键：①精度指标的提出与保证；②标校精度要求的实质；③根据现场环境条件及标校过程中的实时误差统计正确进行决策。

（二）关键技术问题的处理

1. 把握标校精度要求是安装标校的关键

从严格意义上说，被试惯性导航系统、测量设备与试验载体之间的方位零位和水平零位应严格一致，避免安装带来的附加误差。但安装难以做到绝对准确，总会因为各种因素影响而产生偏差。所以，实际中只要偏差在允许范围内，即可以满足安装精度要求。通常，水平标校精度应优于 $10''$，方位标校精度优于 $15''$，上述精度指的是均值的标准偏差量。实际中，需要在可能的条件下，尽量将标校误差控制至最小。

2. 把握安装标校精度的核心使用对象

安装精度主要是指被试惯性导航系统与测量设备之间的一致性，该项误差将一比一地反映到试验结果中。如果二者差值足够小，就无须再进行处理；如果安装误差相对较大，将直接影响到参数精度的量值，应准确测量后予以消除。消除的方法有两种：①通过机械调整；②在计算中扣除。对于惯性导航系统与载体之间的安装误差，只要不是很大（如几角分内），就不会对试验结果造成影响，不必苛求完全一致。

3. 标校次数应视标校条件好坏相应确定

当标校条件相对较好，标校数据统计结果散差较小时，可以适当减少；当条件比较恶劣时，应增加标校数据量，从而经统计后使其均值统计值的散差尽量缩小。由于码头系泊标校具有一定难度，标校次数不宜过多，标校时间长将造成船体水平状态变化大，标校数据不好统计，反而会影响标校质量。实践证明，标校次数以 8~12 次为宜，最多不应超过 20 次。标校进行过程中，主管技术人员应根据现场情况和实时误差统计进行正确决策。

（三）方位标校专用工装

1. 方位标校难点分析

水平标校实施起来比较方便，无论距离远近，位置高低，是否通视，只要两台水平测量仪器同步测量就可以完成标校工作。各类电子水平仪都可以用于水平标校，只要电缆足够长即可保证标校实施。

方位标校实施起来则较为困难，这是因为：①载体建造时的各个舯艉线基准镜由于船下水后承载及外部环境变化会产生变形，多个基准镜的舯艉线方向并不一致，用这些基准镜作为基准进行标校会带来误差；②设备安装于不同高度的舱室，依靠经纬仪进行光路传递（一般为光学对准，即十字丝重合）进行标校，上下传递时经纬仪的俯仰角会很大，有时超过40°。根据光学测量原理，当船体未调平（具有一定误差）时，经纬仪垂轴的不铅垂误差会直接造成方位对准误差，简化的方位测角误差公式为

$$\Delta F = \Delta H \sin A \tan h \tag{7-2}$$

式中：ΔF 为方位测角误差；ΔH 为载体不水平度；A 为水平倾角方向与测量方向的夹角；h 为经纬仪的俯仰角。

当经纬仪俯仰角超过10°时就会造成很大的方位测量误差，将无法达到满足正常测量的要求。此外，由于被试惯性导航系统与测量设备安装于不同舱室而不通视，再加上相距较远，必须通过多台经纬仪接力的方式才能完成标校工作，这也会带来很大误差，甚至无法完成标校任务。较好的解决办法是采用专用方位标校工装，既可以完成上下舱室之间的方位直接传递，又可以任意转换方位，是一种简单实用的方法。

2. 方位标校工装的设计

方位标校工装实质上是一个方位传递器，理论上可以转动 0°～360°任意角度，但一般使用 0°、90°、180°、270°四种角度。方位标校工装可以采用折反棱镜系统，也可以采用平面镜。单从精度考虑，平面镜最为适宜，可以保证较高的标校精度；从使用方面考虑，用折反棱镜系统更加方便，但使用条件苛刻，棱镜的基准线必须保持水平，一般优先采用平面镜。

平面镜式方位标校工装原理十分简单，即一个刚性支架的两端各自安装一个可调式具有较高精度的光学平面镜，就是一套实用的方位标校工装。两个光学平面镜可以调整至互相平行（0°和180°）或互相垂直（90°和270°），视标校现场的情况而定；平面镜式标校工装可以采用一套或几套，视方位传递几层甲板而定；标校工装的高度视舱室内设备基准镜的高度和经纬仪光学自准直的要求而定。平面镜式方位标校工装的结构示意图如图7-3所示。

3. 方位标校工装的标定

方位标校工装使用前必须经过校准，使两个光学平面镜之间的方位夹角满足设计要求，常用转角一般为 0°、

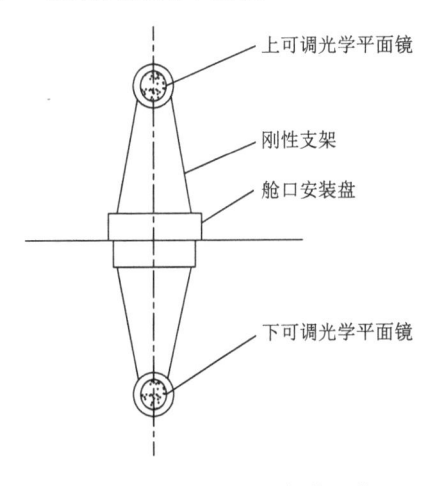

图7-3 平面镜式方位标校工装

90°、180°三种情况。当夹角为0°或180°时两个光学平面镜互相平行，即方向一致或相反；当夹角为90°时，两个光学平面镜互相垂直。270°一般不需单独设置。

方位标校工装的校准工作在实验室内或露天场坪进行。首先将初步安装好的标校工装水平放置在两个支撑架（或一辆专用装载车）上，使其粗略调平，且光学平面镜位于两侧或上方，根据设计要求，用高精度的光学经纬仪（一般仍用经纬仪）进行测量。若两个平面镜互相平行，则使标校工装上的两个光学平面镜处于一侧或两侧，在经纬仪调平且高度角标度值为零时，进行光学自准直，如果没有达到自准直，通过调整光学平面镜的方法使其达到自准直。然后一边加固紧固螺丝一边观察自准直情况，直至测量结果比较理想（一般达 2″以下）将紧固部分漆封。另一个光学平面镜的调整方法与上述过程一致。

方位标校专用工装使用时，特别要注意避免运输与装船时碰撞，否则其使用性能要受到影响。

五、基座变形测量

（一）联合基座变形测量系统

目前，消除船体变形对惯性系统测试影响最实用的技术方案是采用联合安装基座和变形测量综合应用方案，该方案易于实现且效果明显。实践证明，采用联合安装基座可以将基座上下安装底座之间的相对变形控制在2′以内。在小角度变形条件下进行相对变形的实时测量也较为容易实现。现对联合安装基座上下底座之间相对变形测量的基本原理和方案作简要介绍。

采用自准直平行光管通过光学方法测量角变形，完全可以满足试验要求。但必须对光路系统进行专门设计，上平台底部装置反射镜，下平台安装采用45°角平面反射镜以实现光路的转折，将反射镜反射回来的图像纳入光管视场，将自准直平行光管对角度的测量转化为对位移的测量，实现变形的实时测量。平行光管输出图像如图7-4所示。

图7-4中的中心十字叉线为参考基准线，固定不变；另外的十字叉线测量反射镜反射图像。二者的距离反映被测量处相对于平行光管光轴的角度差别，即相对变形，其具体解算公式为

$$\Delta S = f \tan(2\Delta\alpha) \tag{7-3}$$

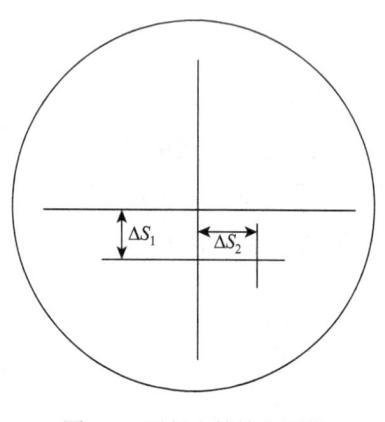

图7-4 平行光管输出图像

式中：ΔS 为位移；f 为物镜焦距；$\Delta\alpha$ 为角变形量。

这里给出某试验船联合基座变形测量系统结构和原理图，如图7-5所示。为了实现平行光管中位移及其变化量的实时自动化测量，可以采用现代图像处理技术。通过电荷耦合器件（charge-coupled device，CCD）摄像机将现场的图像摄入计算机并经图像采集卡采集后由计算机进行处理，以得到精确的角度变化值。其角度变化值可以进行显示、保存，或者通过接口输

入数据录取处理装置进行实时处理与补偿,从而达到基座相对变形量的实时、自动化测量、处理与补偿的目的,全面消除船体变形对惯性导航系统试验的影响。

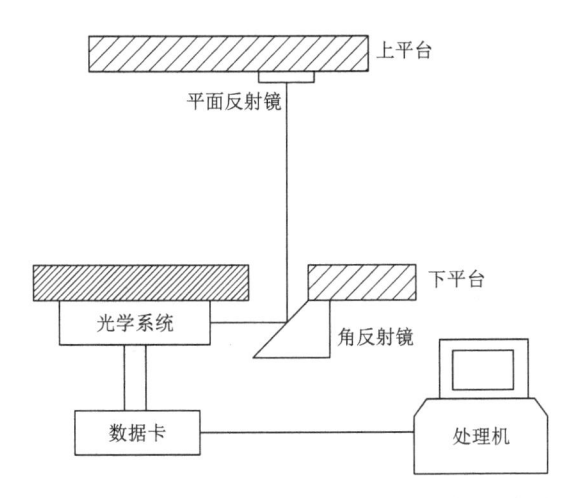

图 7-5　某试验船联合基座变形测量系统结构和原理图

(二) 安装基座之间相对变形的实时测量

前面已经介绍了联合基座两底座之间相对变形的测量方案。其特点是:由于设置了刚性联合安装基座,并对安装梁架和基座柱体进行了加固处理,两个安装基座上下配置,距离较近,从而相对变形小,量程可以做得较小,变形测量容易实现高精度,一般能达到 $1''\sim3''$。真正意义上的变形测量应是安装基座之间相互独立,安装在不同的肋骨或加强梁上,相互之间距离较远。变形较大的情况下,有时安装基座之间光路还不能通视,需要转折或接力测量,从而实现相对变形的高精度测量比较困难。本节介绍的舰船变形测量系统主要针对这种情况。这里先对惯性系统的实船配置情况进行简要分析。

1. 平台式惯性导航系统载舰安装配置情况

平台式惯性导航系统一般有单平台配置和多平台配置两种可能。通常平台式惯性导航系统只有一个惯性平台,试验时将惯性平台安装于联合基座的下底座,而将测量设备(如天文经纬仪)的主体仪器安装于上底座,这时采用联合基座变形测量系统进行上下底座之间的相对变形最为合适。但如果是惯性组合系统,不仅惯性导航系统有自身的平台,而且有监控平台,或者惯性导航系统采用冗余配置方案,还可能是多平台,这样就无法将多个平台安装于联合基座或同体安装基座,基座之间发生的相对变形也比联合基座方式大。由于是同舱室配置,观测距离近,无须接力测量,变形测量要相对容易一些,但仍需研制新型变形测量系统。

2. 全舰分布式惯性基准设备载舰安装配置情况

惯性基准设备一般与武器装备实施一体化安装,如舰炮、导弹、雷达、光电设备等,有时导弹与舰炮系统同时装船试验,从而可能配置 3~5 个惯性基准系统,它们相互之间作用距离远,有时光路还不能通视,发生的变形又较大,这对系统基座之间的相对变形测量提出了很高的要求,必须采用新的测量方案。这种类型的舰船变形测量难度最大,测量实时性最强,是比较典型的舰船变形测量模式。其共同特点是测量二者的相对变形、基座的绝对变形在海上动态条件下是无法实时测量的。

第二节　舰船光学方位标校

光学经纬仪是一种静态条件下高精度测角设备，其测角精度达到角秒级，甚至亚角秒级，可以广泛应用于位置基准点和方位标的测量。但采用光学经纬仪对海上舰船的艏向进行测量，会遇到很多困难，能够达到几十角秒或1′左右的测量精度都相当不易。通常只有在某些特定的环境下，如码头系泊状态、天气情况良好、潮流适宜、方案设计合理，方可达到较高的精度。目前，这种方法仍是一种在码头系泊状态对导航系统的航向精度进行检验的可行方法。

一、舰船系泊光学方位测量原理

下面以光学经纬仪测量导航系统航向误差为例，简要介绍导航设备方位光学标定原理。

首先通过光学经纬仪自准直法将航向测量设备安装平台（如惯性平台）的艏艉线引出，通过安装于舱室外部用于舷角测量的光学经纬仪与舱内经纬仪进行光学对准（即十字丝重合），将方位基准传递到舱外光学经纬仪；然后由该经纬仪测量陆上具有方位基准的大地测量点上经纬仪的舷角，陆上经纬仪测量舱外经纬仪的方位角，通过计算即可得出舰船的艏向角真值，与同步采集的导航系统的艏向角数据进行比较，即得到导航系统的瞬时艏向误差。其测量原理及设备配置如图7-6所示。

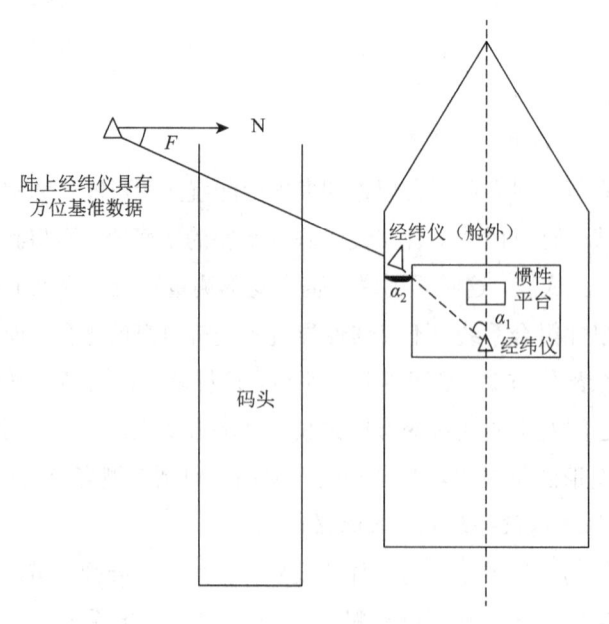

图7-6　测量原理图

用于大地测量的光学经纬仪的基本工作条件是其垂轴处于铅垂状态，从而码头系泊艏向测量时重点解决的问题是船体晃动的影响，舰船摇摆角，尤其是横向摇摆角尽量小，以保证测量效果，为此作出如下选择。

（1）尽量选择低平潮阶段进行测量，提高船体稳性。

（2）选择合适的风向，最好风从码头一侧吹来，减少风力对舰船姿态的影响。

（3）选择载舰油箱、水柜载荷较大的时机进行测量，即通过增加压载来提高舰船的稳性。

（4）选择船员休息时间进行测量，减少人员走动所造成的船体倾斜。

在测量过程中共有 5 个读数，包括室内经纬仪与惯性平台方位基准镜自准直的读数 F_{11}、室内经纬仪与舱外经纬仪十字丝对准的读数 F_{12}、舱外经纬仪与室内经纬仪十字丝对准的读数 F_{21}、舱外经纬仪与岸上经纬仪光学对准的读数 F_{22}，以及岸上经纬仪瞄准船上经纬仪的读数 F（即船上经纬仪相对岸上经纬仪的大地方位角，这台经纬仪已经通过基准方位对准，其零值指北）。

因此，舰船上经纬仪测量岸上经纬仪的舷角值为

$$q = 180° - (F_{12} - F_{11}) + (F_{22} - F_{21}) \tag{7-4}$$

通过计算求得舰船艏向角为

$$H = 540°(180°) - q \tag{7-5}$$

这种舰船瞬时艏向测量方法的精度可达 $0.5'\sim 1'$，用来在动态条件下对惯性导航进行标定和艏向精度检测是可行的。

二、光学方位测量误差分析

下面对上述测量方法的误差进行分析。

光学经纬仪用于方位角测量，其误差源主要包括经纬仪垂轴倾斜造成的方位角测量误差、经纬仪测量未对中造成的方位角测量误差、经纬仪自身指标误差，以及三台经纬仪光学对准带来的方位角测量误差，具体分析如下。

经纬仪垂轴倾斜造成的方位角测量误差是本方案测量误差的主要来源，它不仅决定于经纬仪的调平度，而且与经纬仪的俯仰角大小以及测量方向和倾斜方向的夹角有关。设经纬仪调平误差为 Δ，倾斜方向与测量方向夹角为 A，经纬仪测量俯仰角为 h，则经纬仪方位测量误差的近似计算公式为

$$\Delta F = \Delta \sin A \tan h \tag{7-6}$$

如果控制经纬仪测量的俯仰角并通过选择陆上目标确定测量方向（可以通过选择合适的已知测量点实现，鉴于船的横向摇摆较大，从而选取岸上经纬仪在载舰正横方向的测量点，并减少岸上经纬仪与船上经纬仪的高度差，或者增大二者之间的距离来减少高度差），那么测量误差可以得到抑制。现将经纬仪不同水平倾角、不同测量高度角，以及测量方向与倾斜方向夹角为 30°情况下的方位测量误差列于表 7-2。

表 7-2 方位测量误差 ΔF

h	Δ				
	3	6	9	12	15
2	3.14	6.29	9.43	14.57	15.71
4	6.29	12.59	18.88	25.17	31.48
6	9.46	18.92	28.38	37.83	42.30
8	12.65	25.30	37.95	50.59	63.24
10	15.87	31.74	47.61	63.48	79.35

注：Δ 为舰船倾斜误差，以角分（′）计；h 为经纬仪高度角，以度（°）计；ΔF 为方位测量误差，以角秒（″）计。

（1）显而易见，当经纬仪水平角误差在 15′以内时，测量高度角宜选择在 4°以内；当经纬仪水平角误差在 9′以内时，测量高度角宜选择在 6°以内；当经纬仪水平角误差在 6′以内时，测量高度角宜选择在 8°以内；当经纬仪水平角误差在 3′以内时，经纬仪测量高度角可以不受限制。此项误差一般可以控制在 30″以内或更小。一般经纬仪测量的俯仰角都控制在 2°以内，从而此项误差不会太大，包括天气不太好的情况。

（2）经纬仪未对中造成的方位角测量误差只对岸上经纬仪起作用。岸上静态条件下，对中可以很准确，此项误差可以忽略。

（3）经纬仪自身的测角误差一般限定在其指标范围内，但此处是单次测量，当引起的测量误差以 3 倍计算时，用 J2 经纬仪此项误差也仅有 6″。

（4）经纬仪光学对准带来的方位角测量误差一般较小，舰船上两台经纬仪为十字丝对准，测量精度很高，舰船上经纬仪与岸上经纬仪为镜头对准，不会低于经纬仪瞄准三脚架圆笼的水平，控制在 5″内应当没有问题。

（5）其他未知因素，也会带来一些误差。

综合评估，利用光学经纬仪在码头系泊状态下进行航向测量时，其精度为 40″量级，严格控制条件，甚至可达 20″量级。

第三节　导航系统海上试验组织

导航系统试验时，试验舰为系统鉴定提供了一个海上平台，是海上参试兵力，包括人员和装备、设备集中的场所，为其提供了各种条件和保证，包括自身航海保证、试验装备、设备配置安装保证、试验环境保证、指挥、通信、生活保证等，并与测控系统和数据采集处理系统一道，构成庞大的试验系统，形成综合试验能力。因此，海上试验平台的构建与试验系统的建设，成为导航系统海上试验设计的核心内容。

一、试验系统构建

试验系统是由经过综合与优化的试验所用各种要素构成的总体，包括人和物质因素以及组织机构和规章制度等管理因素的组合，是由试验与鉴定的物质资源、人力资源、信息资源，以及管理手段等硬件和软件要素组成的复杂系统。本节重点对试验系统的组成、功能及运行进行阐述。

（一）试验系统的组成及功能

试验系统是一个复杂的人机系统，由试验者、试验对象和试验手段三部分组成。试验者借助试验手段对被试导航系统进行试验鉴定，称为试验实施与评价系统，而被试导航系统与其支撑平台构成被试装备系统。导航系统试验系统的结构模式如图7-7所示。

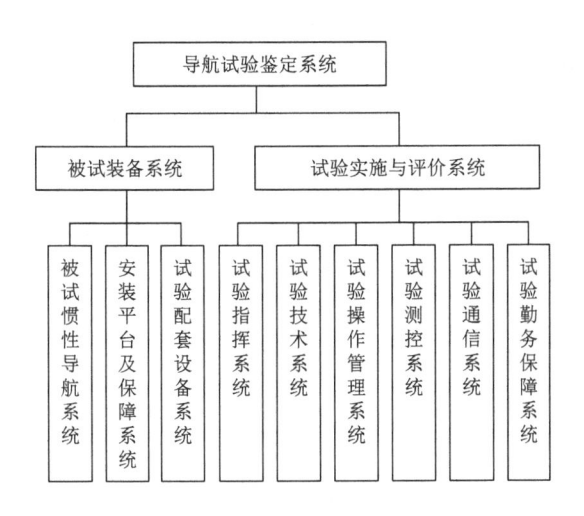

图7-7 导航系统试验系统的结构模式

被试装备系统是试验对象，被试导航系统是系统试验客体，它是必不可少的组成部分。根据试验鉴定总体规划，被试惯性导航系统的全部设备或主要设备必须参加试验。为了模拟被试系统的使用环境，正确地获取试验信息，导航系统海上试验时必须装载于专用试验舰的导航装备试验舱（一个或多个），构成海上试验平台。

鉴于导航系统的误差积累特性，必须对其校正，以保证其使用精度，从而需要基准设备，包括初始对准用的航向指示设备、位置指示设备，综合校准用的高精度航向基准设备、位置真值测量设备，以及用于系统水平阻尼的速度基准设备。这些设备统称为导航系统试验标校系统，是导航系统海上试验必不可少的试验配套设备系统。

保障系统主要是指导航系统在海上试验平台上进行作战使用时所需的支援设备，如运输、能源、供电、维护、检测、训练和勤务保障设备等。该系统的任务是装载导航系统，并为系统作战使用提供必需的勤务保障。

试验实施与评价系统是组成惯性导航试验系统的主体部分，在导航系统海上试验活动中发挥主导作用。试验系统的建设主要就是指试验实施与评价系统的建设。试验实施与评价系统一般由试验指挥系统、试验技术系统、试验操作管理系统、试验测控系统、试验通信系统和试验勤务保障系统等组成。

对于武器装备海上试验，在诸多保障条件中，最为突出的是试验测控系统。它是试验信息获取的核心保证手段，即对被试武器装备主要输出参数的误差进行实时动态测量。对于导航系统海上试验尤其如此，它实时采集被试导航系统和测量设备的输出信息，给出被试导航系统输出参数的瞬时误差，如位置误差、航向误差、水平姿态误差及其他误差，是对系统进行评价的基础。由于惯性导航试验周期长，海域广，制约因素多，航次全程测量十分困难，但又必须相对保证，从而测控系统的设计、构建与运行成为导航系统试验的重要环节。

（二）试验系统的运行

与其他武器装备试验鉴定活动一样，导航系统试验的实施过程，就是试验系统运行与控制的过程。导航系统海上试验活动，包括试验的预先准备、试验的直接准备、试验实施，以及试验总结与结果评定四个主要阶段。图 7-8 给出了导航系统试验的主要工作流程。

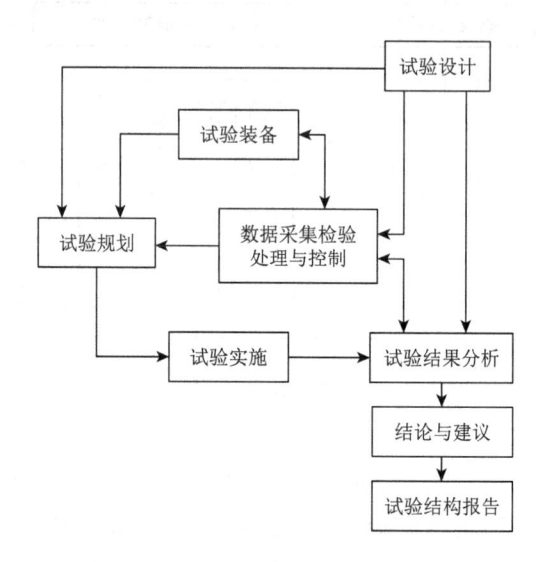

图 7-8 导航系统试验工作流程

试验的预先准备主要包括对被试导航系统的先期准备、试验场相关基础设施建设和试验方法研究等内容，而其前提和基础是对导航系统发展规划，以及对被试导航系统作战使命和技术性能的深入了解，以便开展试验方法论证研究与试验技术设计。试验基础设施和测控设备的论证、研究与建设是试验预先准备的关键。对于导航系统海上试验来说，试验载体的建设和试验平台的构建具有重要地位。

试验的直接准备是指根据导航系统试验的性质、目的、任务，以及对被试导航系统海上试验要求和主管部门的相关指令分析，确定试验模式和方法，进行试验技术设计和相关技术准备，主要包括作为试验规范的试验技术文件的编制、试验载体的技术设计与改造、试验航区的设计与相关测量基准的构建、试验项目和航次的论证设计、试验装备载舰配置设计、安装标校方案设计，以及试验结果评定方法设计与认定等内容。对于导航系统的长周期、大海域试验来说，试验平台的配置设计和试验航区设计尤其重要。

试验的组织实施阶段是惯性系统试验的主要部分和关键阶段，将对预先准备和直接准备的效果进行综合检验。试验实施一般包括码头系泊试验和海上航行试验两部分。而重点是海上航行试验，它是在实际使用条件下对导航系统进行试验鉴定的核心。其主要环节是按试验大纲和实施方案采集足够的试验信息，以便于试验数据的分析、处理与结果评定。试验过程中的现场决策是导航系统海上试验成败的关键，而决策的依据是对系统试验信息的实时分析与对试验情况的综合。

试验总结与结果评定是导航系统海上试验的最后环节，它主要是对被试导航系统的性能作出评价，包括系统是否达到设计指标、作战使用性能优劣，以及系统存在的缺欠及改进的建议等。试验结果报告具有权威性，是产品定型、装船使用的基本依据。

二、试验技术设计

（一）被试导航系统试验设计

根据导航系统试验的总体技术要求，结合试验场现有条件，对被试导航系统试验进行技术设计和相关技术准备，是试验直接准备阶段的重要工作。其内容和原则如下。

（1）被试导航系统及测量设备载舰配置设计要尽量模拟系统的作战使用环境，以便真实考核系统的技术性能和作战效能。

（2）被试导航系统安装标校方案设计要保证具有零位基准的设备的零位与测量设备、载舰坐标基准相匹配，以保证采集信息的精度。

（3）被试导航系统与测量设备和配套参试设备的接口设计应能充分保证数据传输与采集的质量。

（4）系统试验环境条件的设计，尤其是温度、湿度、振动、冲击，以及电磁兼容环境的适应性设计，要与系统保精度工作条件相吻合，以便对系统的精度和性能进行评估。

（5）试验载体变形抑制与测量方案的设计包括联合安装基座或同体安装基座的设计、基座之间相对变形的测量方案及测试设备的准备，以保证载舰变形对试验质量的影响降至最低限度。

（6）系统电源保证设计包括舰、岸电切换设计与断电保护设计，使系统全时工作，保证试验系统，尤其是启动周期很长的惯性导航系统的正常运行，以提高试验成功率。

（7）试验测试仪表保证设计与技术准备，要保证有序地进行系统检测、维修、排故，保证被试装备平台运行的质量也相当重要，应予以足够重视。

（二）试验载舰与航区设计

试验载舰与试验航区设计是试验与评估系统设计的重要内容。试验载舰是惯性系统试验的平台，试验航区是试验载体活动的场所，它们直接关系到系统试验的质量。根据被试导航系统的使命任务、技术特性和试验要求进行设计，对完成试验任务、保证试验效果至关重要。

试验载体技术设计既是构建被试惯性导航平台的重要环节（以满足系统试验条件为着眼点），也是试验与评估系统形成试验能力的基础，为此必须优化设计。

试验载体的技术设计主要包括保证载舰技术状态良好，具备长时间、大海域、各种复杂气象条件下进行海上航行试验的能力，保证被试导航系统及测量设备安装技术条件，具备连续提供符合系统试验要求的动力电，保证系统正常运行，以及保证被试导航系统使用环境要求，确保试验平台构建的质量及试验系统的良好运行。

三、被试系统安装调试与交验

（一）被试系统进场条件

被试导航系统进场试验必须符合如下相关条件。

（1）系统齐装配套，备品备件齐全。

（2）系统完成室内联调、环境试验和精度测试，符合其技术指标要求。

（3）室内试验报告、例行试验报告、主要惯性敏感器测试报告齐全。

（4）系统及所属试验设备履历书、合格证或质量证书齐全。

（5）系统文件资料齐全，并向试验场先期提供必需的图纸、资料。

（6）被试系统具有便于零位对准使用的水平基准面和方位基准镜，满足技术要求，且使用方便。

（7）具有标准接口或预先约定的输入/输出接口。

（8）按照试验惯例，满足研制单位向试验场提出的被试导航系统海上试验的总体技术要求。

（二）被试系统安装调试

被试导航系统于试验舰上的安装、接线、布缆、恢复与调试由研制单位负责。系统安装时具有零位基准的设备的零位对准工作由试验场组织实施，研制单位参加，其安装精度应符合精度试验的要求。研制单位应在规定的时间内完成系统的恢复与调试工作。

（三）被试系统交验

在完成系统的安装、调试，与测量设备和配套参试设备的信号对接，通过例行测试，并通过海上合练的初步验证，达到试验要求后，被试系统全套设备和备品备件移交试验场管理，正式开始系统海上试验。

试验场与研制单位应签署交接书，内容主要包括被试系统装舰调试的情况、交接前由试验场进行的检验情况、系统配套设备和备品备件及其清单，以及研试双方试验的共同约定和试验场的相关规定。

思 考 题

1. 请简述舰艇水平基准的确定方法。
2. 请简述舰艇方位基准的确定方法。
3. 惯性导航系统对载舰安装标校的要求有哪些？

4. 请简述惯性导航系统安装基座水平标校方法。
5. 请简述惯性导航系统安装基座方位标校方法。
6. 如何实现基座的变形测量?
7. 请简述系泊状态下舰船光学方位测量的原理。
8. 海上试验组织有哪些内容?其要点是什么?

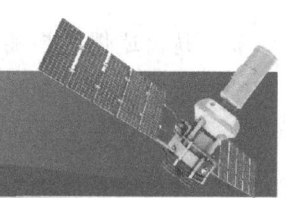

第八章　常用导航数据处理方法

> 隐恶而扬善，执其两端，用其中于民。
>
> ——《礼记·中庸》

在导航中经常遇到冗余测量问题，如测量多个星体的高度方位角、解算载体目前的二维位置，通常两个方程就可以求解。实际中为了提高精度，降低误差，往往测量的星体数量大于三颗，因此得到多个方程，这类问题称为冗余测量问题。该问题在基于外部基准点的多点导航定位中经常出现，如地标定位、无线电导航定位、卫星导航定位等。

据文献记载，冗余测量问题较早出现在天文观测领域，分别来自两类不同却又有着紧密联系的问题：一类是天文定位，另一类是对小行星天体的位置预测。前一问题主要由勒让德（Legendre）解决，后一问题主要由高斯解决。两位数学家从不同的角度，以不同的方式分别提出了最小二乘法。

最小二乘法从最初建立，到不断丰富完善，先后历经了近一个世纪。它目前已经成为一种广泛应用于多学科领域的数据处理方法。人们采用这一方法可以解决参数的最可信赖值估计、组合测量的数据处理、用试验方法来拟定经验公式，以及回归分析等多种数据处理问题。在误差理论中，最小二乘法是经典误差理论向动态误差理论发展的关键环节，在整个误差估计理论中扮演着重要的桥梁作用。

第一节　最小二乘数据处理方法

在导航和探测等系统，最小二乘法被广泛应用。除多点定位外，它也是多基线航向姿态测量和探测系统目标轨迹估计的基本方法。在导航系统常用数据处理中，最小二乘法主要应用于导航系统解算与误差处理，均为冗余测量基础上的多参数估计问题。在导航系统设计阶段，GPS 的几何因子问题、天文导航定位解算问题都可以使用最小二乘法。多元导航参数的解算结果反映在观测量上，通过冗余的观测测量实现对导航参数的解算，也可以使用最小二乘法。此时，需要具备同一时刻冗余观测的测量条件，如 GNSS 的多颗卫星、天文导航的多颗导航星、陆标导航的多个物标、无线电基站导航的多个基站等。此时观测量是导航参数的函数，与时间不相关。若是非线性函数，则需要进行线性化处理。在测量随机误差为正态分布的假定条件下，最小二乘估计为其最优解。之前的直接测量与间接测量的均值估计实际上是这一方法的特例。

需要指出的是，导航系统使用过程中需要解决系统长时间工作后误差特性发生变化而引起的标校或标定问题。误差标校问题与标定问题有密切的联系。例如，IMU 的误差参数定期标定问题、安装误差标定问题，均为针对某一个重要的误差环节进行。又如，磁罗经校差和计程仪校差是针对磁罗经和计程仪最终系统误差的处理工作，为针对设备误差进行。再如，计程仪的零位和斜率的线性误差模型，磁罗经的与航向相关的软磁和硬磁半圆及象限误差项的误差模型、惯性器件误差模型等，均为误差函数已知条件下的多参数估计处理。此外，对于一些误差函数形式还不确定的情况，需要进行更为复杂的多参数回归分析估计（可以参考多元线性回归等内容）。在导航系统中，这一误差数据处理方法也常用于温度误差建模补偿等问题的解决。

一、最小二乘原理

为了确定 t 个不可直接测量的未知量 $X_1, X_2, \cdots, X_t$ 的估计量 $x_1, x_2, \cdots, x_t$，可以对与该 t 个未知量有函数关系的直接测量量进行 n 次测量，得测量数据 $l_1, l_2, \cdots, l_n$，并设它们有如下函数关系：

$$\begin{cases} Y_1 = f_1(x_1, x_2, \cdots, x_t) \\ Y_2 = f_2(x_1, x_2, \cdots, x_t) \\ \cdots\cdots \\ Y_n = f_n(x_1, x_2, \cdots, x_t) \end{cases} \tag{8-1}$$

若 $n = t$，则可以由上式直接求得未知量。由于测量数据不可避免地包含测量误差，所求得的结果也必定包含一定的误差。为提高所得结果的精度，应适当增加测量次数 n，以便利用抵偿性减小随机误差的影响，因而一般取 $n > t$。但此时不能直接由方程组（8-1）解得 $x_1, x_2, \cdots, x_t$。在这种情况下，怎样由测量数据 $l_1, l_2, \cdots, l_n$ 获得最可信赖的结果 $x_1, x_2, \cdots, x_t$？最小二乘原理指出，最可信赖值应在使残余误差平方和最小的条件下求得[3]。

设直接量 $Y_1, Y_2, \cdots, Y_n$ 的估计量分别为 $y_1, y_2, \cdots, y_n$，则有如下关系：

$$\begin{cases} y_1 = f_1(x_1, x_2, \cdots, x_t) \\ y_2 = f_2(x_1, x_2, \cdots, x_t) \\ \cdots\cdots \\ y_n = f_n(x_1, x_2, \cdots, x_t) \end{cases} \tag{8-2}$$

而测量数据 $l_1, l_2, \cdots, l_n$ 的残余误差应为

$$\begin{cases} v_1 = l_1 - y_1 \\ v_2 = l_2 - y_2 \\ \cdots\cdots \\ v_n = l_n - y_n \end{cases} \tag{8-3}$$

即

$$\begin{cases} v_1 = l_1 - f_1(x_1, x_2, \cdots, x_t) \\ v_2 = l_2 - f_2(x_1, x_2, \cdots, x_t) \\ \cdots\cdots \\ v_n = l_n - f_n(x_1, x_2, \cdots, x_t) \end{cases} \quad (8\text{-}4)$$

式（8-3）和式（8-4）称为误差方程，也称为残余误差方程，简称残差方程。

若数据 $l_1, l_2, \cdots, l_n$ 的测量误差是无偏的（即排除了测量的系统误差）、相互独立的，且服从正态分布，并设其标准差分别为 $\sigma_1, \sigma_2, \cdots, \sigma_n$，则各测量结果 $l_1, l_2, \cdots, l_n$ 出现于相应真值附近 $\mathrm{d}\delta_1, \mathrm{d}\delta_2, \cdots, \mathrm{d}\delta_n$ 区域内的概率分别为

$$\begin{cases} P_1 = \dfrac{1}{\sigma_1 \sqrt{2\pi}} \mathrm{e}^{-\frac{\delta_1^2}{2\sigma_1^2}} \mathrm{d}\delta_1 \\ P_2 = \dfrac{1}{\sigma_2 \sqrt{2\pi}} \mathrm{e}^{-\frac{\delta_2^2}{2\sigma_2^2}} \mathrm{d}\delta_2 \\ \cdots\cdots \\ P_n = \dfrac{1}{\sigma_n \sqrt{2\pi}} \mathrm{e}^{-\frac{\delta_n^2}{2\sigma_n^2}} \mathrm{d}\delta_n \end{cases} \quad (8\text{-}5)$$

由概率乘法定理可知，各测量数据同时出现在相应区域 $\mathrm{d}\delta_1, \mathrm{d}\delta_2, \cdots, \mathrm{d}\delta_n$ 的概率为

$$P = P_1 P_2 \cdots P_n = \frac{1}{\sigma_1 \sigma_2 \cdots \sigma_n (\sqrt{2\pi})^n} \mathrm{e}^{-\frac{1}{2}\left(\frac{\delta_1^2}{\sigma_1^2} + \frac{\delta_2^2}{\sigma_2^2} + \cdots + \frac{\delta_n^2}{\sigma_n^2}\right)} \mathrm{d}\delta_1 \mathrm{d}\delta_2 \cdots \mathrm{d}\delta_n \quad (8\text{-}6)$$

根据最大或然原理，由于事实上测量值 $l_1, l_2, \cdots, l_n$ 已经出现，有理由认为这 n 个测量值同时出现于相应区间 $\mathrm{d}\delta_1, \mathrm{d}\delta_2, \cdots, \mathrm{d}\delta_n$ 的概率 P 最大，即待求量的最可信赖值的确定，应使 $l_1, l_2, \cdots, l_n$ 同时出现的概率 P 最大。由上式不难看出，要使 P 最大，应满足

$$\frac{\delta_1^2}{\sigma_1^2} + \frac{\delta_2^2}{\sigma_2^2} + \cdots + \frac{\delta_n^2}{\sigma_n^2} = \min \quad (8\text{-}7)$$

当然，由此给出的结果只是估计量，它们以最大的可能性接近真值而并非真值。因此，上述条件应以残余误差的形式表示，即

$$\frac{v_1^2}{\sigma_1^2} + \frac{v_2^2}{\sigma_2^2} + \cdots + \frac{v_n^2}{\sigma_n^2} = \min \quad (8\text{-}8)$$

引入权的符号 p，有

$$p_1 : p_2 : \cdots : p_m = \frac{1}{\sigma_{\bar{x}1}^2} : \frac{1}{\sigma_{\bar{x}2}^2} : \cdots : \frac{1}{\sigma_{\bar{x}m}^2} \quad (8\text{-}9)$$

可以得到

$$p_1 v_1^2 + p_2 v_2^2 + \cdots + p_n v_n^2 = \sum_{i=1}^{n} p_i v_i^2 = \min \quad (8\text{-}10)$$

在等精度测量中有

$$\sigma_1 = \sigma_2 = \cdots = \sigma_n \quad (8\text{-}11)$$

即

$$p_1 = p_2 = \cdots = p_n \tag{8-12}$$

故式（8-10）可以简化为

$$v_1^2 + v_2^2 + \cdots + v_n^2 = \sum_{i=1}^{n} v_i^2 = \min \tag{8-13}$$

上式表明：

（1）测量结果的最可信赖值应在残余误差平方和（在不等精度测量的情形中应为加权残余误差平方和）最小的条件下求出，这就是最小二乘原理。

（2）实质上，按最小二乘条件给出最终结果能充分地利用误差的抵偿作用，可以有效地减小随机误差的影响，因而所得结果具有可信赖性。

（3）必须指出，上述最小二乘原理是在测量误差无偏、正态分布和相互独立的条件下推出的，但在不严格服从正态分布的情形下也常被使用。

二、线性最小二乘法测量方程

一般情况下，最小二乘法可以用于线性参数的处理，也可以用于非线性参数的处理。测量的实际问题中大量是线性的，而非线性参数可以借助级数展开的方法在某一区域近似地化成线性的形式，因而需要掌握线性参数的最小二乘处理方法[3]。

（一）等精度线性最小二乘表达形式

线性参数的测量方程一般形式为

$$\begin{cases} Y_1 = a_{11}X_1 + a_{12}X_2 + \cdots + a_{1t}X_t \\ Y_2 = a_{21}X_1 + a_{22}X_2 + \cdots + a_{2t}X_t \\ \cdots \cdots \\ Y_n = a_{n1}X_1 + a_{n2}X_2 + \cdots + a_{nt}X_t \end{cases} \tag{8-14}$$

其相应的估计量为

$$\begin{cases} y_1 = a_{11}x_1 + a_{12}x_2 + \cdots + a_{1t}x_t \\ y_2 = a_{21}x_1 + a_{22}x_2 + \cdots + a_{2t}x_t \\ \cdots \cdots \\ y_n = a_{n1}x_1 + a_{n2}x_2 + \cdots + a_{nt}x_t \end{cases} \tag{8-15}$$

其误差方程为

$$\begin{cases} v_1 = l_1 - (a_{11}x_1 + a_{12}x_2 + \cdots + a_{1t}x_t) \\ v_2 = l_2 - (a_{21}x_1 + a_{22}x_2 + \cdots + a_{2t}x_t) \\ \cdots \cdots \\ v_n = l_n - (a_{n1}x_1 + a_{n2}x_2 + \cdots + a_{nt}x_t) \end{cases} \tag{8-16}$$

线性参数的最小二乘法可以借助矩阵这一工具进行讨论。下面给出最小二乘原理的矩阵形式。

设有列向量

$$L = \begin{pmatrix} l_1 \\ l_2 \\ \vdots \\ l_n \end{pmatrix}, \quad \hat{X} = \begin{pmatrix} x_1 \\ x_2 \\ \vdots \\ x_t \end{pmatrix}, \quad V = \begin{pmatrix} v_1 \\ v_2 \\ \vdots \\ v_n \end{pmatrix} \tag{8-17}$$

和 $n \times t$ ($n > t$) 矩阵

$$A = \begin{pmatrix} a_{11} & a_{12} & \cdots & a_{1t} \\ a_{21} & a_{22} & \cdots & a_{2t} \\ \vdots & \vdots & & \vdots \\ a_{n1} & a_{n2} & \cdots & a_{nt} \end{pmatrix} \tag{8-18}$$

式中：$l_1, l_2, \cdots, l_n$ 为 n 个获得的直接测量结果；$x_1, x_2, \cdots, x_t$ 为 t 个待求的被测量的估计量；$v_1, v_2, \cdots, v_n$ 为 n 个直接测量结果的残余误差；$a_{11}, a_{21}, \cdots, a_{nt}$ 为 n 个误差方程的 $n \times t$ 个系数。

线性参数的误差方程（8-16）可以表示为

$$\begin{pmatrix} v_1 \\ v_2 \\ \vdots \\ v_n \end{pmatrix} = \begin{pmatrix} l_1 \\ l_2 \\ \vdots \\ l_n \end{pmatrix} - \begin{pmatrix} a_{11} & a_{12} & \cdots & a_{1t} \\ a_{21} & a_{22} & \cdots & a_{2t} \\ \vdots & \vdots & & \vdots \\ a_{n1} & a_{n2} & \cdots & a_{nt} \end{pmatrix} \begin{pmatrix} x_1 \\ x_2 \\ \vdots \\ x_t \end{pmatrix} \tag{8-19}$$

即

$$V = L - A\hat{X} \tag{8-20}$$

等精度测量时，残余误差平方和最小这一条件的矩阵形式为

$$V^T V = \min \tag{8-21}$$

或

$$(L - A\hat{X})^T (L - A\hat{X}) = \min \tag{8-22}$$

（二）不等精度线性最小二乘表达形式

不等精度测量时，最小二乘原理的矩阵形式为

$$V^T P V = \min \tag{8-23}$$

或

$$(L - A\hat{X})^T P (L - A\hat{X}) = \min \tag{8-24}$$

式中：P 为 $n \times n$ 权矩阵，且

$$P = \begin{pmatrix} p_1 & 0 & \cdots & 0 \\ 0 & p_2 & \cdots & 0 \\ \vdots & \vdots & & \vdots \\ 0 & 0 & \cdots & p_n \end{pmatrix} = \begin{pmatrix} \sigma^2/\sigma_1^2 & 0 & \cdots & 0 \\ 0 & \sigma^2/\sigma_2^2 & \cdots & 0 \\ \vdots & \vdots & & \vdots \\ 0 & 0 & \cdots & \sigma^2/\sigma_n^2 \end{pmatrix} \tag{8-25}$$

式中：$p_1 = \sigma^2/\sigma_1^2, p_2 = \sigma^2/\sigma_2^2, \cdots, p_n = \sigma^2/\sigma_n^2$ 分别为测量数据 $l_1, l_2, \cdots, l_n$ 的权；σ^2 为单位权方差；$\sigma_1^2, \sigma_2^2, \cdots, \sigma_n^2$ 分别为测量数据 $l_1, l_2, \cdots, l_n$ 的方差。

线性参数的不等精度测量还可以转化为等精度的形式，从而可以利用等精度测量时测量数据的最小二乘法处理的全部结果。为此，将误差方程化为等权的形式。若不等精度测量数据

$l_1, l_2, \cdots, l_n$ 的权分别为 $p_1, p_2, \cdots, p_n$，将不等精度测量的误差方程（8-16）两边同乘以相应权的平方根得

$$\begin{cases} v_1 p_1^{1/2} = l_1 p_1^{1/2} - (a_{11} p_1^{1/2} x_1 + a_{12} p_1^{1/2} x_2 + \cdots + a_{1t} p_1^{1/2} x_t) \\ v_2 p_2^{1/2} = l_2 p_2^{1/2} - (a_{21} p_2^{1/2} x_1 + a_{22} p_2^{1/2} x_2 + \cdots + a_{2t} p_2^{1/2} x_t) \\ \cdots \cdots \\ v_n p_n^{1/2} = l_n p_n^{1/2} - (a_{n1} p_n^{1/2} x_1 + a_{n2} p_n^{1/2} x_2 + \cdots + a_{nt} p_n^{1/2} x_t) \end{cases} \quad (8\text{-}26)$$

令

$$a'_{11} = a_{11} p_1^{1/2}, a'_{12} = a_{12} p_1^{1/2}, \cdots, a'_{nt} = a_{nt} p_n^{1/2} \quad (8\text{-}27)$$

$$l'_1 = l_1 p_1^{1/2}, l'_2 = l_2 p_2^{1/2}, \cdots, l'_n = l_n p_n^{1/2} \quad (8\text{-}28)$$

$$v'_1 = v_1 p_1^{1/2}, v'_2 = v_2 p_2^{1/2}, \cdots, v'_n = v_n p_n^{1/2} \quad (8\text{-}29)$$

则误差方程化为等精度的形式为

$$\begin{cases} v'_1 = l'_1 - (a'_{11} x_1 + a'_{12} x_2 + \cdots + a'_{1t} x_t) \\ v'_2 = l'_2 - (a'_{21} x_1 + a'_{22} x_2 + \cdots + a'_{2t} x_t) \\ \cdots \cdots \\ v'_n = l'_n - (a'_{n1} x_1 + a'_{n2} x_2 + \cdots + a'_{nt} x_t) \end{cases} \quad (8\text{-}30)$$

方程（8-30）中各式已具有相同的权，与等精度测量的误差方程（8-16）形式一致，即可以按等精度测量数据处理的方法来处理。

设有 $n \times 1$ 矩阵（列向量）

$$\boldsymbol{L}^* = \begin{pmatrix} l'_1 \\ l'_2 \\ \vdots \\ l'_n \end{pmatrix}, \quad \boldsymbol{V}^* = \begin{pmatrix} v'_1 \\ v'_2 \\ \vdots \\ v'_n \end{pmatrix} \quad (8\text{-}31)$$

和 $n \times t$ 矩阵

$$\boldsymbol{A}^* = \begin{pmatrix} a'_{11} & a'_{12} & \cdots & a'_{1t} \\ a'_{21} & a'_{22} & \cdots & a'_{2t} \\ \vdots & \vdots & & \vdots \\ a'_{n1} & a'_{n2} & \cdots & a'_{nt} \end{pmatrix} \quad (8\text{-}32)$$

则线性参数不等精度测量的误差方程的矩阵形式为

$$\boldsymbol{V}^* = \boldsymbol{L}^* - \boldsymbol{A}^* \hat{\boldsymbol{X}} \quad (8\text{-}33)$$

此时，最小二乘条件用矩阵形式可以表示为

$$\boldsymbol{V}^{*\mathrm{T}} \boldsymbol{V}^* = \min \quad (8\text{-}34)$$

或

$$(\boldsymbol{L}^* - \boldsymbol{A}^* \hat{\boldsymbol{X}})^{\mathrm{T}} (\boldsymbol{L}^* - \boldsymbol{A}^* \hat{\boldsymbol{X}}) = \min \quad (8\text{-}35)$$

三、正规方程

为了获得更可靠的结果，测量次数 n 总是要多于未知参数的数目 t，即所得误差方程的数

目总是要多于未知数的数目。因此,直接用一般解代数方程的方法是无法求解这些未知参数的。最小二乘法可以将误差方程转化为有确定解的代数方程组(其方程数目正好等于未知数的个数),从而求解出这些未知参数。这个有确定解的代数方程组称为最小二乘估计的正规方程,也称为法方程。

线性参数的最小二乘法处理过程可以归结为:首先根据具体问题列出误差方程;然后按最小二乘原理,利用求极值的方法将误差方程转化为正规方程;再求解正规方程,得到待求的估计量;最后求出精度估计。对于非线性参数,可以先将其线性化,然后按上述线性参数的最小二乘法处理过程去处理。因此,建立正规方程是待求参数最小二乘法处理的基本环节[3]。

(一)等精度测量线性参数最小二乘法处理的正规方程

下式即为等精度测量的线性参数最小二乘法处理的正规方程:

$$\begin{cases} \sum_{i=1}^{n} a_{i1}a_{i1}x_1 + \sum_{i=1}^{n} a_{i1}a_{i2}x_2 + \cdots + \sum_{i=1}^{n} a_{i1}a_{it}x_t = \sum_{i=1}^{n} a_{i1}l_i \\ \sum_{i=1}^{n} a_{i2}a_{i1}x_1 + \sum_{i=1}^{n} a_{i2}a_{i2}x_2 + \cdots + \sum_{i=1}^{n} a_{i2}a_{it}x_t = \sum_{i=1}^{n} a_{i2}l_i \\ \cdots \cdots \\ \sum_{i=1}^{n} a_{it}a_{i1}x_1 + \sum_{i=1}^{n} a_{it}a_{i2}x_2 + \cdots + \sum_{i=1}^{n} a_{it}a_{it}x_t = \sum_{i=1}^{n} a_{it}l_i \end{cases} \quad (8\text{-}36)$$

这是一个 t 元线性方程组,当其系数行列式不为零时,有唯一确定的解,由此可以解得要求的估计量。

正规方程组可写成

$$\begin{cases} a_{11}v_1 + a_{21}v_2 + \cdots + a_{n1}v_n = 0 \\ a_{12}v_1 + a_{22}v_2 + \cdots + a_{n2}v_n = 0 \\ \cdots \cdots \\ a_{1t}v_1 + a_{2t}v_2 + \cdots + a_{nt}v_n = 0 \end{cases} \quad (8\text{-}37)$$

其矩阵形式为

$$\begin{pmatrix} a_{11} & a_{21} & \cdots & a_{n1} \\ a_{12} & a_{22} & \cdots & a_{n2} \\ \vdots & \vdots & & \vdots \\ a_{1t} & a_{2t} & \cdots & a_{nt} \end{pmatrix} \begin{pmatrix} v_1 \\ v_2 \\ \vdots \\ v_n \end{pmatrix} = \begin{pmatrix} 0 \\ 0 \\ \vdots \\ 0 \end{pmatrix} \quad (8\text{-}38)$$

即

$$A^{\mathrm{T}}V = \mathbf{0} \quad (8\text{-}39)$$

这就是等精度测量情况下以矩阵形式表示的正规方程。又因为

$$V = L - A\hat{X} \quad (8\text{-}40)$$

所以正规方程又可以表示为

$$A^{\mathrm{T}}L - A^{\mathrm{T}}A\hat{X} = \mathbf{0} \quad (8\text{-}41)$$

即

$$(A^TA)\hat{X} = A^TL \tag{8-42}$$

令

$$C = A^TA \tag{8-43}$$

则正规方程又可以写成

$$C\hat{X} = A^TL \tag{8-44}$$

若 A 的秩等于 t，则矩阵 C 是满秩的，即其行列式 $|C| \neq 0$。那么 $\hat{X}$ 必定有唯一的解。此时，用 C^{-1} 左乘正规方程的两边，就得到正规方程解的矩阵形式为

$$\hat{X} = C^{-1}A^TL \tag{8-45}$$

解得 $\hat{X}$ 的数学期望为

$$E(\hat{X}) = E(C^{-1}A^TL) = C^{-1}A^TE(L) = C^{-1}A^TY = C^{-1}A^TAX = X \tag{8-46}$$

式中：Y、X 为列向量（$n \times 1$ 矩阵和 $t \times 1$ 矩阵），即

$$Y = \begin{pmatrix} Y_1 \\ Y_2 \\ \vdots \\ Y_n \end{pmatrix}, \quad X = \begin{pmatrix} X_1 \\ X_2 \\ \vdots \\ X_t \end{pmatrix} \tag{8-47}$$

式中：$Y_1, Y_2, \cdots, Y_n$ 为直接量的真值；$X_1, X_2, \cdots, X_t$ 为待求量的真值。可见 $\hat{X}$ 是 X 的无偏估计。

（二）不等精度测量线性参数最小二乘法处理的正规方程

不等精度测量时线性参数的误差方程仍如式（8-16）一样，但在使用最小二乘法进行处理时，要求加权残余误差平方和最小，即

$$\sum_{i=1}^{n} p^i v_i^2 = \min \tag{8-48}$$

可以推出相应不等精度测量线性参数的最小二乘正规方程的解为（推导过程略）

$$\hat{X} = (A^TPA)^{-1}A^TPL \tag{8-49}$$

令

$$C^* = A^{*T}A^* = A^TPA \tag{8-50}$$

则

$$\hat{X} = C^{*-1}A^TPL \tag{8-51}$$

因为

$$E(\hat{X}) = E(C^{*-1}A^TPL) = C^{*-1}A^TPE(L) = C^{*-1}A^TPAX = X \tag{8-52}$$

所以 $\hat{X}$ 是 X 的无偏估计。

（三）非线性参数最小二乘法处理的正规方程

一般情况下，函数

$$y_i = f_i(x_1, x_2, \cdots, x_t) \quad (i = 1, 2, \cdots, n) \tag{8-53}$$

为非线性函数，测量的误差方程

$$\begin{cases} v_1 = l_1 - f_1(x_1, x_2, \cdots, x_t) \\ v_2 = l_2 - f_2(x_1, x_2, \cdots, x_t) \\ \cdots\cdots \\ v_n = l_n - f_n(x_1, x_2, \cdots, x_t) \end{cases} \qquad (8\text{-}54)$$

为非线性方程组。一般来说，直接由它建立正规方程并求解是困难的。

为了解决这类问题，一般采用线性化的方法，将非线性函数化为线性函数，再按线性参数的情形进行处理。

为此，取 $x_{10}, x_{20}, \cdots, x_{t0}$ 为待估计量 $x_1, x_2, \cdots, x_t$ 的近似值，则估计量 x_r $(r=1,2,\cdots,t)$ 可以表示为

$$\begin{cases} x_1 = x_{10} + \delta_1 \\ x_2 = x_{20} + \delta_2 \\ \cdots\cdots \\ x_t = x_{t0} + \delta_t \end{cases} \qquad (8\text{-}55)$$

式中：$\delta_1, \delta_2, \cdots, \delta_t$ 分别为估计量与所取近似值的偏差。

因此，只需要求得偏差 $\delta_1, \delta_2, \cdots, \delta_t$ 即可由式（8-55）求得估计量 $x_1, x_2, \cdots, x_t$。

现将函数在 $x_{10}, x_{20}, \cdots, x_{t0}$ 处展开，取一次项，有

$$f_i(x_1, x_2, \cdots, x_t) = f_i(x_{10}, x_{20}, \cdots, x_{t0}) + \left(\frac{\partial f_i}{\partial x_1}\right)_0 \delta_1 + \left(\frac{\partial f_i}{\partial x_2}\right)_0 \delta_2 + \cdots + \left(\frac{\partial f_i}{\partial x_t}\right)_0 \delta_t \qquad (8\text{-}56)$$
$$(i = 1, 2, \cdots, n)$$

式中：$(\partial f_i / \partial x_r)_0$ 为函数 f_i 对 x_r 的偏导数在 $x_{10}, x_{20}, \cdots, x_{t0}$ 处的值。

将展开式（8-56）代入误差方程（8-54），并令

$$a_{i1} = \left(\frac{\partial f_i}{\partial x_1}\right)_0, \quad a_{i2} = \left(\frac{\partial f_i}{\partial x_2}\right)_0, \quad \cdots, \quad a_{it} = \left(\frac{\partial f_i}{\partial x_t}\right)_0 \qquad (8\text{-}57)$$

则误差方程（8-54）化成线性方程组

$$\begin{cases} v_1 = l_1' - (a_{11}\delta_1 + a_{12}\delta_2 + \cdots + a_{1t}\delta_t) \\ v_2 = l_2' - (a_{21}\delta_1 + a_{22}\delta_2 + \cdots + a_{2t}\delta_t) \\ \cdots\cdots \\ v_n = l_n' - (a_{n1}\delta_1 + a_{n2}\delta_2 + \cdots + a_{nt}\delta_t) \end{cases} \qquad (8\text{-}58)$$

于是可以按线性参数的情形列出正规方程并求出 δ_r $(r=1,2,\cdots,t)$，进而可以按式（8-55）求得相应的估计量 x_r。

应该指出，为获得线性化的结果，函数的展开式只取一次项而略去了二次以上的高次项，严格地说，由此给出的估计量是近似的。不过一般这已能满足实际的要求，因为只要所取近似值 x_{r0} 的偏差 δ_r 相对于所研究的问题而言足够小，那么二次项以上高次项的值甚微，可以忽略不计。因此，在对某一非线性参数作线性化处理时，估计量近似值的选取应有相应的精度要求。

为获得函数的展开式，必须首先确定未知数的近似值，其方法如下。

（1）对未知量 $\hat{\sigma}$ 直接进行测量，所得结果即可作为其近似值。

（2）通过部分方程进行计算，从误差方程中选取最简单的 t 个方程，采用近似求解方法，如令 $v_i = 0$，可以得到一个 t 元齐次方程组，由此解得 $x_{10}, x_{20}, \cdots, x_{t0}$ 即为未知数的近似值。至于到底选用哪种方法，应视具体问题而定。

由以上讨论可见，所有情况（等精度与非等精度测量，线性与非线性参数）最后均可归结为线性参数等精度测量的情形。因此，可以按线性参数等精度测量的情形建立与解算正规方程。

（四）最小二乘原理与算术平均值原理的关系

为了确定一个量 X 的估计量 x，对其进行 n 次直接测量，得到 n 个数据 $l_1, l_2, \cdots, l_n$，相应的权分别为 $p_1, p_2, \cdots, p_n$，则测量的误差方程为

$$\begin{cases} v_1 = l_1 - x \\ v_2 = l_2 - x \\ \cdots\cdots \\ v_n = l_n - x \end{cases} \tag{8-59}$$

其最小二乘法处理的正规方程为

$$\left(\sum_{i=1}^{n} p_i a_i a_i\right) x = \sum_{i=1}^{n} p_i a_i l_i \tag{8-60}$$

由误差方程知 $a = 1$，从而有

$$\left(\sum_{i=1}^{n} p_i\right) x = \sum_{i=1}^{n} p_i l_i \tag{8-61}$$

可以得到最小二乘法处理的结果为

$$x = \frac{\sum_{i=1}^{n} p_i l_i}{\sum_{i=1}^{n} p_i} = \frac{p_1 l_1 + p_2 l_2 + \cdots + p_n l_n}{p_1 + p_2 + \cdots + p_n} \tag{8-62}$$

这正是不等精度测量时加权算术平均值原理所给出的结果。

对于等精度测量有

$$p_1 = p_2 = \cdots = p_n = p \tag{8-63}$$

故由最小二乘法所确定的估计量为

$$x = \frac{p_1 l_1 + p_2 l_2 + \cdots + p_n l_n}{p_1 + p_2 + \cdots + p_n} = \frac{p(l_1 + l_2 + \cdots + l_n)}{np} = \frac{\sum_{i=1}^{n} l_i}{n} \tag{8-64}$$

这与等精度测量时算术平均值原理给出的结果相同。

由此可见，最小二乘原理与算术平均值原理是一致的，算术平均值原理可以视为最小二乘原理的特例。

四、精度估计

对测量数据最小二乘法处理的最终结果，不仅要给出待求量最可信赖的估计量，而且要确定其可信赖程度，即给出所得估计量的精度。

（一）测量数据精度估计

为了确定最小二乘估计量 $x_1, x_2, \cdots, x_t$ 的精度，首先需要给出直接测量所得测量数据的精度。测量数据的精度也以标准差 σ 来表示。因为无法求得 σ 的真值，所以只能根据有限次的测量结果给出 σ 的估计值 $\hat{\sigma}$。给出精度估计，实际上就是求出估计值 $\hat{\sigma}$。

1. 等精度测量数据的精度估计

设对包含 t 个未知量的 n 个线性参数方程组（8-14）进行 n 次独立的等精度测量，得到 n 个测量数据 $l_1, l_2, \cdots, l_n$。其相应的测量误差分别为 $\delta_1, \delta_2, \cdots, \delta_n$，它们是互不相关的随机误差。因为一般情况下真误差 $\delta_1, \delta_2, \cdots, \delta_n$ 是未知的，只能由残余误差 $v_1, v_2, \cdots, v_n$ 给出 σ^2 的估计量。

可以证明 $\left(\sum_{i=1}^{n} v_i^2\right) \Big/ \sigma^2$ 是自由度为 $(n-t)$ 的 χ^2 变量。由 χ^2 变量的性质有

$$E\left(\frac{\sum_{i=1}^{n} v_i^2}{\sigma^2}\right) = n - t \tag{8-65}$$

因此

$$E\left(\frac{\sum_{i=1}^{n} v_i^2}{n}\right) = \frac{n-t}{n}\sigma^2 \tag{8-66}$$

由此可知，若仿照式（8-65）的结果，取残余误差平方的平均值作为 σ^2 的估计量 $\hat{\sigma}^2$，则所得 $\hat{\sigma}^2$ 将对 σ^2 有系统偏移，即

$$\hat{\sigma}^2 = \frac{\sum_{i=1}^{n} v_i^2}{n} \tag{8-67}$$

上式将不是 σ^2 的无偏估计量。因为

$$E\left(\frac{\sum_{i=1}^{n} v_i^2}{n} \cdot \frac{n}{n-t}\right) = E\left(\frac{\sum_{i=1}^{n} v_i^2}{n-t}\right) = \sigma^2 \tag{8-68}$$

所以可以取

$$\hat{\sigma}^2 = \frac{\sum_{i=1}^{n} v_i^2}{n-t} \tag{8-69}$$

作为 σ^2 的无偏估计量。习惯上，这个估计量也写成 σ^2，即

$$\sigma^2 = \frac{\sum_{i=1}^{n} v_i^2}{n-t} \tag{8-70}$$

从而测量数据标准差的估计量为

$$\hat{\sigma} = \sqrt{\frac{\sum_{i=1}^{n} v_i^2}{n-t}} \tag{8-71}$$

一般写成

$$\sigma = \sqrt{\frac{\sum_{i=1}^{n} v_i^2}{n-t}} \qquad (8-72)$$

2. 不等精度测量数据的精度估计

不等精度测量数据的精度估计与等精度测量数据的精度估计相似，只是公式中的残余误差平方和变为加权残余误差平方和，测量数据的单位权方差的无偏估计为

$$\hat{\sigma}^2 = \frac{\sum_{i=1}^{n} p_i v_i^2}{n-t} \qquad (8-73)$$

通常习惯写成

$$\sigma^2 = \frac{\sum_{i=1}^{n} p_i v_i^2}{n-t} \qquad (8-74)$$

故测量数据的单位权标准差为

$$\sigma = \sqrt{\frac{\sum_{i=1}^{n} p_i v_i^2}{n-t}} \qquad (8-75)$$

（二）最小二乘估计量精度估计

最小二乘法所确定的估计量 $x_1, x_2, \cdots, x_t$ 的精度取决于测量数据的精度和线性方程组所给出的函数关系。对给定的线性方程组，若已知测量数据 $l_1, l_2, \cdots, l_n$ 的精度，则可以求得最小二乘估计量的精度。

下面讨论等精度测量时最小二乘估计量的精度估计[3]。

设有正规方程

$$\begin{cases} \sum_{i=1}^{n} a_{i1}a_{i1}x_1 + \sum_{i=1}^{n} a_{i1}a_{i2}x_2 + \cdots + \sum_{i=1}^{n} a_{i1}a_{it}x_t = \sum_{i=1}^{n} a_{i1}l_i \\ \sum_{i=1}^{n} a_{i2}a_{i1}x_1 + \sum_{i=1}^{n} a_{i2}a_{i2}x_2 + \cdots + \sum_{i=1}^{n} a_{i2}a_{it}x_t = \sum_{i=1}^{n} a_{i2}l_i \\ \cdots\cdots \\ \sum_{i=1}^{n} a_{it}a_{i1}x_1 + \sum_{i=1}^{n} a_{it}a_{i2}x_2 + \cdots + \sum_{i=1}^{n} a_{it}a_{it}x_t = \sum_{i=1}^{n} a_{it}l_i \end{cases} \qquad (8-76)$$

现分析由此方程所确定的估计量 $x_1, x_2, \cdots, x_t$ 的精度。为此，先利用待定乘子法求出 $x_1, x_2, \cdots, x_t$ 的表达式，然后找出估计量 $x_1, x_2, \cdots, x_t$ 精度与测量数据 $l_1, l_2, \cdots, l_n$ 精度的关系，即可得到估计量精度估计的表达式。

设有待定乘子 $d_{11}, d_{12}, \cdots, d_{1t}; d_{21}, d_{22}, \cdots, d_{2t}; \cdots; d_{t1}, d_{t2}, \cdots, d_{tt}$（共 $t \times t$ 个）。为求 x_1，将 $d_{11}, d_{12}, \cdots, d_{1t}$ 分别乘以正规方程（8-76）中的第 $1, 2, \cdots, t$ 式，得

$$\begin{cases} d_{11}\sum_{i=1}^{n}a_{i1}a_{i1}x_1 + d_{11}\sum_{i=1}^{n}a_{i1}a_{i2}x_2 + \cdots + d_{11}\sum_{i=1}^{n}a_{i1}a_{it}x_t = d_{11}\sum_{i=1}^{n}a_{i1}l_i \\ d_{12}\sum_{i=1}^{n}a_{i2}a_{i1}x_1 + d_{12}\sum_{i=1}^{n}a_{i2}a_{i2}x_2 + \cdots + d_{12}\sum_{i=1}^{n}a_{i2}a_{it}x_t = d_{12}\sum_{i=1}^{n}a_{i2}l_i \\ \cdots\cdots \\ d_{1t}\sum_{i=1}^{n}a_{it}a_{i1}x_1 + d_{1t}\sum_{i=1}^{n}a_{it}a_{i2}x_2 + \cdots + d_{1t}\sum_{i=1}^{n}a_{it}a_{it}x_t = d_{1t}\sum_{i=1}^{n}a_{it}l_i \end{cases} \quad (8\text{-}77)$$

将方程组（8-77）各式的左右两边分别相加得

$$\sum_{r=1}^{t}d_{1r}\sum_{i=1}^{n}a_{ir}a_{i1}x_1 + \sum_{r=1}^{t}d_{1r}\sum_{i=1}^{n}a_{ir}a_{i2}x_2 + \cdots + \sum_{r=1}^{t}d_{1r}\sum_{i=1}^{n}a_{ir}a_{it}x_t = \sum_{r=1}^{t}d_{1r}\sum_{i=1}^{n}a_{ir}l_i \quad (8\text{-}78)$$

选择 $d_{11}, d_{12}, \cdots, d_{1t}$ 值，使其满足如下条件：

$$\begin{cases} \sum_{r=1}^{t}d_{1r}\sum_{i=1}^{n}a_{ir}a_{i1} = 1 \\ \sum_{r=1}^{t}d_{1r}\sum_{i=1}^{n}a_{ir}a_{i2} = 0 \\ \cdots\cdots \\ \sum_{r=1}^{t}d_{1r}\sum_{i=1}^{n}a_{ir}a_{it} = 0 \end{cases} \quad (8\text{-}79)$$

则

$$\begin{aligned} x_1 &= \sum_{r=1}^{t}d_{1r}\sum_{i=1}^{n}a_{ir}l_i = d_{11}\sum_{i=1}^{n}a_{i1}l_i + d_{12}\sum_{i=1}^{n}a_{i2}l_i + \cdots + d_{1t}\sum_{i=1}^{n}a_{it}l_i \\ &= (d_{11}a_{11} + d_{12}a_{12} + \cdots + d_{1t}a_{1t})l_1 + (d_{11}a_{21} + d_{12}a_{22} + \cdots + d_{1t}a_{2t})l_2 \\ &\quad + \cdots + (d_{11}a_{n1} + d_{12}a_{n2} + \cdots + d_{1t}a_{nt})l_n \end{aligned} \quad (8\text{-}80)$$

令

$$\begin{cases} d_{11}a_{11} + d_{12}a_{12} + \cdots + d_{1t}a_{1t} = h_{11} \\ d_{11}a_{21} + d_{12}a_{22} + \cdots + d_{1t}a_{2t} = h_{12} \\ \cdots\cdots \\ d_{11}a_{n1} + d_{12}a_{n2} + \cdots + d_{1t}a_{nt} = h_{1n} \end{cases} \quad (8\text{-}81)$$

则

$$x_1 = h_{11}l_1 + h_{12}l_2 + \cdots + h_{1n}l_n \quad (8\text{-}82)$$

因为 $l_1, l_2, \cdots, l_n$ 为相互独立（因而互不相关）的正态随机变量，且等精度，即 $\sigma_1 = \sigma_2 = \cdots = \sigma_n = \sigma$，所以

$$\sigma_{x1}^2 = h_{11}^2\sigma_1^2 + h_{12}^2\sigma_2^2 + \cdots + h_{1n}^2\sigma_n^2 = (h_{11}^2 + h_{12}^2 + \cdots + h_{1n}^2)\sigma^2 \quad (8\text{-}83)$$

将等式右边 σ^2 的系数展开，并适当地合并同类项，注意到待定乘子 $d_{11}, d_{12}, \cdots, d_{1t}$ 的选择条件式（8-79），从而得到

$$\sigma_{x1}^2 = d_{11}\sigma^2 \quad (8\text{-}84)$$

同样，再用 $d_{21},d_{22},\cdots,d_{2t}$ 分别乘以正规方程（8-76）各式，将乘得的各式相加，按 $x_1,x_2,\cdots,x_t$ 合并同类项得

$$\sum_{r=1}^{t}d_{2r}\sum_{i=1}^{n}a_{ir}a_{i1}x_1+\sum_{r=1}^{t}d_{2r}\sum_{i=1}^{n}a_{ir}a_{i2}x_2+\cdots+\sum_{r=1}^{t}d_{2r}\sum_{i=1}^{n}a_{ir}a_{it}x_t=\sum_{r=1}^{t}d_{2r}\sum_{i=1}^{n}a_{ir}l_i \quad (8\text{-}85)$$

适当选择 $d_{21},d_{22},\cdots,d_{2t}$，使其满足如下条件：

$$\begin{cases} \sum_{r=1}^{t}d_{2r}\sum_{i=1}^{n}a_{ir}a_{i1}=1 \\ \sum_{r=1}^{t}d_{2r}\sum_{i=1}^{n}a_{ir}a_{i2}=0 \\ \cdots\cdots \\ \sum_{r=1}^{t}d_{2r}\sum_{i=1}^{n}a_{ir}a_{it}=0 \end{cases} \quad (8\text{-}86)$$

则可以求得 x_2 的表达式，由此得

$$\sigma_{x2}^2=d_{22}\sigma^2 \quad (8\text{-}87)$$

依此类推，可以得到 $\sigma_{x3}^2,\sigma_{x4}^2,\cdots,\sigma_{xt}^2$。

综上所述，得到下面的结果。

设 $d_{11},d_{12},\cdots,d_{1t};d_{21},d_{22},\cdots,d_{2t};\cdots;d_{t1},d_{t2},\cdots,d_{tt}$ 分别为下列各方程组的解：

$$\begin{cases} \sum_{i=1}^{n}a_{i1}a_{i1}d_{11}+\sum_{i=1}^{n}a_{i1}a_{i2}d_{12}+L+\sum_{i=1}^{n}a_{i1}a_{it}d_{1t}=1 \\ \sum_{i=1}^{n}a_{i2}a_{i1}d_{11}+\sum_{i=1}^{n}a_{i2}a_{i2}d_{12}+L+\sum_{i=1}^{n}a_{i2}a_{it}d_{1t}=0 \\ \cdots\cdots \\ \sum_{i=1}^{n}a_{it}a_{i1}d_{11}+\sum_{i=1}^{n}a_{it}a_{i2}d_{12}+L+\sum_{i=1}^{n}a_{it}a_{it}d_{1t}=0 \end{cases} \quad (8\text{-}88)$$

$$\begin{cases} \sum_{i=1}^{n}a_{i1}a_{i1}d_{21}+\sum_{i=1}^{n}a_{i1}a_{i2}d_{22}+L+\sum_{i=1}^{n}a_{i1}a_{it}d_{2t}=0 \\ \sum_{i=1}^{n}a_{i2}a_{i1}d_{21}+\sum_{i=1}^{n}a_{i2}a_{i2}d_{22}+L+\sum_{i=1}^{n}a_{i2}a_{it}d_{2t}=1 \\ \cdots\cdots \\ \sum_{i=1}^{n}a_{it}a_{i1}d_{21}+\sum_{i=1}^{n}a_{it}a_{i2}d_{22}+L+\sum_{i=1}^{n}a_{it}a_{it}d_{2t}=0 \end{cases} \quad (8\text{-}89)$$

$$\cdots\cdots$$

$$\begin{cases} \sum_{i=1}^{n}a_{i1}a_{i1}d_{t1}+\sum_{i=1}^{n}a_{i1}a_{i2}d_{t2}+L+\sum_{i=1}^{n}a_{i1}a_{it}d_{tt}=0 \\ \sum_{i=1}^{n}a_{i2}a_{i1}d_{t1}+\sum_{i=1}^{n}a_{i2}a_{i2}d_{t2}+L+\sum_{i=1}^{n}a_{i2}a_{it}d_{tt}=0 \\ \cdots\cdots \\ \sum_{i=1}^{n}a_{it}a_{i1}d_{t1}+\sum_{i=1}^{n}a_{it}a_{i2}d_{t2}+L+\sum_{i=1}^{n}a_{it}a_{it}d_{tt}=1 \end{cases} \quad (8\text{-}90)$$

上面各方程组中，待定乘子 d_{rs} $(r,s=1,2,\cdots,t)$ 的系数与正规方程（8-36）的系数完全一样。因此，在实际计算时，可以利用解正规方程的中间结果，十分简便。

由方程组（8-88）～（8-90）求得待定乘子 $d_{11},d_{12},\cdots,d_{tt}$，则各估计量 $x_1,x_2,\cdots,x_t$ 的方差为

$$\begin{cases}\sigma_{x1}^2=d_{11}\sigma^2\\ \sigma_{x2}^2=d_{22}\sigma^2\\ \cdots\cdots\\ \sigma_{xt}^2=d_{tt}\sigma^2\end{cases} \tag{8-91}$$

相应的标准差为

$$\begin{cases}\sigma_{x1}=\sigma\sqrt{d_{11}}\\ \sigma_{x2}=\sigma\sqrt{d_{22}}\\ \cdots\cdots\\ \sigma_{xt}=\sigma\sqrt{d_{tt}}\end{cases} \tag{8-92}$$

式中：σ 为测量数据的标准差。

不等精度测量的情况与此类似。估计量的标准差为

$$\begin{cases}\sigma_{x1}=\sigma\sqrt{d_{11}}\\ \sigma_{x2}=\sigma\sqrt{d_{22}}\\ \cdots\cdots\\ \sigma_{xt}=\sigma\sqrt{d_{tt}}\end{cases} \tag{8-93}$$

式中：σ 为单位权标准差。

对等精度测量，由于 $p_1=p_2=\cdots=p_n$（可取值为1），σ 即为测量数据的标准差，这是不等精度测量的特例。

利用矩阵的形式可以更方便地得到上述结果。设有协方差矩阵（n 阶矩阵）

$$D(\boldsymbol{L})=\begin{pmatrix}D(l_{11}) & D(l_{12}) & \cdots & D(l_{1n})\\ D(l_{21}) & D(l_{22}) & \cdots & D(l_{2n})\\ \vdots & \vdots & & \vdots\\ D(l_{n1}) & D(l_{n2}) & \cdots & D(l_{nn})\end{pmatrix}=E[\boldsymbol{L}-E(\boldsymbol{L})][\boldsymbol{L}-E(\boldsymbol{L})]^{\mathrm{T}} \tag{8-94}$$

式中：$D(l_{ii})$ 为 l_i 的方差，$D(l_{ii})=E[l_i-E(l_i)][l_i-E(l_i)]=\sigma_i^2$ $(i=1,2,\cdots,n)$；$D(l_{ij})$ 为 l_i 与 l_j 的协方差，$D(l_{ij})=E[l_i-E(l_i)][l_j-E(l_j)]=\rho_{ij}\sigma_i\sigma_j$ $(i=1,2,\cdots,n;j=1,2,\cdots,n;i\neq j)$。

若 $l_1,l_2,\cdots,l_n$ 等精度独立测量，即

$$\sigma_1=\sigma_2=\cdots=\sigma_n=\sigma \tag{8-95}$$

且相关系数 $\rho_{ij}=0$，即 $D(l_{ij})=0$，则有

$$D(\boldsymbol{L})=\begin{pmatrix}\sigma^2 & & & 0\\ & \sigma^2 & & \\ & & \ddots & \\ 0 & & & \sigma^2\end{pmatrix} \tag{8-96}$$

于是估计量的协方差为

$$D(\hat{X}) = E[\hat{X} - E(\hat{X})][\hat{X} - E(\hat{X})]^T = (A^TA)^{-1}A^TE[L - E(L)][L - E(L)]^T[(A^TA)^{-1}A^T]^T \\ = (A^TA)^{-1}A^TD(L)A(A^TA)^{-1} = (A^TA)^{-1}A^T\sigma^2IA(A^TA)^{-1} = (A^TA)^{-1}\sigma^2 \quad (8\text{-}97)$$

矩阵式中各元素即为上述待定乘子，可以由矩阵 A^TA 求逆得到。

同样，也可以得到不等精度测量的协方差矩阵

$$D(\hat{X}) = (A^TPA)^{-1}\sigma^2 \quad (8\text{-}98)$$

式中：σ 为单位权标准差。于是有

$$(A^TPA)^{-1} = \begin{pmatrix} d_{11} & d_{12} & \cdots & d_{1t} \\ d_{21} & d_{22} & \cdots & d_{2t} \\ \vdots & \vdots & & \vdots \\ d_{t1} & d_{t2} & \cdots & d_{tt} \end{pmatrix} \quad (8\text{-}99)$$

上式中各元素即为待定乘子，可以由 A^TPA 求逆得到。

第二节　一元线性回归

前面讨论方法的目的在于寻求被测量的最佳值及其精度。在生产和科学试验中，还有另一类问题，即测量与数据处理的目的并不在于被测量的估计值，而是为了寻求两个变量或多个变量之间的内在关系（如计程仪线性速度误差系数的求取、磁罗经自差公式系数的求取、陀螺仪温度误差系数的求取等），这是本节探讨的主要问题。

一、回归分析基本概念

表达变量之间关系的方法有散点图、表格、曲线、数学表达式等，其中数学表达式能较客观地反映事物的内在规律性，形式紧凑，且便于从理论上进一步分析研究，对认识自然界量与量之间的关系有着重要意义。而数学表达式的获得是通过回归分析方法完成的[3]。

（一）函数关系与相关关系

在生产和科学试验中，人们常遇到各种变量。这些变量之间相互联系、相互依存，它们之间存在着一定的关系。人们通过实践，发现变量之间的关系可以分为以下两种类型。

1. 函数关系

数学分析和物理学中的大多数公式属于函数关系，它是一种确实性关系。例如，以速度 v 做匀速运动的物体，走过的距离 s 与时间 t 之间，有如下确定的函数关系：

$$s = vt \quad (8\text{-}100)$$

若上式中的变量有两个已知，则另一个就可以借助函数关系精确地求出。

2. 相关关系

在实际问题中，绝大多数情况下变量之间的关系并不那么简单。许多变量之间既存在着密切的关系，又不能由一个（或几个）变量（自变量）的数值精确地求出另一个变量（因变量）

的数值，而是要通过试验和调查研究，才能确定它们之间的关系，称这类变量之间的关系为相关关系。一般地，多考虑一些变量会减少所考察因变量的不确定性，但这并不是绝对的。

应该指出，函数关系和相关关系虽然是两种不同类型的变量关系，但是它们之间并无严格的界限。一方面，由于测量误差等原因，确定性关系在实际中往往通过相关关系表现出来。例如，尽管从理论上物体运动的速度、时间与运动距离之间存在着函数关系，但实际上做多次反复实测，每次测得的数值并不一定满足 $s=vt$ 的关系。在实践中，为确定某函数关系中的常数，往往也是通过试验来完成的。另一方面，当对事物内部的规律性了解得更加深刻时，相关关系又能转化为确定性关系。事实上，试验科学中许多确定性的定理正是通过对大量试验数据的分析与处理，经过总结与提高，从感性到理性，最后才能得到更能深刻地反映变量之间关系的客观规律。

（二）回归分析主要内容

回归分析是英国生物学家兼统计学家高尔顿（Galton）于1889年出版的《自然遗传》一书中首先提出的，它是处理变量之间相关关系的一种数理统计方法。回归分析是一种应用数学的方法，通过对大量的观测数据进行处理，从而得出比较符合事物内部规律的数学表达式。概括地说，主要解决以下几个关键问题：

（1）从一组数据出发，确定这些变量之间的数学表达式，即回归方程或经验公式；

（2）对回归方程的可信度进行统计检验；

（3）进行因素分析，如从共同影响一个变量的多个变量（因素）中找出主要因素和次要因素等。

回归分析是数理统计中的一个重要分支，在工农业生产和科学研究中有着广泛的应用。在试验数据处理、经验公式求得、因素分析、仪器精度分析、产品质量控制、某些新标准的制定、气象及地震预报、自动控制中数学模型的制定等多个领域都是一种很有用的数学分析工具。

二、一元线性回归方程

（一）计程仪速度误差模型

边界层、海水密度变化、温度、气压，以及设备制造、安装、内部解算误差等因素都会引起计程仪误差，即造成指示航速 V_J 与实际航速 V_Z 不一致。用 ΔV 表示计程仪误差，即

$$\Delta V = V_J - V_Z \tag{8-101}$$

由于受各种因素的影响，ΔV 随速度 V 变化，即

$$\Delta V = f(V) \tag{8-102}$$

$f(V)$ 可以通过实际测定求得。图 8-1 所示为计程仪误差曲线，其中横坐标表示载体相对水的航行速度 V，纵坐标表示计程仪速度相对误差 $\delta\%$。任何误差曲线都可以分解为固定误差 V_0、线性可变误差 kV、非线性可变误差 $\varepsilon_i(V)$ 三部分，可以用下式表示为

$$\delta\% = V_0 + kV + \varepsilon_i(V) \tag{8-103}$$

式中：V_0 为不随速度 V 变化的固定误差。图中：直线 l_0 为固定误差曲线。若 l_0 在横坐标轴的上

方，则 $V_0>0$；若 l_0 在横坐标轴的下方，则 $V_0<0$。kV 为随速度 V 以线性规律变化的可变误差。直线 l_k 为误差曲线的平均倾度线，它与 l_0 之间的纵坐标值，就是可变误差 kV。若 l_k 上斜，则 $k>0$；若 l_k 下斜，则 $k<0$。$\varepsilon_i(V)$ 为误差曲线与倾度线 l_k 之间的纵坐标差值，它是速度 V 的函数，随速度 V 以非线性规律变化，称为非线性可变误差。若误差点在 l_k 以上，则 $\varepsilon_i>0$；若误差点在 l_k 以下，则 $\varepsilon_i<0$。如图 8-1 所示，当速度为 V_1 时，计程仪误差 $\delta_1\%=V_0+kV+\varepsilon_1(V_1)$，此时 $\varepsilon_1>0$；当速度为 V_2 时，计程仪误差 $\delta_2\%=V_0+kV+\varepsilon_2(V_2)$，此时 $\varepsilon_2<0$。

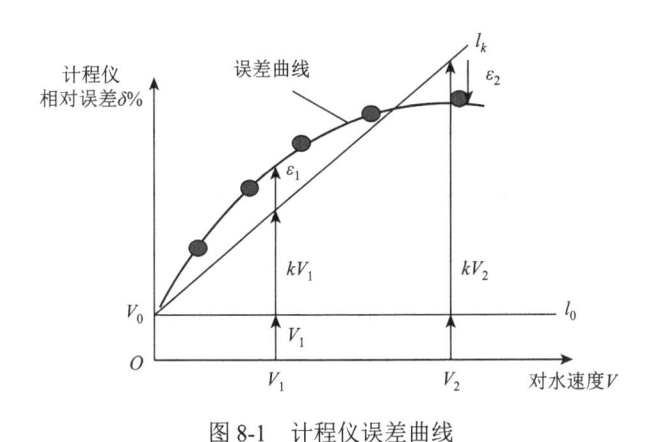

图 8-1　计程仪误差曲线

若误差曲线比较平直，即非线性误差 $\varepsilon_i(V)$ 比较小，可以忽略不计，则此时计程仪误差 $\delta\%$ 可以写成

$$\delta\%=V_0+kV \tag{8-104}$$

计程仪速度测量需要测定多种不同航速下的计程仪误差，通过线性回归拟合实现对计程仪的误差模型，并进行相应补偿。

（二）回归方程的求法

一元回归是处理两个变量之间的关系，即两个变量 x 与 y 之间若存在一定的关系，则可以通过试验分析所得数据，找出二者之间关系的经验公式。如果两个变量之间的关系是线性的就称为一元线性回归，如式（8-103）所示的计程仪误差拟合问题，这也是工程和科研中常见的线性拟合问题。

下面通过具体例子来讨论这个问题。

例 8-1　测量某导线在一定温度 x 下的电阻值 y，结果如表 8-1 所示[3]。

表 8-1　温度与电阻值记录数据

y/Ω	19.1	25.0	30.1	36.0	40.0	46.5	50.0
$x/\text{℃}$	76.30	77.80	79.75	80.80	82.35	83.90	85.10

为了研究电阻 y 与温度 x 之间的关系，将数据点标在坐标纸上，如图 8-2 所示，这种图称为散点图。从散点图可以看出，电阻 y 与温度 x 大致呈线性关系。因此，假设 x 与 y 之间的关

系是一条直线，这些点与直线的偏离是试验过程中其他一些随机因素的影响而引起的，这样就可以假设这组测量数据有如下结构形式：

$$y_t = \beta_0 + \beta x_t + \varepsilon_t \quad (t=1,2,\cdots,N) \tag{8-105}$$

式中：$\varepsilon_1, \varepsilon_2, \cdots, \varepsilon_N$ 分别为其他随机因素对电阻 $y_1, y_2, \cdots, y_N$ 影响的总和，一般假设它们是一组相互独立且服从统一正态分布 $N(0,\sigma)$ 的随机变量（本节对 ε_t 均作一假设）。变量 x 可以是随机变量，也可以是一般变量，不特别指出时，均作为一般变量处理，它是可以精确测量或严格控制的变量。这样，变量 y 是服从 $N(\beta_0+\beta x_t, \sigma)$ 的随机变量。式（8-105）即一元线性回归的数学模型。

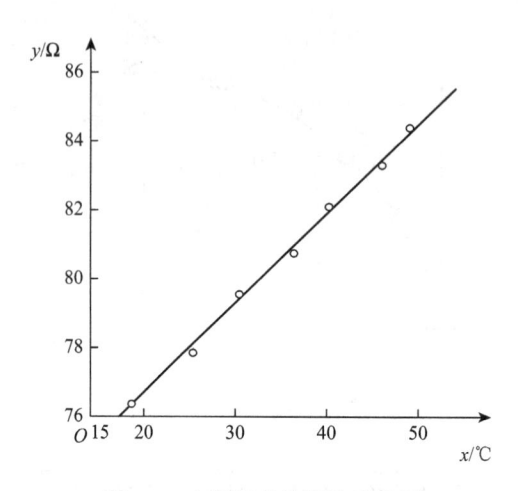

图 8-2 电阻温度线性关系分析

在例 8-1 中，$N=7$，将表 8-1 中的数据代入式（8-105），就可以得到一组测量方程，该方程组与式（8-14）相似，只是方程组中每个方程形式都相同，即都为式（8-105）的形式，但比式（8-14）中的方程形式更规范。由式（8-105）组成的方程组中有两个未知数，且方程个数大于未知数个数，适合用最小二乘法求解。由此可见，回归分析只是最小二乘法的一个应用特例，可以用最小二乘法来估计式（8-105）中的参数 β_0 和 β。

设 b_0 和 b 分别为参数 β_0 和 β 的最小二乘估计，得到一元线性回归方程

$$\hat{y} = b_0 + bx \tag{8-106}$$

式中：b_0 和 b 为回归方程的回归系数。

对每一个 x_t 由式（8-106）可以确定一个回归值 $\hat{y}_t = b_0 + bx_t$。实际测得值 y_t 与这个回归值 $\hat{y}_t$ 之差就是残余误差 u_t，即

$$u_t = y_t - \hat{y}_t = y_t - b_0 - bx_t \quad (t=1,2,\cdots,N) \tag{8-107}$$

应用最小二乘法求解回归系数，就是在使残余误差平方和最小的条件下求解回归系数 b_0 和 b。采用矩阵形式，令

$$\boldsymbol{Y} = \begin{pmatrix} y_1 \\ y_2 \\ \vdots \\ y_N \end{pmatrix}, \quad \boldsymbol{X} = \begin{pmatrix} 1 & x_1 \\ 1 & x_2 \\ \vdots & \vdots \\ 1 & x_N \end{pmatrix}, \quad \boldsymbol{b} = \begin{pmatrix} b_0 \\ b \end{pmatrix}, \quad \boldsymbol{U} = \begin{pmatrix} u_1 \\ u_2 \\ \vdots \\ u_3 \end{pmatrix} \tag{8-108}$$

则式（8-107）的矩阵形式为

$$Y - Xb = U \tag{8-109}$$

假设测得值 y_t 的精度相等，则根据最小二乘原理，回归系数的矩阵解为

$$b = (X^{\mathrm{T}}X)^{-1}X^{\mathrm{T}}Y = CB \tag{8-110}$$

回归分析计算过程如表 8-2 所示。

表 8-2　回归分析计算过程

序号	$x/℃$	$y/Ω$	$x^2/℃^2$	$y^2/Ω^2$	$xy/(Ω·℃)$
1	19.1	76.30	364.81	5 821.690	1 457.330
2	25.0	77.80	625.00	6 052.840	1 945.000
3	30.1	79.75	906.01	6 360.062	2 400.475
4	36.0	80.80	1 296.00	6 528.840	2 908.800
5	40.0	82.35	1 600.00	6 781.522	3 294.000
6	46.5	83.90	2 162.25	7 039.210	3 901.350
7	50.0	85.10	2 500.00	7 242.010	4 255.000
Σ	246.7	566.00	9 454.07	45 825.974	20 161.955

计算式（8-110）中的下列矩阵：

$$A = X^{\mathrm{T}}X = \begin{pmatrix} N & \sum_{t=1}^{N} x_t \\ \sum_{t=1}^{N} x_t & \sum_{t=1}^{N} x_t^2 \end{pmatrix} \tag{8-111}$$

$$C = A^{-1} \frac{1}{N\sum_{t=1}^{N} x_t^2 - \left(\sum_{t=1}^{N} x_t\right)^2} \begin{pmatrix} \sum_{t=1}^{N} x_t^2 & -\sum_{t=1}^{N} x_t \\ -\sum_{t=1}^{N} x_t & N \end{pmatrix} \tag{8-112}$$

$$B = X^{\mathrm{T}}Y = \begin{pmatrix} \sum_{t=1}^{N} y_t \\ \sum_{t=1}^{N} x_t y_t \end{pmatrix} \tag{8-113}$$

将式（8-112）和式（8-113）代入式（8-110），解得 b_0 和 b 分别为

$$b = \frac{N\sum_{t=1}^{N} x_t y_t - \sum_{t=1}^{N} x_t \sum_{t=1}^{N} y_t}{N\sum_{t=1}^{N} x_t^2 - \left(\sum_{t=1}^{N} x_t\right)^2} \tag{8-114}$$

$$b_0 = \frac{\sum_{t=1}^{N} x_t^2 \sum_{t=1}^{N} y_t - \sum_{t=1}^{N} x_t \sum_{t=1}^{N} x_t y_t}{N\sum_{t=1}^{N} x_t^2 - \left(\sum_{t=1}^{N} x_t\right)^2} \tag{8-115}$$

式中：

$$\bar{x} = \frac{1}{N}\sum_{t=1}^{N} x_t \tag{8-116}$$

$$\bar{y} = \frac{1}{N}\sum_{t=1}^{N} y_t \tag{8-117}$$

$$l_{xx} = \sum_{t=1}^{N}(x_t - \bar{x})^2 = \sum_{t=1}^{N} x_t^2 - \frac{1}{N}\left(\sum_{t=1}^{N} x_t\right)^2 \tag{8-118}$$

$$l_{xy} = \sum_{t=1}^{N}(x_t - \bar{x})(y_t - \bar{y}) = \sum_{t=1}^{N} x_t y_t - \frac{1}{N}\sum_{t=1}^{N} x_t \sum_{t=1}^{N} y_t \tag{8-119}$$

$$l_{yy} = \sum_{t=1}^{N}(y_t - \bar{y})^2 = \sum_{t=1}^{N} y_t^2 - \frac{1}{N}\left(\sum_{t=1}^{N} y_t\right)^2 \tag{8-120}$$

式（8-120）中 l_{yy} 是为了以后作进一步分析的需要，这里一并写出。

将式（8-115）代入回归方程式（8-106），可以得到回归方程的另一种形式：

$$\hat{y} - \bar{y} = b(x - \bar{x}) \tag{8-121}$$

由此可见，回归方程（8-106）通过点 $(\bar{x}, \bar{y})$，明确这一点对回归方程的作图是有帮助的。

由式（8-114）和式（8-115）求回归方程的具体计算过程通常是通过列表进行的。例 8-1 的计算如表 8-2 所示，计算结果如下（$N = 7$）：

$$\sum_{t=1}^{N} x_t = 246.7 \text{ ℃}, \qquad \sum_{t=1}^{N} y_t = 566.00 \text{ Ω} \tag{8-122}$$

$$\bar{x} = 35.243 \text{ ℃}, \qquad \bar{y} = 80.857 \text{ Ω} \tag{8-123}$$

$$\sum_{t=1}^{N} x_t^2 = 9\,454.07 \text{ ℃}^2, \quad \sum_{t=1}^{N} y_t^2 = 45\,825.974 \text{ Ω}^2, \quad \sum_{t=1}^{N} x_t y_t = 20\,161.955 \text{ Ω·℃} \tag{8-124}$$

$$\frac{1}{N}\left(\sum_{t=1}^{N} x_t\right)^2 = 8\,694.413 \text{ ℃}^2, \quad \frac{1}{N}\left(\sum_{t=1}^{N} y_t\right)^2 = 45\,765.143 \text{ Ω}^2, \quad \frac{1}{N}\sum_{t=1}^{N} x_t \sum_{t=1}^{N} y_t = 19\,947.457 \text{ Ω·℃} \tag{8-125}$$

$$\sigma_{b_0 b} = \frac{-\sum_{t=1}^{N} x_t}{N\sum_{t=1}^{N} x_t^2 - \left(\sum_{t=1}^{N} x_t\right)^2}\sigma^2 = -\frac{\bar{x}}{l_{xx}}\sigma^2 = 759.657 \text{ ℃}^2 \tag{8-126}$$

$$\begin{cases} l_{xy} = \sum_{t=1}^{N} x_t y_t - \frac{1}{N}\sum_{t=1}^{N} x_t \sum_{t=1}^{N} y_t = 214.498 \text{ Ω·℃} \\ l_{yy} = \sum_{t=1}^{N} y_t^2 - \frac{1}{N}\left(\sum_{t=1}^{N} y_t\right)^2 = 60.831 \text{ Ω}^2 \end{cases} \tag{8-127}$$

$$b = \frac{l_{xy}}{l_{xx}} = 0.282\,4 \text{ Ω/℃}, \qquad b_0 = \bar{y} - b\bar{x} = 70.90 \text{ Ω} \tag{8-128}$$

由此可得回归方程

$$\hat{y} = 70.90 \text{ Ω} + (0.282\,4 \text{ Ω/℃})x \tag{8-129}$$

这条回归直线一定通过 $\bar{y}$ 这一点，再令 x 取某一 x_0，代入回归方程（8-129）求出相应的 $\hat{y}_0$，连接 $(\bar{x},\bar{y})$ 与 $(x_0,\hat{y}_0)$ 就是回归直线，并将它画在图上。在本例中，回归系数 b 的物理意义是，温度上升 1 ℃，电阻平均增加 0.282 4 Ω。

（三）回归方程的稳定性

回归方程的稳定性是指回归值 $\hat{y}$ 的波动大小，波动越小，则回归方程的稳定性越好。与对待一般的估计值一样，$\hat{y}$ 的波动大小用 $\hat{y}$ 的标准差 $\sigma_{\hat{y}}$ 来表示。根据随机误差传递公式及回归方程（8-106）有

$$\sigma_{\hat{y}}^2 = \sigma_{b_0}^2 + x^2 \sigma_b^2 + 2x \sigma_{b_0 b} \tag{8-130}$$

式中：σ_{b_0} 和 σ_b 分别为 b_0 和 b 的标准差；$\sigma_{b_0 b}$ 为 b_0 与 b 的协方差。

设 σ 为测量数据 y 的残余标准差，由相关矩阵（8-110）得

$$\sigma_{b_0}^2 = \frac{\sum_{t=1}^{N} x_t^2}{N \sum_{t=1}^{N} x_t^2 - \left(\sum_{t=1}^{N} x_t\right)^2} \sigma^2 = \left(\frac{1}{N} + \frac{\bar{x}^2}{l_{xx}}\right) \sigma^2 \tag{8-131}$$

$$\sigma_b^2 = \frac{N}{N \sum_{t=1}^{N} x_t^2 - \left(\sum_{t=1}^{N} x_t\right)^2} \sigma^2 = \frac{\sigma^2}{l_{xx}} \tag{8-132}$$

$$\sigma_{b_0 b} = \frac{-\sum_{t=1}^{N} x_t}{N \sum_{t=1}^{N} x_t^2 - \left(\sum_{t=1}^{N} x_t\right)^2} \sigma^2 = -\frac{\bar{x}}{l_{xx}} \sigma^2 \tag{8-133}$$

将式（8-131）～（8-133）代入式（8-130）得

$$\sigma_{\hat{y}}^2 = \left(\frac{1}{N} + \frac{\bar{x}^2}{l_{xx}}\right)\sigma^2 + x^2 \frac{\sigma^2}{l_{xx}} - 2x \frac{\bar{x}}{l_{xx}} \sigma^2 = \left[\frac{1}{N} + \frac{(x-\bar{x})^2}{l_{xx}}\right]\sigma^2 \tag{8-134}$$

或

$$\sigma_{\hat{y}} = \sigma \sqrt{\frac{1}{N} + \frac{(x-\bar{x})^2}{l_{xx}}} \tag{8-135}$$

由式（8-135）可见，回归值的波动大小不仅与残余标准差 σ 有关，而且与试验次数 N 和自变量 x 的取值范围有关。N 越大，x 的取值范围越小，则回归值 $\hat{y}$ 的精度越高。

三、回归方程的方差分析与显著性检验

根据式（8-109）求出的回归直线是否具有实际意义呢？这里还有两个问题需要解决：一是就这种求回归直线的方法本身而言，对任何两个变量 x 和 y 的一组数据 (x_t, y_t)（$t=1,2,\cdots,N$），都可以用最小二乘法给它们拟合一条直线，而这条直线是否基本上符合 y 与 x 之间的客观规律，这就是回归方程的显著性检验要解决的问题；二是由于 x 与 y 之间是相关关系，已知 x 值，并不能精确得到 y 值，那么，用回归方程，根据自变量 x 值预报因变量 y 值，其效果究竟如何，

这就是回归直线的预报精度问题。为此，必须对回归问题作进一步分析。现介绍一种常用的方差分析法，其实质是对 N 个观测值与其算术平均值之差的平方和进行分解，将对 N 个观测值的影响因素从数量上区别开，然后用 F 检验法对所求回归方程进行显著性检验[3]。

（一）回归问题方差分析

观测值 $y_1, y_2, \cdots, y_N$ 之间的差异（称为变差）是由两个方面原因引起的：①自变量 x 取值的不同；②其他因素（包括试验误差）的影响。为了对回归方程进行检验，必须将它们所引起的变差从 y 的总变差中分解出来。

N 个观测值之间的变差可以用观测值 y 与其算术平均值 $\overline{y}$ 的离差平方和来表示，称为总的离差平方和，记为

$$S = \sum_{t=1}^{N}(y_t - \overline{y})^2 = l_{yy} \tag{8-136}$$

如图 8-3 所示，因为

$$\begin{aligned}S &= \sum_{t=1}^{N}(y_t - \overline{y})^2 = \sum_{t=1}^{N}[(y_t - \hat{y}_t) + (\hat{y}_t - \overline{y})]^2 \\ &= \sum_{t=1}^{N}(\hat{y}_t - \overline{y})^2 + \sum_{t=1}^{N}(y_t - \hat{y}_t)^2 + 2\sum_{t=1}^{N}(y_t - \hat{y}_t) + (\hat{y}_t - \overline{y})\end{aligned} \tag{8-137}$$

可以证明，交叉项

$$\sum_{t=1}^{N}(y_t - \hat{y}_t)(\hat{y}_t - \overline{y}) = 0 \tag{8-138}$$

因此总的离差平方和可以分解为两个部分，即

$$\sum_{t=1}^{N}(y_t - \overline{y})^2 = \sum_{t=1}^{N}(\hat{y}_t - \overline{y})^2 + \sum_{t=1}^{N}(y_t - \hat{y}_t)^2 \tag{8-139}$$

或者写成

$$S = U + Q \tag{8-140}$$

式中：右边第一项

$$U = \sum_{t=1}^{N}(\hat{y}_t - \overline{y})^2 \tag{8-141}$$

称为回归平方和，它反映在 y 总的变差中由于 x 与 y 的线性关系而引起 y 变化的部分。因此回归平方和也就是考虑了 x 与 y 的线性关系部分在总的离差平方和 S 中所占的成分，以便从数量上与 Q 值相区分。右边第二项

$$Q = \sum_{t=1}^{N}(y_t - \hat{y}_t)^2 \tag{8-142}$$

称为残余平方和，即所有观测点到回归直线的残余误差 $y_t - \hat{y}_t$ 的平方和。它是除 x 对 y 的线性影响外的一切因素（包括试验误差、x 对 y 的非线性影响，以及其他未加控制的因素）对 y 的变差作用，这部分变差仅考虑 x 与 y 的线性关系所不能减少的部分。

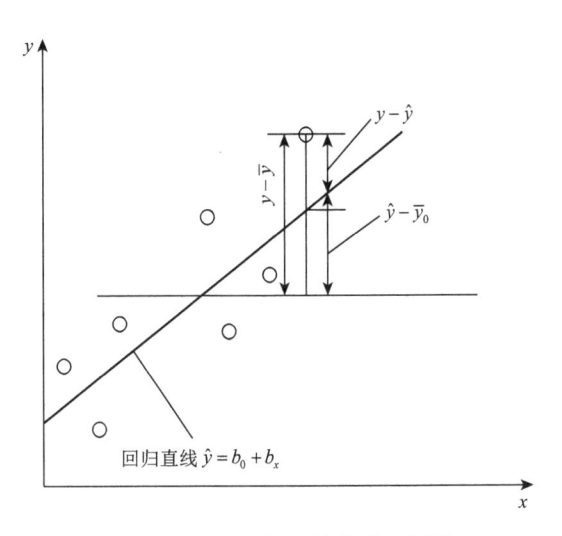

图 8-3 线性回归误差关系示意图

这样，通过平方和分解式（8-139）就将对 N 个观测值的两种影响从数量上区分开来。U 和 Q 的具体计算通常并不是按其定义式（8-141）和式（8-142）进行，而是按下式计算：

$$U = \sum_{t=1}^{N}(\hat{y}_t - \overline{y})^2 = \sum_{t=1}^{N}(b_0 + bx_t - b_0 - b\overline{x})^2$$
$$= b^2\sum_{t=1}^{N}(x_t - \overline{x})^2 = b\sum_{t=1}^{N}(x_t - \overline{x})(\hat{y}_t - \overline{y}) = bl_{xy} \quad (8\text{-}143)$$

$$Q = \sum_{t=1}^{N}(y_t - \hat{y}_t)^2 = S - U = l_{yy} - bl_{xy} \quad (8\text{-}144)$$

因此，在计算 S、U、Q 时就可以利用回归系数计算过程中的一些结果。

对每个平方和都有一个称为"自由度"的数据与它相联系。若总的离差平方和是由 N 项组成的，则其自由度就是 $N-1$；若一个平方和是由几部分相互独立的平方和组成的，则总的自由度等于各部分自由度的和。正如总的离差平方和在数值上可以分解成回归平方和与残余平方和两部分一样，总的离差平方和的自由度 ν_S 也等于回归平方和的自由度 ν_U 与残余平方和的自由度 ν_Q 的和，即

$$\nu_S = \nu_U + \nu_Q \quad (8\text{-}145)$$

在回归问题中，$\nu_S = N - 1$，而 ν_U 对应自变量的个数，因此在一元线性回归问题中 $\nu_U = 1$，故根据式（8-145），y 的自由度 $\nu_Q = N - 2$。

（二）回归方程显著性检验

由回归平方和与残余平方和的意义可知，一个回归方程是否显著，也就是 y 与 x 的线性关系是否密切，取决于 U 和 Q 的大小，U 越大，Q 越小，则 y 与 x 的线性关系越密切。回归方程显著性检验通常采用 F 检验法，因此要计算统计量

$$F = \frac{U/\nu_U}{Q/\nu_Q} \quad (8\text{-}146)$$

对一元线性回归

$$F = \frac{U/1}{Q/(N-2)} \tag{8-147}$$

再查附表 4 F 分布表。F 分布表中的两个自由度 ν_1 和 ν_2 分别对应式（8-146）中的 ν_U 和 ν_Q，即式（8-147）中的 1 和 $N-2$。检验时，一般需查出 F 分布表中对三种不同显著性水平 α 的数值，记为 $F_\alpha(1, N-2)$，将这三个数与由式（8-147）计算的 F 值进行比较。若 $F \geqslant F_{0.01}(1, N-2)$，则认为回归是高度显著的（或称在 0.01 水平上显著）；若 $F_{0.05}(1, N-2) \leqslant F < F_{0.01}(1, N-2)$，则称回归是显著的（或称在 0.05 水平上显著）；若 $F_{0.10}(1, N-2) \leqslant F < F_{0.05}(1, N-2)$，则称回归在 0.1 水平上显著；若 $F < F_{0.10}(1, N-2)$，则一般认为回归不显著，此时，y 对 x 的线性关系不密切。

（三）残余方差与残余标准差

残余平方和 Q 除以其自由度 ν_Q 所得商

$$\sigma^2 = \frac{Q}{N-2} \tag{8-148}$$

称为残余方差，它可以视为在排除了 x 对 y 的线性影响后（或者当 x 固定时）衡量 y 随机波动大小的一个估计量。残余方差的正平方根

$$\sigma = \sqrt{\frac{Q}{N-2}} \tag{8-149}$$

称为残余标准差，与 σ^2 的意义相似，它可以用来衡量所有随机因素对 y 的一次性观测的平均变差的大小，σ 越小，则回归直线的精度越高。当回归方程的稳定性较好时，σ 可以作为应用回归方程时的精度参数。

（四）方差分析表

上述将平方和及自由度进行分解的方差分析，所有结果可以归纳在一个简单的表格中，这种表称为方差分析表，如表 8-3 所示。

表 8-3　方差分析表

来源	平方和	自由度	方差	F	显著性
回归	$U = bl_{xy}$	1	$\sigma^2 = \dfrac{Q}{N-2}$	$F = \dfrac{U/1}{Q/(N-2)}$	—
残余	$Q = l_{yy} - bl_{xy}$	$N-2$			
总计	$S = l_{yy}$	$N-1$	—	—	—

利用回归方程，可以在一定显著性水平 α 上，确定与 x 相对应的 y 的取值范围。反之，若要求观测值 y 在一定的范围内取值，利用回归方程可以确定自变量 x 的控制范围。

四、重复试验情况

应该指出，用残余平方和检验回归平方和所作出的"回归方程显著"这一判断，只表明相对于其他因素及试验误差来说，因素 x 的一次项对指标 y 的影响是主要的，但并没有表明：影响 y 的除 x 外，还有一个或几个不可忽略的其他因素，以及 x 与 y 的关系确实为线性。换言之，

在上述意义下的回归方程显著,并不一定表明这个回归方程拟合得很好。其原因在于,残余平方和中除包括试验误差外,还包括 x 与 y 线性关系以外的其他未加控制的因素的影响。为了检验一个方程拟合得好坏,可以进行重复试验,从而获得误差平方和 Q_E 及失拟平方和 Q_L (反映非线性及其他未加控制因素的影响),用误差平方和对失拟平方和进行 F 检验,就可以确定回归方程拟合得好坏。

取 N 个试验点,每个试验点都重复 m 次试验,此时各种平方和及其相应的自由度可以按下列各式计算:

$$S = U + Q_L + Q_E, \qquad v_S = v_U + v_L + v_E \qquad (8\text{-}150)$$

$$S = \sum_{t=1}^{N}\sum_{i=1}^{m}(y_{ti}-\bar{y})^2, \qquad v_S = Nm-1 \qquad (8\text{-}151)$$

$$U = m\sum_{t=1}^{N}(\hat{y}_t-\bar{y})^2, \qquad v_U = 1 \qquad (8\text{-}152)$$

$$Q_E = \sum_{t=1}^{N}\sum_{i=1}^{m}(y_{ti}-\bar{y}_t)^2, \qquad v_{Q_E} = N(m-1) \qquad (8\text{-}153)$$

$$Q_L = m\sum_{t=1}^{N}(\bar{y}_t-\hat{y}_t)^2, \qquad v_{Q_L} = N-2 \qquad (8\text{-}154)$$

从以上分析可以看出,在一般情况下,重复试验可以将误差平方和及失拟平方和从残余平方和中分离出来,这对统计分析是有好处的。同时,在精密测试仪器中,通常失拟平方和及误差平方和分别与仪器的原理误差(定标误差、非线性误差)及仪器的随机误差相对应。应用这种方法分析传感器或非电量电测仪器及其他类似需要变换参数的测量仪器的精度,可以将系统误差与随机误差分离开来,并可以用回归分析方法进一步找出仪器的误差方程,从而对仪器的误差进行修正。该方法不需要对仪器作任何改进,只是通过数据处理,对仪器的系统误差进行修正,就可以使仪器的精度明显提高,这是提高仪器精度的一种颇为有效的方法。

总之,通过重复试验的回归分析对了解这类仪器的误差来源及提高仪器的精度是有益的。如果没有条件进行重复试验,只能用残余平方和对回归平方和按式(8-146)进行 F 检验,也可以大致检验回归效果的好坏。习惯上,经常也将这种检验结果显著与不显著说成拟合得好与坏。但需要注意,一个方程拟合得好的真正含义应该是失拟平方和相对于误差平方和是不显著的。

五、回归直线的简便求法

回归分析是以最小二乘法为基础的,因此所建立的回归直线误差(标准差)最小,但其计算一般比较复杂。为了减少计算,在精度要求不太高或试验数据线性较好的情况下,可以采用如下简便方法。

(一)分组法(平均值法)

用分组法求回归方程 $\hat{y} = b_0 + bx$ 中的系数 b_0 和 b 的具体步骤是:将自变量数据按由小到大

的次序排列,分成个数相等或近似相等的两个组(分组数等于所求未知数的个数)。第一组为 $x_1, x_2, \cdots, x_k$,第二组为 $x_{k+1}, x_{k+2}, \cdots, x_N$,建立相应的两组观测方程

$$\begin{cases} y_1 = b_0 + bx_1 \\ y_2 = b_0 + bx_2 \\ \cdots\cdots \\ y_k = b_0 + bx_k \end{cases} \text{和} \begin{cases} y_{k+1} = b_0 + bx_{k+1} \\ y_{k+2} = b_0 + bx_{k+2} \\ \cdots\cdots \\ y_N = b_0 + bx_N \end{cases} \tag{8-155}$$

两组观测方程分别相加,得到关于 b_0 和 b 的方程组

$$\begin{cases} \sum_{t=1}^{k} y_t = kb_0 - b\sum_{t=1}^{k} x_t \\ \sum_{t=k+1}^{N} y_t = (N-k)b_0 - b\sum_{t=k+1}^{N} x_t \end{cases} \tag{8-156}$$

解得 b 和 b_0。特别当 $N = 2k$ 时,回归系数

$$\begin{cases} b = \dfrac{\sum\limits_{t=1}^{N/2} y_t - \sum\limits_{t=N/2+1}^{N} y_t}{\sum\limits_{t=1}^{N/2} x_t - \sum\limits_{t=N/2+1}^{N} x_t} \\ b_0 = \dfrac{\sum\limits_{t=1}^{N} y_t}{N} - \dfrac{\sum\limits_{t=1}^{N} x_t}{N} = \overline{y} - b\overline{x} \end{cases} \tag{8-157}$$

此方法简单明了,拟合的直线就是通过第一组重心和第二组重心的一条直线,这是工程实践中常用的一种简单方法。

(二)图解法(紧绳法)

将 N 对观测数据在坐标纸上画出散点图,如果画出的点群形成一直线带,就在点群中画一条直线,使得多数点位于直线上或接近此直线,并均匀地分布在直线的两边。这条直线可以近似地作为回归直线,回归系数可以直接由图中求得。利用此直线也可以在坐标纸上直接进行预报。

图解法由于作图时完全凭经验画直线,主观性较大,精度较低。但此方法非常简单,精度要求不高时可以采用。早期计程仪测速标校中也经常使用这一方法。

第三节　多点定位误差最小二乘法分析

在导航和探测等系统中,最小二乘法均得到广泛应用。在导航系统常用数据处理中,最小二乘法常应用于导航系统解算与误差处理,大都为通过冗余的观测量实现对多个导航参数的估计问题,如 GNSS 的几何因子问题、天文定位解算问题等。这些同一时刻的冗余观测量包括 GNSS 的多颗卫星、天文导航的多颗恒星、陆标导航的多个物标、无线电导航的多个基站等。观测量是待求导航参数的函数,可以不考虑时间因素。当既定测量随机误差为正态分布时,最小二乘估计解算为导航参数最优解。若函数是非线性函数,则需要进行线性化处理[32]。

一、二维导航解算分析实例

在二维平面中，天线位置可以通过距离测量的方法进行计算。

下面对使用地面两台发射机进行导航解算的情况进行分析[33]。

在这种情况下，接收机与两个发射机位于同一个平面，如图 8-4 所示。已知位置(x_1, y_1)和(x_2, y_2)，则两个发射机距离用户位置的距离 R_1 和 R_2 的计算公式分别为

$$R_1 = c\Delta t_1 \quad (8\text{-}158)$$

$$R_2 = c\Delta t_2 \quad (8\text{-}159)$$

式中：c 为光速；Δt_1 为无线电波由发射机 1 传播至用户的时间；Δt_2 为无线电波由发射机 2 传播至用户的时间。图 8-4 中的(x, y)为用户位置。

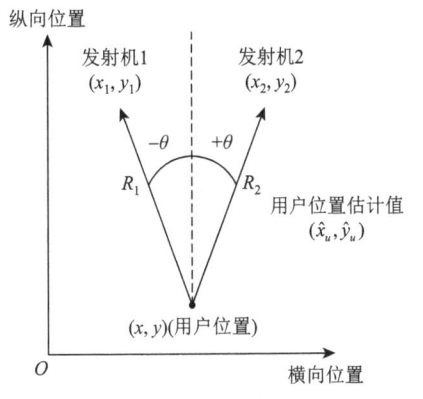

图 8-4 平面图

用户位置到每个发射机的距离可以写成

$$R_1 = [(x-x_1)^2 + (y-y_1)^2]^{1/2} \quad (8\text{-}160)$$

$$R_2 = [(x-x_2)^2 + (y-y_2)^2]^{1/2} \quad (8\text{-}161)$$

将 x 的微小变化用 Δx 表示，y 的微小变化用 Δy 表示，并将 R_1 和 R_2 用泰勒（Taylor）级数展开有

$$\Delta R_1 = \frac{\partial R_1}{\partial x}\Delta x + \frac{\partial R_1}{\partial y}\Delta y + u_1 \quad (8\text{-}162)$$

$$\Delta R_2 = \frac{\partial R_2}{\partial x}\Delta x + \frac{\partial R_2}{\partial y}\Delta y + u_2 \quad (8\text{-}163)$$

式中：u_1 和 u_2 为高阶项式（8-160）和式（8-161）分别对 x 和 y 的导数，可以用式（8-162）和式（8-163）取代。

因此，对于对称情况有

$$\Delta R_1 = \frac{x-x_1}{[(x-x_1)^2 + (y-y_1)^2]^{1/2}}\Delta x + \frac{y-y_1}{[(x-x_1)^2 + (y-y_1)^2]^{1/2}}\Delta y + u_1 \quad (8\text{-}164)$$
$$= \sin\theta\Delta x + \cos\theta\Delta y + u_1$$

$$\Delta R_2 = -\sin\theta\Delta x + \cos\theta\Delta yz = u_2 \quad (8\text{-}165)$$

为了得到(X, Y)的最小二乘估计值，需要将

$$J = u_1^2 + u_2^2 \quad (8\text{-}166)$$

最小化，故有

$$J = \left(\frac{\Delta R_1 - \sin\theta\Delta x - \cos\theta\Delta y}{u_1}\right)^2 + \left(\frac{\Delta R_2 + \sin\theta\Delta x - \cos\theta\Delta y}{u_2}\right)^2 \quad (8\text{-}167)$$

最小化的结果可以由 $\partial J/\partial\Delta x = 0 = \partial J/\partial\Delta y$ 得出。计算 Δx 和 Δy 得

$$\frac{\partial J}{\partial \Delta x} = 2(\Delta R_1 - \sin\theta\Delta x - \cos\theta\Delta y)(-\sin\theta) + 2(\Delta R_2 + \sin\theta\Delta x - \cos\theta\Delta y)\sin\theta \quad (8\text{-}168)$$
$$= \Delta R_2 - \Delta R_1 + 2\sin\theta\Delta x = 0$$

其结果为

$$\Delta x = \frac{\Delta R_1 - \Delta R_2}{2\sin\theta} \quad (8\text{-}169)$$

Δy 的结果可以由类似的方式得出:

$$\Delta y = \frac{\Delta R_1 + \Delta R_2}{2\cos\theta} \quad (8\text{-}170)$$

导航解算过程为:发射机的位置(x_1, y_1)和(x_2, y_2)已经给出,信号传送时间Δt_1和Δt_2也已经给出。假设用户的估计位置为$\hat{x}_u$和$\hat{y}_u$,令位置坐标X和Y与初始假设相等,则

$$\begin{cases} x = \hat{x}_u \\ y = \hat{y}_u \end{cases} \quad (8\text{-}171)$$

计算距离误差:

$$\Delta \hat{R}_1 = \overbrace{[(\hat{x}_u - x_1)^2 + (\hat{y}_u - y_1)^2]^{1/2}}^{\text{几何半径}} - \overbrace{c\Delta t_1}^{\text{测量的伪距}} \quad (8\text{-}172)$$

$$\Delta \hat{R}_2 = [(\hat{x}_u - x_2)^2 + (\hat{y}_u - y_2)^2]^{1/2} - c\Delta t_2 \quad (8\text{-}173)$$

计算θ角:

$$\theta = \arctan\frac{\hat{x}_u - x_1}{\hat{y}_u - y_1} = \arcsin\frac{\hat{x}_u - x_1}{\sqrt{(\hat{x}_u - x_1)^2 + (\hat{y}_u - y_1)^2}} \quad (8\text{-}174)$$

计算用户位置的校正值:

$$\begin{cases} \Delta\hat{x} = \dfrac{1}{2\sin\theta}(\Delta\hat{R}_1 - \Delta\hat{R}_2) \\ \Delta\hat{y} = \dfrac{1}{2\cos\theta}(\Delta\hat{R}_1 + \Delta\hat{R}_2) \end{cases} \quad (8\text{-}175)$$

计算新的位置估计值:

$$\begin{cases} x = \hat{x}_u + \Delta\hat{x} \\ y = \hat{y}_u + \Delta\hat{y} \end{cases} \quad (8\text{-}176)$$

根据这些公式及新的x和y值,继续计算θ、ΔR_1、ΔR_2。
重复式(8-172)~(8-176),得校正迭代方程

$$\begin{cases} \Delta x_{\text{best}} = \dfrac{1}{2\sin\theta}(\Delta R_1 - \Delta R_2) \quad x_{\text{new}} = x_{\text{old}} + \Delta x_{\text{best}} \\ \Delta y_{\text{best}} = \dfrac{1}{2\cos\theta}(\Delta R_1 + \Delta R_2) \quad y_{\text{new}} = y_{\text{old}} + \Delta y_{\text{best}} \end{cases} \quad (8\text{-}177)$$

二、卫星选择及精度因子

与陆基系统类似,选择空间中适当分散的参照点可以获得更高的准确率。例如,对紧聚在一处的四个参考点进行距离测量可以得出几乎相同的数值。考虑距离误差的位置计算,因为距

离几乎相等，所以相对较小的误差在微分计算中会被放大。这种由于卫星空间几何分布带来的影响，即几何精度因子（GDOP）。这意味着由像时钟误差等其他原因引起的距离误差也会被几何影响所放大。为了找出用于计算用户位置和速度的最佳卫星位置，就需要计算GDOP[33]。

已知每颗卫星坐标(x_i, y_i, z_i)和未知用户坐标(x, y, z)的三维观测方程为

$$Z_\rho = p^i = \sqrt{(x_i-x)^2 + (y_i-y)^2 + (z_i-z)^2} + c_b \tag{8-178}$$

方程（8-178）为非线性方程，可以用泰勒级数展开将其线性化。

令距离矢量为 $\boldsymbol{Z}_\rho = h(\boldsymbol{X})$，非线性函数 $h(\boldsymbol{X})$ 中的四维向量 X 表示用户位置与接收机时钟误差，将未知向量用泰勒级数展开得

$$\boldsymbol{x} = (x, y, z, c_b)^T \tag{8-179}$$

式中：x 为用户天线位置的东向分量；y 为用户天线位置的北向分量；z 为用户天线位置的向上垂直分量；c_b 为接收机时钟误差。

$$\boldsymbol{Z}_\rho = h(\boldsymbol{X}) = h(\boldsymbol{X}^{\text{nom}}) + \left.\frac{\partial h(\boldsymbol{X})}{\partial \boldsymbol{X}}\right|_{X=X^{\text{nom}}} \delta \boldsymbol{X} + \text{H.O.T} \tag{8-180}$$

$$\delta \boldsymbol{x} = \boldsymbol{x} - \boldsymbol{x}_{\text{nom}}, \quad \delta \boldsymbol{Z} = h(\boldsymbol{x}) - h(\boldsymbol{x}_{\text{nom}}) \tag{8-181}$$

式中：H.O.T 表示更高阶项。

式（8-180）和式（8-181）中的方程可以变形为

$$\delta \boldsymbol{Z}_\rho = \left.\frac{\partial h(\boldsymbol{X})}{\partial \boldsymbol{X}}\right|_{X=X^{\text{nom}}} \delta \boldsymbol{X} = \boldsymbol{H}^{[1]} \delta \boldsymbol{X} \tag{8-182}$$

$$\delta x = x - x_{\text{nom}}, \quad \delta y = y - y_{\text{nom}}, \quad \delta z = z - z_{\text{nom}} \tag{8-183}$$

式中：$\boldsymbol{H}^{[1]}$ 为泰勒级数展开式中的一阶项。

$$\delta z_\rho = \rho(x,y,z) - \rho(x_{\text{nom}}, y_{\text{nom}}, z_{\text{nom}}) \approx \underbrace{\frac{\partial \rho}{\partial \boldsymbol{X}}(x_{\text{nom}}, y_{\text{nom}}, z_{\text{nom}}) \delta \boldsymbol{X}}_{\boldsymbol{H}^{[1]}} + u_\rho \tag{8-184}$$

式中：u_ρ 为接收机测量的噪声。

矢量方程（8-184）又可以分阶写成如下标量方程：

$$\begin{cases} \dfrac{\partial \rho_r^i}{\partial x} = \dfrac{-(x_i-x)}{\sqrt{(x_i-x)^2+(y_i-y)^2+(z-z)^2}} \bigg| X = (X_{\text{nom}}, Y_{\text{nom}}, Z_{\text{nom}}) \\[2mm] \qquad = \dfrac{-(x_i-x_{\text{nom}})}{\sqrt{(x_i-x_{\text{nom}})^2+(y_i-y_{\text{nom}})^2+(z-z_{\text{nom}})^2}} \\[2mm] \dfrac{\partial \rho_r^i}{\partial y} = \dfrac{-(y_i-y_{\text{nom}})}{\sqrt{(x_i-x_{\text{nom}})^2+(y_i-y_{\text{nom}})^2+(z-z_{\text{nom}})^2}} \\[2mm] \dfrac{\partial \rho_r^i}{\partial z} = \dfrac{-(z_i-z_{\text{nom}})}{\sqrt{(x_i-x_{\text{nom}})^2+(y_i-y_{\text{nom}})^2+(z-z_{\text{nom}})^2}} \end{cases} \tag{8-185}$$

式中：i 为卫星数量，$i=1,2,3,4$（即4颗卫星）。

将式（8-184）与式（8-185）结合成矩阵方程，有

$$\begin{pmatrix} \delta z_\rho^1 \\ \delta z_\rho^2 \\ \delta z_\rho^3 \\ \delta z_\rho^4 \end{pmatrix}_{4\times 1} = \begin{pmatrix} \dfrac{\partial \rho_r^1}{\partial x} & \dfrac{\partial \rho_r^1}{\partial y} & \dfrac{\partial \rho_r^1}{\partial z} & 1 \\ \dfrac{\partial \rho_r^2}{\partial x} & \dfrac{\partial \rho_r^2}{\partial y} & \dfrac{\partial \rho_r^2}{\partial z} & 1 \\ \dfrac{\partial \rho_r^3}{\partial x} & \dfrac{\partial \rho_r^3}{\partial y} & \dfrac{\partial \rho_r^3}{\partial z} & 1 \\ \dfrac{\partial \rho_r^4}{\partial x} & \dfrac{\partial \rho_r^4}{\partial y} & \dfrac{\partial \rho_r^4}{\partial z} & 1 \end{pmatrix}_{4\times 4} \begin{pmatrix} \delta x \\ \delta y \\ \delta z \\ c_b \end{pmatrix}_{4\times 1} + \begin{pmatrix} v_\rho^1 \\ v_\rho^2 \\ v_\rho^3 \\ v_\rho^4 \end{pmatrix}_{4\times 1} \tag{8-186}$$

写成简单形式为

$$(\delta \boldsymbol{Z}_\rho)_{4\times 1} = (\boldsymbol{H}^{[1]})_{4\times 4} (\delta \boldsymbol{X})_{4\times 1} + (\boldsymbol{u}_\rho)_{4\times 1} \tag{8-187}$$

为了计算 $\boldsymbol{H}^{[1]}$，需要卫星的位置和用户位置。

为了计算（近似的）GDOP 得

$$(\delta \boldsymbol{Z}_\rho)_{4\times 1} = (\boldsymbol{H}^{[1]})_{4\times 4} (\delta \boldsymbol{X})_{4\times 1} \tag{8-188}$$

由伪距、卫星位置和用户位置可以得到 $\delta \boldsymbol{Z}_\rho$ 和 $\boldsymbol{H}^{[1]}$。上式中的校正量 δx 是未知向量。

式（8-187）两边都左乘 $\boldsymbol{H}^{[1]\mathrm{T}}$ 得

$$\boldsymbol{H}^{[1]\mathrm{T}} \delta \boldsymbol{Z}_\rho = (\boldsymbol{H}^{[1]\mathrm{T}}_{4\times 4} \boldsymbol{H}^{[1]}_{4\times 4})_{4\times 4} \delta \boldsymbol{X} \tag{8-189}$$

式（8-189）两边再分别左乘 $(\boldsymbol{H}^{[1]\mathrm{T}} \boldsymbol{H}^{[1]})^{-1}$ 得

$$\delta \boldsymbol{X} = (\boldsymbol{H}^{[1]\mathrm{T}} \boldsymbol{H}^{[1]})^{-1} \boldsymbol{H}^{[1]\mathrm{T}} \delta \boldsymbol{Z}_\rho \tag{8-190}$$

假设 $\delta \boldsymbol{X}$ 和 $\delta \boldsymbol{Z}_\rho$ 是随机的，零均值的，则误差的协方差为

$$\begin{aligned} E[\delta \boldsymbol{X}(\delta \boldsymbol{X})^{\mathrm{T}}] &= E\{(\boldsymbol{H}^{[1]\mathrm{T}} \boldsymbol{H}^{[1]})^{-1} \boldsymbol{H}^{[1]\mathrm{T}} \delta \boldsymbol{Z}_\rho [(\boldsymbol{H}^{[1]\mathrm{T}} \boldsymbol{H}^{[1]})^{-1} \boldsymbol{H}^{[1]\mathrm{T}} \delta \boldsymbol{Z}_\rho]^{\mathrm{T}} \} \\ &= (\boldsymbol{H}^{[1]\mathrm{T}} \boldsymbol{H}^{[1]})^{-1} \boldsymbol{H}^{[1]\mathrm{T}} E(\delta \boldsymbol{Z}_\rho \delta \boldsymbol{Z}_\rho^{\mathrm{T}}) \boldsymbol{H}^{[1]} (\boldsymbol{H}^{[1]\mathrm{T}} \boldsymbol{H}^{[1]})^{-1} \end{aligned} \tag{8-191}$$

假设伪距测量的协方差与星间方差 σ^2 是不相关的，即

$$E(\delta \boldsymbol{Z}_\rho \delta \boldsymbol{Z}_\rho^{\mathrm{T}}) = \sigma^2 \boldsymbol{I}_4 \tag{8-192}$$

为 4×4 矩阵。

将式（8-192）代入式（8-179）得

$$E[\delta \boldsymbol{X}(\delta \boldsymbol{X})^{\mathrm{T}}] = \sigma^2 (\boldsymbol{H}^{[1]\mathrm{T}} \boldsymbol{H}^{[1]})^{-1} \underbrace{(\boldsymbol{H}^{[1]\mathrm{T}} \boldsymbol{H}^{[1]})(\boldsymbol{H}^{[1]\mathrm{T}} \boldsymbol{H}^{[1]})^{-1}}_{\boldsymbol{I}} = \sigma^2 (\boldsymbol{H}^{[1]\mathrm{T}} \boldsymbol{H}^{[1]})^{-1} \tag{8-193}$$

因为

$$(\delta \boldsymbol{X})_{4\times 1} = \begin{pmatrix} \Delta E \\ \Delta N \\ \Delta U \\ c_b \end{pmatrix} \tag{8-194}$$

式中：ΔE 为东向误差；ΔN 为北向误差（本地水平坐标系）；ΔU 为垂直向上误差。所以协方差矩阵变为

$$\{E[\delta\boldsymbol{X}(\delta\boldsymbol{X})^{\mathrm{T}}]\}_{4\times4} = \begin{pmatrix} E(\Delta E^2) & E(\Delta E\Delta N) & E(\Delta E\Delta U) & E(\Delta E\Delta c_{\mathrm{b}}) \\ E(\Delta N\Delta E) & E(\Delta N^2) & E(\Delta N\Delta U) & E(\Delta N\Delta c_{\mathrm{b}}) \\ E(\Delta U\Delta E) & E(\Delta U\Delta N) & E(\Delta U^2) & E(\Delta U\Delta c_{\mathrm{b}}) \\ E(\Delta c_{\mathrm{b}}\Delta E) & E(\Delta c_{\mathrm{b}}\Delta N) & E(\Delta c_{\mathrm{b}}\Delta U) & E(\Delta c_{\mathrm{b}}^2) \end{pmatrix} \quad (8\text{-}195)$$

主要研讨下面矩阵的对角线元素：

$$(\boldsymbol{H}^{[1]\mathrm{T}}\boldsymbol{H}^{[1]})^{-1} = \begin{pmatrix} A_{11} & A_{12} & A_{13} & A_{14} \\ A_{21} & A_{22} & A_{23} & A_{24} \\ A_{31} & A_{32} & A_{33} & A_{34} \\ A_{41} & A_{42} & A_{43} & A_{44} \end{pmatrix} \quad (8\text{-}196)$$

在下面的式子中，$\sigma_2 = 1 \text{ m}^2$（图 8-5）：

$\text{GDOP} = \sqrt{A_{11} + A_{22} + A_{33} + A_{44}}$

$\text{PDOP} = \sqrt{A_{11} + A_{22} + A_{33}}$ （位置精度几何因子）

$\text{HDOP} = \sqrt{A_{11} + A_{22}}$ （水平精度几何因子）

$\text{VDOP} = \sqrt{A_{33}}$ （垂直精度几何因子）

$\text{TDOP} = \sqrt{A_{44}}$ （时间精度因子）

所有的 DOPs 均表示伪距误差的灵敏度。

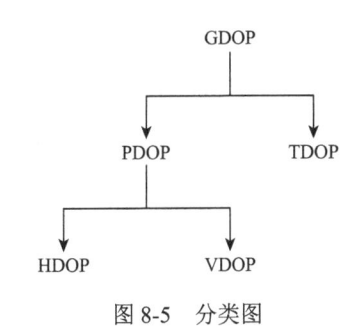

图 8-5　分类图

三、最小二乘法在导航系统中的应用举例

最小二乘法在导航系统中应用十分广泛，除之前介绍的多点定位误差分析、计程仪误差模型拟合等应用外，还在诸如磁罗经自差参数估计、陀螺仪温度模型参数估计等领域广泛应用。在此仅简要介绍磁罗经自差参数估计方法，以加深读者对最小二乘法在导航中应用的认识。

（一）磁罗经自差近似公式模型

将第三章式（3-3）重列如下：

$$\sin\delta = A'\cos\delta + B'\sin\Psi' + C'\cos\Psi' + D'\sin(2\Psi' + \delta) + E'\cos(2\Psi' + \delta) \quad (8\text{-}197)$$

当磁罗经校正后，其剩余自差 δ 不大时，A'、B'、C'、D'、E' 也很小，小角度的正弦和正切函数值可以用弧度表示，故公式（8-197）可以改写为自差近似公式：

$$\delta = A + B\sin\Psi' + C\cos\Psi' + D\sin 2\Psi' + E\cos 2\Psi' \quad (8\text{-}198)$$

式中：$\delta = \Psi - \Psi'$，Ψ 为磁航向；B 和 C 为硬铁磁性校正系数；D 和 E 为软铁磁性校正系数。A 不随航向变化，称为恒定自差；B 和 C 一周变化 2 次，称为半圆自差；D 和 E 一周变化 4 次，称为象限自差。

任何一种实际消除自差的方法，都不可能绝对准确地将各个航向上的自差都消除为零，总是有剩余自差。消除自差的目的是使剩余自差变得很小，一般不超过 5°。自差随航向变化，由于费时费力，实际中不可能在每一航向上都测定自差。为求得每隔 5°或 10°航向上的自差，一般在 8 个罗经点航向上测定剩余自差，按公式（8-198）求得 5 个自差系数 A、B、C、D、E 的值，然后代入该式求每隔 5°或 10°航向上的自差。

（二）磁罗经自差系数最小二乘法估算方法

每隔 5°采样取磁航向，同时测出相应的罗航向作为航向基准。为更加准确测得罗航向，正、反向各测一组，然后对两组取平均值得到对应的罗航向。由此可以得到 36 组磁航向自差数据。根据式（8-198）建立冗余测量方程组，为了减少观测的偶然误差，采用最小二乘法求出 5 个自差系数 A、B、C、D、E 的值。

需要说明的是，采取本例方法的前提是自差已经过校正，即剩余自差很小，否则求得的 5 个自差系数没有任何意义。因为假定罗经自差很大而没有校正，在 8 个罗经航向上观测的自差就不能应用公式（8-198）来计算任何航向上的自差，而且要想求得任意航向上的自差也不能从 8 个罗经航向的自差用简单的线性内插来取得，因为较大的自差与航向的关系，纵使航向间隔很小，自差也不是直线关系。

0°	2.0	180°	2.0
10°	1.9	190°	1.9
20°	1.5	200°	1.5
30°	1.0	210°	1.0
40°	0.3	220°	0.3
45°	0.0	225°	0.0
50°	−0.3	230°	−0.3
60°	−1.0	240°	−1.0
70°	−1.5	250°	−1.5
80°	−1.9	260°	−1.9
90°	−2.0	270°	−2.0
100°	−1.9	280°	−1.9
110°	−1.5	290°	−1.5
120°	−1.0	300°	−1.0
130°	−0.3	310°	−0.3
135°	0.0	315°	0.0
140°	0.3	320°	0.3
150°	1.0	330°	1.0
160°	1.5	340°	1.5
170°	1.9	350°	1.9

图 8-6　自差表

求出 5 个自差系数之后，根据自差公式按每隔 10°或 15°航向值计算出自差，填制成自差表，如图 8-6 所示，绘制自差值与罗经航向值之间的关系曲线，如图 8-7 所示。使用中可以通过曲线直接查出某个罗航向上的自差值修正磁罗经指示达到消除自差的目的。

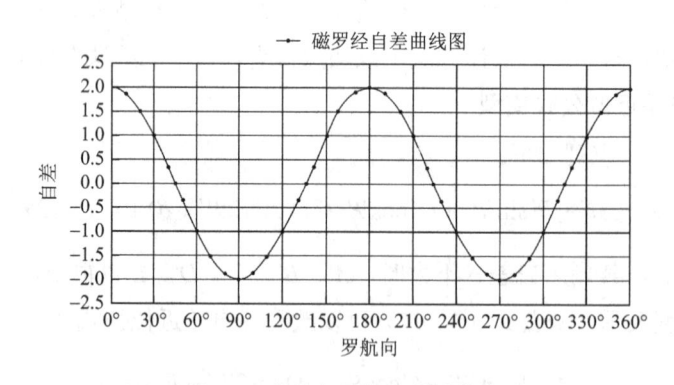

图 8-7　自差与罗航向关系曲线

思　考　题

1. 最小二乘原理的核心是什么？由此估计的参数具有哪些性质？
2. 算术平均值原理可以视为最小二乘原理的特例，谈谈你对此的理解。
3. 什么情况下会产生参数估计问题？试举例说明。所估计的是哪些参数？

4. 进行参数估计的准则有多种，为什么要选择最小二乘原理作为参数估计的准则？

5. 罗兰 C 定位精度受台链几何分布影响，试采用最小二乘法对此误差的特点进行分析。

6. 通过文献检索，了解光学陀螺刻度因素的测试方法。如何正确应用最小二乘和一元线性回归解决这一问题？

7. 通过文献检索，了解计程仪精度测试方法。如何正确应用最小二乘法和一元线性回归解决这一问题？

8. 请列举基于最小二乘法的误差分析在导航系统设计中的应用。

第九章 动态测试误差数据处理

> 道之为物，惟恍惟惚。
>
> ——《道德经·第二十一章》

动态测量可以视为静态测量的拓展，但动态测量误差评定及相应的数据处理方法并不是静态测量误差评定的简单推广。动态测量误差的概念、评定参数、评定方法等都有其自身更复杂的特点，其数学理论基础主要基于随机过程，并且运用了大量《信息论》和《控制论》的理论成果。简单来讲，导航系统本质上是对载体运动参数的动态测量，所以从数学意义上讲，复杂的导航系统误差是时间序列形式的随机过程。而对导航系统动态性能的测试，就是希望能够找出更为深入的导航系统误差变化规律，并用更多的数学特征量来把握其内在的误差特性和精度性能。

本章重点介绍动态测试的主要概念和数据处理的基本方法，主要把握在均值和方差等传统统计量的基础上，进一步采取自相关函数、均方根误差、谱密度函数等其他的统计量来更为全面地实现导航系统误差动态特性的描述，并以陀螺仪和惯性导航系统为例，从导航系统的器件和系统两个层面介绍动态误差特性的测试方法。读者在本章的学习过程中，应注意动态测试与静态测试的各种概念和计算的对比和联系。

第一节 动态测试基本概念

一、导航系统动态测试的意义

按照被测物理量是否随时间而变化，测试技术可以分为静态测试和动态测试两类。静态测试的被测量是静止不变的，仪器的输入量为常量；动态测试的被测量是随时间或空间而变化的，仪器的输入量及测试结果（数据或信号）随时间变化。之前讨论的误差基本上均忽略了时间因素，但许多导航系统误差随时间变化，这些系统误差有的平稳，有的随时间发散。严格地说，所有导航系统误差都是某种随机过程。例如：GNSS 因干扰、遮挡等原因随时间在不同的环境下发生变化；天文导航随着天气和导航星分布发生变化；惯性导航系统则是具有最典型的随时间发散的随机过程误差特性。

导航系统在使用中需要能够及时发现自身误差的变化，而不是仅仅将系统先验误差特性或指标特性作为其当前实际的工作状态。导航系统在线误差动态测试就是研究对不断变化的外在环境及设备自身等因素导致的系统动态误差特性进行测试分析的方法，可以实现对导航设备精度及可用性等性能的正确评估与合理使用，这本身也已成为综合导航系统和在线性能检测系统的重要功能。针对各种导航系统不同的动态误差变化，综合导航系统会采取有效的信息融合技术，根据各系统在线的误差特性，最大限度地抑制测量误差的影响，实现对导航参数的最优估计，这就是导航领域中典型的组合导航问题。由于组合导航是一个独立且复杂的导航专业领域，超出了本书的内容范围，有兴趣的读者可以参考组合导航的相关文献[32, 34]。

准确、全面地掌握各种动态环境下导航系统的动态误差特性，可以帮助设计人员分析并找出导航系统存在误差的原因，从而改进设计，也可以通过建立动态误差模型进行相应的误差补偿以提高性能，还便于使用人员了解在不同工况下系统的性能。对于一些特殊的导航系统，如惯性导航系统，其指标含时间项，本身就是动态性能指标，如定位精度为 1 nm/8 h，航向精度为 $3' \sec\varphi / 24$ h 等，更需要采取动态测试误差处理方法来进行精度评定。

导航传感器的性能对于导航系统十分关键，是影响导航系统误差的主要因素之一。而许多传感器的误差也是复杂的随机过程，对传感器误差性能的评定是导航领域的重要问题，如陀螺仪、加速度计、原子钟、高精度温控晶振等器件的精度评定等。特别是惯性系统陀螺仪和加速度计的误差标定问题，始终是系统设计、生产、维护、修理等多个环节的重要问题。

二、动态测试数据分类

能够用明确的数学关系式描述的数据称为确定性数据，确定性数据的分类如图 9-1 所示。但是，在工程实践中有许多动态测试数据不能用明确的数学关系式来表达，这类数据称为随机的或非确定性的数据，如随机振动、环境噪声等。这些数据虽然可以检测出来，也可以得到随时间变化的数据记录，但是不能预测未来任何瞬时的精确值，而只能用概率统计的特征量来描述。

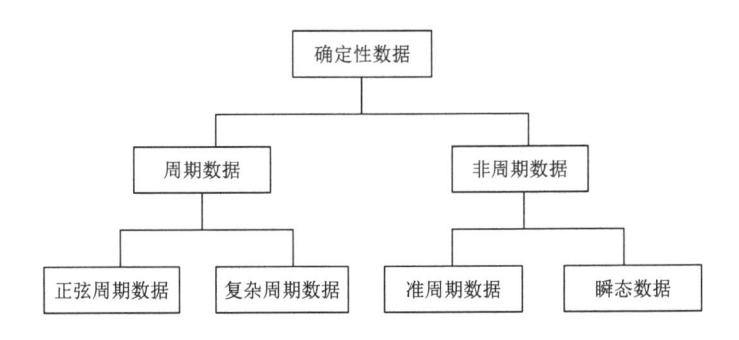

图 9-1 动态测试确定性数据分类图

动态测试数据的特征可以用数据的幅值随时间变化的表达式、图形或数据表来表示，这就是数据的时域描述。时域描述比较简单直观，如示波器上的波形图，但它不能反映数据的频率结构。为此，可以对数据进行频谱分析，研究其频率成分及各频率成分的强度，这就是数据的频域描述。

三、随机过程特征量

随机变量通常用其概率分布函数、算术平均值和标准差作为特征量来表示。同样，随机过程也有其特征量，这些特征量不像随机变量的特征量那样表现为一个确定的数，而是表现为一个函数。常用的四种统计函数为：①概率密度函数；②均方根误差；③自相关函数；④谱密度函数[3]。

（一）概率密度函数

概率密度函数描述随机数据落在给定区间内的概率。对于图 9-2 所示的随机过程，在任意时刻，$x(t)$ 落在以 ξ 为中心、给定区间为 Δx 的振幅窗内的概率为

$$P[x < x(t) \leqslant x + \Delta x] = \lim_{T \to \infty} \frac{T[x < x(t) \leqslant x + \Delta x]}{T} \tag{9-1}$$

式中：$T[x < x(t) \leqslant x + \Delta x]$ 为 $x(t)$ 落在以 ξ 为中心的区间 Δx 振幅窗内的时间，它等于 $\Delta t_1 + \Delta t_2 + \Delta t_3 + \cdots + \Delta t_k = \sum_{i=1}^{k} \Delta t_i$。用式（9-1）的概率除以 Δx，并取 $\Delta x \to 0$ 的极限，就得到概率密度函数

$$f(x) = \lim_{\Delta x \to 0} \frac{P[x < x(t) \leqslant x + \Delta x]}{\Delta x} = \lim_{\Delta x \to 0} \frac{1}{\Delta x} \left(\lim_{T \to \infty} \frac{\sum_{i=1}^{k} \Delta t_i}{T} \right) \tag{9-2}$$

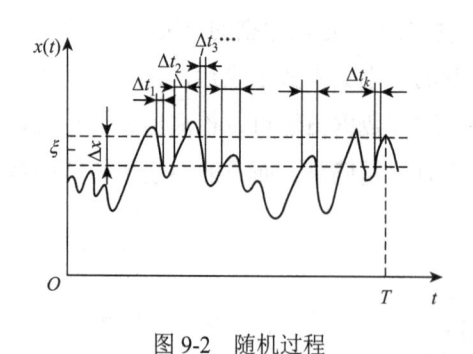

图 9-2　随机过程

图 9-3　概率密度函数

由式（9-2）可见，概率密度函数是概率相对于振幅的变化率。由概率密度函数进行积分，即由图 9-3 中计算 $f(x)$ 在两个振幅 x_1 与 x_2 之间所围面积得

$$P[x_1 < x(t) \leqslant x_2] = \int_{x_1}^{x_2} f(x) \mathrm{d}x = F(x_2) - F(x_1) \tag{9-3}$$

令 $x_1 \to -\infty$，则

$$P[-\infty < x(t) \leqslant x_2] = \int_{-\infty}^{x_2} f(x) \mathrm{d}x = F(x_2) \tag{9-4}$$

也就是说，在振幅 x_2 之下的概率密度函数所围的面积 $F(x_2)$，表示随机数据小于 x_2 的概率，称为概率分布函数。概率分布函数 $F(x)$ 与概率密度函数 $f(x)$ 互为微积分关系，即

$$f(x) = \frac{\mathrm{d}F(x)}{\mathrm{d}x} \tag{9-5}$$

$$F(x) = \int_{-\infty}^{x} f(x)\mathrm{d}x \tag{9-6}$$

（二）均方根误差

随机函数 $x(t)$ 的均值（或称为平均值、数学期望）是一个时间函数 $m_x(t)$。对于自变量 t 的每一个给定值，$m_x(t)$ 等于随机函数 $x(t)$ 在该 t 值时的所有数值的平均值（数学期望），即

$$m_x(t) = E[x(t)] \tag{9-7}$$

式（9-7）给出的随机函数均值实质上是 $x(t)$ 的一阶原点矩。

如图 9-4 所示，在 $t = t_1$ 时刻，随机函数 $x(t)$ 的均值 $m_x(t_1) = E[x(t_1)]$，而 $E[x(t)]$ 的计算方法与第二章随机误差的算术平均值计算方法相同。

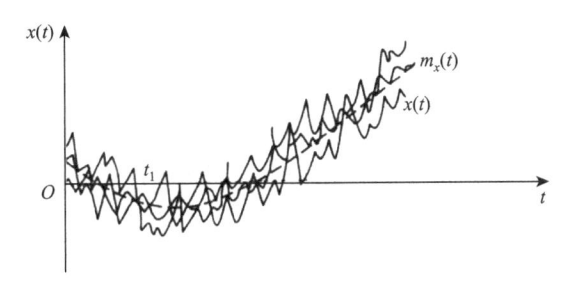

图 9-4　随机函数均值

由此可见，随机过程的均值是一个非随机的平均函数，它确定了随机函数 $x(t)$ 的中心趋势，随机过程的各个现实（样本）都围绕它变动，而变动的分散程度则可以用方差或标准差来评定。

随机函数的方差也是一个时间函数 $D[x(t)]$，对于自变量 t 的每一个给定值，$D[x(t)]$ 等于随机函数 $x(t)$ 在该 t 值时的数值对均值偏差平方的平均值（数学期望），即

$$D[x(t)] = E\{[x(t) - m_x(t)]^2\} \tag{9-8}$$

而随机函数的标准差为

$$\sigma_x(t) = \sqrt{D[x(t)]} = \sqrt{E\{[x(t) - m_x(t)]^2\}} \tag{9-9}$$

由此可见，随机函数的方差和标准差也是一个非随机的时间函数（图 9-4），它确定了随机函数所有现实相对于均值的分散程度。在 $t = t_1$ 时刻，随机函数方差和标准差的计算方法类似于第二章随机误差方差和标准差的计算方法。

式（9-9）给出的随机函数方差，实质上是 $x(t)$ 的二阶中心矩，而二阶原点矩为 $\psi_x^2(t)$，即

$$\psi_x^2(t) = E[x^2(t)] \tag{9-10}$$

式（9-10）的 $\psi_x^2(t)$ 称为随机过程的均方值，它也是描述随机函数的一个特征量，反映随机函数的强度，在研究随机函数谱密度时，将应用到这个特征量。

由式（9-9）得

$$\sigma_x^2(t) = E[x^2(t) - 2m_x(t)x(t) + m_x^2(t)]$$
$$= E[x^2(t)] - 2m_x(t)E[x(t)] + m_x^2(t) = \psi_x^2(t) - m_x^2(t) \tag{9-11}$$

所以
$$\psi_x^2(t) = m_x^2(t) + \sigma_x^2(t) \tag{9-12}$$

由此可见，均方值既反映随机过程的中心趋势，也反映随机过程的分散度。

（三）自相关函数

均值和方差是表征随机过程在各个孤立时刻统计特性的重要特征量，但不能反映随机过程不同时刻之间的关系。

为了说明这点，图 9-5 直观地给出了两个随机过程的样本集合。这两个随机函数 $x_1(t)$ 和 $x_2(t)$ 的均值（数学期望）和方差几乎一样，但 $x_1(t)$ [图 9-5（a）]的特点是变化缓慢，规律性较明显，即 $x_1(t)$ 在不同 t 时刻的函数值之间有较明显的联系，相关性较强；而 $x_2(t)$ [图 9-5（b）]的特点是变化剧烈，$x_2(t)$ 在不同 t 时刻的函数值之间的联系不明显，而且随着两时刻间隔的增大，其联系迅速减少，相关性变弱。

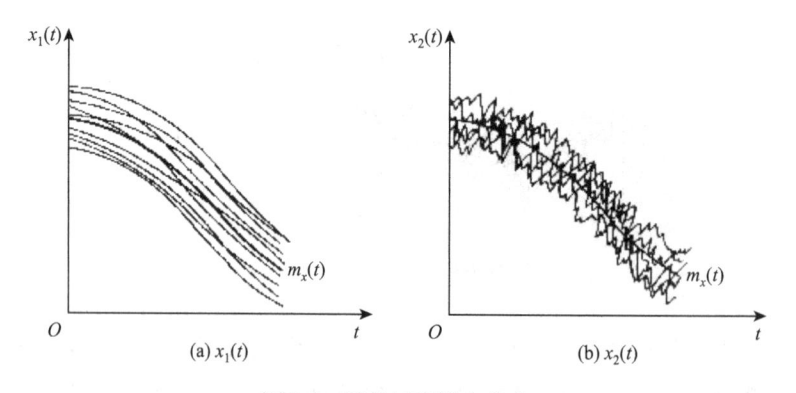

图 9-5 随机过程样本集合

因此，除均值和方差外，还需要另一个特征量来反映随机过程中不同时刻之间的相关程度，这个特征量称为相关函数或自相关函数。

显然，自相关函数与随机函数在 t 和 $t' = t + \tau$ 两时刻的值有关（图 9-6），即自相关函数是一个二元的非随机函数，这个函数在数学上可以用相关矩来定义，也就是将随机函数的自相关函数定义为 $x(t) - m_x(t)$ 与 $x(t+\tau) - m_x(t+\tau)$ 乘积的平均值（数学期望），即

$$R_x(t, t+\tau) = E\{[x(t) - m_x(t)][x(t+\tau) - m_x(t+\tau)]\} \tag{9-13}$$

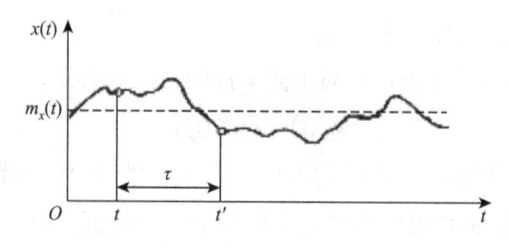

图 9-6 自相关函数

若在随机函数 $x(t)$ 上面加一个"°"表示相应的随机函数对其均值的偏差 $x(t)-m_x(t)$，即 $x°(t)$ 表示中心化随机函数，则式（9-13）可以表示为

$$R_x(t,t+\tau) = E[x°(t)x°(t+\tau)] \quad (9-14)$$

在实际应用中，自相关函数还有一种更常用的表达式，称为标准自相关函数，即

$$\rho_x(t,t+\tau) = \frac{R_x(t,t+\tau)}{\sigma_x(t)\sigma_x(t+\tau)} \quad (9-15)$$

自相关函数是用来表征任何时刻陀螺零偏值对未来数据值的影响。它具有以下性质。

（1）当 $t'=t$，即 $\tau=0$ 时，自相关函数等于随机函数的方差。因为当 $\tau=0$ 时，式（9-13）为

$$R_x(t,t) = E\{[x(t)-m_x(t)][x(t)-m_x(t)]\} = E\{[x(t)-m_x(t)]^2\} = D[x(t)] \quad (9-16)$$

此时，标准自相关函数等于1，即

$$\rho_x(t,t) = \frac{R_x(t,t)}{\sigma_x(t)\sigma_x(t)} = \frac{D[x(t)]}{D[x(t)]} = 1 \quad (9-17)$$

由于方差可以由自相关函数表示，随机函数的基本特征量仅为均值和自相关函数。

（2）自相关函数是对称的。自相关函数的定义是两个随机变量 $x(t)-m_x(t)$ 和 $x(t+\tau)-m_x(t+\tau)$ 的相关矩，而相关矩不决定于 t 和 $t+\tau$ 的顺序，即

$$\begin{aligned} R_x(t,t+\tau) &= E\{[x(t)-m_x(t)][x(t+\tau)-m_x(t+\tau)]\} \\ &= E\{[x(t+\tau)-m_x(t+\tau)][x(t)-m_x(t)]\} = R_x(t+\tau,t) \end{aligned} \quad (9-18)$$

因此，自相关函数对 t 和 $t+\tau$ 来说是对称的，即交换 t 与 $t+\tau$，函数值不变。

（3）在随机函数上加上一个非随机函数时，其均值（数学期望）也要加上同样的非随机函数，但其自相关函数不变。

非随机函数可以是一个固定的数，也可以是 t 的函数。

设在随机函数 $x(t)$ 上加上一个非随机函数 $g(t)$，得到新的随机函数

$$y(t) = x(t) + g(t) \quad (9-19)$$

由数学期望的加法定理得

$$m_y(t) = m_x(t) + g(t) \quad (9-20)$$

因此，$y(t)$ 的均值是 $x(t)$ 的均值加上该非随机函数。而自相关函数 $R_y(t,t')$ 为

$$\begin{aligned} R_y(t,t') &= E[y°(t)y°(t')] = E\{[y(t)-m_y(t)][y(t')-m_y(t')]\} \\ &= E\{[x(t)+g(t)-m_x(t)-g(t)][x(t')+g(t')-m_x(t')-g(t')]\} \\ &= E\{[x(t)-m_x(t)][x(t')-m_x(t')]\} = R_x(t,t') \end{aligned} \quad (9-21)$$

故加上非随机函数后，自相关函数不变。

（4）在随机函数上乘以非随机因子 $f(t)$ 时，它的均值也应乘以同一因子，而其自相关函数应乘以 $f(t)f(t')$。

设在随机函数 $x(t)$ 上乘以非随机因子 $f(t)$，得到新的随机函数

$$y(t) = f(t)x(t) \quad (9-22)$$

则均值 $m_y(t)$ 为

$$m_y(t) = E[y(t)] = E[f(t)x(t)] = f(t)E[x(t)] = f(t)m_x(t) \quad (9-23)$$

但自相关函数 $R_y(t,t')$ 为

$$R_y(t,t') = E[y°(t)y°(t')] = E\{[y(t)-m_y][y(t')-m_y(t')]\}$$
$$= E\{f(t)[x(t)-m_x(t)]f(t')[x(t')-m_x(t')]\} = f(t)f(t')R_x(t,t') \quad (9\text{-}24)$$

特别地，当 $f(t)$ 为常数 C 时，其自相关函数应乘以 C^2。

（四）谱密度函数

实际应用中，不仅关心作为随机过程的数据的均值和相关函数，而且往往更关心随机数据的频率分布情况，也就是要研究随机过程由哪些频率成分组成、不同频率的分量各占多大比重等。这种分析方法就是频谱分析法，它在测量误差理论中占有重要地位。

对于随机函数，由于其振幅和相位是随机的，不能作出确定的频谱图。但随机过程的均方值 ψ_x^2 [见式（9-25）]可以用来表示随机函数的强度。这样，随机过程的频谱不用频率 f 上的振幅来描述，而是用 f 到 $f+\Delta f$ 频率范围内的均方值 $\psi_x^2(f,\Delta f)$ 来描述。当 Δf 具有一定宽度时，在 Δf 范围内的均方值可能是变动的，因此取 Δf 范围内的平均均方值，也就是用单位频率范围的平均均方值（图 9-7 中有阴影线的矩形）

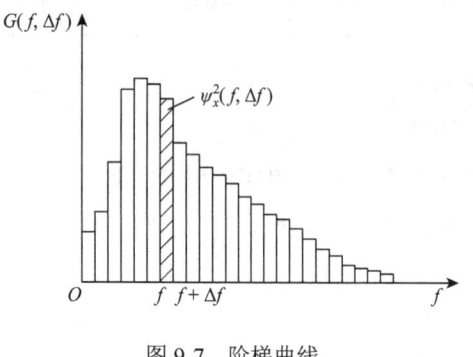

图 9-7 阶梯曲线

$$G_x(f,\Delta f) = \frac{\psi_x^2(f,\Delta f)}{\Delta f} \quad (9\text{-}25)$$

来描述 f 到 $f+\Delta f$ 频率范围内随机过程的强度。

当随机过程的长度趋于 $+\infty$，而频率元素 Δf 趋于零时，图 9-7 的阶梯曲线趋于图 9-8 的光滑曲线 $G_x(f)$，有

$$G_x(f) = \lim_{\Delta f \to 0} \frac{\psi_x^2(f,\Delta f)}{\Delta f} \quad (9\text{-}26)$$

变换式（9-26）为定积分形式，有

$$\psi_x^2 = \int_0^{+\infty} G_x(f) df \quad (9\text{-}27)$$

$G_x(f)$ 描述了过程的强度沿 f 轴的分布密度，称为随机过程的频谱密度或谱密度。若将 $x(t)$ 视为电流，则 $x^2(t)$ 表示该电流在负载上产生的功率。

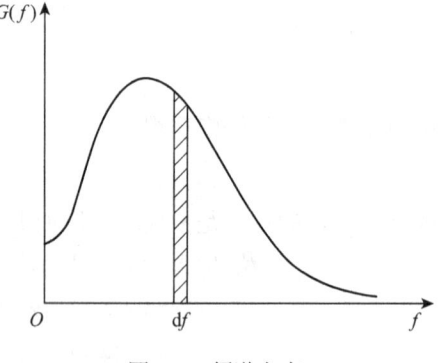

图 9-8 频谱密度

由此可见，谱密度的物理意义是 $x(t)$ 产生的功率 ψ_x^2 在频率轴上的分布，而 $G_x(f)$ 曲线与横坐标所围面积表示随机过程的总功率。因此，$G_x(f)$ 也称为功率谱密度（power spectral density，PSD）或功率谱。

这样，便引进了一个描述平稳随机过程新的特征量——谱密度函数。它是从频率的角度描述随机过程，而自相关函数是从时间的角度描述随机过程。

因为式（9-26）是定义在 0 到 +∞ 的频率范围上，所以 $G_x(f)$ 称为"单边"谱密度；谱密度函数也可以定义在 –∞ 到 +∞ 的频率范围上，称为"双边"谱密度，记为 $S_x(f)$。由于随机过程的总功率不变，有

$$S_x(f) = \frac{1}{2} G_x(f) \quad (f \geqslant 0) \tag{9-28}$$

图 9-9 显示了 $G_x(f)$ 与 $S_x(f)$ 的关系，两条曲线与横坐标所围的面积应相等。通常，式（9-27）中的自变量 f 可以用圆频率 ω 代替，由 $\omega = 2\pi f$ 得

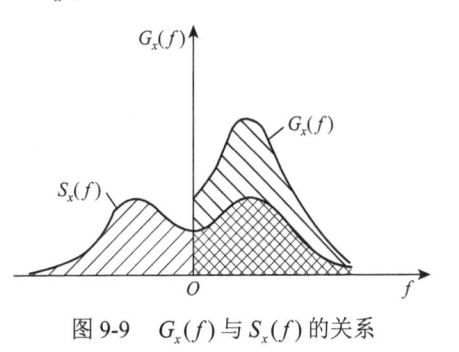

图 9-9　$G_x(f)$ 与 $S_x(f)$ 的关系

$$\psi_x^2 = \int_0^{+\infty} G_x(f) \mathrm{d}f = \int_0^{+\infty} G_x\left(\frac{\omega}{2\pi}\right) \mathrm{d}\left(\frac{\omega}{2\pi}\right) = \frac{1}{2\pi} \int_0^{+\infty} G_x\left(\frac{\omega}{2\pi}\right) \mathrm{d}\omega \tag{9-29}$$

即谱密度函数用 f 或 ω 表示，仅有坐标比例上的差别。

谱密度有以下重要性质。

（1）谱密度 $S_x(f)$ 是非负的实偶函数。

由式（9-26）和式（9-28）可见，不论 f 是正还是负，所得 $\psi_x^2(f, \Delta f)$ 都是正实数，即非负的实偶函数，故其极限也是非负的实偶函数。

（2）谱密度函数与自相关函数互为傅里叶（Fourier）变换。

谱密度函数与自相关函数是从频率和时间两个不同的角度描述同一随机过程的，通过傅里叶积分可以相互变换，即

$$\begin{cases} S_x(\omega) = \dfrac{1}{2\pi} \int_{-\infty}^{+\infty} R_x(\tau) \mathrm{e}^{-\mathrm{j}\omega\tau} \mathrm{d}\tau \\ R_x(\tau) = \int_{-\infty}^{+\infty} S_x(\omega) \mathrm{e}^{\mathrm{j}\omega\tau} \mathrm{d}\omega \end{cases} \tag{9-30}$$

这两个式子统称为维纳-欣钦（Wiener-Khinchine）公式。它们是从用复数表示的自相关函数展开为傅里叶级数后推导出来的，能从自相关函数进行傅里叶变换得出谱密度函数，或者从谱密度函数进行傅里叶变换得出自相关函数。由于自相关函数是偶函数，式（9-30）实际上只有实数值部分，可以化简为只有实值部分的公式：

$$\begin{cases} S_x(\omega) = \dfrac{1}{2\pi} \int_{-\infty}^{+\infty} R_x(\tau) \cos\omega\tau \mathrm{d}\tau = \dfrac{1}{\pi} \int_0^{+\infty} R_x(\tau) \cos\omega\tau \mathrm{d}\tau \\ R_x(\tau) = \int_{-\infty}^{+\infty} S_x(\omega) \cos\omega\tau \mathrm{d}\omega = 2\int_0^{+\infty} S_x(\omega) \cos\omega\tau \mathrm{d}\omega \end{cases} \tag{9-31}$$

或

$$\begin{cases} G_x(\omega) = \dfrac{2}{\pi} \int_0^{+\infty} R_x(\tau) \cos\omega\tau \mathrm{d}\tau \\ R_x(\tau) = \int_0^{+\infty} G_x(\omega) \cos\omega\tau \mathrm{d}\omega \end{cases} \tag{9-32}$$

或

$$\begin{cases} G_x(f) = 4\int_0^{+\infty} R_x(\tau)\cos 2\pi f\tau \mathrm{d}\tau \\ R_x(\tau) = \int_0^{+\infty} G_x(f)\cos 2\pi f\tau \mathrm{d}f \end{cases} \quad (9\text{-}33)$$

以及维纳-欣钦公式的其他表达式。这些表达式只是相差一个坐标比例尺，实质是一样的。

随机数据的谱密度函数主要是用来建立数据的频率结构，分析其频率组成及每种频率成分的大小，为动态测试误差分析从频率上提供依据。在装备故障在线测试中，频谱分析方法得到了广泛重视与应用。

第二节　随机过程特征量实际估计

随机过程分为平稳随机过程和非平稳随机过程两类。平稳随机过程又可以分为各态遍历随机过程和非各态遍历随机过程。由于它们各具特点，其特征量的计算方法也各不相同。但正如前几章所述，对一待测物理量完成系列测量之后，仍难以求得被测量的真值。同样，由于随机误差的存在且测量次数有限，对一随机过程作一系列动态测试后，也不可能求得随机过程特征量的真值，而只能通过有限个样本作出真值的估计。工程实际中的随机过程大多是平稳随机过程，对于具有 N 个样本的平稳随机过程通常采用总体平均法（几何平均法）求其特征量的估计值；而对各态遍历随机过程，则可以采用时间平均法求其特征量的估计值。下面分别介绍这些实际估计方法及其精度[3]。

一、平稳随机过程及其特征量

（一）平稳随机过程

研究图 9-10 和图 9-11 两个不同的随机过程，可以看出它们的区别。图 9-10 的随机过程 $x(t)$，其特征量（如均值、方差）显然不随 t_1 的变化而有明显的变化，而且所选择 t_1 的起点可以是任意的。例如，卫星导航正常条件下工作时的定位数据就是一个随机过程，但其平均的振幅、频率范围等基本不变，在工作过程任一时刻测量的系统定位数据，所得特征量基本上是不变的，因此这个过程是随机的，也是平稳的。

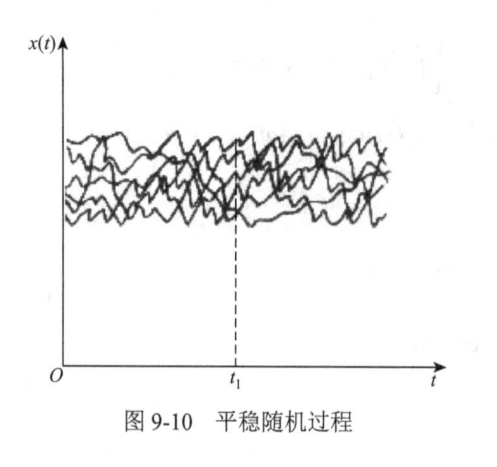

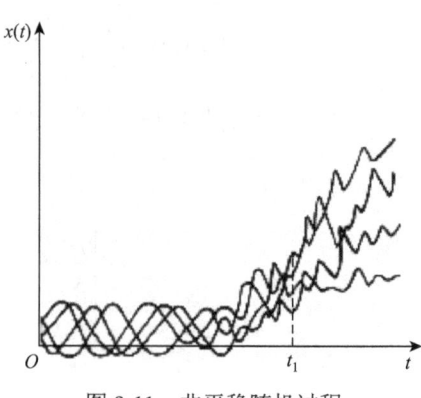

图 9-10　平稳随机过程　　　　图 9-11　非平稳随机过程

但图 9-11 显示了另一种特点，即随机过程的均值和自相关函数显然随 t_1 的变化而有明显的变化。例如，光纤陀螺航姿系统在启动阶段、变温阶段、载体大机动阶段，系统的航向误差大小随时间不断变化，因此该误差是随机的，也是不平稳的。

由此可以定义：若随机过程 $x(t)$ 的所有特征量与 t 无关，即其特征量不随 t 的变化而变化，则称 τ 为平稳随机过程；否则，称为非平稳随机过程。

（1）由此定义可见，随机过程是平稳的第一个条件是其均值为常数，即

$$m_x(t) = m_x = 常数 \tag{9-34}$$

当然，这个条件不是本质的，因为如式（9-14）那样，可以将均值不为常数的随机过程变换为中心化随机函数，使其均变为零，从而将均值不为常数的随机过程变换为满足条件式（9-34）。

（2）随机过程是平稳的第二个条件是其方差为常数，即

$$D_x(t) = D_x = 常数 \tag{9-35}$$

如图 9-12 所示的随机过程，虽然其均值为常数，但过程的分散程度随着时间 t 的推移有明显的增加，因此也不是平稳的。

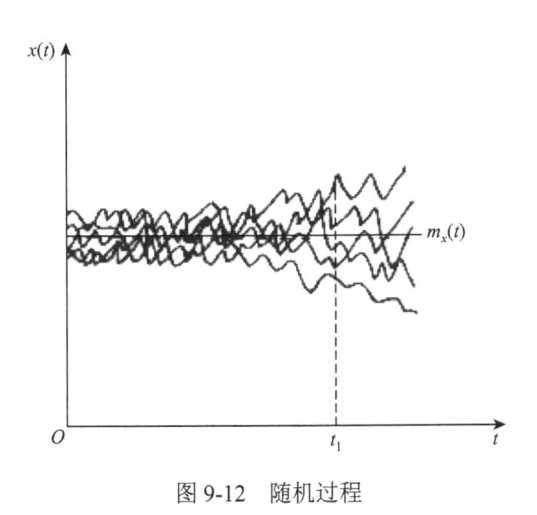

图 9-12 随机过程

（3）满足平稳的第三个条件是随机函数的自相关函数 $R_x(t, t+\tau)$ 不随 t 的变化而变化（与 t 无关），即

$$R_x(t, t+\tau) = R_x(\tau) \tag{9-36}$$

如图 9-13 所示，不论 τ 取在 t 轴上什么位置，只有 $R_x(t, t+\tau)$ 等于 $R_x(t_1, t_1+\tau)$，该随机过程才是平稳的。换句话说，平稳随机过程的自相关函数只依赖于自变量 t 与 $t+\tau$ 的差 τ，即自相关函数只是一个自变量 τ 的函数。

由式（9-16）可知，方差可以由自相关函数表示，因此条件式（9-35）只是条件式（9-36）的特殊情况。

当不考虑随机函数的概率密度等其他特征量，而仅考虑均值为常数以及自相关函数仅与 τ 有关这两个条件时，这样的随机函数称为宽平稳随机函数或广义平稳随机函数。

图 9-13 平稳随机过程的自相关函数

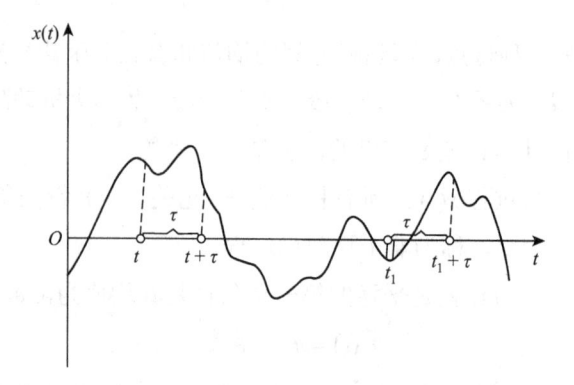

（二）平稳随机过程的特征量

1. 平稳随机过程的均值和方差

由平稳随机过程的定义可知，$t = t_1, t_2, \cdots$ 的均值不变，即由式（9-7）得

$$m_x(t) = E[x(t_1)] = E[x(t_2)] = \cdots = 常数 \tag{9-37}$$

同时，由式（9-8）和式（9-16）可知，平稳过程的方差为

$$D[x(t)] = R_x(t,t) = R_x(0) = 常数 \tag{9-38}$$

因此，平稳随机过程的均值和方差都是常数，且方差等于 τ 为零的自相关函数值。

2. 平稳随机过程的自相关函数

因为平稳过程的均值为常数，所以其自相关函数可以直接用中心化的自相关函数式（9-14）表示为

$$R_x(\tau) = E[x°(t)x°(t+\tau)] \tag{9-39}$$

自相关函数还可以类似于式（9-15），表示为标准化自相关函数

$$\rho_x(\tau) = \frac{R_x(\tau)}{D_x} \tag{9-40}$$

平稳随机过程的自相关函数主要性质如下。

（1）当 $\tau = 0$ 时，自相关函数取得最大值，且等于其方差。

为证明此性质，取非负函数 $[x(0) \pm x(\tau)]^2$，此函数的数学期望也是非负的，即

$$E\{[x(0) \pm x(\tau)]^2\} \geqslant 0 \tag{9-41}$$

展开得

$$E[x^2(0)] \pm 2E[x(0)x(\tau)] + E[x^2(\tau)] \geqslant 0 \tag{9-42}$$

由于 $x(t)$ 是平稳的，由式（9-38）和式（9-39）可知

$$E[x^2(0)] = E[x^2(\tau)] = R_x(0), \quad E[x(0)x(\tau)] = R_x(\tau) \tag{9-43}$$

则式（9-42）为

$$R_x(0) \pm R_x(\tau) \geqslant 0 \tag{9-44}$$

即

$$R_x(0) \geqslant |R_x(\tau)| \tag{9-45}$$

由此证明，当 $\tau=0$ 时，平稳过程的自相关函数值必大于任意当 $\tau \neq 0$ 时的自相关函数值。至于 $R_x(0)$ 等于方差值，已由式（9-38）给出。

（2）平稳过程的自相关函数是偶函数，即

$$R_x(-\tau) = R_x(\tau) \tag{9-46}$$

由式（9-39）可知

$$R_x(-\tau) = E[x^\circ(t)x^\circ(t-\tau)] \tag{9-47}$$

取 $t = t' + \tau$ 代入上式，则

$$R_x(-\tau) = E[x^\circ(t'+\tau)x^\circ(t')] = R_x(\tau) \tag{9-48}$$

故平稳过程自相关函数是偶函数，在实用中这个性质是重要的。据此，只需要计算或测量 $\tau \geqslant 0$ 的自相关函数值，不必重复研究 $\tau < 0$ 的自相关函数值。

（3）均值为零的平稳随机过程，若当 $\tau \to \infty$ 时 $x(t)$ 与 $x(t+\tau)$ 不相关，则其相关函数趋于零，即

$$\lim_{\tau \to \infty} R_x(\tau) = 0 \tag{9-49}$$

这是因为

$$\lim_{\tau \to \infty} R_x(\tau) = \lim_{\tau \to \infty} E[x(t)x(t+\tau)] = 0 \tag{9-50}$$

（4）平稳随机过程 $x(t)$ 若含有周期性成分，则其自相关函数中也含有周期性成分，且其周期与过程的周期相同。

若平稳过程 $x(t)$ 含有周期为 T 的成分时，必有 $x(t) = x(t+T)$，则

$$R_x(\tau+T) = E[x(t)x(t+\tau+T)] = E[x(t)x(t+\tau)] = R_x(\tau) \tag{9-51}$$

在实际应用中，性质（3）和性质（4）是重要的。当 $\tau \to \infty$ 时，不含周期性成分的平稳过程 $x(t)$ 与 $x(t+\tau)$ 的依赖性甚微（即不相关），其自相关函数趋于零；而含有周期性成分的平稳过程，$x(t)$ 与 $x(t+\tau)$ 仍有周期性依赖关系，其自相关函数仍保持一定值。因此，可以从自相关函数是否趋于零来鉴别出均值为零的平稳过程是否混有周期信号。

（三）平稳随机过程特征量的试验估计

上面给出了描述平稳随机过程的特征量的各个定义，若知道随机函数的类型，便可知其特征量。但在工程实际中，更多的情况是预先不知道随机数据的函数形式，而是通过试验测得如图 9-12 所示的随机函数样本集合，这时可以由试验结果来求特征量。

（1）对 N 个连续的记录采样（采集断续的数字样本），取等间距的 $t_1, t_2, \cdots, t_n$，截取如图 9-13 所示的连续记录，得函数值如表 9-1 所示。

表 9-1 随机过程样本集合

$x(t)$	t
	$t_1, t_2, \cdots, t_m, \cdots, t_n$
$x_1(t)$	$x_1(t_1), x_1(t_2), \cdots, x_1(t_m), \cdots, x_1(t_n)$
$x_2(t)$	$x_2(t_1), x_2(t_2), \cdots, x_2(t_m), \cdots, x_2(t_n)$
$\vdots$	$\vdots$
$x_N(t)$	$x_N(t_1), x_N(t_2), \cdots, x_N(t_m), \cdots, x_N(t_n)$

（2）采样数目的确定：若图 9-13 的记录长度为 T，首先将 T 分成等间距的 n 等份，即 $t_k - t_{k-1} = T/n$，为了可靠地计算均值和自相关函数，n 要取得足够大，具体确定方法参见相关书籍的采样定理。

（3）采样数目确定后，计算平稳随机过程的特征量，不必用积分形式运算，可以用代数和估计，即

$$m_x(t_k) = \frac{1}{N}\sum_{i=1}^{N} x_i(t_k) \tag{9-52}$$

$$D_x(t_k) = \frac{1}{N-1}\sum_{i=1}^{N}[x_i(t_k) - m_x(t_k)]^2 \tag{9-53}$$

$$R_x(t_k,t_l) = \frac{1}{N-1}\sum_{i=1}^{N}[x_i(t_k) - m_x(t_k)][x_i(t_l) - m_x(t_l)] \tag{9-54}$$

$$\rho_x(t_k,t_l) = \frac{R_x(t_k,t_l)}{\sigma_{tk}\sigma_{tl}} = \frac{\sum_{i=1}^{N}[x_i(t_k) - m_x(t_k)][x_i(t_l) - m_x(t_l)]}{\sqrt{\sum_{i=1}^{N}[x_i(t_k) - m_x(t_k)]^2 \sum_{i=1}^{N}[x_i(t_l) - m_x(t_l)]^2}} \tag{9-55}$$

式中：$i = 1,2,\cdots,N$；$k = 1,2,\cdots,n$；$t_l = t_k + \tau$。

这样，就可以从试验结果有限个现实的总体中，按照不同时刻 t_k 求出随机数据各特征量的估计值。该方法称为总体平均法或几何平均法。

二、各态遍历随机过程及其特征量

从上面计算可知，对平稳过程，为求特征量，需要进行大量试验，获得很多个随机过程的现实，然后在各 t 时刻上求特征量估计值。但是，能不能从一个现实来求特征量呢？实际上，许多平稳随机过程都可以这样做，这一类平稳过程称为各态遍历随机过程。

下面研究图 9-14 与图 9-15 两个平稳随机过程的区别。

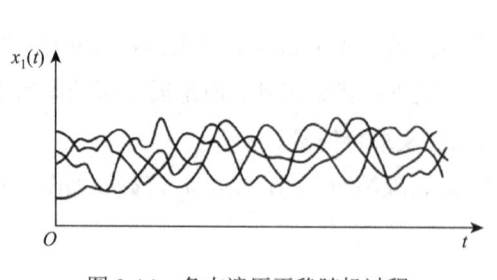

图 9-14　各态遍历平稳随机过程 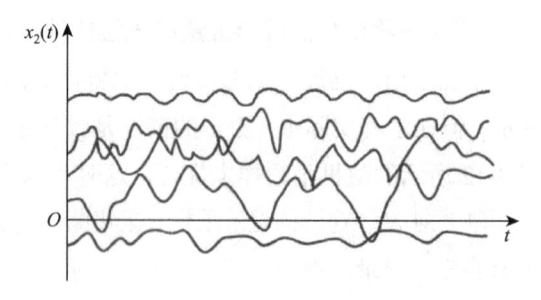　　　　图 9-15　非各态遍历平稳随机过程

随机过程 $x_1(t)$ 的特点：每一现实围绕同一数学期望（均值）上下波动，且这些波动的平均振幅是大致相等的。如果适当延长一个现实的记录时间，显然，可以取这个现实代表整个样本集合的特征，这时，这个现实沿 t 轴的均值近似代表整个随机过程样本集合的均值，这个平均值的方差近似代表整个过程的方差。

而对平稳随机过程 $x_2(t)$ 来说，显然，每个现实本身，各具不同的均值和方差，因此不能用任一现实代表整个样本集合。

这样，将图 9-14 的平稳随机过程称为各态遍历随机过程。也就是在一次试验中，对足够长的时间内的不同 t 值观察的随机过程，等价于在许多次试验中，对同一 t 值观察的随机过程。具有这种性质的平稳随机过程称为各态遍历随机过程。各态遍历性也称为历经性或埃尔古德（ergodic）性。用数学语言讲，各态遍历性就是当观测区间无限增加时，平稳随机过程观测的平均值以任意给定的准确度逼近其数学期望的概率趋于 1。

如何判别一个平稳随机过程是否各态遍历？一方面可以根据物理知识和实际经验判断，另一方面可以从过程的相关函数观察。例如，图 9-15 所示的随机过程可以表示为

$$x(t) = Z(t) + Y \tag{9-56}$$

式中：$Z(t)$ 为具有各态遍历性的平稳过程，其特征量为 m_z、$R_z(\tau)$；Y 为各个现实的均值的随机变量，具有特征量 m_y、D_y。假设 $Z(t)$ 与 Y 互不相关，则由概率论加法定理知，$x(t)$ 的均值（数学期望）等于 $Z(t)$ 与 Y 的均值（数学期望）的和，即

$$m_x = m_z + m_y \tag{9-57}$$

$$R_x(\tau) = R_z(\tau) + D_y \tag{9-58}$$

如果 $R_z(\tau)$ 具有图 9-16 所示的形状，特别是当 τ 增大时，$Z(t)$ 与 $Z(t+\tau)$ 之间的相关程度迅速减小，即当 $\tau \to \infty$ 时，$R_z(\tau) \to 0$。但对于 $x(t)$ 来说，各点 τ 上 $R_x(\tau)$ 都比 $R_z(\tau)$ 多一个 D_y，因此，当 $\tau \to \infty$ 时，$R_x(\tau)$ 不趋于零，而趋于一个常数 D_y。

由此可知，平稳随机过程具有各态遍历性的充分条件是其相关函数当 τ 增大时趋于零，即

$$R_x(\tau) \to 0 \quad (\tau \to \infty) \tag{9-59}$$

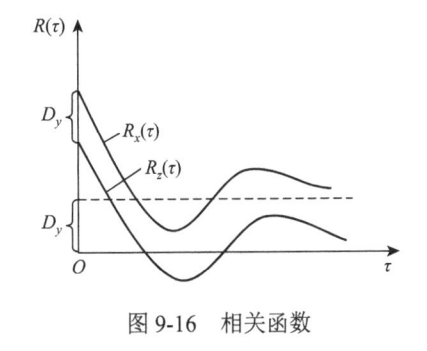

图 9-16 相关函数

而非各态遍历的平稳随机过程的相关函数当 τ 增大时趋于某一常数。由此可以判定被研究的平稳过程是否各态遍历。

另外，还要指明，各态遍历随机过程一定是平稳的，但平稳随机过程不一定是各态遍历的（图 9-15）。

各态遍历随机过程特征量的计算如下。

如图 9-13 所示，任取一个现实 $x(t)$，在区间 $[0,T]$ 上计算，有

$$m_x = \lim_{T \to \infty} \frac{1}{T} \int_0^T x(t) \mathrm{d}t \tag{9-60}$$

$$D_x = \lim_{T \to \infty} \frac{1}{T} \int_0^T [x(t) - m_x]^2 \mathrm{d}t \tag{9-61}$$

这样，对随机过程 $x(t)$ 的一个样本，在其整个时间轴上求平均估计的方法称为时间平均法（图 9-13）。因此，对各态遍历随机过程就可以用时间平均代替总体平均来估计其特征量。

实际中，常用代数和式代替积分式：

$$m_x = \frac{1}{n}\sum_{i=1}^{n} x(t_i) \tag{9-62}$$

$$D_x = \frac{1}{n}\sum_{i=1}^{n}(x_i - m_x)^2 \tag{9-63}$$

$$\rho(\tau) = \frac{1}{n-m} \cdot \frac{1}{D_x}\sum_{i=1}^{n-m}(x_i - m_x)(x_{i+m} - m_x) \tag{9-64}$$

各态遍历随机过程可以省去大量试验和计算，但任一随机过程是否各态遍历要经过检验，主要根据各态遍历性的充分条件式（9-59）来检验。

试验研究表明，大多数平稳随机的物理现象都具有各态遍历性。

三、非平稳过程的随机函数

上面给出了平稳过程特征量的实际计算方法。对非平稳过程是否能运用这些方法呢？一般是不能的。但实际应用中，常常碰到一些非平稳过程，它们可以比较简单地用平稳随机函数加上某一定的非随机的规律性函数表示。这种随机函数称为可化为平稳过程的随机函数，表示为

$$y(t) = f(t)x(t) + g(t) \tag{9-65}$$

式中：$y(t)$ 为非平稳随机函数；$x(t)$ 为平稳随机函数；$f(t)$ 和 $g(t)$ 为非随机实函数。

这时，随机函数 $y(t)$ 的均值、方差和自相关函数分别为

$$m_y(t) = f(t)m_x(t) + g(t) \tag{9-66}$$

$$D_y(t) = f^2(t)R_x(0) \tag{9-67}$$

$$R_y(t, t+\tau) = f(t)f(t+\tau)R_x(\tau) \tag{9-68}$$

图 9-17 给出了几个可化为平稳过程的特例。

对于一组随机样本的集合，也可以像图 9-17 那样，取 $m_x(t)$ 为 $g(t)$，然后化为平稳过程，寻找 $g(t)$ 的方法如下。

（1）作图并凭经验估计——将一个现实或几个现实重叠画在一个图上，选取比较合适的坐标比例，使得曲线图不过密或过疏。凭经验画出这些现实的中线，即为 $g(t)$ 函数曲线，如图 9-17（a）所示。

（2）沿 t 坐标选取若干点 t_i，计算各现实的均值 $m_y(t_i)$ 如表 9-2 所示。用最小二乘法或其他解析方法拟合该曲线，即得 $g(t)$ 函数曲线。这种方法适用于 $g(t)$ 的变化周期长于记录长度 T 的情况，如图 9-17（c）所示。

（3）用低通滤波器滤去高频随机噪声，即得规律性函数 $g(t)$ 波形。这种方法适用于 $g(t)$ 的变化周期短于记录长度 T 的情况，如图 9-17（c）所示。

实际测量中，为了从动态测量结果中分离随机干扰、短周期被测误差和长周期被测误差，就可以采用这个方法，从高通滤波器中获得随机测量误差信号。

图 9-17　$y(t) = x(t) + g(t)$ 波形

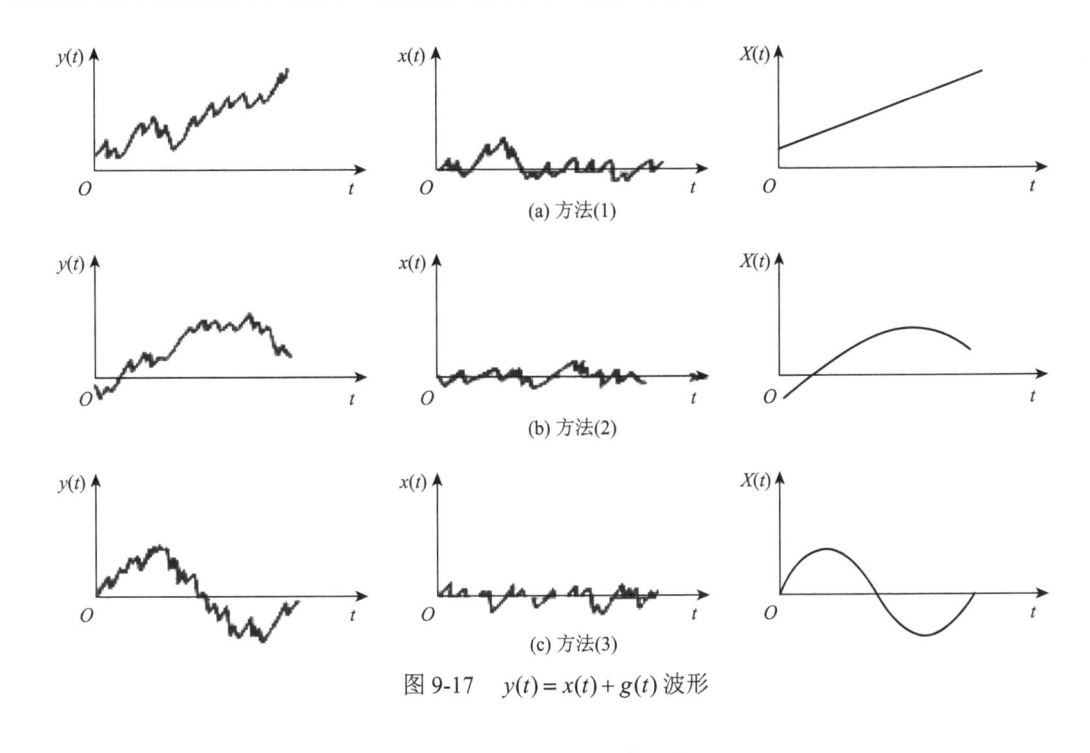

表 9-2　随机过程总体平均

t_i	0	1	2	…	n
$m_y(t_i)$	$m_y(0)$	$m_y(t_1)$	$m_y(t_2)$	…	$m_y(t_n)$

第三节　动态测量误差及其评定

动态测量误差评定的内容是在分析或由动态测量数据中分离出动态测量误差的基础上，给出表征这一误差的评定参数，若有必要，可以进一步求出刻画这一误差的数学模型，从而对动态测量误差有一个定量的评价。评定动态测量误差的目的是根据动态测量数据来评定测量误差的大小，估计测量精度，确定测量结果的可信程度；或者将高精度的动态测量数据与本次测量数据进行比较，评定其动态测量误差，设法求得误差的数学模型，为与本次测量相似的下一次测量提供先验的误差数据，来修正下一次的测量结果，提高测量精度[3]。因此，动态测量误差的评定是确定并提高动态测量精度、保证动态测量质量的必要手段。本节从动态测量误差概念及特点、误差分离和误差评定参数三个方面叙述动态测量误差评定的主要问题[3]。

一、动态测量误差基本概念

（一）动态测量误差

与静态测量不同，动态测量中被测量值一般是随时间变化的量，因此动态测量误差是指

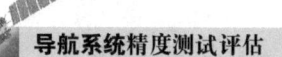

动态测量中任一时刻被测量值减去同一时刻的测量真值所得的代数差，即

$$e(t) = x(t) - x_0(t) \tag{9-69}$$

式中：$e(t)$ 为动态测量误差；$x(t)$ 为被测量值；$x_0(t)$ 为被测量的约定真值；t 为一个参变量，一般是测量时间或与测量时间有确定关系的其他物理量。

实际中，常需要将一个测量时间历程或多个时间历程在时域、频域和幅域中进行处理，得到若干评定参数来表征测量值的主要特征。这些参数可能不是时变量，但却是来自用时间历程表示的测得值，仍与动态测量误差密切相关。

在动态测量中，被测量值是多种因素共同综合作用的结果。被测量、影响量和测量系统的传递特性等对测得值都有贡献。因此，动态测量误差的研究范围应包含参与动态测量的各种量的误差。它们可能本身就是时变量，或者虽然不是时变量，但对输出量的测得值或评定参数有明显的影响。

动态测量误差的主要成分可能是确定性的，也可能是随机的，所以动态测量误差也可能包含系统误差和随机误差，只是这些误差一般都是时间函数。

（二）动态测量误差评定基本方法

动态测量误差评定的方法基本上可以归纳成两类，即先验分析法和数据处理法。先验分析法是指在对测量系统和测量方法作全面细致分析的基础上，根据测量误差的各种来源首先求得各自的误差（系统误差或随机误差），再根据测量方程合成为最终测量结果的误差。数据处理法是指从实际测得的动态测量数据本身出发，分离出其中的动态测量系统误差和动态测量随机误差，再求出其评定参数。在实际测量中，为了给出比较可靠的动态测量误差，可以将先验分析法与数据处理法有机结合起来使用[3]。

1. 先验分析法

先验分析法可以在测量之前评定误差，与静态测量误差的评定方法没有本质区别。它是利用本次测量与过去测量的相似之处（如使用相同的仪器、相似的方法、同样的原始数据来源、相似的测量环境等），用过去的经验（如仪器的各项动态误差计算公式）或理论分析（如仪器结构的位移和变形分析、电路分析、测量系统的频率特性分析等），并通过误差合成的理论来推断本次动态测量误差。而数据处理法只能在测量后评定误差，这是因为必须先有动态测量数据，才能进行处理，所以数据处理法是一种后验法。

先验分析法在实际测量前就对本次测量的误差进行了较全面的分析与评定，可以用来预计动态测量方案的误差是否满足要求，进行动态测量方案设计。测量数据中有些无法反映出的误差（如测量系统不具有理想频率响应函数所引起的动态误差），必须通过先验分析法才能评定。但由于先验分析法未考虑本次测量数据，本次测量中所得到的误差信息无法在先验分析的结果中充分反映出来，给出的结果具有一定的近似性。此外，一些事先分析不周而遗漏、重复的误差因素或无法事先分析的误差因素（如许多微小因素共同造成的误差）就不适用于先验分析法。所以本章重点论述数据处理法。

2. 数据处理法

数据处理法以本次动态测量的数据为依据给出动态测量误差,所以它能如实反映本次动态测量的误差情况。数据处理法求得的是动态测量误差的时间历程或时间序列,而不仅仅是给出其评定参数,必要时可以进一步求出本次动态测量随机误差的数学模型,并据此修正本次测量或与本次类似的下次动态测量误差。但有些误差在变动的数据中无法体现出来,尤其是一些测量装置引起的系统误差或原始数据误差,单纯用数据处理法无法鉴别出来。实际上,数据处理法依赖于对测量数据真值、数据中的系统误差和随机误差特性的了解程度。为了取得这些信息,除依赖经验和工程判断外,数据处理法常辅以一定的先验手段。例如,在正式测量前先对系统误差进行分析与测定,甚至用高精度的测量方案测得数据作为待评定测量数据的真值(实际值),再按误差定义求得误差数值,来揭示本次动态测量误差的规律。

在先验分析法中占有主要地位的是测量系统的动态特性引起的动态测量系统误差的分析方法。一个理想的测量系统应该具有不失真测量的性质。若输入信号 $x(t)$ 所引起的输出信号为 $y(t)$,则不失真测量性质为

$$y(t) = A_0 x(t - t_0) \tag{9-70}$$

式中:A_0 和 t_0 均为与时间无关的常量。

进一步分析指出,能够不失真测量的理想测量系统,其幅频特性曲线是一条与横坐标(频率坐标)平行的直线,其相频特性曲线是一条通过原点并具有负斜率的直线。大部分动态测量系统只是在一定频率范围内才具有这一性质。当输入量包含超出这个范围的谐波时,这些谐波必然被测量系统不适当地缩放或(和)在时间轴上不适当地移位,使最终的输出波形失真,造成动态测量的系统误差。这一误差常称为测量系统的动态误差,简称动态误差。

(三)动态测量数据与动态测量误差

动态测量数据与动态测量误差虽然在数据处理上有类似之处,但它们是两个不同的概念,不能将对动态测量数据的评定视为对动态测量误差的评定。

动态测量数据是指通过动态测量所获得的包含被测量和测量误差信息的数据,图 9-18 所示的冲击加速度曲线就是动态测量数据的例子。动态测量数据是对被测量的初步描述,是进一步数据处理的原始素材,它通常是时变的、自相关的随机过程,包含与测量安装及调整、测量环境控制等有关的各种动态测量误差成分。

动态测量误差是指动态测量中被测量测得值的误差,如图 9-18 所示的冲击加速度的动态测量误差。显然,动态测量误差本身也可以有各种评定参数,类似于动态测量数据的评定参数。

另外,动态测量误差和动态测量数据都属于动态数据,可以通过动态数据处理的各种手段加以处理与评定。例如,在原则上可以对它们进行参数估计、相关分析、谱分析等,最终评定其特性。

(四)动态测量误差与静态测量误差

从误差的本质来看,动态测量误差与静态测量误差是一致的,都是测得值与真值的差。但是,在误差的表现形式上、在求得误差及其评定参数的途径上,以及需要进行处理数据的数量上,二者有很大的差异。

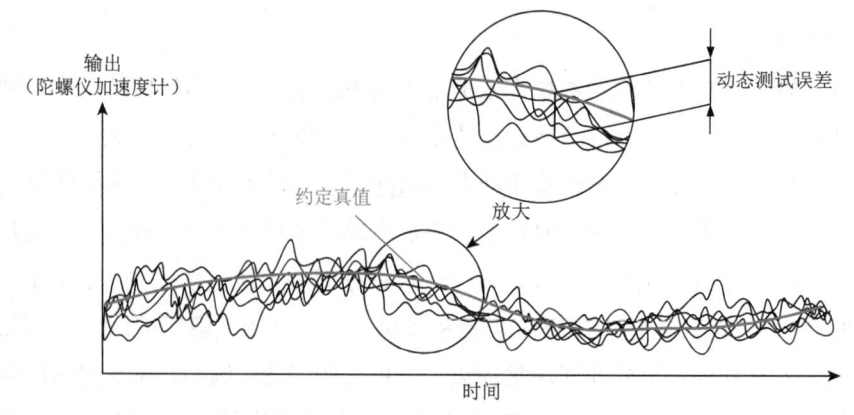

图 9-18 陀螺仪加速度计动态测试误差示意图

（1）在表现形式上，只要动态测量的测得值本身是一个动态量，则测得值的误差一般具有时变性，即是某个时间变量的函数，而静态测量误差则是非时变的。

动态测量误差中含有测量系统的动态误差。这是一种由测量系统本身的动态特性所造成的误差，是指输入量为动态量（时变量）时才产生的误差，而输入量为静态量时没有这一误差，这一特性称为动态性。静态测量误差中当然不包含动态误差。

动态测量误差也往往具有自相关性，即两个不同时刻的动态测量误差的概率分布之间并非相互独立的，在不同时刻的误差值是彼此相关的。这一特性正是采用时间序列模型来拟合该误差并据此作为预报误差的基础，而按时序重复测量数据的各个静态测量误差一般视为具有独立性。

动态测量误差通常是一个随机过程，因此可以用处理随机过程的各种手段来处理动态测量误差。静态测量误差不是时变量，当然不是随机过程。

（2）在求得误差及其评定参数的途径上，静态测量从重复测得的数据中求残差和随机误差的评定参数，动态测量则往往针对单次连续测量的样本分离误差求出参数。对非平稳性误差一般也需要进行重复测量的数据处理。因为样本中还包含时变的真值和系统误差，所以不能在时域中直接套用贝塞尔公式来求动态测量随机误差的标准差。

（3）在需要进行处理数据的数量上，动态测量误差比静态测量误差多得多。静态测量误差的原始数据一般只有十几个至几十个，而动态测量误差一般有几百个至几千个，必须使用计算机编程处理。

总之，时变性、动态性、自相关性和随机过程性是分析处理动态测量误差时必须注意的四个特性。动态测量误差处理可以视为静态测量的推广。许多静态测量误差理论中行之有效的概念及方法，如按性质将误差分为随机、系统和粗大三类及相应的处理方法，从测量装置、方法和环境等方面来分析误差来源及误差合成一般原则等，都可以推广到动态测量的误差评定中来。

二、动态测量数据预处理

动态测量误差处理包括数据预处理、误差分离和误差修正三方面内容。对于动态测量的原始数据一般应先进行截取、离散化、剔除异常数据、初辨统计特性及所含数学成分等预处理，为拟定误差分离与修正的处理方案提供必要的信息。动态测量误差的分离是指根据动态测量的实测数据及预处理所得到的信息，经数据处理求得动态测量系统误差的函数形式和随机误差的样本函数形式。误差分离是误差评定的必要前提，而且往往是最重要、工作量最大的一环。从原则上来讲，用适当的数学方法就能将误差与约定真值数据分离开来，然而在一般情况下进行全面的动态测量误差分离是很困难的。下面仅叙述一些分离测量误差的具体方法[3]。

（一）数据截断与采样

为了避免原始数据太多，也为了避免引入粗大误差，经分析后截取原始数据中的一部分进行处理，称为截断。截断长度至少应包括被测量全长或一个动态测量全过程。为了充分反映动态测量误差的各种统计特性并满足各态遍历性的要求，截断长度应足够长，并重复动态测量全过程足够多次，尽可能取连续5次以上。

尽管动态测量数据常常是时间的连续函数，但为了数据处理上的方便，往往只按一定的时间间隔离散化取值，称为采样。采样一般是等间隔的。若测量全过程时间为T，起始时间为t_0，并记采样间隔为Δ，则连续的时间函数$x(t)$ ($t_0 \leqslant t \leqslant t_0+T$)经采样后称为离散化时间序列，即

$$x_1, x_2, \cdots, x_i, \cdots, x_N, x_{N+1} \qquad (9\text{-}71)$$

其中第i个数据

$$x_i = x(t_i) = x[t_0 + (i-1)\Delta] \quad (i=1,2,\cdots,N+1) \qquad (9\text{-}72)$$

为了使采样数据能复现连续的时间函数$x(t)$，采样间隔不得大于香农（Shannon）采样定理给出的理论采样时间间隔。香农采样定理指出，为了能从采样数据复现原来信号中频率不大于f_m的成分，最大采样时间间隔$\Delta_{\max}$为

$$\Delta_{\max} = \frac{1}{2f_m} \qquad (9\text{-}73)$$

考虑到时间序列不至于太长，可以选定测量数据中所感兴趣的最高频率分量后，再根据采样定理选择适当的采样间隔。例如，感兴趣的最高频率为f，则采样间隔

$$\Delta \leqslant \frac{1}{(2\sim 4)f} \qquad (9\text{-}74)$$

（二）剔点处理

在动态测量原始数据中常常会混入一些虚假数据，称为异点。异点是粗大误差引起的，必须先将这些异常数据剔除。剔除异点的关键是恰如其分地检测出异点。尽管手段并不十分完善，但还是有一些方法，如图基（Tukey）提出的53H法，可以检测出异点。检测异点的基本思想是认为正常数据是"平滑"的，而异点是"突变"的。如果首先作原始数据的平滑估计，并设定系数k表示正常数据偏离平滑估计的范围，此时若原始数据中有的数值超过此范围，则判断该数是异点。该方法的关键在于产生平滑估计和选取k。

用"中位数"的方法可以产生平滑估计。

首先从原始数据$\{x_i\}$ ($i=1,2,\cdots,N+1$)构造一个新序列$\{x_i'\}$；然后取x_i中前5个数$x_1,x_2,x_3,$

x_4, x_5 按数值大小重新排列为 $x_{(1)} \leqslant x_{(2)} \leqslant x_{(3)} \leqslant x_{(4)} \leqslant x_{(5)}$，取其中位数 $x_{(3)}$，记为 x'_3；再舍去 x_1 加入 x_6，取 x_2, x_3, x_4, x_5, x_6 的中位数 x'_4……依此类推得到 5 个中位数，组成相邻 5 个原始数据的中位数序列：

$$\{x'_i\} \quad (i = 3, 4, \cdots, N-1) \tag{9-75}$$

用相似的方法从序列 $\{x'_i\}$ 构成相邻 3 个数据的中位数序列：

$$\{x''_i\} \quad (i = 4, 5, \cdots, N-2) \tag{9-76}$$

最后构成序列

$$\{x'''_i\}: \quad x'''_i = \frac{x''_{i-1}}{4} + \frac{x''_i}{2} + \frac{x''_{i+1}}{4} \quad (i = 5, 6, \cdots, N-3) \tag{9-77}$$

k 是数据处理者根据情况设定的适当数值。若 $|x_i - x'''_i| > \Delta H$，则应剔除 x_i，并根据相邻数据平滑的假设，用一个内插值（如线性插值）代替它。

（三）动态测量数据检验

为了进行动态测量误差分离与评定，在分离前必须对测量数据有一个基本了解，有必要初步辨识随机数据的统计特性（独立性、平稳性、正态性、各态遍历性等）及确定性成分（数据真实值和系统误差）的变化规律（线性、周期性等）。对统计特性的初步辨识是对数据进行各种数学运算来构造某些统计量，并通过统计检验来实现的。动态测量数据所含成分的初步辨识可以通过数据探测、拟合模型的特征判别等多种方法来进行。

三、动态测量误差分离

动态测量误差处理的关键是，必须先从动态测量数据中将动态测量误差分离出来。为了分离动态测量误差，一般需要通过分析测量方案了解数据中各种成分的组成及特性。因此，必须先建立表示数据构成的组合模型，然后根据数据组成分析及特征分离出动态测量误差。

（一）动态测量数据组合模型

一般情况下，动态测量数据可以归纳成一个非平稳的随机过程（连续系统）或随机序列（离散系统），二者有类似的公式。以连续系统为例，动态测量数据 $x(t)$ 由确定性函数 $f(t)$ 和随机函数 $y(t)$ 组成。为使用方便，$f(t)$ 可以进一步划分为非周期性函数 $d(t)$ 和周期性函数 $p(t)$ 两类，即

$$x(t) = f(t) + y(t) = d(t) + p(t) + y(t) \tag{9-78}$$

而动态测量数据 $x(t)$ 又是由被测变量真实值 $x_0(t)$ 及其测量误差 $e(t)$ 所组成的（以下均用下标 "0" 表示真实值）。真实值 $x_0(t)$ 由确定性真实值 $f_0(t)$ 和随机性真实值 $y_0(t)$ 组成，误差 $e(t)$ 由系统误差 $e_s(t)$ 和随机误差 $e_r(t)$ 组成，即

$$\begin{aligned} x(t) &= x_0(t) + e(t) = f_0(t) + y_0(t) + e_s(t) + e_r(t) \\ &= d_0(t) + p_0(t) + y_0(t) + e_s(t) + e_r(t) \end{aligned} \tag{9-79}$$

式中：$e(t) = e_s(t) + e_r(t)$；$d_0(t)$ 和 $p_0(t)$ 分别为确定性成分的真实值 $f_0(t)$ 的非周期性分量和周期性分量。

式（9-79）称为动态测量数据的组合模型。动态测量误差分离的任务就是求出式（9-79）的右边各项，从中分离出 $e_s(t)$ 和 $e_r(t)$。

（二）系统误差分离

除上面提及的重复测量数据误差曲线的均值可以作为系统误差外，许多已定系统误差也可以用先验分析法事先计算出来。例如：电路的动态特性引起的动态误差可以根据电路中各元器件的电参数来计算；冲击测量系统的动态误差可以通过其频响特性来计算。有时系统误差必须通过特定的测量逐个求出，如齿轮偏心误差可以通过对径方向两次测量分离出来。将原始数据 $x(t)$ 减去系统误差 $e_s(t)$ 后得到实测数据真实值 $x_0(t)$ 与随机误差 $e_r(t)$ 的和，它是进一步分离动态测量随机误差的基础。

（三）统计处理法

统计处理法是对具有某种统计特性的动态测量数据进行求均值、方差、协方差、谱密度等统计处理，最后分离出动态测量随机误差的一种方法。这种方法必须事先对测量数据中各种组成成分的特性有准确的判断，并且对动态测量数据进行统计处理后，才能分离出动态测量随机误差。

例如，当动态测量数据只包含随机误差，且随机误差为零均值的平稳随机过程 $n_\varepsilon(t)$，被测量的真值仅为确定性函数 $x_0(t)$ 时，动态测量误差的评定参数——方差 $\sigma^2(t)$ 和协方差 $R(\tau)$，可以对测量数据直接进行统计运算求得。动态测量数据可以表示为

$$x(t) = x_0(t) + e_r(t) = [d_0(t) + p_0(t)] + e_r(t) \quad (9\text{-}80)$$

对式（9-80）两边求期望就可以得到被测量的真值，即

$$x_0(t) = E[x(t)] = E[x_0(t) + e_r(t)] = d_0(t) + p_0(t) \quad (9\text{-}81)$$

其方差和协方差分别为

$$\sigma^2(t) = D[x(t)] = E\{[x(t) - x_0(t)]^2\} = E\{[e_r(t)]^2\} \quad (9\text{-}82)$$

$$R(\tau) = E\{[x(t) - x_0(t)][x(t+\tau) - x_0(t+\tau)]\} = E[e_r(t)e_r(t+\tau)] \quad (9\text{-}83)$$

（四）分离真值法

分离真值法的基本思想是：若被测量的真值是一个确定性函数，且其变化规律已知，根据组合模型（9-79），首先设法在测量数据中分离出系统误差，得到已分离出系统误差后的组合模型为

$$x'(t) = d_0(t) + p_0(t) + e_r(t) \quad (9\text{-}84)$$

然后在已分离出系统误差的组合模型（9-84）中采用某种数据拟合方法（回归分析法）求得被测量真值的估计函数，测量数据减去估计函数就是动态测量误差。

根据动态测量误差的组合模型（9-79）及对实际动态测量数据组成成分的判断，综合运用上面所介绍的三种方法基本原理，能够将动态测量误差由动态测量数据中分离出来。图9-19为动态测量误差处理流程。从图中可以看出由动态测量原始数据分离被测量真值和动态测量误差的路径。

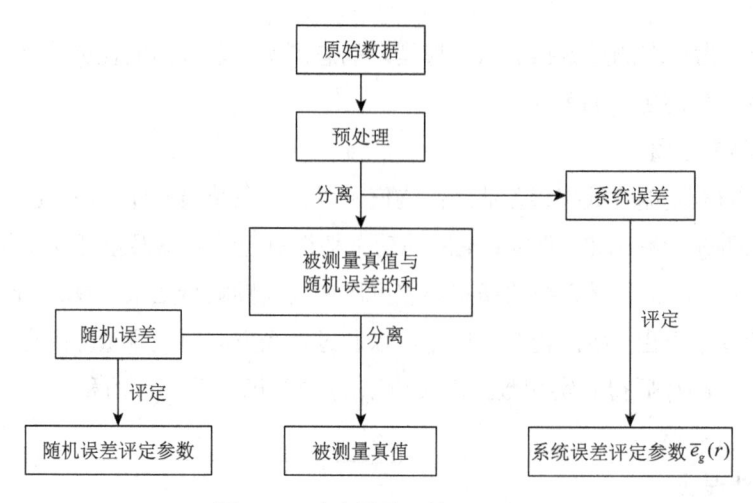

图 9-19 动态测量误差处理流程

四、动态测量误差评定参数

动态测量误差的评定参数是用来表征动态测量误差大小及其他特性的参数，就如同用均值、标准差和极限误差来分别表征静态测量随机误差的大小、分散特性和分散范围一样。由于动态测量误差的随机过程性及数字计算的需要，其评定参数有总体平均和时间平均两种类型，各自又有离散和连续两种形式。

随机过程是动态测量误差最一般的形式。因此，原则上可以用随机过程的评定参数来评定动态测量误差。与静态测量误差一样，动态测量误差按性质同样也可以分为系统误差、随机误差和粗大误差三类。

（一）动态测量系统误差评定参数

动态测量的系统误差具有确定性变化规律，既可以用误差的均值函数作为评定参数，也可以用其均值的最大值作为评定参数。

若重复进行 n 次测量，通过测量及数据处理得到 n 个表示该系统误差的确定性时变量，记第 l 个样本的第 i 个系统误差为 e_{sli}，则应将其算术平均值 m_{si} 或最大值 m_{sim}，即

$$m_{si} = \sum_{l=1}^{n} \frac{e_{sli}}{n} \tag{9-85}$$

$$m_{sim} = \max_{l=1}^{n} \{e_{sli}\} \tag{9-86}$$

作为评定参数。式中：$\max\limits_{l=1}^{n}\{e_{sli}\}$ 为 n 个 e_{sli} 中绝对值最大的那个值。

若约定真值易于排除，则可以在排除真值后求得各条重复测量曲线的算术平均值曲线，它体现了误差的平均变化规律，可以作为总的系统误差（包含未定系统误差）的评定参数。

（二）动态测量随机误差评定参数

对于多次重复测量的动态测量误差，若各次测量相互独立且所有测量条件相同，则可以选取其中若干次测量过程总体平均的评定参数作为该动态测量整体随机误差的评定参数。

若进行了 n 次重复的动态测量,且记 e_{rli} 和 e_{rlj} 分别为第 l 个样本中第 i 个和第 j 个动态测量随机误差,其中 $l \in [1,n]$, $i,j \in [1,N+1]$,则动态测量随机误差的总体评定参数分别如下。

总体均值为

$$m_{ri} = \frac{1}{n}\sum_{l=1}^{n} e_{rli} \tag{9-87}$$

总体标准差为

$$\sigma_i = \sqrt{\frac{1}{n-1}\sum_{l=1}^{n}(e_{rli} - m_{ri})^2} \tag{9-88}$$

总体极限误差为

$$\delta_{\lim i} = k_p \sigma_i \quad (\text{一般}\ k_p\ \text{取 2 或 3}) \tag{9-89}$$

总体协方差为

$$R_{i,j} = \frac{1}{n-1}\sum_{l=1}^{n}[(e_{rli} - m_{ri})(e_{rlj} - m_{rj})] \quad (i,j = 1,2,\cdots,N+1) \tag{9-90}$$

若动态测量随机误差是各态遍历的,则可以用一个误差样本 $e_r(t)$ 按时间平均的误差评定参数来评定动态测量随机误差,且其数值应与总体平均的评定参数一致。若记 e_{ri} 为任一样本中第 i 个动态测量随机误差,则动态测量随机误差的时间评定参数分别如下。

时间均值为

$$\overline{e}_r = \frac{1}{N+1}\sum_{i=1}^{N+1} e_{ri} \tag{9-91}$$

时间平均方差为

$$\sigma^2 = \frac{1}{N+1}\sum_{i=1}^{N+1}(e_{ri} - \overline{e}_r)^2 \tag{9-92}$$

时间平均协方差为

$$R_j = \frac{1}{N-j+1}\sum_{i=1}^{N-j+1}[(e_{ri} - \overline{e}_r)(e_{r(i+j)} - \overline{e}_r)] \tag{9-93}$$

若误差不是各态遍历的,尽管通过式(9-91)~(9-93)也能求出第 l 个样本的时间均值 $\overline{e}_{rl}$、方差 σ_l^2 和协方差函数 R_{lj},但它们只对第 l 个样本(第 l 次动态测量)有意义,而不能作为总体的评定参数。

在实际评定中并非必须将所有的评定参数都计算出来,究竟采用哪些参数,不但要考虑动态测量误差的表现形式,而且要具体考虑误差评定的目的。若误差评定后还要进行合成,则必须对参数协方差加以考虑。

第四节 惯性器件与系统动态性能评定

随着导航技术的发展,动态性能评定在核心器件级和系统级的应用越来越普遍。导航系统性能测试在传统测试日渐成熟的基础上,更多地向动态测试方向发展。这一方面符合器件和系统技术发展的趋势，另一方面也表明，人们对导航系统误差规律的认识又到了一个新的高度。本节选取采取动态测试数据处理的陀螺仪参数评定和长航时惯性导航定位精度评定两个问题进行介绍，二者均为目前从事惯性技术产品设计与系统级应用测试十分关注的问题。

一、陀螺仪性能参数

（一）陀螺仪 5 类性能参数

陀螺仪精度习惯上用陀螺漂移率来表示。陀螺漂移率是输出量相对理想输出量偏差的时间变化量，或者说是与输入旋转无关的陀螺输出分量。它包括随机性和系统性两类，其单位是单位时间相对惯性空间的相应输入角位移（°/h）。其中系统漂移是由规律的干扰引起的，在性能测试过程中可以重复出现，在系统应用中可以设法补偿；而随机漂移是无规律的干扰或白噪声引起的。随机漂移的求取比较麻烦，只有通过大量试验与测试、分析与判断，才能求得随机漂移的大小及其稳定性（隔日、隔周、隔月等）。随机漂移的大小及其稳定性是检验与描述陀螺仪性能的两个最主要的目标和要求，也是研发、设计、生产、制造过程中最为棘手和困难的问题。

除陀螺漂移率外，根据惯性系统或控制系统的总体要求，还可以采取以下 5 类性能指标来规范约束陀螺仪性能：

（1）零偏（B_0）和零偏稳定性（B_s）；

（2）标度因数（S_0）及其结合误差（ε_k）；

（3）输入轴失准角（α_m、β_m）；

（4）阈值（B_t）、分辨率（B_r）、死区（B_α）、最大量程（ω_{max}）；

（5）带宽（B_w）、噪声。

零偏是指陀螺仪输入角速度为零时陀螺仪输出量的均值，通常用等效的输入角速度表示。零偏稳定性是指当输入为零时输出量绕其均值的离散程度，以规定时间内输出量的标准偏差相应等效输入表示，主要受温度、磁场及其他力学环境等干扰影响。

噪声一般指随机噪声。随机漂移是由陀螺仪外部输入随机噪声和内部器件随机噪声引起漂移率的随机时变分量。不同原理的陀螺仪，随机噪声产生的机理不同。传统机械陀螺仪的随机噪声通常是指进动轴随机摩擦引起随机干扰力矩噪声所导致的随机漂移率；而光学陀螺仪和复合加速度原理的陀螺仪的随机噪声主要是指有效信号中的光噪声、复合加速度的干扰噪声、放大电路中的电噪声，以及陀螺仪内部的相关光、电器件的随机噪声等。这些噪声均会引起各种陀螺随机漂移，只能通过大量测试数据，按统计原理利用相关数据分析方法求得。例如，针对激光陀螺仪和光纤陀螺仪（fiber optic gyro，FOG），电气电子工程师学会（Institute of Electrical and Electronics Engineers，IEEE）标准[35-37]推荐的阿伦（Allan）方差分析可以得到各种引起陀螺随机漂移噪声的分量，如量化噪声（quantization noise）、正弦噪声、指数相关噪声、角度随机游走（angle random walk）、速率随机游走（rate random walk）、速率斜坡（rate ramp）和零偏不稳定性（bias instability）等。

以上 5 类性能参数的短期稳定性、长期稳定性，以及在各种力学、电学环境冲击变化前的

（二）角度随机游走

角度随机游走是光学陀螺仪的一个重要指标[38]。角度随机游走从宏观意义上讲是一种由一定频率带宽的角速度白噪声所引起的随时间积累的低频随机漂移现象。

随机游走（randon walk）是零位的平均高斯随机过程，具有固定的独立增量和随时间平方根增长的标准差，也称为维纳过程，是白噪声过程的积累总和。陀螺角度随机游走是由输入陀螺的角速度白噪声所产生的随时间积累的角误差，该误差的单位为 $°/\sqrt{h}$ 或 $(°/h)/\sqrt{Hz}$，有时也称为随机游走角，即输入角速度中的白噪声所产生的随时间积累的角位移。角度随机游走是陀螺随机漂移的主要部分，是制约惯性系统性能提高的主要因素之一。

随机漂移率则是由陀螺仪的外部和内部干扰噪声所引起的，一般包括白噪声、量化噪声、角速度白噪声、速率随机游走、偏值不稳定性、速率斜坡等。一般说来，白噪声会产生角度随机游走。通常将陀螺仪输出信号样本 x_i 记录视为一个随机过程样本函数，可以用功率谱密度及其他噪声方法来表示。如果样本 x_i 在一定带宽条件下，较低频率信号的傅里叶变换值将会含有高频干扰信号分量，它所产生的随机漂移将会使惯性系统的动态性能变坏。因此，不能将陀螺仪使用带宽设得过宽，应规定白噪声谱的频率范围。角度随机游走的大小就是限制最高噪声量级门限值。

（三）主要参数数学描述

1. 陀螺零偏及其稳定性

陀螺零偏的计算公式为

$$B_0 = \mu_x = \sum_{i=1}^{N} x_i \tag{9-94}$$

零偏稳定性的计算公式为

$$B_s = \sigma_x = \sqrt{\sum_{i=1}^{N}(x_i - B_0)^2} \tag{9-95}$$

2. 自相关函数与功率谱密度函数

自相关函数表征任何时刻的陀螺零偏值对未来数据值的影响。功率谱密度函数通过均方值的谱密度 $G_x(f)$ 来描述其数据的频率结构，还可以得到有关系统动态特性的信息。$G_x(f)$ 用频率函数对时间序列数据的噪声及过程进行描述，即各单位频率下幅值平方的平均值，单位为 $(°/h)^2/Hz$。设 Δf 为获得 x_i 的频率带宽，则角度随机游走 N 的平方等于 $G_x(f)$，即

$$N^2 = G_x(f) = \frac{\mu_x^2}{\Delta f} \tag{9-96}$$

式（9-96）表明，在一定频率带宽条件下获得一组随机数据 x_i 的均值 μ_x 的大小在波动。这说明，当输入陀螺角速度中有白噪声干扰时，即使输入角速度为零，陀螺仪仍然有能量输出，表明陀螺仪内部仍有能量与外界交换。陀螺仪输出样本并非一个严格平稳过程，其零偏不稳定性 B 的大小表明均值 μ_x（B_0）存在一定平缓波动。

（四）主要参数获取

掌握陀螺仪功能特征的最佳方式是设法求得体现陀螺仪输入/输出关系的传递函数。求取传递函数的方法有两类，即频率响应法和时域响应法。前者用标准角振动台作为输入激励源，后者用单轴突停台作为输入激励源。检测比较陀螺仪输出信号与相应的标准输入激励信号，可以估算二者的振幅、相位，以及过渡过程的稳态时间、稳态误差等参数。这项工作需要昂贵的试验设备及大量试验时间和人力。

事实上，使陀螺仪输入角速率为零，检测陀螺仪输出样本记录 x_i，通过阿伦标准偏差（Allan standard deviation）的数据处理即可得到陀螺仪输出噪声特性的多个参数，如量化噪声（Q）、角度随机游走（N）、零偏不稳定性（B）、速率随机游走（K）、速率斜坡（R）等。

具体做法是：从陀螺仪输出样本 x_i 构造不同相关时间 τ 的系列数据，通过拟合相关时间 τ 与 $\sigma(\tau)$ 的曲线，基于 $R_x(\tau)$ 与 $G_x(f)$ 互为傅里叶变换的理论，求得类似陀螺仪输出样本 x_i 的功率谱密度函数 $G_x(f)$。传统时域法估算陀螺随机漂移，采取总体 RMS 平均分析估算惯性系统误差，易于理解，但随机漂移的 RMS 误差值较为保守，一般也不足以预测惯性系统的真实性能。频域法估算陀螺随机漂移和预测惯性系统性能较为有效，但理解分析较为困难。阿伦标准偏差是时域法和频域法二者的结合。它将陀螺随机漂移中若干噪声参数表示为平均时间函数的形式，计算形式简单，用陀螺随机漂移数据分析惯性系统误差也相对容易理解。此外，频域的功率谱密度分析比较适合研究高频现象和长时间的随机漂移，而时域分析主要限于低频现象，基于二者折中与结合的阿伦标准偏差恰好覆盖了一定带宽和低频（甚至频率为零）频率，使两种方法得以互补。

二、陀螺仪动态性能参数测试评定

上述 5 类性能参数的获得，通过陀螺仪静态测试的相关测试设备、测试方法和数据处理均比较成熟，可以参照相应的国家或国家军用标准和规范。但在实际应用中，陀螺仪在各种导航、控制系统的载体对象都工作在动态环境中。这里的动态环境不单指其力学、电学环境的变化，更重要的是相对惯性空间的角速率变化也较大。系统设计中专业人员更加关心的是，在有大角加速度输入时，陀螺仪输出信息的相关动态性能究竟如何，即需要了解在大角加速度作用下，陀螺仪的稳态误差、超调量、过渡过程时间等过渡过程的相关参数。

有噪声存在的惯性系统的状态估计必须考虑陀螺仪角速度输出信息的噪声特性。早在 1960 年卡尔曼（Kalman）已证明，对于任何控制系统，若使其在随机扰动和随机量测噪声的情况下能正常工作，则系统的通频带不应设计过宽，以避免随机噪声闭环传播使系统性能变坏。最好的办法是根据系统应用对象的角速度变化带宽，结合香农采样定理设计合理的带宽范围，只要采样数据有足够信息实现信号复现即可。应对陀螺仪所获取的信息进行滤波，简单的维纳滤波器如图 9-20 所示。维纳滤波器的带宽 ω_0 在噪声与信息之间合理取得平衡。

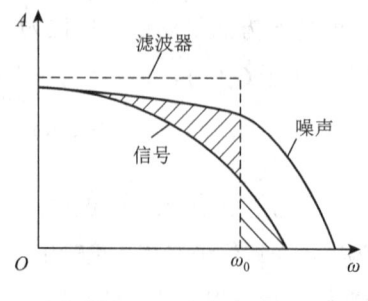

图 9-20　维纳滤波器

对于惯性导航系统的陀螺仪而言，其性能参数除要求零偏 B_0、零偏稳定性 B_s 要小外，还应要求标度因素 S_0 的稳定性和重复性好，综合误差 ε_k 小，对描述陀螺仪的随机漂移的两个主要参数带宽 B_w 和角度随机游走 N 均有合理的要求。

（一）阿伦标准偏差

采集陀螺仪数据输出，以采样间隔为 τ_0 采集总时长为 T 的一组数据，则共采集 $N=T/\tau_0$ 个点。将采集的 N 个数据分为 K 组，每组包含 M 个数据，$M=N/K$ 且 $M \leq (N-1)/2$，每组数据的时间长度为 $\tau_M = M\tau_0$，称为相关时间。分别对每组数据求平均值得[39]

$$\bar{d}_k(M) = \frac{1}{M}\sum_{i=1}^{M} d_{(k-1)M+i} \quad (k=1,2,\cdots,K) \tag{9-97}$$

阿伦标准偏差的计算方式为

$$\sigma^2(\tau_M) = \frac{1}{2}<[\bar{d}_{k+1}(M)-\bar{d}_k(M)]^2> = \frac{1}{2(K-1)}\sum_{k=1}^{K}[\bar{d}_{k+1}(M)-\bar{d}_k(M)]^2 \tag{9-98}$$

式中：$<>$ 表示求总体平均。

阿伦标准偏差的平方根 $\sigma(\tau)$ 通常称为阿伦标准差。以双对数曲线作出阿伦标准差随相关时间变化的曲线图。在实际研究过程中，阿伦标准偏差的计算限于一组有限的采集数据，随着相关时间的加长，数据可划分的组数减少，阿伦标准偏差的估计误差便会增大，误差区间计算公式为

$$E_{\text{avr}} = \frac{1}{\sqrt{2\left(\dfrac{N}{M}-1\right)}} \times 100\% \tag{9-99}$$

随机误差源不同，相应的功率谱密度也不同。为通过阿伦标准偏差特性曲线实现对不同的随机误差源的辨识，并提取各项误差系数，必须建立阿伦标准偏差与功率谱之间的定量关系，表达式为

$$\sigma_y^2(\tau) = 4\int_0^{+\infty} S_y(f) \frac{\sin^4(\pi f \tau)}{(\pi f \tau)^2} df \tag{9-100}$$

式中：$S_y(f)$ 为随机噪声 $y(t)$ 的功率谱密度；f 为频率。量化噪声、角度随机游走、角速率随机游走、零偏不稳定性、速率斜坡是惯性器件常见的误差源，下面以微机电系统（micro electro mechanical system，MEMS）陀螺仪为例，对这 5 种误差源与阿伦标准偏差之间的对应关系进行说明。

1. 量化噪声

量化处理必然存在量化噪声。MEMS 采用数字量化编码采样方式，信号输出的理想值与量化值之间会存在微小差异，量化噪声代表了 MEMS 检测的最小分辨率。角度量化噪声的功率谱密度可以表示为

$$S_\Delta(f) = \frac{\Delta^2/12}{f_s} = \tau_0 Q^2 \tag{9-101}$$

式中：Δ 为标度因数；f_s 为采样频率；τ_0 为采样周期；Q 为量化噪声系数。根据角度功率谱

密度得角速率的功率谱为

$$S_\Omega(f) = \tau_0 Q^2 (2\pi f)^2 \tag{9-102}$$

将上式代入式（9-101）得

$$\sigma_{QN}^2(\tau) = \frac{3Q^2}{\tau^2} \tag{9-103}$$

因此，在阿伦标准偏差 $\tau\text{-}\sigma_{QN}(\tau)$ 双对数图中，量化噪声对应的斜率为–1。

2. 角度随机游走

宽带角速率白噪声的积分称为角度随机游走。从角速率方面分析，角度随机游走的功率谱密度可以视为常值，即

$$S_\Omega(f) = N^2 \tag{9-104}$$

式中：N 为角度随机游走系数。将上式代入式（9-103）得

$$\sigma_{\text{ARW}}^2(\tau) = \frac{N^2}{\tau} \tag{9-105}$$

因此，在阿伦标准偏差 $\tau\text{-}\sigma_{QN}(\tau)$ 双对数图上，角度随机游走对应的斜率为–1/2。

3. 角速率随机游走

宽带角加速率白噪声的积分称为角速率随机游走。角加速率的功率谱为

$$S_\Omega(f) = K^2 \tag{9-106}$$

式中：K 为角速率随机游走系数。由随机积分功率谱公式得角速率功率谱为

$$S_\Omega(f) = \frac{K^2}{(2\pi f)^2} \tag{9-107}$$

将上式代入式（9-103）得

$$\sigma_{\text{RRW}}^2(\tau) = \frac{K^2 \tau}{3} \tag{9-108}$$

因此，在阿伦标准偏差 $\tau\text{-}\sigma_{QN}(\tau)$ 双对数图上，角速率随机游走对应的斜率为1/2。

4. 零偏不稳定性

零偏不稳定性称为闪变噪声或 $1/f$ 噪声，其功率谱密度与频率成反比。因此，零偏不稳定性的角速率功率谱为

$$S_\Omega(f) = \frac{B^2}{2\pi f} \tag{9-109}$$

式中：B 为零偏不稳定性系数。将上式代入式（9-103）得

$$\sigma_{\text{BI}}^2(\tau) \approx \frac{4B^2}{9} \tag{9-110}$$

因此，在阿伦标准偏差 $\tau\text{-}\sigma_{QN}(\tau)$ 双对数图上，零偏不稳定性对应的斜率为0。

5. 速率斜坡

假设角速率 Ω 与测试时间 t 之间呈线性关系，其关系式为

$$\Omega(t) = \Omega(0) + Rt \tag{9-111}$$

式中：R 为速率斜坡系数。由阿伦标准偏差估计原理得

$$\sigma_{\text{RR}}^2(\tau) = \frac{R^2\tau^2}{2} \tag{9-112}$$

因此，在阿伦标准偏差 $\tau - \sigma_{QN}(\tau)$ 双对数图上，速率斜坡对应的斜率为 1。

将 5 种主要随机噪声与阿伦标准偏差之间的关系总结如表 9-3 所示。

表 9-3 常见随机噪声与阿伦标准偏差的对应关系

噪声类型	参数	阿伦标准偏差	斜率
量化噪声	Q	$3Q^2/\tau^2$	-1
角度随机游走	N	N^2/τ	$-1/2$
零偏不稳定性	B	$4B^2/9$	0
角速率随机游走	K	$K^2\tau/3$	$1/2$
速率斜坡	R	$R^2\tau^2/2$	1

阿伦标准偏差的估计与实测所用的 MEMS 器件的型号与实测环境有关。实测数据中通常包含各类随机误差源，若各种随机噪声在统计上是独立的，则阿伦标准偏差可以表示为各类随机误差的平方和，即

$$\begin{aligned}\sigma_{\text{total}}^2(\tau) &= \sigma_Q^2(\tau) + \sigma_{\text{ARW}}^2(\tau) + \sigma_B^2(\tau) + \sigma_{\text{RRW}}^2(\tau) + \sigma_{\text{RR}}^2(\tau)\\ &= \frac{3Q^2}{\tau^2} + \frac{N^2}{\tau} + \left(\frac{B}{0.6648}\right)^2 + \frac{K^2\tau}{3} + \frac{R^2\tau^2}{2}\end{aligned} \tag{9-113}$$

上式可以简化表示为

$$\sigma_{\text{total}}^2(\tau) = \sum_{i=-2}^{2} A_i^2 \tau^i \tag{9-114}$$

为了提高拟合精度，一般采用标准差进行拟合，则上式可以近似为

$$\sigma_{\text{total}}(\tau) = \sum_{i=-2}^{2} A_i \tau^{i/2} \tag{9-115}$$

式中：A_i 为相关时间 τ 不同次幂的系数；$\tau = M\tau_0$（τ_0 为采样间隔）。经解算，量化噪声（Q）、角度随机游走（N）、零偏不稳定性（B）、角速率随机游走（K）、速率斜坡（R）与拟合系数之间的转换关系分别为

$$\begin{cases} Q = A_{-2}/\sqrt{3} \\ N = A_{-1}/60 \\ B = A_0/0.6643 \\ K = 60\sqrt{3}A_1 \\ R = 3600\sqrt{2}A_2 \end{cases} \tag{9-116}$$

（二）陀螺仪参数系统分析应用

将陀螺仪表示为一个随机线性动态系统的模型：

$$\dot{\boldsymbol{X}}(t) = \boldsymbol{A}\boldsymbol{X}(t) + \boldsymbol{B}\boldsymbol{u}(t) + \boldsymbol{L}\boldsymbol{W}(t) \quad (t \geqslant t_0) \tag{9-117}$$

式中：$\boldsymbol{X}(t)$ 为动态系统的状态变量；$\boldsymbol{u}(t)$ 为控制输入或环境输入；$\boldsymbol{W}(t)$ 为零均值的维纳随机

过程；A、B、L 为与相关参数有关的矩阵。

上述微分方程可以改写为下述积分方程：

$$X(t_k) - X(t_0) = \int_{t_0}^{t_k} AX(t)dt + \int_{t_0}^{t_k} Bu(t)dt + \int_{t_0}^{t_k} LdW(t) \tag{9-118}$$

方程（9-118）右边最后一项积分是维纳积分过程。可以证明，只要给出一个随机初始条件向量 $X(t_0)$，就可以得到唯一的马尔可夫（Markov）随机解 $X(t)$。将陀螺仪的随机维纳过程噪声模型代入方程（9-118）中，并设 $X_b(t)$ 为系统动态方程的状态向量，则模型（9-117）可以写为

$$dX_b(t) = (B_0 + S_0\alpha_i + \cdots)dt + NdW \tag{9-119}$$

式中：B_0 为零偏；S_0 为标度因数；α_i 为陀螺仪角速度脉冲数；N 为角度随机游走，单位为 $°/\sqrt{h}$ 或 $(°/h)/\sqrt{Hz}$；其他模型参数可以在系统基于卡尔曼滤波实现标定的过程中确定。

1. 角度随机游走对系统的影响分析

维纳运动随机过程 NdW 的 Δt 增量的标准误差角为 $N\sqrt{\Delta t}$。采用每平方根小时表示角度随机游走对系统分析非常方便。它表明系统中陀螺仪输入角速率中的白噪声所引起系统 1 h 累积标准误差角的大小，也表明角度随机游走所引起的随机漂移误差角的大小。显然 4 h 后的随机漂移角是 1 h 后的 2 倍，而 1/4 h 后是 1 h 后的 1/2。假定陀螺零偏 B_0 标定已过了一段时间，零偏稳定性初始误差所引起的角误差随时间线性增大，而角速率白噪声所引起的角误差随时间平方根增大。

事实上，阿伦标准偏差不仅能确定角速率噪声引起的角度随机游走，还可以确定速率随机游走、零偏不稳定性、速率斜坡，以及量化噪声等参数的大小。所以，通过陀螺仪输出样本记录 $x(t)$ 的阿伦标准偏差分析可以准确了解陀螺随机漂移性能，有助于系统工程技术人员更有效地分析系统性能、调整设计，以达到预定目标。

2. 角度随机游走与随机漂移的关系

由前述讨论可知，陀螺仪测试记录样本一般都显示出陀螺漂移的非平稳性。非平稳数据 $x(t)$ 往往包含均值为零的随机漂移和均值不稳定性，前者用角度随机游走 N 表示，后者用零偏不稳定性 B 表示。对于光学陀螺仪的输出，经前置放大器端即成为随机噪声源，这里假设为白角速度噪声，它在整个频率范围内的功率谱密度 $G_x(f)$ 是均匀的。而根据 $G_x(f)$ 的性质，白角速度噪声所引起的陀螺随机漂移 ω_d 平方平均值等于功率谱密度曲线下的总面积，即

$$\omega_d^2 = \int_0^{+\infty} G_x(f)df \tag{9-120}$$

而实际上，对于各种光学陀螺仪的输出电路都有噪声滤波器，这里设其频率带宽为 f_d，这样在 f_d 带宽内其功率谱密度为

$$G_x(f) = \frac{\omega_d^2}{f_d} \cong N^2 \tag{9-121}$$

事实上，公式（9-121）可以方便地从公式（9-120）得到。而角度随机游走 N 是前述分析的角速度白噪声所引起的。这里称 ω_d 为等效随机漂移角速度，由公式（9-121）有

$$\omega_d = N\sqrt{f_d} \tag{9-122}$$

公式（9-122）表征等效随机漂移 ω_d 与角度随机游走 N 和带宽 f_d 之间的关系。

例如，若用阿伦标准偏差求得 $x(t)$ 的角度随机游走 $N = (5 \times 10^{-3})°/\sqrt{h}$，设 $f_d = 10$ Hz，由公式（9-122）可以方便地求得等效随机漂移 $\omega_d = 0.948°/h$。而设 $f_d = 20$ Hz，则 $\omega_d = 1.34°/h$。所以，白速率噪声所引起的随机漂移率 ω_d 不但与角度随机游走 N 有关，还与光学陀螺仪输出电路的噪声滤波器带宽有关。

三、长航时惯性导航定位双精度指标分析

不同领域的惯性导航系统由于工作时间不同，体现出的误差特性也不同。

（一）不同种类惯性导航误差特性差异

图 9-21 所示为惯性导航定位径向误差随时间变化的曲线。从图中可以看出，惯性导航输出参数中包含多种周期性误差，如舒勒周期振荡（84.4 min）、与地理纬度相关的傅科周期振荡、地球周期振荡（24 h）。不同应用领域的惯性导航系统所要求的精度保持时间也不同，例如，海空导弹飞行时间约 2 min，空空导航飞行时间约数十分钟，巡航导弹飞行时间约 3 h，潜艇航行时间大于 2 d，甚至数月。因此，不同工作时间的惯性导航所呈现的误差特点也不同：短时间惯性导航由于工作时间远低于 84.4 min 的舒勒周期，误差呈现出近似线性增长的特点；长航时惯性导航（如潜艇）的各种周期误差都会出现，由于惯性元件随机误差的影响，一些误差还会发散，需要采取速度阻尼等技术加以抑制。工作时间超过保精度工作时间后，长航时惯性导航就需要外部信息进行定期误差修正，以此实现与保持更长时间的定位性能。

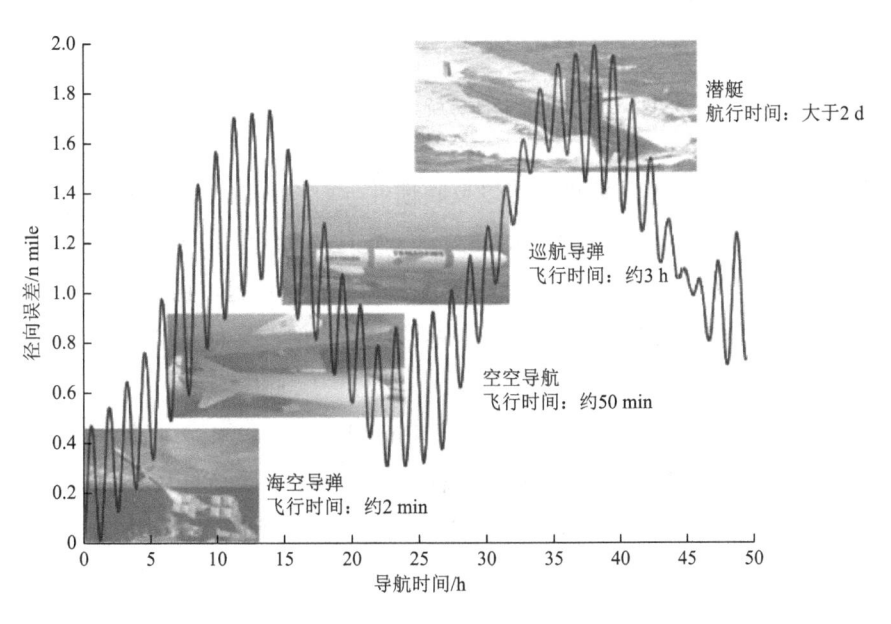

图 9-21 惯性导航定位径向误差变化曲线

（二）惯性导航精度 RMS 指标分析

在分析 TRMS 指标之前，在第二章的基础上，继续深入探讨一下 RMS 指标对于惯性导航系统的意义。惯性导航系统的定位精度必须指明精度保持时长，如 1 n mile/24 h（RMS）。

根据惯性导航理论，RMS 指标有以下意义。

1. RMS 指标可以近似反映惯性导航各工作时刻的 RMS 误差

如前所述，惯性导航系统的单一航次误差样本呈现出多种周期性误差的综合。但由于受逐次启动变化的未知系统误差、随时间变化的位置系统误差、随机误差、舰船机动方式、海况环境等多种因素的影响，尽管每个样本均包含多个周期性误差，但各个航次误差样本的相位、幅值、变化趋势都有所不同，呈现出一定的随机性。将全部试验样本进行总体统计平均后，得到的总体样本的统计效果呈现出一种近似线性的总体增长变化规律。图 9-22 所示为某型惯性导航多组试验样本曲线，中间的粗线即为总体 RMS 曲线。

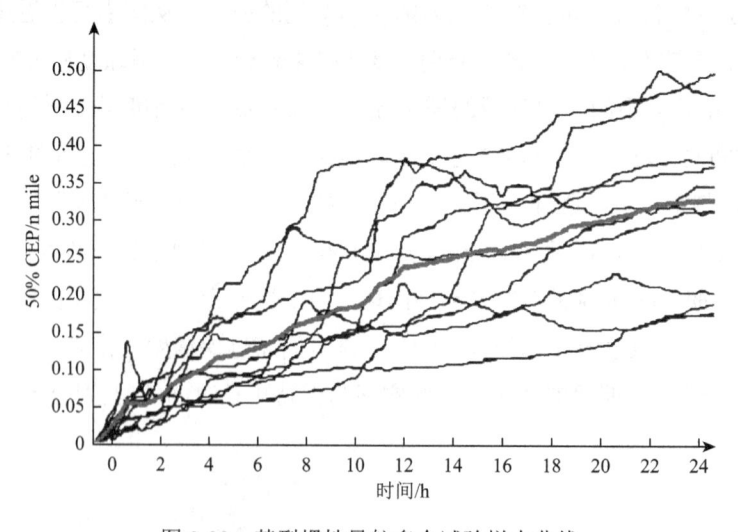

图 9-22　某型惯性导航多个试验样本曲线

这种近似线性增长的误差总体规律可以反映惯性导航系统在指标规定工作时长范围内各个时刻的误差均方值。以 1 n mile/24 h（RMS）这一定位指标为例，通常人们理解该指标是指 24 h 时刻系统定位误差的 RMS 值不大于 1 n mile。需要指出的是，由于惯性导航误差具有周期振荡性，在 24 h 时刻的系统定位误差不一定是最大值，但在某种意义上反映了在 24 h 以内惯性导航总体定位误差 RMS 不会大于 1 n mile。

实际上，从惯性导航使用者的角度，借助于 1 n mile/24 h（RMS）指标，采取总体线性增长的近似估计，可以近似内插推算出 24 h 内任意时刻系统定位误差的 RMS 值。尽管这个近似值不准确，但相较指标中仅描述 24 h 单一时刻的系统定位精度而言，这一方式可以帮助惯性导航用户获得所有工作时间内的定位误差信息。从某种意义上看，1 n mile/24 h（RMS）指标形式本身也反映出 RMS 随时间的近似线性增长斜率。

考虑到长航时惯性导航复杂的使用环境，特别是在规定重调时间内未能对惯性导航进行重调校准，惯性导航系统被迫延长自主工作时间时，用户仍有希望掌握惯性导航系统的定位精度性能的现实需求。此时，仍旧可以利用 RMS 总体近似线性增长规律，外推得到延长时间的误差 RMS 值。例如，自主工作时长达到 36 h 时，可以近似认为该惯性导航的定位误差 RMS 值接近 1.5 n mile。

所以，RMS 指标可以近似反映惯性导航各工作时刻的 RMS 误差，有利于使用者更为全面地掌握系统的性能。

2. RMS 指标便于开展惯性导航系统设计分析

系统指标有两个基本作用：一是方便用户掌握系统核心性能并正确使用；二是方便设计者根据指标完成系统设计。上面已从使用者的角度分析了惯性导航定位 RMS 指标。下面再从设计者的角度来分析 RMS 指标的意义和作用[40]。

对于惯性导航系统中的确定性系统误差源，其所造成的系统误差也是确定的，可以通过多种手段予以补偿。惯性导航系统最终呈现的是具有随机性的误差特性，它主要由多种复杂的、随机的、动态变化的因素导致，如之前列举的逐次启动变化的未知系统误差、随时间变化的位置系统误差、随机误差、舰船机动方式、海况环境等。在误差统计意义上，针对这些随机误差源导致的最终系统误差影响问题，惯性导航理论采取 RMS 的方式来进行分析。

经过多年的理论发展与工程实践，惯性导航研究领域已经形成了系统级误差与主要误差源误差之间大致定量的对应关系，这些结果和经验可以帮助设计人员根据惯性元件、安装标校、控制精度等实际情况分析判断未来所设计的惯性导航系统的理论预测精度。相应地，设计人员也可以根据技术指标要求，反向选择相应的惯性元件，设计最终系统方案。

3. RMS 指标与定位极限指标之间存在联系

上面分别探讨了从使用者和设计者的角度来分析理解 RMS 指标，但是如何合理地提出 RMS 指标无疑先于二者。下面从论证者的角度对 RMS 指标进行分析。

第二章中介绍了指标论证的一些要点，简单地说，主要考虑用户需求和技术能力。对于惯性导航的 RMS 指标，技术能力分析在第二点中已作介绍。这里探讨用户需求与确定惯性导航定位精度 RMS 指标的关系。

惯性导航军事用户的核心需求主要有两方面：一是提供载体精确定位，保证安全航行；二是提供制导武器精确对准，保证作战效能。前者保障舰艇安全航行的定位需求，在大部分情况下对精度要求并不苛刻，并存在一定的精度余量；后者保障武器对准则不同，必须要求武器能够尽可能可靠、准确地正常使用。以惯性制导武器为例，表征其命中精度的传统定位指标为 CEP（见第二章）。对一些要求确保命中的武器，其命中概率会选择极限精度来表征。作为保障武器初始对准、提供初始装订位置信息的舰艇惯性导航系统，用户更希望采取极限误差（即最大误差）来描述惯性导航系统的定位精度。

以 1 n mile/24 h（Max）为例，它表明舰艇惯性导航在 24 h 内可以确保定位误差低于 1 n mile，与 1 n mile/24 h（RMS）指标的统计意义不同，RMS 指标只能表示惯性导航在某种概率条件下的系统误差低于 1 n mile。所以，从保障制导武器作战的角度，惯性导航定位指标应选用 Max 指标。考虑到初始对准是武器命中全过程中的一个环节，对武器命中误差的综合分析也要运用误差合成对涉及航路规划、惯性制导、飞行控制等各个环节进行误差分析。由武器确定的最终命中精度可以通过误差分配，反向确定初始对准的位置、速度、航姿等误差指标。舰艇惯性导航采取 Max 指标也将更容易与导弹等武器进行精度匹配。通过上述分析，可以确定惯性导航的 Max 精度指标。

若 Max 指标与 RMS 指标之间存在确定的对应关系，则可以直接由 Max 指标得出 RMS 指标，二者也可以通过换算等效为一种指标。例如，在零均值的正态分布中，RMS（1σ）与极限误差（3σ）有明确的 3 倍对应，而惯性导航定位误差显然不满足正态分布。但从内在本质而言，Max 精度指标与 RMS 指标仍可以确定存在某种关系。一些学者从试验数据统计结果和经验分析得出，二者存在约 2 倍的对应关系，但尚无法在理论上完好地给出推导证明，并给出确定的结论。

基于上述分析，由于无法严格证明，采取 Max 和 RMS 的双指标来规定惯性导航就显得更加严谨合理。但存在的经验对应关系对于惯性导航指标论证仍有现实意义，它可以帮助论证人员根据 Max 估算 RMS 指标的合理范围，并结合惯性导航系统技术分析的 RMS 结果，综合给出最终的 RMS 指标。

（三）长航时惯性导航精度双指标分析

长航时惯性导航设备由于其超长工作时间呈现出的定位误差特性，通常使用 TRMS 与 Max 双精度指标来进行描述。

1. TRMS 精度指标分析

TRMS 是英文"time root mean squre"的缩写，中文直译为时间均方根误差。从字面上可以看出，这一指标与 RMS 的关系密切。

（1）长航时惯性导航 RMS 指标验证面临的问题。

根据上面对 RMS 指标的分析，RMS 指标可以较好地满足惯性导航论证、设计与使用，但在长航时惯性导航的指标验证中，RMS 指标面临测试上的现实困难。

依照应用于短航时惯性导航的国军标 RMS 计算方法，如 1 n mile/1 h（RMS），取 1 h 时刻惯性导航定位误差为待测随机变量，取样本数 8～13 个（见第六章），则可以得到 8～13 个 1 h 时刻惯性导航定位误差，对其进行均值、方差、RMS 运算，即得 1 h 时刻的 RMS 值，将其与 RMS 指标比较，即可判断是否符合要求。同样，可以在 1 h 内按照需求内插选取多个时刻，增加关注时刻的随机变量，分别求取各时刻的 RMS 值，掌握 1 h 内全过程的惯性导航 RMS 情况。

当样本试验时间较短，不影响采集到符合标准要求的样本数时，上述方法可以满足测试分析要求。例如，惯性导航保精度工作时间为 1 h，以 13 个样本计算，总时间为 13 h；考虑到开机启动等附加时间，全部试验可以控制在 2～3 d 内完成。但长航时惯性导航的保精度工作时间为 2～5 d 不等（以目前法国 iXblue 公司 Marine 系列惯性导航为例）。若以 2 d 计，采集满足样本数下限的 8 个样本，考虑至少 2 种工作模式和启动时间，全部试验将耗费至少 2 个月；若以 5 d 计，采集 8 个样本，全部试验则将耗费近半年。在试验的过程中，试验船将始终昼夜海上航行，这在现实中会带来繁重的试验组织和成本消耗。但若采取常规的海上航行时间，则无法保证满足规定的样本数下限。

长航时惯性导航面临的测试问题包括样本数少、总体平均 RMS 值置信度低，造成可适用于短航时惯性导航的 RMS 计算方法不再适用于长航时惯性导航。TRMS 指标可以一定程度上简化解决这一问题。

（2）TRMS 指标计算方法。

根据误差理论，平稳遍历随机信号 RMS 的时间平均可等效总体平均。例如，卫星导航定位误差、船用罗经航向误差特性等均可以认为不随时间变化，满足平稳遍历条件。所以，大部分导航系统可以依照国军标规定，采取样本时间平均方法计算与评估 RMS 指标。

对于长航时惯性导航而言，样本数少，但单个样本的时间长、数据量大。若采取样本时间平均等效总体平均的方法，则可以解决特小样本长航时惯性导航的 RMS 精度评估问题。但是，惯性导航定位误差属于非平稳随机信号，时间平均代替总体平均并不适用。为此，美军采用了一种 TRMS 指标，其计算公式为

$$\mathrm{RMS}_j = \sqrt{\frac{1}{m}\sum_{i=1}^{m} X_{ij}^2} \tag{9-123}$$

$$\mathrm{TRMS} = \max(\mathrm{RMS}_j) \quad (0 < j < n) \tag{9-124}$$

式中：j 为第 j 个航次；i 为时间变量；m 为当前时刻变量；X_{ij} 为定位误差数据；RMS_j 为第 j 个航次以 m 为时刻变量的时间平均的定位误差 RMS 曲线。而 TRMS 曲线是取全部 n 个航次中各 m 时刻 RMS 的最大值。取整个曲线的最大值即为惯性导航最终的 TRMS 点估计值，以此值对惯性导航是否满足 TRMS 指标进行评定。

图 9-23 与图 9-22 为同一批惯性导航试验样本数据。图 9-23 为各样本的 TRMS 曲线结果，粗黑线为全部 TRMS 的总体平均得到的 TRMS 曲线。对比图 9-22 中的总体平均 RMS 曲线可以发现其形态接近。图 9-22 的纵坐标取 CEP50%，取其 2 倍后，与图 9-23 中的 TRMS 在数值上也有相近的对应关系，说明 TRMS 计算结果与 RMS 有内在相近联系。所以，TRMS 指标是一种采取不同计算方法近似等效的 RMS 替代指标，二者数值上并不相同，但作用效果相近。

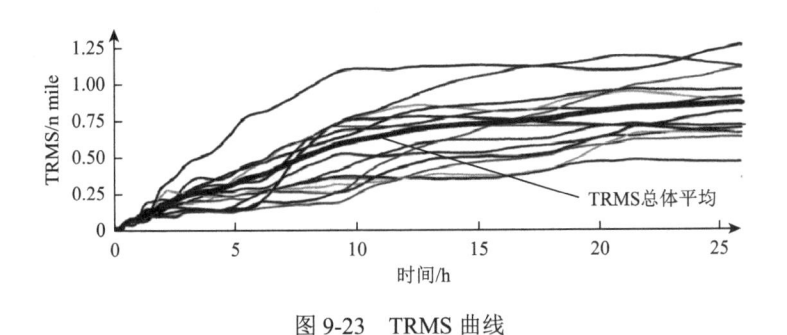

图 9-23　TRMS 曲线

（3）改进的 TRMS 指标计算方法。

图 9-22 和图 9-23 展示的惯性导航定位指标为 1 n mile/24 h（TRMS），所有样本时间也均为严格的 24 h。若将式（9-123）和式（9-124）推广至保精度时长更长的惯性导航，会出现一些新的现象和问题。随着试验时间的增长，式（9-123）分母中 m 增大，使得后续数据对整体

计算结果影响逐渐减小，误差结果会偏离惯性导航的实际误差，其数学含义不再能准确反映惯性导航误差随时间动态变化的实际情况。所以，为在不同工作时间的长航时惯性导航中推广应用 TRMS 指标，就需要更加准确地把握惯性导航 TRMS 指标的本质。

惯性导航误差的特点不满足时间平均等效总体平均的平稳遍历条件，但惯性导航误差也不是完全的随机误差，它受周期振荡项、时间发散项和随机项的综合影响。利用惯性导航这一误差特性在可接受的置信度条件下寻求基于 TRMS 近似求取 RMS 算法，可以通过动态滑动平均来近似满足时间平均等效总体平均。

综合分析与比较，考虑到长航时惯性导航主要存在稳定的 24 h 周期振荡误差，采取区间时长为 24 h 的滑动平均 TMRS 计算方法近似求取总体 RMS。调整后的 TRMS 指标计算公式为

$$\text{TRMS}(t) = \sqrt{\sum_{i=t+u}^{k+t+u} \frac{x_i^2}{k}} \qquad (9\text{-}125)$$

式中：t 为时间轴；u 为滑动平均的计算偏置（$-0.5k < u < 0.5k$）；k 为指定平均时间长度对应的计量点数，对应 24 h 数据；x_i 为时间序列。

围绕上述公式的理论推导在此不再列出。为验证方法的有效性，设计一组仿真数据以直观分析。

设惯性导航定位误差地球周期振荡幅值 $A=1$，振荡周期 $1/f = 24$ h，线性发散系数 $k = 1/86\,400$，即平均 1 d 发散 1 n mile，离散采样周期 $T_s = 1$ s。图 9-24（a）给出了单个时间样本的误差序列、滑动平均 TRMS 与传统 RMS 值；图 9-24（b）给出了 8 个误差序列、滑动平均 TRMS 与传统 RMS 值的综合计算结果。

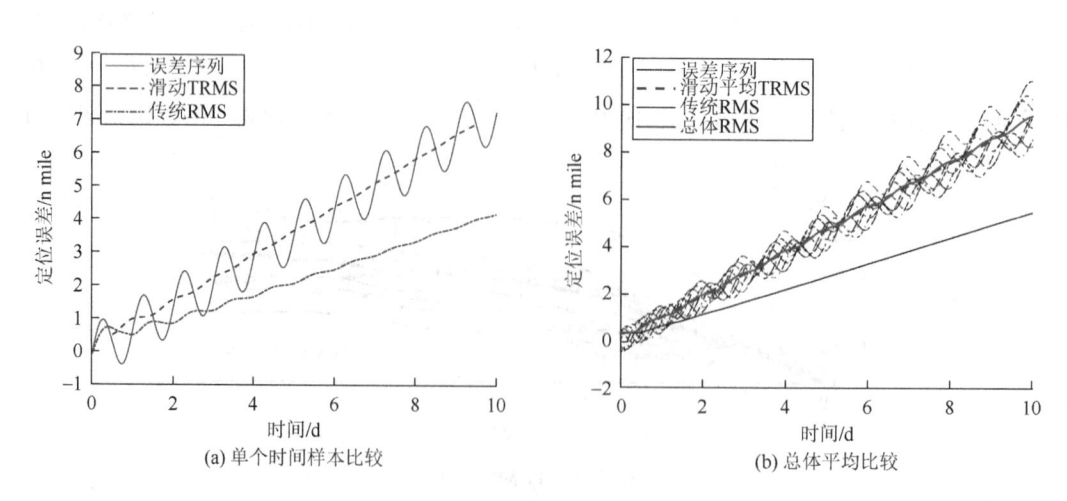

(a) 单个时间样本比较

(b) 总体平均比较

图 9-24　滑动 TRMS 与传统 RMS 对比图

从图 9-24（a）可以看出：采用滑动平均的计算结果能够及时反映误差曲线的变化趋势；而传统 RMS 的计算结果在后半段时间与误差序列有较大差异，不能准确反映误差变化趋势。从图 9-24（b）可以看出：滑动平均 TRMS 的综合计算结果与误差序列的总体平均 RMS 较

为接近，在一阶线性与周期振荡的误差模型的条件下，滑动平均 TRMS 能够近似为总体平均 RMS。

2. Max 精度指标分析

最后对 Max 精度进行简要补充。

Max 指标与 TRMS 指标之间同样关系复杂，尽管存在一定的关系，但无法准确量化，直接采取双指标形式既简捷又明确。两类指标所针对的用户需求不同，分别体现长航时惯性导航不同的误差特点。

第二章中介绍了多种极限误差指标的表述，在具体的数据处理上也存在不同，从应用角度，可以考虑简化统一 Max 与 Peak 指标。在指标的内涵定义上，借鉴极限误差定义，将符合精度的定位概率确定为 99.7%（具体概率值可以根据需求进行调整，参考 CEP 指标），可以使 Max 指标的数学意义和物理意义也更加严谨。例如，1 n mile/24 h（Max）表明惯性导航系统符合精度的定位概率为 99.7%。

上述指标均为长航时惯性导航系统关键核心指标，需要广大导航工作者结合惯性导航系统误差特性深入研究，不断完善，形成科学、实用、合理的指导体系规范。

思 考 题

1. 请用自己的语言简述导航系统动态误差测试的意义。
2. 动态测试数据有哪些种类？请联系数学专业知识和经验举例说明。
3. 随机过程的特征量有哪些？简述对这些特征量的理解。
4. 平稳随机过程的定义及其特征量有哪些？如何理解平稳随机过程的定义的三个条件？
5. 请简述各态遍历随机过程及其特征量。
6. 动态测量误差评定有哪些基本方法？联系所学专业说说哪些可以应用于导航误差测试。
7. 请结合随机过程的定义及特征量的知识，理解陀螺仪性能参数的数学意义。
8. 请说明阿伦标准偏差测量惯性传感器性能参数的原理和方法。
9. 导航系统中哪些性能指标反映了动态性能特性？如何检验。
10. 对长航时惯性导航系统的 TRMS 指标如何理解？应当采取何种试验数据处理方法来进行评定？

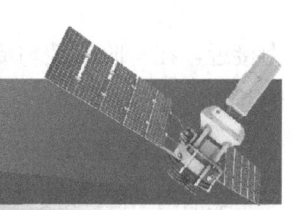

第十章 导航系统性能测试与评估

> 致广大而尽精微，极高明而道中庸。
>
> ——《礼记·中庸》

导航装备的建设发展要遵循客观规律，严格按科学程序办事。导航装备研制程序可以分为论证阶段、方案制定阶段、工程研制阶段、设计定型阶段、生产定型阶段 5 个阶段。实践证明，这 5 个阶段相互制约，缺一不可，其顺序既不能颠倒，也不能跨越。导航系统试验是导航系统研制、生产、测试的重要阶段，它为产品科研与定型提供基本依据，为产品装备舰船使用提供决策依据，是导航系统装备研制与交付不可或缺的核心环节。本章围绕导航系统性能测试与评估问题介绍相关的知识和实例。

第一节 装备性能测试概述

一、装备全周期性能测试

从工程发展过程的纵向来看，任何一项工程都要经历开发、实施、运用和退出 4 个阶段。这 4 个阶段组成了工程系统的全生命期。系统工程的研究必须着眼于工程系统的全生命期。从这点出发，在工程开发阶段，制定工程开发的方案、策略和规划时，就必须考虑工程的设计与制造、工程的运用与维修，以及工程使用寿命结束以后的处理问题[41-43]。

（一）全寿命周期装备试验阶段

试验测试作为装备发展中的重要一环，对装备作战试验及在役考核的地位和作用日益强化。目前，全寿命周期的装备试验分为性能试验、作战试验和在役考核三个阶段。其中除装备性能试验与传统单装性能测试类似外，作战试验和在役考核都与传统的性能试验存在较大的不同。

作战试验主要依托军方的装备试验单位、用户、院校和训练基地等单位联合实施，重点考核装备作战效能、保障效能、部队适用性、作战任务满足度、质量稳定性等；主要采取结合实船针对涉及的相关装备及体系的战技状态进行考核，重点考核在各种不同作战想定背景条件下的装备性能。因此，需要设计多种模拟测试方案来检验在不同作战任务剖面下的装备及系统的各种作战性能。

在役考核则主要依托军方的列装单位、相关院校，结合正常训练、联合演训等任务组织实施，重点跟踪掌握装备使用、保障、维修等情况，验证装备在役过程中的作战与保障效能，及时发现整理问题缺陷，考核军事适装性和在役经济性，以及部分在性能试验和作战试验阶段难以考核的指标等。

在装备全寿命的不同阶段，所关注的性能焦点也不同。例如：科研试验阶段主要关注系统设计方案和精度性能；工程研制阶段关注量产后装备精度及综合性能（包括费效比等）；定型试验阶段则根据不同的性能试验，关注如电磁兼容、环境适应性等全周期复杂环境适应的专项及综合特性。

从用户在役使用角度，希望所有试验工作均能有效验证装备满足指标要求，特别关注日常训练使用和多样化实际任务下产品的实用性能。从装备研制的科研单位角度，则会根据大量在役应用中的实际问题分析装备内在原因，更加全面地认识用户实际需求及装备技术特点，关注系统在各个层面潜在的改进空间；从总体设计单位的角度，则会综合各种考虑，特别是军事需求变化和技术能力，提出更新的装备发展需求。

（二）装备测试试验系统思想

围绕装备测试的上述问题，需要重点思考以下问题。

1. 各种不同测试试验之间的相互关系

不同种类试验的目的不同，如科研试验、竞优试验、性能定型试验、作战性能试验、在役考核测试等不同试验阶段，精度测试、六性测试、电磁兼容测试、软件测评等不同试验种类。上述不同的测试需求，虽然侧重不同，但实际联系紧密，所以在开展一项测试之前，应当统筹综合考虑试验组织和数据信息，既可以节省经费人力，又可以更加全面、准确地反映装备性能。例如，可以充分利用科研阶段的数据、各种模拟试验的数据和在役数据等对装备性能进行全面的测试评估。

2. 多个不同导航设备的综合测试

目前，很多设备都是采取的单一设备的定型试验，但在实际工作时多个设备相互联系，存在信息交互支持，彼此性能的变化差异也会相互影响，而多种设备共同工作所体现出的系统整体性能更能准确反映实际情况。

3. 单一设备测试也需要有系统整体思想

每一个测试工作实际上是由多个环节构成的，如论证、分析、设计、研制、试验、分析等，也要统筹考虑性能、成本、人力、任务、进度、可行性等，要善于将各种因素和环节进行统筹结合。

4. 设计某一个具体的测试环节时也要运用系统思想

例如，试验设计的海试机动方式的目的应尽可能多地获取有价值的装备性能数据。传统方案并不一定能够达到效果，如传统船用陀螺罗经的航向精度与工作时间关系不大，所以传统国军标中的测试方法采取 2 h 或更短的测试时间完成机动测试。但随着技术的发展，陀螺导航设备部分新的控制方案可以在较短测试时间内保证较高的航向精度，但却受到精度保持时长的限制，一旦在更长的工作时间或更复杂的工作环境下将难以持续保持相应精度。在这种情况下，就需要更多地从技术原理、实际应用条件等多个角度设计相应的测试方案，突破原有测试方法的局限，以便更加准确、全面地反映系统性能。

5. 试验评价指标体系确定是试验设计的重要环节

希望通过穷举各种工作条件对装备性能进行全面测试的理想在实际中往往难以达到，它受到时间、费效比、条件限制等多种因素的影响。因此，实际的装备性能考核往往需要对性能指标进行分析删选，主要通过军事应用需求分析和装备关键技术分析确定必须检验的性能指标。实际上，指标体系不仅是试验测试的主要目标，同时也是试验大纲编制与测试工作实施的依据。

二、六性试验

在军用电子设备的研发过程中，可靠性（R）、维修性（M）、测试性（T）、保障性（S）、安全性（S）、环境适应性（E）已成为与指标同等重要的设计要求，它是有别于民品的显著特征。

（一）可靠性试验

可靠性是指产品在规定的条件下和规定的时间内完成规定功能的能力。可靠性反映的是装备无故障持续工作的能力，是体现装备持续执行作战任务的极限能力的关键指标，也是装备技术能力和成熟、完备水平的重要体现。可靠性通常分为基本可靠性和任务可靠性。基本可靠性是指产品在规定的条件下、规定的时间内无故障工作的能力。基本可靠性反映产品对维修资源的要求，统计基本可靠性值时，应统计产品的所有工作时间和所有关联故障[9]。任务可靠性是指产品在规定的任务剖面内完成规定功能的能力。不同的装备可以提出不同的可靠性定性要求和定量要求。可靠性的定性要求是指为了获得可靠的产品对产品设计、工艺、软件及其他方面提出的非量化要求。可靠性的定量要求通常可以选择的参数和指标有可靠度 $R(t)$、MTTF、MTBF、故障率 λ 等（见第二章）。

可靠性试验是为分析、检验、评价产品的可靠性而进行的试验，它的作用是通过试验结果的故障分析和统计分析，对产品进行可靠性评价，找出产品可靠性的薄弱环节，提出改进措施，提高产品的可靠性。

装备可靠性试验的主要目的是：发现装备在设计、材料、工艺方面的缺陷；确认装备可靠性指标是否符合定量要求；为评估装备的战备完好性、任务成功性、维修人力费用和保障资源费用提供信息。装备可靠性试验主要分为破坏性试验和非破坏性试验两类，图 10-1 给出了可靠性试验的具体分类图。

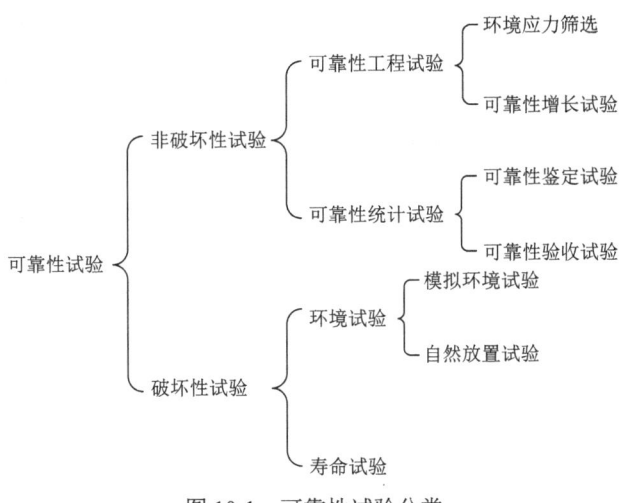

```
                              ┌─ 环境应力筛选
                  ┌─ 可靠性工程试验 ┤
                  │            └─ 可靠性增长试验
        ┌─ 非破坏性试验 ┤
        │         │            ┌─ 可靠性鉴定试验
        │         └─ 可靠性统计试验 ┤
可靠性试验 ┤                      └─ 可靠性验收试验
        │                   ┌─ 模拟环境试验
        │         ┌─ 环境试验 ┤
        └─ 破坏性试验 ┤       └─ 自然放置试验
                  │
                  └─ 寿命试验
```

图 10-1　可靠性试验分类

采用系统室内试验、海上试验和实船使用进行综合评估是一个可行的可靠性试验方法，也可以通过较长时间的实船使用进行评估。无论采用哪一种方法，在系统室内验收、海上试验中均必须认真进行可靠性统计，包括故障时间、修复时间和故障情况，是否属于重复性故障，以便为可靠性评估积累素材。如果海上试验的时间较长，可以利用系统出厂（所）验收的可靠性试验数据与其一并统计。

实践证明，导航系统 MTBF 的统计，无替换定时截尾方式是一种合适的方法，MTBF 值可以由下式估计：

$$\hat{\theta} = \frac{2T}{t_{2z+1,r}^2} \tag{10-1}$$

式中：T 为试验总时间；z 为故障次数；r 为置信度；$t_{2z+1,r}^2$ 为 t 分布的分位值。

关于试验总时间的选取，一般取鉴别比为 2~3，取 3 较为合适，即总工作时间应为 MTBF 值得 3 倍；置信度一般取 80%~90%。

（二）维修性试验

维修性是指产品在规定的条件下和规定的时间内，按规定的程序和方法进行维修时，保持或恢复到规定状态的能力。维修性反映的是装备通过维修恢复功能的能力。其中："规定的条件"主要是指维修的机构和场所，以及相应的人员、设备、设施、工具、备件、技术资料等资源；"规定的程序和方法"是指技术文件规定的维修工作内容、步骤和方法。在这些约束条件下，能否按时完成维修，恢复产品规定的功能？不同的装备可以提出不同的维修性定性要求和定量要求。维修性定性要求是为使产品能方便、快捷地保持与恢复其功能对产品设计、工艺、软件及其他方面提出的非量化要求。维修性定量要求可以选择适当的参数和指标，如 MTTR、平均预防性维修时间、维修停机时间率、维修工时率、恢复功能用的任务时间。

维修性试验根据维修参数、时间分布类型等包含 11 种，如维修时间平均值的检验、规定维修度最大修复时间的检验、规定时间维修度的检验、修复时间中值的检验、均值与最大修复时间的组合序贯试验等。

导航系统平均维修时间的试验鉴定，一般指艇员级维修，即电路板级维修，包括故障诊断与更换电路板的时间之和。为此，试验过程中试验技术人员应随时对故障和维修情况进行记录，特别是每次故障的纯维修时间，如惯性装备中不包括陀螺仪、平台加温与启动时间等，根据故障维修样本进行 MTTR 数值统计。

比较实用的方法是由式（10-1）进行评估：

$$\bar{X} = \frac{1}{n}\sum_{i=1}^{n} x_i \qquad (10\text{-}2)$$

即采用各次故障维修时间简单的数字平均。由于惯性导航系统一般有较高的可靠性，故障率不高，统计样本也有限，采用复杂的统计公式反而不能准确评估 MTTR 值。

（三）测试性试验

测试性是指产品能及时、准确地确定其状态（可工作、不可工作或性能下降）并隔离其内部故障的一种设计特性。测试性指装备能够及时、准确检测到发生的故障并确定故障部位。装备维修性、故障性和安全性工作都与故障检测及测试紧密相关。在测试性定量方面，主要有故障检测率、故障隔离率和虚警率。

测试性试验是为提高产品的测试性水平，评价其是否满足测试性要求而进行的各种试验的总称。测试性试验是在产品研制、生产和使用阶段对产品的测试性进行设计、增长、验证与评价的一种重要手段。其目的是有效地验证产品的测试性设计是否达到产品规范的要求，确认产品使用中的测试性是否满足规定的要求，主要体现在暴露缺陷和考核指标。

测试性试验根据试验手段与试验对象之间的关系可以分为测试性直接试验和测试性间接试验；根据试验目的的不同可以分为增长类测试性试验和评价类测试性试验；根据试验基于的理论不同可以分为基于相似理论的测试性试验、基于概率论的测试性试验和基于定论的测试性试验等。

（四）保障性试验

保障性是指装备的设计特性和计划的保障资源满足平时战备和战时使用要求的能力。保障性就是装备要设计得易于保障，配套的保障资源要合理充分。保障性是产品的一种质量特性，为确定与达到产品保障性要求而开展的一系列技术和管理活动就是综合保障工作。装备保障性要求分为定性要求和定量要求。保障性定性要求在设计特性方面，就是要将装备自身设计得易于保障的那些定性的要求，与可靠性、维修性、测试性设计中的某些定性要求有密切关系。保障性定性要求在保障资源方面，就是从产品研制开始就要同步考虑与安排提供适宜的保障资源的那些定性要求，如人力资源、供应保障、保障设备、技术资料、训练保障、保障设施、计算机资源，以及包装、装卸、储存和运输保障等。保障性的定量要求通常以完好性指标提出，如使用可用度、能执行任务率、出动架次、再次出动准备时间。装备保障资源方面的定量要求包括保障设备利用率、保障设备满足率、备件利用率、备件满足率、人员培训率等。

保障性试验是为确定系统对预定用途是否有效、适用，通过对系统或分系统进行试验，分析试验结果或者将试验结果与设计要求及技术规范进行比较，以评价装备保障性方面所取得的进展的过程。保障性试验可以分为保障性研制试验和保障性使用试验。保障性研制试验是在整个装备研制过程中为工程设计与研制提供协助，验证装备是否达到保障性要求而实施的试验。保障性使用试验是对武器系统、设备或装备在部队真实的条件下进行的现场试验，从保障的角度验证装备的使用效能和使用性是否满足用户要求。

保障性试验方法分为保障性统计试验方法和保障性演示试验方法。保障性统计试验一般针对保障性定量要求和涉及数据统计的保障性评价问题进行。保障性统计试验通常选用或指定一定数量的样本，按规定的试验方案在规定的试验剖面进行试验，记录规定的数据，供评价使用。保障性演示试验一般针对定性保障要求、不能或不需要通过统计试验进行评价的定量保障性要求，以及保障资源中规划的需要评价的保障性内容进行。

（五）安全性试验

安全性是指不导致人员伤亡、危害健康及环境、给设备或财产造成破坏或损失的能力，简单地说就是不发生事故的能力。

安全性试验包括装备使用安全性试验和软件使用安全性试验，主要通过收集装备使用相关信息对装备安全性进行评价。对于外购和重用的软件需要依照编码标准对代码进行标准符合性检查，对代码的逻辑、数据、接口、中断、潜在路径等进行分析，并标识未使用的代码，及时发现问题和危险，提交危险跟踪闭环系统。

（六）环境适应性试验

环境适应性是指装备在其寿命期预计可能遇到的各种环境的作用下能实现其所有预定功能和性能和（或）不被破坏的能力。环境适应性是装备的重要质量特性之一。环境是指装备寿命周期内规定使用的环境，包括自然环境（如温度、湿度、灰尘、风、盐雾、太阳辐射、微生物等）和诱发环境（如振动、冲击、电磁干扰、噪声、摇摆、跌落、加速度、污染物等）。装备环境适应性主要取决于选用的材料、构件、元器件耐环境的能力，结构设计、电器设计、光学设计、工艺设计时采取的耐环境措施。根据装备环境工程的要求，组织需要将环境试验贯穿于装备的设计、研制、生产和采购的各个阶段，通过环境试验，充分暴露武器装备在设计、研制、材料选用等方面存在的环境适应性问题，及时改进研制质量，提高装备的环境适应能力。

环境适应性试验依据试验目的、试验场所和试验条件提供方式的不同，分为实验室试验和现场试验两类。实验室试验又分为环境适应性研制试验、环境响应特性调查试验、环境鉴定试验和批生产环境试验（例行试验）；现场试验又分为自然环境试验和使用环境试验。环境适应性试验方法针对装备在不同的使用环境下共包含 19 种，如高温试验、低温试验、低温存储试验、高温试验、恒定湿热试验、振动试验、颠震试验、噪声试验、冲击试验等。

三、电磁兼容性试验

电磁兼容性是指设备（系统和分系统）在共同的电磁环境中能一起执行各自功能的共存状态。电磁兼容性是在有限的空间、时间和频谱的条件下设备或系统能协同工作、互不干扰的一种能力。

电磁兼容性试验可以分为鉴定试验和摸底试验。鉴定试验是产品批准定型的依据。目前，国内主要依据的相关测试国军标包括 GJB 151A—97、GJB 152A—97、GJB 1389A—2005 等[44-46]。GJB 151 系列标准是在研究美国军事标准（简称美军标）的基础上，结合我国的具体情况修订编写的，供三军通用的基础标准。其名称为《军用设备和分系统电磁发射和敏感度要求与测量》，它较为全面地考核了整个设备和分系统的电磁兼容性能。现有交付使用的武备系统必须通过此系列标准的考核。

GJB 1389A—2005 为系统电磁兼容性要求。工程实践表明，顺利通过电磁兼容测试的设备和分系统，在其构成相关系统后，不一定能完全符合系统的电磁兼容性要求。所以，还需要对整体系统的电磁兼容性进行相关测试，包括安全裕度、高强辐射场、雷电等测试项目。鉴定试验项目均具有成熟的测试方案、测试设备和测试方法，目前大多数鉴定实验室都是依据标准具备相应的检测能力。

摸底试验是指产品研发过程中的一些中间环节，或某一具体措施对电磁兼容性能的影响状况进行检测，这些测试项目没有确定的要求，或者借鉴相关射频测试要求，各科研单位或实验室仅依据产品需求建立或多或少的部分能力，其内容主要包括以下三个方面。

（1）配套产品、元器件、线缆的电磁兼容性检测，主要包括有源器件的辐射发射测试，线缆、无源器件、转接头等的屏蔽效能测试，以及屏蔽衬垫、吸波材料等的屏蔽效能测试[47]。

（2）产品研制过程中设计方法的验证试验，包括机箱、机柜、机架的屏蔽效能测试。印制电路板的电磁兼容性分析，通过近场扫描，对印制电路板的电磁场分布、电磁干扰源，以及其中电路对外部辐射场的响应进行扫描测试。

（3）产品的整改，包括电磁干扰的诊断与定位、产品的滤波加固等配套措施，帮助产品早日通过鉴定试验。

常见检测项目如下：

CE101：25 Hz～10 kHz 电源线传导发射；

CE102：10 kHz～10 MHz 电源线传导发射；

CS101：25 Hz～50 kHz 电源线传导敏感度；

CS106：电源线尖峰信号传导敏感度；

CS114：10 kHz～400 MHz 电缆束注入传导敏感度；

CS116：10 kHz～100 MHz 电缆和电源线阻尼正弦瞬变传导敏感度；

RE101：25 Hz～100 kHz 磁场辐射发射；

RE102：10 kHz～18 GHz 电场辐射发射；

RS101：25 Hz～100 kHz 磁场辐射敏感度；

RS103：10 kHz～40 GHz 电场辐射敏感度。

第二节 系统工程基础知识

系统工程是以大规模复杂系统为研究对象的一门交叉学科。系统工程的内容十分丰富，有多种学派。对于军事系统工程，主要研究内容包括系统分析、系统预测、系统建模与仿真、系统优化技术、系统管理的网络技术、系统决策等。根据系统工程的观点，系统的属性有集合性、相关性、层次性、整体性、涌现性、目的性、适应性等特点，可以从开放性、规模和复杂性等不同维度对系统加以认识。系统工程思想的核心是树立全局观念，将研究过程和研究对象均视为一个系统整体，同时要有全局观点和长远观点[41]。

将研究对象视为一个系统整体，就是将对象视为由若干分系统按一定规律有机结合而成的总体系统。对每个分系统的要求要先从实现总体系统技术协调的观点来考虑，对开放过程中分系统之间的矛盾，或分系统与整体之间的矛盾，都要从整体出发协调解决；同时，将各对象系统又视为其所从属的更大的系统组成部分来研究，对其所有技术要求，都尽可能从实现这个更大系统技术协调的角度来考虑。

一、WSR 系统方法论

（一）WSR 系统方法论基本概念

1995 年，中国系统工程学会理事长、中国科学院系统科学研究所顾基发研究员和英国赫尔（Hull）大学的华裔学者朱志昌博士提出了物理-事理-人理（Wuli-Shili-Renli，WSR）系统方法，简称 WSR 系统方法论[48]。这是一种具有东方传统的系统方法论，已得到国际认同。

"物理"主要涉及物质运动的规律，通常要用到自然科学知识，回答有关的物是什么，能够做什么，它需要的是真实性。"事理"是做事的道理，主要解决如何安排、运用这些物，通常用到管理科学方面的知识，回答可以怎样去做。"人理"是做人的道理，主要回答应当如何做，处理任何事和物都离不开人去做，以及由人来判断这些事和物是否得当，并且协调各种各样的人际关系，通常要运用人文和社会学科的知识。处理各种社会问题，人理常常是主要内容。

WRS 系统方法论认为，在处理复杂问题时，既要考虑对象系统物的方面（物理），又要考虑如何更好使用这些物的方面，即事的方面（事理），还要考虑由于认识问题、处理问题、实施管理与决策都离不开的人的方面（人理）。将这三方面结合起来，利用人的理性思维的逻辑性以及形象思维的综合性和创造性，去组织实践活动，以产生最大的效益和效率。

一个好的系统工程工作者应该懂物理，明事理，通人理，这样才能将系统工程项目搞好。

（二）WSR 系统方法论主要步骤

1. 理解领导意图

强调与领导的沟通，这里的领导是广义的，可以是管理人员，也可以是技术决策人员，还可以是一般用户。在大多数情况下，总是由领导提出一项任务，其愿望可能比较清晰，也可能相当模糊。愿望一般是项目的起点并牵引推动项目进行。因此，准确理解与传递愿望非常重要。这一阶段开展的工作包括愿望的接受、明确、深化、修改、完善等。

2. 调查分析

这是一个物理分析过程，任何结论只能在仔细地进行情况调查之后得出。这一阶段开展的工作是分析可能的资源、约束及相关的愿望等，一般总是深入实际，在专家与基层用户的配合下，开展调查分析，有可能出具"情况调查报告"一类的书面工作文件。

3. 形成目标

作为一个复杂的问题，在提出问题伊始，问题拟解决的程度，领导和系统工程工作者往往并不明确。在准确理解领导的意图、经调查分析取得相关信息后，通过大量分析和充分考虑，在本阶段将形成清晰的目标。这些目标会与领导最初意图不完全一致，很可能会有所调整与改变。

4. 建立模型

这里的模型指的是广义的模型。除数学模型外，还可以是物理模型、概念模型，运作步骤、规则等，一般通过与相关领域的主体讨论与协商，在思考的基础上形成。在形成目标之后，可能开展的工作是设计、选择相应的方法、模型、步骤、规则来对目标进行分析处理，称为建立模型。这个过程主要运用事理。

5. 协调关系

因为不同的人所拥有的知识背景、立场角度、利益关系、价值观等不同，对同一个问题、目标、方案往往会有不同的看法和感受，所以对相关主体的关系进行协调在整个项目过程中始终十分重要。相关主体在协调关系层面应有平等的权利，可以平等表达诸如做什么、怎么做、什么标准、什么秩序、何种目的等类议题。在这一阶段，也会出现一些新的关注和议题，可能开展的工作是相关主体的认识与利益协调。这个步骤体现出一些东方方法论的特色，属于人理的范围。

6. 提出建议

在综合了物理、事理、人理之后，应提出解决问题的建议。建议既要可行，又要尽可能使相关主体满意，最后还要让领导从更高层次去综合权衡，以决策是否采用。建议有时也包含实施的内容，主要视项目的性质和目标设定的程度而定。

必须注意，有时实施完成了也不能算是项目完成，还需要进行实施反馈与检查等。当然，也可以视为进入一个新的 WSR 步骤循环阶段。

二、系统管理的网络技术

系统管理的网络技术是一种常见的系统工程管理方法。它将工程开发研制过程当作一个系统来处理，将组织系统的各项工作和各个阶段按先后顺序，按照网络图的形式统筹规划，全面安排，并对整个系统进行组织、协调与控制，以达到最有效地利用资源，并用最少的时间来完成系统的预期目标。

在钱学森等著名科学家的主持与倡导下，我国于 1963 年首先应用并推广了系统管理的网络技术，并在国防科研中取得了很好的效果。系统管理的网络技术的实际应用表明，它是一种十分有效的科学管理方法，能在制订计划时从全局出发，统筹安排，抓住关键问题，不仅可以广泛应用于时间进度的安排上，而且可以应用于资源分配和工程费用的优化方面，特别适用于大型科研、生产或工程项目。这种方法对于军事武器装备系统的研制、生产、试验、监造、管理、使用等均有重要意义。

系统网络技术的特点如下：

（1）通过网络模型完整揭示了一项计划所包含的全部工作及其相互关系，有助于明确职责，避免遗漏；

（2）从数字角度揭示了整个计划中的关键路线，便于集中精力抓重点；

（3）可以巧妙安排各项工作，实现计划的最优化；

（4）可以按照计划执行情况的信息，预测、监督、控制计划的执行，并及时进行相应的调整。

（一）系统网络技术

1. 网络图基本概念

在有向图的基础上加入时间参数称为网络方法，应用网络方法来制订与编制的计划称为网络计划。网络图是由工序、事项，以及标有完成各道工序所需时间等参数所构成的有向图，用以表示一项工程与组成工程的各道工序之间的相互关系。

（1）工程。科研试制项目、施工任务、比较复杂的工作任务均可称为工程。

（2）工序。在完成某项工程时，凡是在工艺技术、组织管理上相对独立的活动均可称为工序，用箭线"→"表示。

（3）结点。相邻工序的分界点称为结点，用"○"表示。

（4）事项。用"○"符号将结点编上号，以表示工序开工与完成。

（5）工程开工。只有始点的事项表示工程开工。

（6）工程完工。只有终点的事项表示工程完工。

将表示各道工序的很多箭线，按工程的工艺顺序，从左到右，有逻辑地排列起来，并在各箭线上标上相应的时间参数，就可以形成一个完整的工程网络图，如图10-2所示。

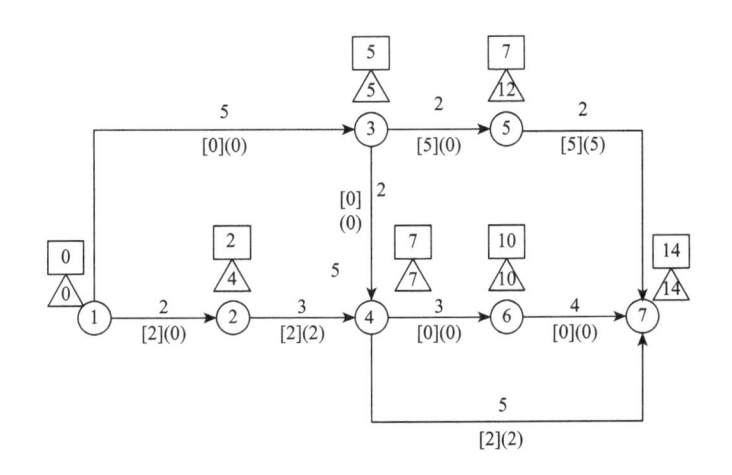

图 10-2 工程网络图

2. 绘制网络图的基本原则

（1）方向、时序、编号。

网络图是有向图，按照工艺流程的顺序，规定工序从左到右排列，网络图要如实反映工序的时间顺序（时序）和相互之间的衔接关系。所以，对事项编号时，尽量按照时序从左到右依次进行，左编号小于右编号。为了便于修改编号和调整计划，可以在编号过程中留出一些编号，注意任何两个事项之间只能代表一道工序。

（2）紧前工序和紧后工序。

若工序 b 在工序 a 后面紧跟着，即 a 完后 b 才开工，则称 a 为 b 的紧前工序，b 为 a 的紧后工序。

（3）网络图中不能有缺口或回路。

在网络图中，除始点和终点外，其他所有事项（结点）前后都必须由箭头连接，不可中断，否则就形成缺口。即从始点出发经任何路径都应能到达终点，否则就存在缺口。网络图中不能有回路，即不能有循环现象，否则将造成逻辑上的错误，使这些工序永远也达不到终点。

（4）虚工序。

虚工序是虚设的，实际上并不存在（用虚箭线表示），仅仅用来表示相邻工序之间的衔接关系，即只表明一道工序与另一道工序之间的相互依存、相互制约的逻辑关系，不需要时间、费用、资源，立即完成。

（5）平行作业。

为加快工程进度，在工艺流程和生产组织条件允许的情况下，在编制计划时，有些工序可以同时进行，即采用平行作业的方式。

（6）交叉作业。

需要较长时间完成的相邻几道工序，只要条件允许，为缩短工期，可以不必等待紧前工序全部完工后再开始后一道工序，而可以分期分批地将紧前工序完成的部分任务转入下一道工序，这种方式称为交叉作业。

（7）始点与终点。

为表示工程的开始和结束，在网络图中只能有一个始点和一个终点。

（8）箭头的画法与网络图的布局。

① 箭头要平直或具有一段水平线的折现，避免交叉线以便清楚地填写数字；

② 不使箭线密集；

③ 突出中心；

④ 可以在网络图上附上进度、任务负责单位。

3. 工序时间的确定

工序时间 $r(i,j)$ 是指完成某一工序所需要的时间，它是编制网络计划的基础，直接关系到整个工程的周期。其计算方法有如下两种。

（1）由经验和资料来确定，可以参考同类工序完成时间或由经验判断得到。

（2）三时估计法。对于大型开发项目或科研项目，往往没有资料可以借鉴，靠经验判断也困难，此时可以用此法。

工序平均时间为

$$t = \frac{a+4c+b}{6} \tag{10-3}$$

式中：a 为最乐观时间（顺利条件下完成该工序的最短时间）；b 为最不利时间（不顺利条件下完成该工序的最长时间）；c 为最可能时间（正常条件下完成该工序的时间）。

设 p_1 和 p_2 分别为保守时间和乐观时间出现的概率，且 $p_1 = p_2 = 1/2$，则工序时间的方差为

$$D_\xi = \sigma^2 = \sum_i (x_i - M_\xi)^2 P(x_i) = \frac{1}{2}\left(t - \frac{a+2c}{3}\right)^2 + \frac{1}{2}\left(t - \frac{b+2c}{3}\right)^2 = \left(\frac{b-a}{6}\right)^2 \tag{10-4}$$

在网络方法中，网络图的时间参数计算是一个重要环节，通过时间参数的计算可以为编制计划提供科学依据。网络图中的时间参数主要是各项工序时间值，关键路线就是据此得出的。

4. 关键路线与时间参数

（1）关键路线与关键工序。

在网络图中，从始点开始，按照各个工序的顺序，连续不断地到达终点的一条通路称为路线。一个网络图中可以有多条路线，走完各条路线所用时间不同。

关键路线是指在一个网络图中，从始点到终点，完成各个工序需要时间之和最长的路。关键工序是指组成关键路线的所有工序，不在关键路线上的工序称为非关键工序。关键工序直接影响整个工程的进度，关键工序提前1，工程提前1；反之也成立。而缩短非关键工序所需要的时间，却不能使工程提前完工。系统网络方法的基本思想就是在一个庞大的网络图中找出关键路线，对各个关键工序优先安排资源，挖掘潜力，采取相应措施，尽量压缩所需要的时间。

关键路线是相对的，是可以变化的，在采取一定的技术组织措施后，关键路线有可能变为非关键路线，而非关键路线也有可能变为关键路线。

（2）时间参数及其计算。

为了编制网络计划，找出关键路线，要计算网络图中各个事项及各个工序的有关时间，称这些时间为网络时间。

① 结点的时间参数及其计算。

结点的时间参数包括结点的最早开始时间 $t_E(i)$、结点的最迟完成时间 $t_L(i)$、结点的时差 $S(i)$ 等时间参数。

② 工序的时间参数及其计算。

工序的时间参数包括工序的最早开始时间 $t_{ES}(i,j)$、工序的最早完成时间 $t_{EF}(i,j)$、工序的最迟开始时间 $t_{LS}(i,j)$、工序的最迟完成时间 $t_{LF}(i,j)$、工序的总时差 $R(i,j)$、工序的单时差 $r(i,j)$ 等参数。

（3）关键路线与时差的关系。

网络图中，时差为零的结点称为关键结点，总时差为零的工序称为关键工序。系统网络

技术的精华就在于根据网络图找出关键路线，重点保证关键路线；利用关键路线上工序的时差，调用其中的人力、物力、财力去支援路线，使得关键工序，甚至整个任务，能按期或提前完成。

（4）网络图参数的计算方法。

在系统网络技术的应用中，不但要找出关键路线，而且要知道各种工序时间参数，这样才能便于挖掘潜力，合理安排，采取措施，保证关键路线，从而保证整个任务按期或提前完成。计算工序的时间参数有两组公式可供利用：一组公式是利用已经算得的结点时间参数值进行，计算结果用适当的符号标注在图画上，故称为图上计算法；另一组公式是利用工序之间的关系进行计算，故称为表格计算法。

（二）制订最优计划方案——网络图调整优化

在编制一项工作计划时，通过绘制网络图、计算网络时间、确定关键路线，得到的只是一个初始的计划方案，有些指标不完全合理，通常还需要对该方案进行调整与完善，根据指标的要求，综合考虑进度、资源利用、降低费用等目标，对网络图进行优化，确定最优的满足要求的计划方案。网络图调整与优化的主要内容包括三个方面，即时间优化、时间-资源优化，以及时间-费用优化。

1. 时间优化

根据对计划进度的要求，需要缩短工程完工时间。其具体措施如下：

（1）采取技术措施，缩短关键工序的作业时间，如采用新技术和新工艺、进行技术革新和技术改造、增加人力和设备等；

（2）采取组织措施，充分利用非关键工序的总时差，合理调配技术力量，以及人力、财力、物力等资源，缩短关键工序的作业时间；

（3）在可能的情况下，采取平行作业和交叉作业，缩短工期。

采用上述几种方法缩短网络工期，在调整过程中都会引起网络计划的改变，每次改变后都要重新计算网络时间参数并确定关键路线，直到求得最短工期为止。

2. 时间-资源优化

时间-资源优化是指在一定资源的条件下寻求最短工期，或者在一定工期的要求下使投入的资源量最少。网络计划需要的总工期是以一定的资源条件为基础的，资源条件如何通常是影响工程进度的主要原因。因此，在编制网络计划、安排工程进度的同时，要考虑尽量合理利用现有资源，并缩短工程工期。

为合理利用资源，必须对网络进行调整，而且这种调整往往不止一次，经过多次综合平衡后，才能得到在时间进度及资源利用方面都比较合理的计划方案。其具体要求和做法如下：

（1）优先安排关键工序所需要的资源；

（2）充分安排关键工序的总时差，错开各个工序的开始时间，尽量使资源的使用连续均衡；

（3）在确实受到资源限制或考虑综合经济效益的条件下，也可以适当推延工程的完工时间。

3. 时间-费用优化

在对一个系统进行分析时，希望在保证性能和效果的前提下，任务完成的时间短、费用少。这里实际包含以下两种情况：

（1）在保证既定的工程完工时间的条件下，所需要的费用最少；

（2）在限制费用的条件下，工程完工时间最短。

三、专家性能评估方法

专家性能评估方法的科学性和规范性对导航系统十分重要。特别是新型竞优性产品的性能评估往往多样复杂，对评测过程、各类突发异常处置，以及专家的主客观评价等方式都要求很高。一旦出现问题，将影响最终竞优目的顺利达成。所以，要对导航产品竞优试验的规律认真总结，如通用的测试设备、标准的数据接口、相应的数据处理软件，以及围绕专家投票表决的打分程序设计等；需要对软硬件设计及其评估流程进行规范，这样不仅可以避免重复的软硬件开发，还可以提高试验的科学性和通用规范性。

系统综合是系统工程重要的特征性内容，它与系统分析多次交错进行。系统评价的实质是在系统分析之后的又一次系统综合，其目的是对评价对象（多种备选方案）给出综合性的结论。

系统评价问题解决之后，决策便是顺理成章、水到渠成的事，要决策，先要评价。评价是决策的准备，评价与决策有两点区别：第一，系统评价是一项技术工作，由研究者即系统工程项目组承担；而决策是一项领导工作，是领导者的权利和责任。第二，评价是决策的依据，但是重大问题的决策往往还有一些"不公开"的因素在起作用，这些因素往往难以纳入系统工程项目组的评价工作之中。

（一）系统评价

系统评价是一件很复杂的事情。其复杂性主要来自以下几个方面。

1. 系统评价的多目标性

当系统为单目标时，其评价工作是容易进行的。但是实际系统中的问题要复杂得多，系统评价的目标往往不止一个，当系统为多目标（或指标）时，评价工作就困难得多。而且各个方案往往各有所长：在某些指标上，方案甲比方案乙优越；而在另一些指标上，方案乙又比方案甲优越，这时就很难定夺。指标越多，方案越多，问题越复杂。

2. 系统的评价指标体系中不仅有定量的指标而且有定性的指标

对于复杂系统，系统评价工作主要存在两方面的困难：一是有的指标难以量化；二是不同的方案可能各有所长，难以取舍。对于定量指标，通过比较标准，能容易地得出其优劣的顺序；但对于定性的指标，由于没有明确的数量表示，往往凭人的主观感觉和经验进行评价，如评价一艘舰艇的方便性和舒适性等。传统的评价往往偏重单一的定量指标，而忽视定性的、难以量化的但对系统至关重要的指标。

3. 人的价值观在评价中往往具有重大影响

评价活动是由人来进行的，评价指标体系和方案是由人确定的，在许多情况下，评价对象对于某些指标的实现程度（指标值）也是人为确定的。因此，人的价值观在评价中起到很大作用。在大多数情况下各人有各人的观点、立场、标准，所以需要有一个共同的尺度来将各人的价值观统一起来，这是评价工作的一项重要任务。

（二）德尔菲法

德尔菲法（Delphi method）是一种专家调查法，它依靠若干专家背靠背地发表意见，各抒己见，对专家们的意见进行统计处理和信息反馈，经过几轮循环，使得分散的意见逐次收敛，最后达到较高的准确性。这种方法是美国兰德公司于 1964 年发明的。该方法曾用于预测未来 50 年内的科学突破、人口增长、新武器系统、航天技术、自动化技术、战争可能性 6 个方面（称为预测目标）的 49 个问题（称为预测事件）。当时经过 4 轮专家征询与评估后，31 个事件得到满意的结果。后来科学技术的进展表明，这些预测结果都相当准确。德尔菲法目前已广为人知，并得到广泛应用。

1. 德尔菲法基本程序

（1）确定目标。

目标选择应是本系统或本专业中对发展规划有重大影响而意见较为分歧的课题。预测期限以中、远期为宜。

（2）选择专家。

德尔菲法的主要工作之一是通过专家对未来事件的发生与否作出概率估计，因此，专家选择是预测成败的关键。其主要要求有以下 4 项：

① 专家总体权威程度较高。

② 专家代表面广泛，通常包括技术专家、管理专家、情报专家和高层决策人员。

③ 严格执行专家推荐与审定的程序，审定的内容主要包括了解专家对预测目标的熟悉程度、是否有时间参加预测等。

④ 专家人数要适当，人数过少当然不行；而人数过多，数据收集与处理工作量大，预测周期长，对预测结果的准确性提高并不多。一般以 20～50 人为宜，大型预测可达 100 人左右。

（3）设计评估意见征询表。

德尔菲法的征询表格没有统一格式，但是要求符合以下原则：

① 表格的每一栏目要紧扣预测目标，力求使预测事件与专家所关心的问题保持一致；

② 表格简明扼要，设计得好的表格通常可以使专家思考的时间长，应答填表的时间短；

③ 填表方式简单，对不同类型的事件（如方针政策、技术途径、实现时间、费用分析、关键技术的重要性、迫切性和可能性等）进行评估时，尽可能让专家以数字或字母表示其评估结果。

（4）专家征询的轮次与轮间的信息反馈。

经典德尔菲法一般包括 3～4 轮征询。

① 第一轮：时间征询。

发给专家的征询表格只提出预测目标，而由专家提出应预测的事件。组织者经过筛选、分类、归纳、整理，用准确的技术语言制定出事件一览表，作为第二轮征询表发给专家。

② 第二轮：事件评估。

专家对第二轮表格中的各个事件作出评估。评估的主要内容包括产量评估或新技术突破的年份预测，事件的正确性、迫切性和可能性评估，方案择优（择优选一或择优排队），以及投资比例的最佳分配。

专家的评估结果应以最简单的方式表示。上述第一轮和第二轮征询表收回后，立即进行统计处理，求出专家总体意见的概率分布，并制定第三轮征询表。

③ 第三轮：轮间信息反馈与再征询。

将前一轮的评估结果进行统计处理，得出专家总体的评估结果及分布，求出其均值和方差，将这些信息反馈给各位专家，并对他们进行再征询。专家在重新评估时，可以根据总体意见的倾向（由均值反映）及其分散程度（由方差反映）来修改自己在前一轮的评估意见，而无须说明修改的理由。

④ 第四轮：轮间信息反馈与再征询。

类似于第三轮，这样就能得到一致程度较高的结果，从而写出预测结果报告。至此，预测工作结束。

（三）派生德尔菲法

在实际预测中，对经典德尔菲法有时作出某些变通，称为派生德尔菲法。

（1）取消第一轮征询，由组织者根据已掌握的资料直接拟定事件一览表，以减轻专家负担，并缩短预测周期。

（2）提供背景材料和数据，以缩短专家查找资料或计算数据的事件，使得他们能在较短的时间内作出评估。

（3）取消部分反馈。

（四）注意事项

（1）专家之间的横向保密性是德尔菲法的一大特点及关键。通常，应邀参加预测的专家们互不知晓，每一位专家并不了解别人发表了何种意见，每一位专家都只与预测工作的组织者发生纵向联系。这样做是为了完全消除心理因素的影响。

（2）选择专家时不仅要注意选择精通技术、有一定名望、有学科代表性的专家，而且要注意选择边缘学科、社会学和经济学等方面的专家。选择专家时还要考虑到其是否有足够时间填写意见征询表。经验表明，一位身居要职的著名专家匆忙填写的征询表，其价值往往不如一位普通专家认真填写的征询表。

（3）并非所有专家都熟悉德尔菲法，因此，预测工作的组织者在制定征询表的同时，要对德尔菲法作出说明。重点要讲清德尔菲法的特点、实质、轮间反馈的作用，以及均值、方差等统计量的意义，还要讲清征询意见的横向保密性。

（4）专家评估的最后结果建立在统计分布的基础上，具有一定的不稳定性。不同的专家总体，其直观评估意见和一致性不可能完全一样。这是德尔菲法的主要不足之处。但是，由于德尔菲法简单易行，对许多非技术性因素反应敏感，能对多个相关因素的影响作出判断，它是一种值得推广的定性预测方法。

第三节　导航系统性能综合评定

导航系统试验结果的综合评定建立在系统海上试验结果的综合分析、系统输出参数的精度评定、使用性能评定，以及可靠性和维修性评定等工作的基础上，因此在完成上述评定内容之后方能进行试验结果的综合评定。系统精度指标是否达到设计要求，需要根据导航系统各主要参数（包括位置、艏向角、摇摆角）的统计结果是否优于各自的指标值来评定。关键要素包括试验是否具有足够的样本量、充足的试验数据，是否采用可信度较高的统计公式等。

对系统使用性能进行评定是一项十分复杂的事情。应该说，凡是关系到系统使用效能的项目都应列为考核的内容，并有待通过试验的不同阶段逐步全面测试覆盖，其目的就是希望被试系统好用、顶用，工作稳定可靠，易于操作管理、使用与维修。导航系统综合评定需要根据系统精度评定和使用性能评定结果，比照系统战技指标及详细规范的要求对系统作出综合评价。

一、基于不确定度的性能试验分析评估报告

对测量不确定度进行分析与评定后，应给出测量不确定度的最后报告。

1. 报告的基本内容

当测量不确定度用合成标准不确定度表示时，应给出合成标准不确定度 u_c 及其自由度 v；当测量不确定度用扩展不确定度表示时，除给出扩展不确定度 U 外，还应说明其计算时所依据的合成标准不确定度 u_c、自由度 v、置信概率 P 和包含因子 k。

为了提高测量结果的使用价值，在不确定度报告中，应尽可能提供更详细的信息。例如：给出原始观测数据；描述被测量估计值及其不确定度评定的方法；列出所有不确定度分量、自由度、相关系数，并说明它们是如何获得的。

2. 测量结果的表示

（1）当不确定度用合成标准不确定度 u_c 表示时，可以用下列几种方式表示测量结果。

例如，假设报告的被测量 Y 是标称值为 100 g 的标准砝码，其测量的估计值 $y = 100.021\ 47$ g，对应的合成标准不确定度 $u_c = 0.35$ mg，则测量结果可以用下列几种方法表示：

① $Y = 100.021\ 47$ g，$u_c = 0.35$ mg；

② $Y = 100.021\ 47(35)$ g；

③ $Y = 100.021\ 47(0.000\ 35)$ g；

④ $Y = (100.021\ 47 \pm 0.000\ 35)$ g。

上述表示方法中：②括号里的数为 u_c 的数值，u_c 的末位与被测量估计值的末位对齐，单位相同；③括号里的数为 u_c 的数值，与被测量估计值的单位相同；④"±"后的数为 u_c 的数值。

（2）当不确定度用扩展不确定度 U 表示时，可以用下列方式表示测量结果。

例如，报告上述标称值为100 g的标准砝码，其测量结果为
$$Y = y \pm U = (100.021\ 47 \pm 0.000\ 79)\ \text{g} \tag{10-5}$$
式中：扩展不确定度 $U = ku_c = 0.000\ 79$ g 是由合成标准不确定度 $u_c = 0.35$ mg 和包含因子 $k = 2.26$ 确定的（k 依据置信概率 $P = 0.95$ 和自由度 $v = 9$，由 t 分布表查得）。

这里必须注意，扩展不确定度的表示方法与标准不确定度表示形式④相同，容易混淆。因此，当用扩展不确定度表示测量结果时，应给出相应的说明。

（3）不确定度也可以用相对不确定度形式报告。

例如，报告上述标称值为100 g的标准砝码，$u_c = 0.35$ mg，$v = 9$，其测量结果可以表示为
$$y = 100.021\ 47\ \text{g}, \quad u_c = 0.000\ 35\%, \quad v = 9 \tag{10-6}$$

（4）最后报告的合成不确定度或扩展不确定度，其有效数字一般不超过两位，不确定度的数值与被测量的估计值末位对齐。若计算出的 u_c 或 U 的位数较多，作为最后的报告值时就要修约，将多余的位数舍去。为了使舍去的数据对计算的不确定度影响很小，达到可以忽略的程度，需要按第三章微小误差取舍准则，即"三分之一准则"进行数据修约。先令测量估计值最末位的一个单位作为测量不确定度的基本单位，再将不确定度取至基本单位的整数位，其余位数按微小误差取舍准则，若小于基本单位的1/3则舍去，若大于或等于基本单位的1/3则舍去后将最末整数位加1。这种修约方法得到的不确定度使测量结果评定更加可靠。

3. 测量不确定度的步骤

综上所述，评定与表示测量不确定度的步骤归纳如下：

（1）分析测量不确定度的来源，列出对测量结果影响显著的不确定度分量；

（2）评定标准不确定度分量，并给出其数值 u_i 和自由度 v_i；

（3）分析所有不确定度分量的相关性，确定各相关系数 ρ_{ij}；

（4）求测量结果的合成标准不确定度 u_c 及自由度 v；

（5）若需要给出扩展不确定度，则将合成标准不确定度 u_c 乘以包含因子 k，得扩展不确定度 $U = ku_c$；

（6）给出不确定度的最后报告，以规定的方式报告被测量的估计值 y 及合成标准不确定度 u_c 或扩展不确定度 U，并说明获得它们的细节。

根据以上测量不确定度的步骤，下面通过实例说明不确定度评定方法的应用。

二、光学罗经性能综合评定

下面通过基于模糊层次分析法（fuzzy analytic hierarchy process，FAHP）的船用光纤陀螺罗经的综合性能评估应用实例，帮助读者了解相关系统工程方法在实际导航系统性能评估中的应用。

罗经是船舶必备的航海设备，为船舶提供航姿信息，最初产品形态是基于地磁测向的磁罗经。随着科学技术的发展和航海应用需求的牵引，罗经从磁罗经、陀螺罗经发展到以光纤陀螺

罗经为主的光学罗经。光纤陀螺罗经凭借其精度高、体积小、可靠稳定、成本低等优点，成为近年来各国航海导航设备的研究热点之一。美国、法国等欧美国家的企业已经批量化生产出具有高精度的光纤陀螺罗经，其性能明显优于传统罗经。目前，国内多家企业也具备光纤陀螺罗经的研制能力，各家企业生产的光纤陀螺罗经采用的光纤陀螺仪等硬件设备和算法不同，对应的各项性能指标存在优劣。如何对不同企业光纤陀螺罗经产品进行评估择优已成为目前国内关注的焦点。

相对于传统罗经，光纤陀螺罗经具备更高的综合性能。它不仅启动时间短，而且具备长时间、高精度的航姿参数保障以及多种灵活的工作方式。有关传统罗经的国家标准只涉及罗经的各项性能指标要求，并未给出罗经的整体性能评估方法；而传统罗经的整体性能评估方法依靠专家的经验决定罗经各项评测项目权重，客观性不强，难以充分定性、定量地综合评价设备性能。加上器件和控制机理差异，光纤陀螺罗经在不同船舶运动状态下的系统性能及误差特征也呈现出不同于传统罗经的特点。因此，需要针对光纤陀螺罗经的特点，设计相应的测试与评估方法。

竞优性装备研制目前仍是军内多型装备研制开发的主要模式，而当前船用导航装备竞优性研制过程中，存在评价项目多样、关系复杂，以及不同评价指标的权重分配难以完全采用定量方法进行评估比对的问题。为此，下面介绍一种基于 FAHP 的船用导航装备性能评估方法。该评估方法通过将多标准决策问题转化为单一标准决策问题，可以简捷、清晰地求解出评估指标体系中各评估指标的权重。该方法评估过程清晰，计算简便，能够清晰、高效地评价船用导航装备的总体性能，对于多套装备的竞优性研制可以给出科学的优劣排序。

（一）AHP 与 FAHP 介绍

1. AHP

层次分析法（analytic hierarchy process，AHP）最初由美国运筹学家萨迪（Saaty）[49]提出，由于其计算简单、灵活，是目前最广泛应用的多属性决策（multiple attribute decision making，MADM）技术之一。AHP 通过将备选方案构建为分层框架来解决复杂的决策问题，分层框架通过对各个判断成对地比较来构建。在运用 AHP 进行评价或决策时，一般可以分为以下 4 个步骤[50]。

（1）分析评价系统中各基本要素之间的关系，定义非结构化问题，并说明目标及备选方案，建立系统的层次结构（类似于图 10-3 所示的结构）[51]。

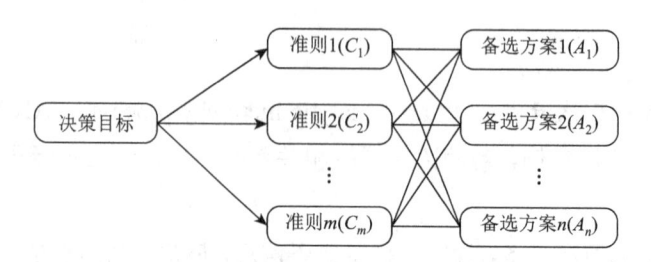

图 10-3　典型的三级 MADM 问题的层次结构

（2）对同一层次的各个元素 C 关于上一层次中某一准则的重要性进行两两比较，根据表 10-1 构造两两比较判断矩阵 $M=(m_{ij})_{n\times n}$：

$$\begin{array}{c|cccc} C & m_1 & m_2 & \cdots & m_n \\ \hline m_1 & m_{11} & m_{12} & \cdots & m_{1n} \\ m_2 & m_{21} & m_{22} & \cdots & m_{2n} \\ \vdots & \vdots & \vdots & & \vdots \\ m_n & m_{n1} & m_{n2} & \cdots & m_{nn} \end{array} \tag{10-7}$$

$$M = \begin{bmatrix} m_{11} & m_{12} & \cdots & m_{1n} \\ m_{21} & m_{22} & \cdots & m_{2n} \\ \vdots & \vdots & & \vdots \\ m_{n1} & m_{n2} & \cdots & m_{nn} \end{bmatrix} \tag{10-8}$$

表 10-1　AHP 1～9 标度的含义

标度	含义
1	两个元素相比，具有同样重要性
3	两个元素相比，前者比后者稍微重要
5	两个元素相比，前者比后者明显重要
7	两个元素相比，前者比后者强烈重要
9	两个元素相比，前者比后者极端重要
2、4、6、8	上述相邻判断的中间值
倒数	两个元素相比，后者比前者的重要性标度

（3）使用特征根方法计算、判断矩阵的最大特征值和重要度向量，并进行一致性检验。

（4）计算各层要素对系统目的的合成权重，并对各备选方案排序。

在确定光纤陀螺罗经的评测项目权重时，应用 AHP 具有如下局限性：

（1）当同一层次的评测项目数量 n 较大时，检验判断矩阵是否具有一致性存在困难；

（2）当判断矩阵不具有一致性时，需要调整判断矩阵的元素，使其具有一致性，调整过程烦琐；

（3）检验判断矩阵是否具有一致性的判断标准缺乏科学依据；

（4）判断矩阵的一致性与人类思维的一致性有显著差异。

针对 AHP 存在的以上问题，可以采取改进后的 FAHP 来对船用光纤陀螺罗经进行性能评估。

2. FAHP

1965 年，美国扎德（Zadeh）博士发表论文《模糊集》后[52]，模糊理论广泛应用于决策、评估、成本控制等领域。一些学者将模糊理论应用在 AHP 中，提出了 FAHP，很好地解决了上述 AHP 中的局限性。FAHP 分为两种：一种是基于模糊数的 FAHP，另一种是基于模糊一致矩阵的FAHP。前一种方法的数学理论及计算过程相对复杂且形式多样；后一种方法数学推导简捷清晰，在国内应用较为广泛，比较适合光纤陀螺罗经评估问题，在此选择后一种方法。

（二）FAHP数学模型

FAHP数学模型表述如下。

1. 建立模糊互补矩阵

假定上一层次的元素 C 与下一层次中的元素 $a_1, a_2, \cdots, a_n$ 有联系，通过逐一成对比较 $a_1, a_2, \cdots, a_n$ 的重要性，采用如表10-2所示的0.1~0.9数量标度来构造模糊互补矩阵 $A = (a_{ij})_{n \times n}$：

C	a_1	a_2	$\cdots$	a_n
a_1	a_{11}	a_{12}	$\cdots$	a_{1n}
a_2	a_{21}	a_{22}	$\cdots$	a_{2n}
$\vdots$	$\vdots$	$\vdots$		$\vdots$
a_n	a_{n1}	a_{n2}	$\cdots$	a_{nn}

（10-9）

$$A = \begin{bmatrix} a_{11} & a_{12} & \cdots & a_{1n} \\ a_{21} & a_{22} & \cdots & a_{2n} \\ \vdots & \vdots & & \vdots \\ a_{n1} & a_{n2} & \cdots & a_{nn} \end{bmatrix}$$

（10-10）

表10-2 FAHP 0.1~0.9数量标度的含义

标度	含 义
0.5	两个元素相比，具有同样重要性
0.6	两个元素相比，前者比后者稍微重要
0.7	两个元素相比，前者比后者明显重要
0.8	两个元素相比，前者比后者强烈重要
0.9	两个元素相比，前者比后者极端重要
0.1、0.2、0.3、0.4	若元素 a_i 与元素 a_j 相比较得到判断 r_{ij}，则元素 a_j 与元素 a_i 相比较得到的判断为 $r_{ji} = 1 - r_{ij}$

2. 模糊互补矩阵变换为模糊一致矩阵[51]

对模糊互补矩阵 $A = (a_{ij})_{n \times n}$ 按行求和：

$$r_i = \sum_{k=1}^{n} a_{ik} \quad (i = 1, 2, \cdots, n) \tag{10-11}$$

并进行如下数学变换：

$$r_{ij} = \frac{r_i - r_j}{2(n-1)} + 0.5 \tag{10-12}$$

得到模糊互补矩阵 $A = (a_{ij})_{n \times n}$ 对应的模糊一致矩阵 $R = (r_{ij})_{n \times n}$。

3. 由模糊一致矩阵计算比较元素的权重向量[53]

设模糊一致矩阵 $R = (r_{ij})_{n \times n}$ 的元素 r_{ij} 对应的权重为 w_i，文献[53]推导出 w_i 的计算公式：

$$w_i = \frac{1}{n} - \frac{1}{2\alpha} + \frac{1}{n\alpha}\sum_{k=1}^{n} r_{ik} \qquad (10\text{-}13)$$

式中：α 应满足 $\alpha \geqslant (n-1)/2$。

（三）光纤陀螺罗经 FAHP 性能评估方法

1. 建立光纤陀螺捷联罗经评价指标体系结构

船用光纤陀螺罗经的使用性能主要体现在设备的启动性能、精度性能、可靠性三个方面。

启动性能评估指标包括光纤陀螺罗经在码头启动（GNSS 辅助）、海上自主启动（计程仪辅助）、海上卫星导航组合启动（GNSS 辅助）三种启动方式下的启动时间和航姿精度等性能。精度性能评估指标包括光纤陀螺罗经在人工装订速度自主工作、长时间自主工作、卫星导航组合工作三种工作模式下的航姿精度等性能。可靠性评估主要针对光纤陀螺罗经海试过程中出现的故障情况（如硬件故障、软件设计故障、人工操作失误等）作出相应的评估。评价指标体系对应的递阶结构如图 10-4 所示[54]。

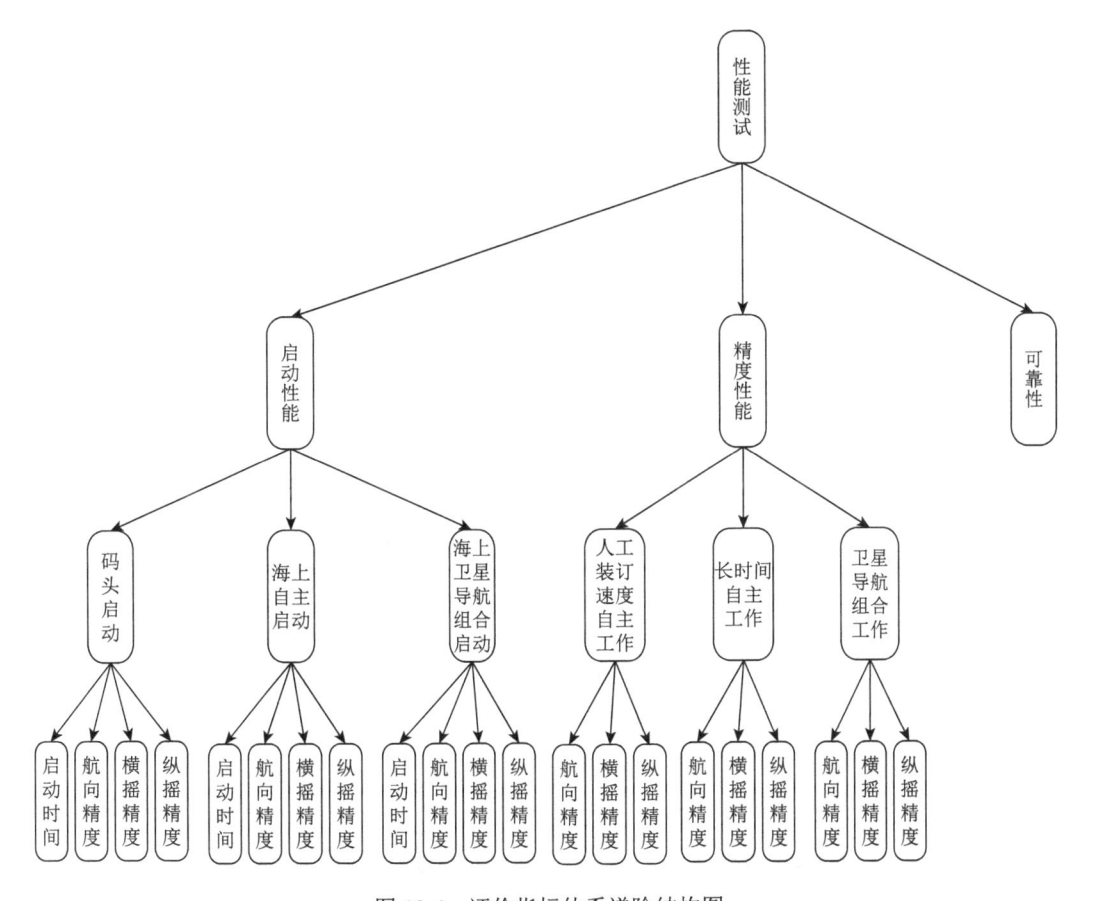

图 10-4　评价指标体系递阶结构图

2. 建立各阶层的模糊一致矩阵并求出权重向量

首先构造第 2 层中 3 个元素对目标层的模糊互补矩阵，通过对两两元素进行比较，使用如表 10-2 中的 0.1～0.9 数量标度来构造模糊互补矩阵，对模糊互补矩阵使用式（10-12）进行数学变换得到对应的模糊一致矩阵，并结合式（10-13）求出各个元素对应的权重。类似地，可以得到其他各个单一准则下的模糊一致矩阵及权重。各阶层的模糊一致矩阵如表 10-3～表 10-7 所示。

表 10-3　性能测试因素相关子因素的模糊一致矩阵及权重

性能测试	模糊互补矩阵			模糊一致矩阵			权重
	启动性能	精度性能	实船可靠性	启动性能	精度性能	实船可靠性	
启动性能	0.5	0.3	0.8	0.5	0.375	0.7	0.358 3
精度性能	0.7	0.5	0.9	0.625	0.5	0.825	0.483 3
可靠性	0.2	0.1	0.5	0.3	0.175	0.5	0.158 3

表 10-4　启动性能因素相关子因素的模糊一致矩阵及权重

启动性能	模糊互补矩阵			模糊一致矩阵			权重
	码头启动	海上自主启动	海上卫星导航组合启动	码头启动	海上自主启动	海上卫星导航组合启动	
码头启动	0.5	0.3	0.6	0.5	0.35	0.575	0.308 3
海上自主启动	0.7	0.5	0.8	0.65	0.5	0.725	0.458 3
海上组合启动	0.4	0.2	0.5	0.425	0.275	0.5	0.233 3

表 10-5　精度性能因素相关子因素的模糊一致矩阵及权重

精度性能	模糊互补矩阵			模糊一致矩阵			权重
	长时间工作	卫星导航组合工作	人工装订速度自主工作	长时间工作	卫星导航组合工作	人工装订速度自主工作	
长时间工作	0.5	0.9	0.8	0.5	0.8	0.725	0.508 3
卫星导航组合工作	0.1	0.5	0.4	0.2	0.5	0.425	0.208 3
人工装订速度自主工作	0.2	0.6	0.5	0.275	0.575	0.5	0.283 3

表 10-6　码头启动因素相关子因素的模糊一致矩阵及权重

码头启动	模糊互补矩阵				模糊一致矩阵				权重
	启动时间	航向精度	横摇精度	纵摇精度	启动时间	航向精度	横摇精度	横摇精度	
启动时间	0.5	0.5	0.7	0.7	0.5	0.5	0.633 3	0.633 3	0.316 7
航向精度	0.5	0.5	0.7	0.7	0.5	0.5	0.633 3	0.633 3	0.316 7
横摇精度	0.3	0.3	0.5	0.5	0.366 7	0.366 7	0.5	0.5	0.183 3
纵摇精度	0.3	0.3	0.5	0.5	0.366 7	0.366 7	0.5	0.5	0.183 3

表 10-7　长航时工作因素相关子因素的模糊一致矩阵及权重

长航时工作	模糊互补矩阵			模糊一致矩阵			权重
	航向精度	横摇精度	纵摇精度	航向精度	横摇精度	纵摇精度	
航向精度	0.5	0.7	0.7	0.5	0.65	0.65	0.433 3
横摇精度	0.3	0.5	0.5	0.35	0.5	0.5	0.283 3
纵摇精度	0.3	0.5	0.5	0.35	0.5	0.5	0.283 3

在第4层中，码头启动、海上自主启动、海上卫星导航组合启动所对应的启动时间、航向精度、横摇精度、纵摇精度两两比较的重要程度一致，故码头启动、海上自主启动、海上卫星导航组合启动分别对下一层的模糊一致矩阵相同（表10-6）。同理，长航时自主工作、卫星导航组合工作、人工装订速度自主工作分别对下一层的模糊一致矩阵相同（表10-7）。

（四）实例分析

以具体某次船用光纤陀螺罗经性能评测海上试验为例，本次海试进行了20余天，共有9套设备。根据9套设备在海上测试的数据，使用光纤陀螺罗经FAHP对9套设备进行使用性能评估并排名。

将各层次的权重进行组合，得到第4层各元素最终权重，并将9套设备的海上测试每项得分（十分制）与细则最终权重相乘，得到对应的分数，求和后得到总分并进行排名，详细结果如表10-8所示。

表10-8　评分细则与排名

项目（权重）	子项目（权重）	细目	细目权重/%	细目最终权重/%	装备1	装备2	装备3	装备4	装备5	装备6	装备7	装备8	装备9
启动性能（35.83%）	码头启动（30.83%）	启动时间	31.67	3.498	10.0	10.0	10.0	10.0	10.0	8.0	10.0	6.0	10.0
		航向精度	31.67	3.498	8.6	10.0	8.5	8.0	10.0	10.0	8.3	6.0	8.6
		横摇精度	18.33	2.025	8.8	10.0	10.0	9.8	9.8	10.0	9.9	9.9	9.9
		纵摇精度	18.33	2.025	10.0	10.0	10.0	10.0	9.9	9.9	9.9	10.0	9.9
	海上自主启动（45.83%）	启动时间	31.67	5.200	10.0	10.0	10.0	10.0	10.0	8.0	10.0	6.0	10.0
		航向精度	31.67	5.200	9.6	10.0	5.0	5.6	9.5	9.3	5.8	5.3	9.7
		横摇精度	18.33	3.010	9.9	10.0	9.9	9.9	10.0	9.9	9.5	9.9	10.0
		纵摇精度	18.33	3.010	10.0	10.0	9.9	9.9	10.0	10.0	9.9	9.9	10.0
	海上卫星导航组合启动（23.33%）	启动时间	31.67	2.647	10.0	10.0	10.0	10.0	10.0	8.0	10.0	6.0	10.0
		航向精度	31.67	2.647	9.2	9.2	5.3	3.2	9.1	8.9	2.3	9.6	9.0
		横摇精度	18.33	1.532	10.0	9.9	9.8	9.9	10.0	9.6	10.0	10.0	10.0
		纵摇精度	18.33	1.532	10.0	10.0	9.9	10.0	10.0	10.0	10.0	9.8	10.0
精度性能（48.33%）	长航时自主工作（50.83%）	航向精度	43.33	10.645	9.5	9.9	0	8.3	9.2	9.2	8.4	8.6	8.9
		横摇精度	28.33	6.960	9.9	9.9	0	5.3	9.9	9.8	8.9	9.1	9.5
		纵摇精度	28.33	6.960	9.8	9.9	0	8.6	9.4	9.6	8.6	9.1	9.9
	卫星导航组合工作（20.83%）	航向精度	43.33	4.362	9.8	9.6	9.5	9.9	9.9	9.3	8.9	8.6	9.4
		横摇精度	28.33	2.852	9.9	9.9	9.9	9.5	9.7	9.7	9.2	9.5	9.1
		纵摇精度	28.33	2.852	9.9	10.0	9.9	9.6	9.8	9.4	9.4	9.6	9.7
	人工装订速度自主工作（28.33%）	航向精度	43.33	5.933	9.6	9.6	9.3	5.3	9.5	9.4	5.6	5.3	9.4
		横摇精度	28.33	3.879	9.9	9.9	9.7	9.7	9.9	9.8	9.4	9.4	9.7
		纵摇精度	28.33	3.879	9.9	9.9	9.5	9.4	9.6	9.4	9.3	9.2	9.9
实船可靠性（15.83%）	实船可靠性（100%）	实船可靠性	100	15.830	10.0	10.0	4.0	5.0	10.0	10.0	5.0	4.0	10.0
总分	—	—			9.76	9.89	6.05	7.77	9.74	9.44	7.95	7.49	9.63
排名	—	—			2	1	9	7	3	5	6	8	4

从表 10-8 可以看出，实船可靠性所占权重最大，其次是长航时工作，这两项共占据 40.39% 的比重。总分排名靠后的产品在这两项细目中得分较差，说明设备性能优秀的前提是必须拥有优秀的可靠性，并在长航时工作状态时能提供高精度的航姿信息，其次在其他子项目也需要获得好的分数。

对船用光纤陀螺罗经进行性能评估是一个多领域、多目标的复杂决策问题，这里使用基于模糊一致矩阵的 AHP 分析各个指标权重，结合 9 套船用光纤陀螺捷联罗经海上实测数据，进行性能评估。

这一实例应用分析表明，将 FAHP 引入船用光纤陀螺罗经性能评价模型中，可以使评价过程更加清晰、客观，同时可以简化大量计算，这是一种高效、简便的评估方法，可以推广应用于其他导航设备性能评估中。

思 考 题

1. 全寿命周期的装备试验通常包含哪几个阶段？每个阶段各有什么特点？
2. 装备测试试验的系统思想主要包括哪几个方面？请根据专业经验举例分析说明。
3. 六性试验主要包括哪几类？对此有何理解？
4. 请简述环境适应性试验的主要项目，通过自学了解这些项目的基本情况。
5. 请简述电磁兼容试验的主要项目，通过自学了解这些项目的基本情况。
6. 请简述 WSR 系统方法论的基本概念和基本步骤，试联系自己的工作或学习加以运用。
7. 请简述系统管理网络技术的基本情况，思考如何应用于自己的工作实际。
8. 请简述系统工程方法在导航性能试验组织过程中有哪些应用。
9. 请简述德尔菲法的基本情况，并联系自己的工作或学习应用举例。
10. 请总结系统误差分析评估报告的主要内容及要点，尝试完成一份误差分析评估报告。

参 考 文 献

[1] 卞鸿巍，李安，王荣颖，等. 导航概论[M]. 北京：科学出版社，2018.
[2] 张凤登. 测控技术与仪器专业英语[M]. 北京：机械工业出版社，2015.
[3] 费业泰. 误差理论与数据处理[M]. 6 版. 北京：机械工业出版社，2010.
[4] 赵文宣，陈运军，张德忠. 电子测量与仪器应用[M]. 北京：电子工业出版社，2012.
[5] 程德福，王君，凌振宝，等. 传感器原理及应用[M]. 北京：机械工业出版社，2007.
[6] 黄元庆. 现代传感技术[M]. 北京：机械工业出版社，2008.
[7] 宋文绪，杨帆. 传感器与检测技术[M]. 2 版. 北京：高等教育出版社，2004.
[8] 施文康，余晓芬. 检测技术[M]. 4 版. 北京：机械工业出版社，2019.
[9] 宋保维. 系统可靠性设计与分析[M]. 西安：西北工业大学出版社，2000.
[10] 胡志强. 环境与可靠性试验应用技术[M]. 北京：中国质检出版社，中国标准出版社，2016.
[11] 卞鸿巍，李安，陈浩. 舰艇新型惯性导航系统战术技术指标论证报告[R]. 武汉：海军工程大学，2011.
[12] 卞鸿巍，周红进，杜红松，等. 实际使用环境舰艇导航装备作战适用性及性能测试方法研究[R]. 武汉：海军工程大学，2018.
[13] 耿维明. 测量误差与不确定度评定[M]. 北京：中国质检出版社，2011.
[14] 王穗辉. 误差理论与测量平差[M]. 3 版. 上海：同济大学出版社，2020.
[15] 林洪桦. 测量误差与不确定度评估[M]. 北京：机械工业出版社，2010.
[16] 中国惯性技术学会，中国航天电子技术研究院. 惯性技术词典[M]. 北京：中国宇航出版社，2009.
[17] 袁书明，杨晓东，程建华. 导航系统应用数学分析方法[M]. 北京：国防工业出版社，2013.
[18] 邓志红，付梦印，张继伟，等. 惯性器件与惯性导航系统[M]. 北京：科学出版社，2012.
[19] 房建成，宁晓琳. 天文导航原理及应用[M]. 北京：北京航空航天大学出版社，2006.
[20] 赵桂玲. 光学陀螺捷联惯性导航系统标定技术[M]. 北京：测绘出版社，2014.
[21] 马恒，许江宁，张晓峰，等. 基于全站仪的高精度动态航向初始标校系统设计[J]. 计算机测量与控制，2005，13（6）：587-589，597.
[22] 卞鸿巍，金志华，马恒. 船用平台式 INS 光学标校初始对准方法研究[J]. 系统仿真学报，2005，17（11）：2759-2762，2814.
[23] 国防科学技术工业委员会. 舰艇平台罗经通用规范：GJB 2447A—2018[S]. 北京：总装备部军标出版发行部，2019.
[24] 国防科学技术工业委员会. 舰船陀螺罗经通用规范：GJB 1732A—2019[S]. 北京：总装备部军标出版发行部，2019.
[25] 国防科学技术工业委员会. 惯性导航系统精度评定方法：GJB 729—89[S]. 北京：总装备部军标出版发行部，1989.
[26] 中国人民解放军总装备部. 舰艇惯性导航系统设计定型试验规程：GJB 427A—2009[S]. 北京：总装备部军标出版发行部，2011.
[27] 陈刚，王梦婕. 卡方分布密度函数与分布函数的渐进展开[J]. 南京师大学报（自然科学版），2014，37（3）：39-43.
[28] 丁邦俊. t-分布密度函数的渐进展开[J]. 数理统计与应用概率，1998，13（4）：307-311.
[29] 盛骤，谢式千，潘承毅. 概率论与数理统计教程[M]. 4 版. 北京：高等教育出版社，2008.
[30] 郑梓桢，刘德耀，等. 船用惯性导航系统海上试验[M]. 北京：国防工业出版社，2006.
[31] 卞鸿巍，金志华，田蔚风. GPS 姿态测量系统在高精度计程仪速度标定中的应用[J]. 计算机测量与控制，

2004，12（10）：908-910，913.
[32] 卞鸿巍，李安，覃方君，等. 现代信息融合技术在组合导航中的应用[M]. 北京：国防工业出版社，2010.
[33] GREWAL M S，WEILL L R，ANDREWS A P, et al. GPS 惯性导航组合[M]. 陈军，易翔，梁高波，等，译. 2 版. 北京：电子工业出版社，2015.
[34] 秦永元，张洪钺，汪叔华. 卡尔曼滤波与组合导航原理[M]. 3 版. 西安：西北工业大学出版社，2015.
[35] Gyro and Accelerometer Panel of the IEEE Aerospace and Electronic Systems Society. IEEE Standard Specification Format Guide and Test Procedure for Single-Axis Interferometric Fiber Optic Gyros：IEEE Std 1293-1998[S]. New York：The Institute of Electrical and Electronics Engineers，1998.
[36] Gyro and Accelerometer Panel of the IEEE Aerospace and Electronic Systems Society. IEEE Standard Specification Format Guide and Procedure for Linear，Single-Axis，Nongyroscopic Accelerometers：IEEE Std 1293-1998[S]. New York：The Institute of Electrical and Electronics Engineers，1999.
[37] Gyro and Accelerometer Panel of the IEEE Aerospace and Electronic Systems Society. IEEE Standard for Inertial Sensor Terminology：IEEE Sta 528-2001[S]. New York：The Institute of Electrical and Electronics Engineers，2001.
[38] 张树侠，李东明. 角度随机游走及其应用[J]. 导航与控制，2008，7（2）：1-5.
[39] 严恭敏，李四海，秦永元. 惯性仪器测试与数据分析[M]. 北京：国防工业出版社，2012.
[40] 王荣颖，卞鸿巍，刘文超. 基于 RMSE 的惯导系统随机误差影响分析[J]. 海军工程大学学报，2017（6）：18-23，27.
[41] 刘忠，林华，周德超. 军事系统工程[M]. 北京：国防工业出版社，2014.
[42] 孙东川，林福永，孙凯，等. 系统工程引论[M]. 3 版. 北京：清华大学出版社，2014.
[43] 汪应洛. 系统工程[M]. 5 版. 北京：机械工业出版社，2019.
[44] 国防科学技术工业委员会. 军用设备和分系统电磁发射和敏感度要求：GJB 151A—97[S]. 北京：总装备部军标出版发行部，1997.
[45] 国防科学技术工业委员会. 军用设备和分系统电磁发射和敏感度测量：GJB 152A—97[S]. 北京：总装备部军标出版发行部，1997.
[46] 中国人民解放军总装备部. 系统电磁兼容性要求：GJB 1389A—2005[S]. 北京：总装备部军标出版发行部，1991.
[47] 国防科学技术工业委员会. 接地、搭接和屏蔽设计的实施：GJB 1210—91[S]. 北京：总装备部军标出版发行部，1991.
[48] 陈进东，刘琳琳，杜雨璇，等. 物理—事理—人理系统方法论演化发展及其影响[J]. 管理评论，2021，33（5）：30-43.
[49] SAATY T L. The analytic hierarchy process. [M]. New York：McGraw-Hill，1980.
[50] 张吉军. 模糊层次分析法（FAHP）[J]. 模糊系统与数学，2000，14（2）：80-88.
[51] 徐泽水. 模糊互补判断矩阵排序的一种算法[J]. 系统工程学报，2001，16（4）：311-314.
[52] ZADEH L A. Fuzzy sets[J]. Information and Control，1965，8（3）：338-353.
[53] 吕跃进. 基于模糊一致矩阵的模糊层次分析法的排序[J]. 模糊系统与数学，2002，16（2）：79-85.
[54] 胡耀金，卞鸿巍，马恒，等. 基于模糊层次分析的船用光纤陀螺罗经性能评估方法[J]. 导航定位与授时，2020，7（2）：28-34.

附　　录

附表1　正态分布积分表

$$\Phi(t)=\frac{1}{\sqrt{2\pi}}\int_0^t e^{-t^2/2}dt$$

t	$\Phi(t)$	t	$\Phi(t)$	t	$\Phi(t)$	t	$\Phi(t)$
0.00	0.000 0	0.75	0.273 4	1.50	0.433 2	2.50	0.493 8
0.05	0.019 9	0.80	0.288 1	1.55	0.439 4	2.60	0.495 3
0.10	0.039 8	0.85	0.302 3	1.60	0.445 2	2.70	0.496 5
0.15	0.059 6	0.90	0.315 9	1.65	0.450 5	2.80	0.497 4
0.20	0.079 3	0.95	0.328 9	1.70	0.455 4	2.90	0.498 1
0.25	0.098 7	1.00	0.341 3	1.75	0.459 9	3.00	0.498 65
0.30	0.117 9	1.05	0.353 1	1.80	0.464 1	3.20	0.499 31
0.35	0.136 8	1.10	0.364 3	1.85	0.467 8	3.40	0.499 66
0.40	0.155 4	1.15	0.374 9	1.90	0.471 3	3.60	0.499 841
0.45	0.173 6	1.20	0.384 9	1.95	0.474 4	3.80	0.499 928
0.50	0.191 5	1.25	0.394 4	2.00	0.477 2	4.00	0.499 968
0.55	0.208 8	1.30	0.403 2	2.10	0.482 1	4.5	0.499 997
0.60	0.225 7	1.35	0.411 5	2.20	0.486 1	5.00	0.499 999 97
0.65	0.242 2	1.40	0.419 2	2.30	0.489 3		
0.70	0.258 0	1.45	0.426 5	2.40	0.491 8		

附表2　t分布表

$P(|t|\geqslant t_a)=a$ 的 t_a 值

ν	α 0.05	α 0.01	α 0.002 7	ν	α 0.05	α 0.01	α 0.002 7
1	12.71	63.66	235.80	7	36.0	3.50	4.53
2	4.30	9.92	19.21	8	2.31	3.36	4.28
3	3.18	5.84	9.21	9	2.26	3.25	4.09
4	2.78	4.60	6.62	10	2.23	3.17	3.96
5	2.57	4.03	5.51	11	2.20	3.11	3.85
6	2.45	3.71	4.90	12	2.18	3.05	3.76

续表

ν	α			ν	α		
	0.05	0.01	0.002 7		0.05	0.01	0.002 7
13	2.16	3.01	3.69	26	2.06	2.78	3.32
14	2.14	2.98	3.64	27	2.05	2.77	3.30
15	2.13	2.95	3.59	28	2.05	2.76	3.29
16	2.12	2.92	3.54	29	2.05	2.76	3.28
17	2.11	2.90	3.51	30	2.04	2.75	3.27
18	2.10	2.88	3.48	31	2.02	2.70	3.20
19	2.09	2.86	3.45	32	2.01	2.68	3.16
20	2.09	2.85	3.42	33	2.00	2.66	3.13
21	2.08	2.83	3.40	34	1.99	2.65	3.11
22	2.07	2.82	3.38	35	1.99	2.64	3.10
23	2.07	2.81	3.36	36	1.99	2.63	3.09
24	2.06	2.80	3.34	37	1.98	2.63	3.08
25	2.06	2.79	3.33	38	1.96	2.58	3.00

注：ν 为自由度；α 为显著性水平。

附表3 χ^2 分布表

$P(\chi^2 \geqslant \chi_\alpha^2) = \alpha$ 的 χ^2 值

ν	α				ν	α			
	0.10	0.02	0.05	0.01		0.10	0.02	0.05	0.01
1	2.71	5.41	3.84	6.64	16	23.54	29.63	26.30	32.00
2	4.61	7.82	5.99	9.21	17	24.77	31.00	27.59	33.41
3	6.25	9.84	7.82	11.34	18	25.99	32.35	28.87	34.81
4	7.78	11.67	9.49	13.28	19	27.20	33.69	30.14	36.19
5	9.24	13.39	11.07	15.09	20	28.41	35.02	31.41	37.57
6	10.61	15.03	12.59	16.81	21	29.62	36.34	32.67	38.93
7	12.02	16.62	14.07	18.48	22	30.81	37.66	33.92	40.29
8	13.36	18.17	15.51	20.09	23	32.00	38.97	35.17	41.64
9	14.68	19.68	16.92	21.67	24	33.20	40.27	36.42	42.98
10	15.99	21.16	18.31	23.21	25	34.38	41.57	37.65	44.31
11	17.28	22.62	19.68	24.73	26	35.56	42.86	38.89	45.64
12	18.55	24.05	21.03	26.22	27	36.71	44.14	40.11	46.96
13	19.81	25.47	22.36	27.69	28	37.92	45.42	41.34	48.28
14	20.06	26.87	23.69	29.14	29	39.09	46.70	42.56	49.59
15	23.31	28.26	25.00	30.58	30	40.26	47.96	43.77	50.89

注：ν 为自由度；α 为显著度

附表4 F分布表

$P(F \geq F_a = \alpha)$ 的 F_a 值（1）

$\alpha = 0.10$

v_2	\multicolumn{10}{c}{v_1}
	1	2	3	4	5	6	8	12	24	∞
1	39.86	49.50	53.59	55.83	57.24	58.20	59.44	60.70	62.00	63.33
2	8.53	9.00	9.16	9.24	9.29	9.33	9.37	9.41	9.45	9.49
3	5.54	5.46	5.39	5.34	5.31	5.28	5.25	5.22	5.18	5.13
4	4.54	4.32	4.19	4.11	4.05	4.01	3.95	3.90	3.83	3.76
5	4.06	3.78	3.62	3.52	3.45	3.40	3.34	3.27	3.19	3.10
6	3.78	3.46	3.29	3.18	3.11	3.05	2.98	2.90	2.82	2.72
7	3.59	3.26	3.07	2.96	2.88	2.83	2.75	2.67	2.58	2.47
8	3.46	3.11	2.92	2.81	2.73	2.67	2.59	2.50	2.40	2.29
9	3.36	3.01	2.81	2.69	2.61	2.55	2.47	2.38	2.28	2.16
10	3.28	2.92	2.73	2.61	2.52	2.46	2.38	2.28	2.18	2.06
11	3.23	2.86	2.66	2.54	2.45	2.39	2.30	2.21	2.10	1.97
12	3.18	2.81	2.61	2.48	2.39	2.33	2.24	2.15	2.04	1.90
13	3.14	2.76	2.56	2.43	2.35	2.28	2.20	2.10	1.98	1.85
14	3.10	2.73	2.52	2.39	2.31	2.24	2.15	2.05	1.94	1.80
15	3.07	2.70	2.49	2.36	2.27	2.21	2.12	2.02	1.90	1.76
16	3.05	2.67	2.46	2.33	2.24	2.18	2.09	1.99	1.87	1.72
17	3.03	2.64	2.44	2.31	2.22	2.15	2.06	1.96	1.84	1.69
18	3.01	2.62	2.42	2.29	2.20	2.13	2.04	1.93	1.81	1.66
19	2.99	2.61	2.40	2.27	2.18	2.11	2.02	1.91	1.79	1.63
20	2.97	2.59	2.38	2.25	2.16	2.09	2.00	1.89	1.77	1.61
21	2.96	2.57	2.36	2.23	2.14	2.08	1.98	1.88	1.75	1.59
22	2.95	2.56	2.35	2.22	2.13	2.06	1.97	1.86	1.73	1.57
23	2.94	2.55	2.34	2.21	2.11	2.05	1.95	1.84	1.72	1.55
24	2.93	2.54	2.33	2.19	2.10	2.04	1.94	1.83	1.70	1.53
25	2.92	2.53	2.32	2.18	2.09	2.02	1.93	1.82	1.69	1.52
26	2.91	2.52	2.31	2.17	2.08	2.01	1.92	1.81	1.68	1.50
27	2.90	2.51	2.30	2.17	2.07	2.00	1.91	1.80	1.67	1.49
28	2.89	2.50	2.29	2.16	2.06	2.00	1.90	1.79	1.66	1.48
29	2.89	2.50	2.28	2.15	2.06	1.99	1.89	1.78	1.65	1.47
30	2.88	2.49	2.28	2.14	2.05	1.98	1.88	1.77	1.64	1.46
40	2.84	2.44	2.23	2.09	2.00	1.93	1.83	1.71	1.57	1.38
60	2.79	2.39	2.18	2.04	1.95	1.97	1.77	1.66	1.51	1.29
120	2.75	2.35	2.13	1.99	1.90	1.82	1.72	1.60	1.45	1.19
∞	2.71	2.30	2.08	1.94	1.85	1.77	1.67	1.55	1.38	1.00

$P(F \geqslant F_a) = \alpha$ 的 F_a 值（2）

$\alpha = 0.05$

v_2	\multicolumn{10}{c}{v_1}
	1	2	3	4	5	6	8	12	14	∞
1	161.4	199.5	215.7	224.6	230.2	234.0	238.9	243.9	249.0	254.3
2	18.51	19.00	19.16	19.25	19.30	19.33	19.37	19.41	19.45	19.50
3	10.13	9.55	9.28	9.12	9.01	8.94	8.84	8.74	8.64	8.53
4	7.71	6.94	6.59	9.39	6.26	6.16	6.04	5.91	5.77	5.63
5	6.61	5.79	5.41	5.19	5.05	4.95	4.82	4.68	4.53	4.36
6	5.99	5.14	4.76	4.53	4.39	4.28	4.15	4.00	3.84	3.67
7	5.59	4.74	4.35	4.12	3.97	3.87	3.73	3.57	3.41	3.23
8	5.32	4.46	4.07	3.84	3.69	3.58	3.44	3.28	3.12	2.93
9	5.12	4.26	3.86	3.63	3.48	3.37	3.23	3.07	2.90	2.71
10	4.96	4.10	3.71	3.48	3.33	3.22	3.07	2.91	2.74	2.54
11	4.84	3.98	3.59	3.36	3.20	3.09	2.95	2.79	2.61	2.40
12	4.75	3.88	3.49	3.26	3.11	3.00	2.85	2.69	2.50	2.30
13	4.67	3.80	3.41	3.18	3.02	2.92	2.77	2.60	2.42	2.21
14	4.60	3.74	3.34	3.11	2.96	2.85	2.70	2.53	2.35	2.13
15	4.54	3.68	3.29	3.06	2.90	2.79	2.64	2.48	2.29	2.07
16	4.49	3.63	3.24	3.01	2.85	2.74	2.59	2.42	2.24	2.01
17	4.45	3.59	3.20	2.96	2.81	2.70	2.55	2.38	2.19	1.96
18	4.41	3.55	3.16	2.93	2.77	2.66	2.51	2.34	2.15	1.92
19	4.38	3.52	3.13	2.90	2.74	2.63	2.48	2.31	2.11	1.88
20	4.35	3.49	3.10	2.87	2.81	2.60	2.45	2.28	2.08	1.84
21	4.32	3.47	3.07	2.84	2.68	2.57	2.42	2.25	2.05	1.81
22	4.30	3.44	3.05	2.82	2.66	2.55	2.40	2.23	2.03	1.78
23	4.28	3.42	3.03	2.80	2.64	2.53	2.38	2.20	2.00	1.76
24	4.26	4.40	3.01	2.78	2.62	2.51	2.36	2.18	1.98	1.73
25	4.24	3.38	2.99	2.76	2.60	2.49	2.34	2.16	1.96	1.71
26	4.22	3.37	2.98	2.74	2.59	2.47	2.32	2.15	1.95	1.69
27	4.21	3.35	2.96	2.73	2.57	2.46	2.30	2.13	1.93	1.67
28	4.20	3.34	2.95	2.71	2.56	2.44	2.29	2.12	1.91	1.65
29	4.18	3.33	2.93	2.70	2.54	2.43	2.28	2.10	1.90	1.64
30	4.17	3.32	2.92	2.69	2.53	2.42	2.27	2.09	1.89	1.62
40	4.08	3.23	2.84	2.61	2.45	2.34	2.18	2.00	1.79	1.51
60	4.00	3.15	2.76	2.52	2.37	2.25	2.10	1.92	1.70	1.39
120	3.92	3.07	2.68	2.45	2.29	2.17	2.02	1.83	1.61	1.25
∞	3.84	2.99	2.60	2.37	2.21	2.10	1.94	1.75	1.52	1.00

$P(F \geq F_a) = \alpha$ 的 F_a 值（3）

$\alpha = 0.01$

v_2	v_1									
	1	2	3	4	5	6	8	12	24	∞
1	4 052	4 999	5 403	5 625	5 764	5 859	5 982	6 106	6 234	6 366
2	98.50	99.00	99.17	99.25	99.30	99.33	99.37	99.42	99.46	99.50
3	34.12	30.82	29.46	28.71	28.24	27.91	27.49	27.05	26.60	26.12
4	21.20	18.00	16.69	15.98	15.52	15.21	14.80	14.37	13.93	13.46
5	16.26	13.27	12.06	11.39	10.97	10.67	10.29	9.89	9.47	9.02
6	13.74	10.92	9.78	9.15	8.75	8.47	8.10	7.72	7.31	6.88
7	12.25	9.55	8.45	7.85	7.46	7.19	6.84	6.47	6.07	5.65
8	11.26	8.65	7.59	7.01	6.63	6.37	6.03	5.67	5.28	4.86
9	10.56	8.02	6.99	6.42	6.06	5.80	5.47	5.11	4.73	4.31
10	10.04	7.56	6.55	5.99	5.64	5.39	5.06	4.71	4.33	3.91
11	9.65	7.20	6.22	5.67	5.32	5.07	4.74	4.40	4.02	3.60
12	9.33	6.93	5.95	5.41	5.06	4.82	4.50	4.16	3.78	3.36
13	9.07	6.70	5.74	5.20	4.86	4.62	4.30	3.96	3.59	3.16
14	8.86	6.51	5.56	5.03	4.69	4.46	4.14	3.80	3.43	3.00
15	8.68	6.36	5.42	4.89	4.56	4.32	4.00	3.67	3.29	2.87
16	8.58	6.23	5.29	4.77	4.44	4.20	3.89	3.55	3.18	2.75
17	8.40	6.11	5.18	4.67	4.34	4.10	3.79	3.45	3.08	2.65
18	8.28	6.01	5.09	4.58	4.25	4.01	3.71	3.37	3.00	2.57
19	8.18	5.93	5.01	4.50	4.17	3.94	3.63	3.30	2.92	2.49
20	8.10	5.85	4.94	4.43	4.10	3.87	3.56	3.23	2.86	2.42
21	8.02	5.78	4.87	4.37	4.04	3.81	3.51	3.17	2.80	2.36
22	7.94	5.72	4.82	4.31	3.99	3.76	3.45	3.12	2.75	2.31
23	7.88	5.66	4.76	4.26	3.94	3.71	3.41	3.07	2.70	2.26
24	7.82	5.61	4.72	4.22	3.90	3.67	3.36	3.03	2.66	2.21
25	7.77	5.57	4.68	4.18	3.86	3.63	3.32	2.99	2.62	2.17
26	7.72	5.53	4.64	4.14	3.82	3.59	3.29	2.96	2.58	2.13
27	7.68	5.49	4.60	4.11	3.78	3.56	3.26	2.93	2.55	2.10
28	7.64	5.45	4.57	4.07	3.75	3.53	3.23	2.90	2.52	2.06
29	7.60	5.42	4.54	4.04	3.73	3.50	3.20	2.87	2.49	2.03
30	7.56	5.39	4.51	4.02	3.70	3.47	3.17	2.84	2.47	2.01
40	7.31	5.18	4.31	3.83	3.51	3.29	2.99	2.66	2.29	1.80
60	7.08	4.98	4.13	3.65	3.34	3.12	2.82	2.50	2.12	1.60
120	6.85	4.79	3.95	3.48	3.17	2.96	2.66	2.34	1.95	1.38
∞	6.64	4.60	3.78	3.32	3.02	2.80	2.51	2.18	1.79	1.00